U0805536

生命科学实验指南系列

环境基因组学实验指南

Environmental Genomics

〔德〕C. C. 马丁　主编

杨　军　主译

科学出版社

北　京

图字：01-2008-3814 号

内 容 简 介

随着后基因组时代的到来，生命科学已从针对单个基因、单一细胞或个体的研究向整合的系统生物学方向发展。推动这一发展的核心力量就是新的高通量分析技术，如基因组学、蛋白质组学、代谢组学等技术的出现。许多传统的学科在与这些新兴技术结合后，得到了飞速的发展。正是在这样一种新“革命”形势下，本书应运而出。本书以方法学为主，集中介绍了在机体对环境应答中基因表达谱、全基因组和染色体突变，以及基因组多样性和多态性三方面检测的新技术、新进展。

本书对于从事环境科学、毒理学、生态学等相关学科的科研人员而言是一本极好的实验指南参考书。

Translation from the English language edition:
Environmental Genomics edited by C. C. Martin

图书在版编目(CIP)数据

环境基因组学实验指南/（德）马丁（Martin，C. C.）主编，杨军主译. —北京：科学出版社，2009
（生命科学实验指南系列）
ISBN 978-7-03-023317-2

Ⅰ. 环… Ⅱ. ①马…②杨… Ⅲ. 基因组-实验-指南 Ⅳ. Q343.1-33

中国版本图书馆 CIP 数据核字（2008）第 170552 号

责任编辑：夏 梁/责任校对：包志虹
责任印制：赵 博/封面设计：耕者设计工作室

科学出版社出版
北京东黄城根北街 16 号
邮政编码：100717
http://www.sciencep.com

北京科印技术咨询服务有限公司数码印刷分部印刷
科学出版社发行 各地新华书店经销
*
2009 年 1 月第 一 版 开本：787×1092 1/16
2017 年10月第三次印刷 印张：18 1/4
字数：413 000

定价：108.00 元

（如有印装质量问题，我社负责调换）

致　　谢

在本书翻译过程中，浙江大学公共卫生学院毒理系的师生提供了极大的帮助，在此表示感谢。杨军受国家“863”项目（2004AA649120）、国家自然科学基金（30771826，30872140）、浙江省卫生高层次创新人才培养工程资助。

METHODS IN MOLECULAR BIOLOGY

丛书主编：J. M. Walker

410. Environmental Genomics, edited by *C. Cristofre Martin, 2007*
409. Immunoinformatics: *Predicting Immunogenicity* In Silico, edited by *Darren R. Flower, 2007*
408. Gene Function Analysis, edited by *Michael Ochs, 2007*
407. Stem Cell Assays, edited by *Mohan C. Vemuri, 2007*
406. Plant Bioinformatics: *Methods and Protocols,* edited by *David Edwards, 2007*
405. Telomerase Inhibition: *Strategies and Protocols,* edited by *Lucy Andrews and Trygve O. Tollefsbol, 2007*
404. Topics in Biostatistics, edited by *Walter T. Ambrosius, 2007*
403. Patch-Clamp Methods and Protocols, edited by *Peter Molnar and James J. Hickman, 2007*
402. PCR Primer Design, edited by *Anton Yuryev, 2007*
401. Neuroinformatics, edited by *Chiquito J. Crasto, 2007*
400. Methods in Lipid Membranes, edited by *Alex Dopico, 2007*
399. Neuroprotection Methods and Protocols, edited by *Tiziana Borsello, 2007*
398. Lipid Rafts, edited by *Thomas J. McIntosh, 2007*
397. Hedgehog Signaling Protocols, edited by *Jamila I. Horabin, 2007*
396. Comparative Genomics, *Volume 2,* **edited by** *Nicholas H. Bergman, 2007*
395. Comparative Genomics, *Volume 1,* **edited by** *Nicholas H. Bergman, 2007*
394. Salmonella: *Methods and Protocols,* edited by *Heide Schatten and Abe Eisenstark, 2007*
393. Plant Secondary Metabolites, edited by *Harinder P. S. Makkar, P. Siddhuraju, and Klaus Becker, 2007*
392. Molecular Motors: *Methods and Protocols,* edited by *Ann O. Sperry, 2007*
391. MRSA Protocols, edited by *Yinduo Ji, 2007*
390. Protein Targeting Protocols, Second Edition, edited by *Mark van der Giezen, 2007*
389. *Pichia* Protocols, Second Edition, edited by *James M. Cregg, 2007*
388. Baculovirus and Insect Cell Expression Protocols, Second Edition, edited by *David W. Murhammer, 2007*
387. Serial Analysis of Gene Expression (SAGE): *Digital Gene Expression Profiling,* edited by *Kare Lehmann Nielsen, 2007*
386. Peptide Characterization and Application Protocols, edited by *Gregg B. Fields, 2007*
385. Microchip-Based Assay Systems: *Methods and Applications,* edited by *Pierre N. Floriano, 2007*
384. Capillary Electrophoresis: *Methods and Protocols,* edited by *Philippe Schmitt-Kopplin, 2007*
383. Cancer Genomics and Proteomics: *Methods and Protocols,* edited by *Paul B. Fisher, 2007*
382. Microarrays, Second Edition: *Volume 2, Applications and Data Analysis,* edited by *Jang B. Rampal, 2007*
381. Microarrays, Second Edition: *Volume 1, Synthesis Methods,* edited by *Jang B. Rampal, 2007*
380. Immunological Tolerance: *Methods and Protocols,* edited by *Paul J. Fairchild, 2007*
379. Glycovirology Protocols, edited by *Richard J. Sugrue, 2007*
378. Monoclonal Antibodies: *Methods and Protocols,* edited by *Maher Albitar, 2007*
377. Microarray Data Analysis: *Methods and Applications,* edited by *Michael J. Korenberg, 2007*
376. Linkage Disequilibrium and Association Mapping: *Analysis and Application,* edited by *Andrew R. Collins, 2007*
375. In Vitro Transcription and Translation Protocols: *Second Edition,* edited by *Guido Grandi, 2007*
374. Quantum Dots: edited by *Marcel Bruchez and Charles Z. Hotz, 2007*
373. Pyrosequencing® Protocols, edited by *Sharon Marsh, 2007*
372. Mitochondria: Practical Protocols, edited by *Dario Leister and Johannes Herrmann, 2007*
371. Biological Aging: *Methods and Protocols,* edited by *Trygve O. Tollefsbol, 2007*
370. Adhesion Protein Protocols, *Second Edition,* edited by *Amanda S. Coutts, 2007*
369. Electron Microscopy: *Methods and Protocols, Second Edition,* edited by *John Kuo, 2007*
368. Cryopreservation and Freeze-Drying Protocols, *Second Edition,* edited by *John G. Day and Glyn Stacey, 2007*
367. Mass Spectrometry Data Analysis in Proteomics, edited by *Rune Matthiesen, 2007*
366. Cardiac Gene Expression: *Methods and Protocols,* edited by *Jun Zhang and Gregg Rokosh, 2007*
365. Protein Phosphatase Protocols: edited by *Greg Moorhead, 2007*
364. Macromolecular Crystallography Protocols: *Volume 2, Structure Determination,* edited by *Sylvie Doublié, 2007*
363. Macromolecular Crystallography Protocols: *Volume 1, Preparation and Crystallization of Macromolecules,* edited by *Sylvie Doublié, 2007*
362. Circadian Rhythms: *Methods and Protocols,* edited by *Ezio Rosato, 2007*
361. Target Discovery and Validation Reviews and Protocols: *Emerging Molecular Targets and Treatment Options, Volume 2,* edited by *Mouldy Sioud, 2007*
360. Target Discovery and Validation Reviews and Protocols: *Emerging Strategies for Targets and Biomarker Discovery, Volume 1,* edited by *Mouldy Sioud, 2007*
359. Quantitative Proteomics by Mass Spectrometry, edited by *Salvatore Sechi, 2007*
358. Metabolomics: *Methods and Protocols,* edited by *Wolfram Weckwerth, 2007*
357. Cardiovascular Proteomics: *Methods and Protocols,* edited by *Fernando Vivanco, 2007*

编者名单

ANTOON D. L. AKKERMANS • *Laboratory of Microbiology, Wageningen University, Wageningen, The Netherlands*
WILMA AKKERMANS VAN VLIET • *Laboratory of Microbiology, Wageningen University, Wageningen, The Netherlands*
DIONYSIOS A. ANTONOPOULOS • *Michigan State University, Department of Microbiology & Molecular Genetics, East Lansing, MI*
JUN-ICHI ASAKAWA • *Department of Genetics, Radiation Effects Research Foundation, Hiroshima, Japan*
JASON L. BLUM • *Department of Pharmacology and Therapeutics, University of Florida, Gainesville, FL*
LINDSAY E. BURTON • *Center for Advanced Research in Environmental Genomics (CAREG), Department of Biology, University of Ottawa, Ottawa, Ontario, Canada*
DEBBY CABREROS • *School of Public Health, University of California at Berkeley, Berkeley, CA*
JIA CHEN • *Department of Community and Preventive Medicine, Mount Sinai School of Medicine, New York, NY*
SUZANNE CHIU • *National Wildlife Research Center, Canadian Wildlife Service, Carleton University, Ottawa, Ontario, Canada*
MICHEL CHRÉTIEN • *Ottawa Health Research Institute, University of Ottawa, Faculty of Medicine, Ottawa, Ontario, Canada*
LOUISE E. COVERDALE • *Center for Advanced Research in Environmental Genomics (CAREG), Department of Biology, University of Ottawa, Ottawa, Ontario, Canada*
SUSANA CRISTOBAL • *Department of Biochemistry and Biophysics, Stockholm University, Stockholm, Sweden*
DOUG CRUMP • *National Wildlife Research Center, Canadian Wildlife Service, Carleton University, Ottawa, Ontario, Canada*
NANCY D. DENSLOW • *Center for Environmental and Human Toxicology, Department of Physiological Sciences, University of Florida, Gainesville, FL*
JEREMY R. deWAARD • *Department of Integrative Biology, Biodiversity Institute of Ontario, University of Guelph, Guelph, Ontario, Canada*

FUMIN DONG • *Ottawa Health Research Institute, University of Ottawa, Faculty of Medicine, Ottawa, Ontario, Canada*
SEAN F. EDDY • *Women's Health Interdisciplinary Research Center, Department of Biochemistry Boston University School of Medicine, Boston, MA*
MICHAEL FENECH • *CSIRO Human Nutrition, Adelaide BC, South Australia, Australia*
ELIZABETH A. GALBRAITH • *Agtech Products, Inc., Waukesha, WI*
MEHRDAD HAJIBABAEI • *Department of Integrative Biology, Biodiversity Institute of Ontario, University of Guelph, Guelph, Ontario, Canada*
PAUL D.N. HEBERT • *Department of Integrative Biology, Biodiversity Institute of Ontario, University of Guelph, Guelph, Ontario, Canada*
HANS G. H. J. HEILIG • *Laboratory of Microbiology, Wageningen University, Wageningen, The Netherlands*
NATALIA V. IVANOVA • *Department of Integrative Biology, Biodiversity Institute of Ontario, University of Guelph, Guelph, Ontario, Canada*
SEAN W. KENNEDY • *National Wildlife Research Center, Canadian Wildlife Service, Carleton University, Ottawa, Ontario, Canada*
LOREN D. KNOPPER • *Jacques Whitford, Ottawa, Ontario, Canada*
KEVIN LARADE • *Brigham and Women's Hospital, Harvard Medical School, Hematology Division, Boston, MA*
LIMING MA • *Ottawa Health Research Institute, University of Ottawa, Faculty of Medicine, Ottawa, Ontario, Canada*
FRANCESCO MARCHETTI • *Life Sciences Division, Lawrence Berkeley National Laboratory, Berkeley, CA*
C. CRISTOFRE MARTIN • *Center for Advanced Research in Environmental Genomics (CAREG), Department of Biology, University of Ottawa, Ottawa, Ontario, Canada; and Department of Biochemistry, St. George's University Medical School, St. George's, Grenada, West Indies*
MAJAMBU MBIKAY • *Ottawa Health Research Institute, University of Ottawa. Faculty of Medicine, Ottawa, Ontario, Canada*
JAMES P. MCNAMEE • *Health Canada, Consumer and Clinical Radiation Protection Bureau, Ottawa, Canada*
FRANCESCA PACCHIEROTTI • *Section of Toxicology and Biomedical Sciences, ENEA CR Casaccia, Rome, Italy*
VISHAL J. PATEL • *Bionomics Research and Technology Center, Environmental and Occupational Health Sciences Institute, Rutgers, The State University of New Jersey, Piscataway, NJ*
MELINDA S. PRUCHA • *Department of Pharmacology and Therapeutics, University of Florida, Gainesville, FL*

ANTONELLA SGURA • *Department of Biology, Università Roma Tre, Rome, Italy*
HAUKE SMIDT • *Laboratory of Microbiology, Wageningen University, Wageningen, The Netherlands*
KENNETH B. STOREY • *Institute of Biochemistry, Departments of Biology and Chemistry, Carleton University, Ottawa, Ontario, Canada*
MASANORI TAMAOKI • *Biodiversity Conservation Research Project, National Institute for Environmental Studies, Tsukuba, Ibaraki, Japan*
VANCE L. TRUDEAU • *Centre for Advanced Research in Environmental Genomics (CAREG), University of Ottawa, Ottawa, Ontario, Canada*
VESELA A. TZENEVA • *NIZO Food Research B. V., Ede, The Netherlands*
MARK R. VIANT • *School of Biosciences, University of Birmingham, Birmingham, UK*
WILLEM M. de VOS • *Laboratory of Microbiology, Wageningen University, Wageningen, The Netherlands*
JAMES G. WETMER • *Department of Microbiology, Mount Sinai School of Medicine, New York, NY*
BRYAN A. WHITE • *University of Illinois at Urbana-Champaign, Departments of Animal Sciences & Pathobiology, Division of Nutritional Sciences, North American Consortium for Genomics of Fibrolytic Ruminal Bacteria, Urbana, IL*
ANDREW J. WYROBEK • *Life Sciences Division, Lawrence Berkeley National Laboratory, Berkeley, CA*

前　言

环境基因组学试图预测一个或多个有机体在基因水平如何应答它们外部环境的变化。由于这些基因组反应的复杂多样性，环境基因组学必须整合分子生物学、生理学、毒理学、系统生物学、流行病学以及人类遗传学等形成一个跨学科的研究领域。环境基因组学是一个通用的名词，所有探讨环境条件对基因转录、蛋白质水平、基因组稳定性或一个群体中基因组多样性的影响的研究都属于这一范畴。在这些基因组检测之后，进一步研究的命名则往往反映其特殊的目的性。

比如，生理基因组学（physiogenomics）研究在不同的生理或病理状态下基因表达的动态变化。毒理基因组学（toxicogenomics）研究天然或人造的毒物对基因组的影响，而代谢组学（metabolomics）则鉴定代谢产物的改变。生态基因组学（ecological genomics）分析在一个环境样本中作为基因组补充的“生物组”（biome）。群体中基因组的多态性也可通过对不利环境条件的易感性得到分析。考虑到现有领域对完整环境基因组学研究的重要性，本书分为三个主要部分：(1) 基因表达谱分析；(2) 全基因组和染色体突变检测和 (3) 在一个特定环境中对基因组多样性和多态性进行分析的方法。

环境基因组学研究可在实验室中通过使用生物性状明确、已知全基因组序列的模式系统（包括人）进行模拟。但是，大多数环境基因组学研究针对全基因组信息有限或完全没有的野生非模式生物。研究非模式生物的局限性使得基因组学研究更具挑战性。因此，我们将注意力集中在不需要全基因组序列信息的基因组学技术上。当考虑可能的技术策略来回答环境基因组学问题时，很明显没有一套这些研究者使用的特定的技术。相反，至今大多数环境基因组学研究都依赖于不特异属于这一领域的相对标准的基因组和蛋白质组学技术。所以本书的内容可能含有一些与 *Methods in Molecular Biology* 丛书中覆盖的其他类似的基因组学和蛋白质组学领域的内容重复。此外，我们也知道许多进入环境基因组学领域的研究者缺乏分子生物学和基因组学背景。许多进行这类研究的研究者具有不同的背景，如环境科学、毒理学和生态学。因此我们努力将重点放在不是过于严格、在比较标准的分子生物学实验室都可完成的研究方案上。本书的目标是为希望使用基因组学回答环境问题的环境科学家提供一本手册。相反的，经典的分子生物学家也开始进入这一领域。尽管这些研究者精通于研究技术，但他们常常不了解进行环境研究时需加以考虑的事项。而这些实验设计和分析的考虑在环境研究中又往往是非常重要的，对于工业活动、政府政策、风险分析评估模型和环境健康都有很重要的影响。因此，在可能的情况下我们都注意包含了对设计、实验对照和数据解释的重要性的讨论。在认真思考设计的前提下，环境基因组学可以提供有益于我们深入理解不利的或变化的环境条件的特异性分子靶点的信息。比较模式生物和野生非模式生物的基因组学数据可使我们更好地理解如何将实验室结论推广应用到野外。一旦得到足够多的数据，环境基因组学可促进预测模型的产生，以用来在明显的不利影响出现之前发现环境威胁（如毒物暴露）。由此，希望这些研究的总和能够降低环境风险评估的不确定性，并提供一个决定环境效应、保证人类健康和自然物种可持续性的系统化框架。

C. C. 马丁

（杨军）

目　录

Ⅰ 基因表达谱分析

第一章　高通量整体原位杂交检测环境干扰斑马鱼胚胎组织特异性基因表达改变

Louise E. Coverdale，Lindsay E. Burton，C. Cristofre Martin

概论

整体原位杂交是一个可以观察完整生物体内细胞基因表达（mRNA）的过程。通过比较不同环境下生物体的基因表达区域的差别，有助于我们理解环境暴露对细胞和组织的特异性影响。这个技术是对现有的基因表达谱技术的补充，例如DNA芯片技术只能反映一个生物或组织的基因表达水平的变化。整体原位杂交可以在整个生物体内检测表达某个特殊基因的细胞分布情况。而当从整个生物体提取RNA样本并检测时，在整个基因表达的水平上就不能反映表达某个基因的细胞分布的微小变化。自动化技术的开发使得整体原位杂交方法与高通量的基因组研究技术一样被人们广泛接受。结合自动化的计算机辅助图像分析技术，这一方法可以对如亚致死剂量环境毒素暴露后导致的组织和基因的微小变化进行有效的定量。

关键词： 检测；自动化；基因表达；高通量；原位杂交；斑马鱼

1. 引言

城市化和人类活动如农业、林业和矿业导致大量的前所未见的化学物质进入饮用水源、地下水和天然水体（1-3）。这使得政府、工业部门和化工产业承受着与日俱增的压力而对这些化学物质潜在的环境效应进行评价。传统的毒理学分析可提供急性毒性（如死亡）相关的参数；但其得到的 LC_{50} 并不能鉴别低剂量长期暴露下导致的有害效应（4）。将胚胎暴露于一些化学物质下，即使是很低的浓度，也会导致其发育异常，直接影响后续生命的各阶段以及器官成熟和繁殖能力。此外，越来越多的证据表明外部形态的异常并不是繁殖能力下降的必要特征。因此，传统的分析方法不一定能鉴别由环境化学物质引起的所有潜在问题。

暴露于环境毒素的胚胎的小规模和大规模基因表达谱研究可使我们深入理解常规的细胞毒性机制，并有利于我们建立对化合物家族毒性的预测模型。我们和其他研究小组应用小规模原位杂交分析方法进行的毒理学研究，已成功地鉴定了多种化合物对脊椎动物胚胎发育的影响（5-7）。

原位杂交使我们对细胞和组织的特异性基因表达的观察更加直观。这个过程利用与mRNA互补的反义基因探针标记细胞而产生彩色沉淀物。作为传统意义上的一种较为耗时费力的过程，方法学的优化和近年来自动化技术的发展使得这一技术可以用来评价多类化合物对脊椎动物和非脊椎动物胚胎发育可能造成的影响。

这种对大样本中大量基因表达谱进行分析的能力可以使我们发现那些可能不会对胚

胎发育造成显著的病理性变化，而只能通过统计分析的方法鉴定的化合物。计算机辅助显微镜和图像分析软件可对如基因表达域形态学测定等数据进行自动化采集。通过数字图像分析策略例如像素阈值方法，测量可以在准确、定量、且无倾向性的情况下进行。而大量样本的分析又满足了数据统计显著性的要求，使得在定性方法中无法发现的微小变化得以鉴别。

本章描述的操作过程主要适用于斑马鱼胚胎的检测，但是通过适当的调整后也可用于其他物种检测。

2. 材料

所有溶液必须用无 RNase 的试剂和 DEPC 处理的蒸馏水配成。和胚胎接触的仪器、工具和试剂需采取 RNase 失活处理（见注释 1）。

2.1 仪器

1. 制作原位杂交篮的加热板（heat block）。
2. 原位杂交篮：去掉 1.5 mL 离心管尖头部分或者其他圆柱形物体，将一片精细尼龙网和离心管剩余部分利用加热板低温熔化粘连。去除尼龙网格多余部分。注意不要过热，否则会熔化尼龙网。
3. 六孔板（Becton Dickinson，cat. no. 1146）。
4. 用于在格孔间移动原位杂交篮的平头镊子。
5. 用于移动胚胎的玻璃移液管。

2.2 地高辛（Digoxigenin，DIG）探针的制备

1. 1 μg 包含目的基因的纯化的线性质粒（见注释 2）。
2. 10×DIG 标记混合物：10 mmol/L ATP，10 mmol/L CTP，10 mmol/L GTP，6.5 mmol/L UTP，3.3 mmol/L DIG-11UTP（Roche）。
3. 转录缓冲液和牛血清白蛋白（BSA）/二硫苏糖醇（DTT；同酶一起）。
4. 苯酚-氯仿-异戊醇（PCI）：苯酚-氯仿-异戊醇按 25∶24∶1 比例混合，4℃黑暗储存。
5. 氯仿-异戊醇（CIA）：氯仿-异戊醇按 24∶1 比例混合，−20℃储存。

2.3 胚胎准备

1. 4%PFA-PBS 溶液：80 mL 含 4%多聚甲醛的 1×PBS。缓慢加入 NaOH 至多聚甲醛完全溶解。用 HCl 调节 pH 至 7.2。加蒸馏水（dH_2O）至 100 mL。短期储存于 4℃（1～2 周），长期储存于−20℃。
2. 5×PBS：40 g NaCl，1 g KCl，14.4g Na_2HPO_4，2.4 g KH_2PO_4，加入 DEPC 处理过的水至 800 mL，用 HCl 调节 pH 至 7.4。加入 DEPC 处理过的水至终体积 1 L。用时稀释至 1×PBS。

2.4 整体原位杂交

1. PBS Tween（PBST）：0.1% Tween-20，1×PBS。
2. 蛋白酶 K（50 μg/mL）：用水溶解 50 mg 蛋白酶 K 粉末，分装并储存于－20℃。
3. 甘氨酸溶液：用 1×PBS 配制 2.7 mmol/L 甘氨酸。
4. 5×预吸收的 anti-DIG 抗体溶液：anti-DIG 抗体（Roche）1∶1000 比例稀释，2%小牛血清，2 mg/mL BSA 和在 1×PBST 中固定的 20～50 个胚胎，溶液室温放置 1 h 或者 4℃过夜。储存于 4℃，使用时用 PBST 稀释至 1×（见注释 3）。
5. 20×SSC：3 mol/L NaCl，0.3 mol/L 柠檬酸钠，pH7。高压灭菌。
6. 杂交液：50%甲醛，5×SSC，0.1% Tween-20，50 μg/mL 肝素，100 μg/mL 酵母 tRNA，9 mmol/L 柠檬酸，储存于－20℃。
7. 杂交后混合液（post-hyb mix）：50%甲醛，5×SSC，0.1% Tween-20，50 μg/mL 肝素，9 mmol/L 柠檬酸，储存于－20℃。
8. 100 ng 探针（1～2 μL 悬浮探针）（见 3.1）。
9. 封闭液：2%小牛血清，2 mg/mL 的 BSA，用 PBST 加至终体积。
10. 染色缓冲液：100 mmol/L Tris-HCl，pH 9.5，50 mmol/L $MgCl_2$，100 mmol/L NaCl，0.1% Tween-20，0.4 mmol/L 左旋咪唑（levamisol）（见注释 4）。
11. NBT 储存液：70 mg/mL 氮蓝四唑（nitroblue tetrazolium，NBT）溶解于二甲基甲酰胺（dimethylformamide），4℃避光保存。
12. BCIP 储存液：50 mg/mL 对甲苯胺蓝（5-溴-4-氯-3-吲哚磷酸，5-bromo-4-chloro-3-indolyl，BCIP）溶于 70%二甲基甲酰胺中，4℃避光保存（见注释 5）。
13. 胚胎保存液：含 0.025% 叠氮钠的 1×PBS。

3. 方法

3.1 制备 DIG 标记的 RNA 探针

1. 按照说明书选择适当的内切酶消化 10 μg 质粒 DNA（包含目标序列）制备 DNA 模板。内切酶应在基因序列的 3′端酶切以合成反义探针，在 5′端酶切合成正义对照探针（见注释 6）。
2. 模板可以通过商业化的纯化柱系统或者用等体积的 PCI 和 CIA 混合抽提。
3. 抽提的模板进一步用 1/10 体积的 3 mol/L 乙酸钠和 2 倍体积的 100%冰乙醇沉淀。
4. 轻柔振荡溶液后最大转速离心 30 min。
5. DNA 沉淀用 75%冷乙醇洗涤，空气干燥，再用 10 μL DEPC 水溶解。
6. 用分光光度计或者琼脂糖凝胶电泳配合标准物来定量模板的浓度。
7. 探针的合成需要通过以下反应，总体积不能超过 20 μL。探针合成反应包含 1 μg 的线性 DNA 模板，1×DIG 标记混合液，1×转录缓冲液（同转录酶一起），DTT 或 BSA（同转录酶一起），40 U RNasin（Promega），20～50 U 的 RNA 聚合酶。根据所使用的 RNA 聚合酶选择合适的温度和时间进行孵育（一般 1 h）。

8. 再加入 20～50 U RNA，聚合酶孵育 1 h。
9. 加入 40 U 的 DNaseⅠ，37℃孵育 10 min（见注释 7）。
10. 加入终浓度为 0.02 mol/L 的 EDTA，0.5 mol/L LiCl，70%乙醇，－80℃ 1～2 h 或过夜，沉淀探针。
11. 4℃最大转速离心 30 min 分离探针。
12. 99%乙醇洗涤探针沉淀，空气干燥，再溶于 50 μL 或更少的 DEPC 水中，－80℃储存。吸取 2 μL 在 EB 染色的琼脂糖凝胶上电泳检测探针质量。

3.2 斑马鱼胚胎制备

除非特别说明，所有的胚胎操作都在放置于六孔板的单孔中的自制小篮里进行（图 1）。一个六孔板的单孔可以放置六个小篮，用平头镊子将小篮在含有不同孵育液的孔间转移。

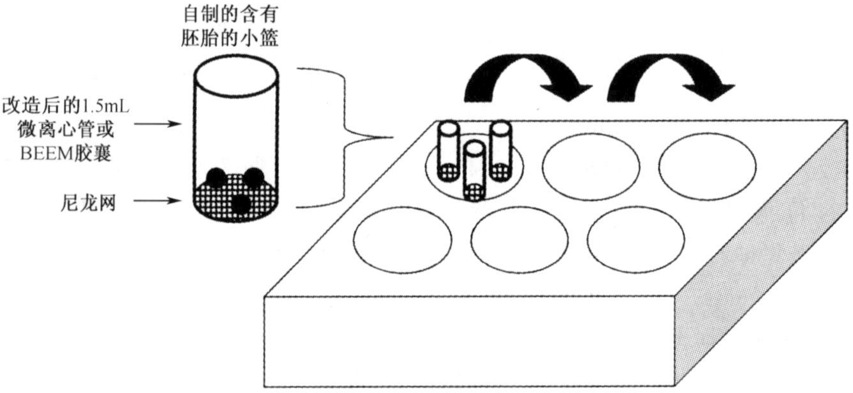

图 1　简图所示为利用去除一端的 BEEM 胶囊或者 1.5 mL 离心管和尼龙网粘合制成的小篮。尼龙网可以用粘胶或者加热粘到离心管上。胚胎置于篮中，孵育在六孔板中进行，小篮用镊子在各孔间转移。

1. 4%PFA 固定去除外膜的胚胎，4℃过夜。
2. 脱水前用 1×PBS 洗涤胚胎，－20℃储存于甲醇中。
3. 储存于甲醇中的胚胎在做原位杂交之前至少放过夜。胚胎在－20℃储存于甲醇中可放数年。

3.3 整体原位杂交

1. 选取胚胎，相继在以下溶液中孵育重新水化：75% MeOH-25% PBS，50% MeOH-50% PBS，25% MeOH-75% PBS 各 5 min；PBST 孵育 4 次，每次 5 min。重新水化的胚胎可以用于原位杂交和制备预吸收的抗体溶液。制备预吸收的抗体的方法参照 2.4.4。
2. 24 h 或更老的实验胚胎在含蛋白酶 K（0.1 μg/mL）的 PBST 中处理预先决定的时间（见注释 9）。

3. 迅速用 PBST 洗涤胚胎，在含 2 mg/mL 甘氨酸的 PBST 中孵育 5 min。
4. 用 4% PFA-PBS 固定胚胎 20 min，再用 PBST 洗涤。
5. 用移液器将胚胎移至 1.5 mL 离心管中，在杂交缓冲液中 65℃预杂交 1 h。
6. 在加入 1～2 μL /100 μL 探针的新鲜杂交液中 65℃杂交过夜。
7. 用移液器将胚胎移至自制小篮中。
8. 胚胎在下列溶液中 65℃各孵育 10 min：
   75% 染交后混合液-25% 2×SSC
   50% 染交后混合液-50% 2×SSC
   25% 染交后混合液-75% 2×SSC
   100% 2×SSC
9. 胚胎在 60℃ ，0.2×SSC 中洗涤两遍共 30 min。然后胚胎在下列溶液中室温下孵育各 5 min：
   75% 0.2×SSC-25% PBST
   50% 0.2×SSC-50% PBST
   25% 0.2×SSC-75% PBST
   100% PBST

3.4 染色和检测

1. 胚胎在封闭液中室温下孵育 1～4 h，然后在预吸收 anti-DIG 抗体（1∶5000）中室温下孵育 3～4 h。
2. 胚胎在室温下用 PBST 洗 6 次共 15 min 以去除多余抗体（见注释 10）。
3. 胚胎在室温下用染色缓冲液预孵育 5 min。
4. 在含 0.4 mmol/L NBT 和 0.4 mmol/L BCIP 的染色缓冲液中进行染色反应。染色反应时间取决于探针和预期基因的表达量。应每 15～30 min 观察染色反应以确定适当的染色时间。在小篮中的胚胎可以用标准立体切割显微镜观察。染色过程应在黑暗中操作，尽量避免见光。胚胎置于染色混合液中时间越长，染色越浓；但是如果染色时间过长，背景会很强，这样就难以区别真正的染色和背景，特别是当被测基因的表达水平很低的时候（见注释 11）。
5. 当染色完成后，胚胎在室温下用 PBST 洗涤两遍共 15 min。
6. 再用 4% PFA 在室温下固定 2 h 或者 4℃过夜。
7. 胚胎用 PBS 洗涤，并储存于含 0.025%叠氮钠的 PBS 中，4℃下可长期保存。

3.5 自动化原位杂交

下面的自动化操作步骤使用的是 Intavis Bioanalytical Instruments AG（Koeln，Germany）研发的 Insitu Pro 自动化原位杂交系统。在胚胎进入仪器前需经过重新水化和蛋白酶 K 处理（见步骤 3.3.3），染色也需人工操作（从步骤 3.4.4 开始）。程序首先是在室温下（T0 [OFF]）清洗仪器。然后胚胎先在 125 μL 的杂交缓冲液（C）中室温下孵育 20 min（步骤 5），温度升至 65℃（T2 [HIGH]）后在新鲜的在杂交液中孵育 90 min。将探针加入胚胎中，65℃孵育 14 h（步骤 8）。胚胎再用 150 μL 的溶液 D、H、

F、E各洗涤20 min，这些溶液中的SSC和杂交液浓度各不相同（步骤9～13）。温度再次降至室温（T0［OFF］）后，胚胎再用150 μL的溶液I、J、K、A各洗涤20 min。在120 μL的溶液L（封闭液）中孵育60 min后，胚胎再在120 μL的溶液M（DIG抗体）中孵育4 h。用150 μL的溶液A（PBST）洗涤胚胎7次各20 min后程序将等待用户指令（步骤30，等待NTMT）。用户从仪器中取出胚胎，直接进入步骤3.4.4。仪器在结束程序后自动清洗。此方案可以在48 h内处理500个胚胎。Insitu Pro系统使用的容器及其中的溶液具体标注如下（见注释12）：

A：PBST

B：50% 甲醇

C：杂交缓冲液

D：75%杂交缓冲液+25% 2×SSC

E：0.2×SSC

F：2×SSC

H：25%杂交缓冲液+75% 2×SSC

I：75% 0.2×SSC+25% PBST

J：50% 0.2×SSC+50% PBST

K：25% 0.2×SSC+75% PBST

L：封闭液

M：DIG抗体

探针：DIG标记的RNA探针

程序编码如下：

胚胎程序：

名称	参数
1 SetTempReg	T0（OFF）
2 Rinse	5000/5000 μL
3 Aliquot	100 C-SAMPLE
4 Wait	5 min
5 Incubate	20 min 125 C-SAMPLE
6 SetTempRege	T2（HIGH）
7 Incubate	90 min 140 C-SAMPLE
8 Incubate	14 h 150 Probe-SAMPLE
9 Incubate	20 min 150 D-SAMPLE
10 Incubate	20 min 150 H-SAMPLE
11 Incubate	20 min 150 F-SAMPLE
12 Incubate	20 min 150 E-SAMPLE
13 Incubate	20 min 150 E-SAMPLE
14 SetRempReg	T0（OFF）
15 Wait	20 min
16 Incubate	20 min 150 I-SAMPLE

17 Incubate	20 min 150 J-SAMPLE
18 Incubate	20 min 150 K-SAMPLE
19 Incubate	20 min 150 A-SAMPLE
20 Incubate	20 min 150 A-SAMPLE
21 Incubate	60 min 120 L-SAMPLE
22 Incubate	4 h 120 M-SAMPLE
23 Incubate	20 min 150 A-SAMPLE
24 Incubate	20 min 150 A-SAMPLE
25 Incubate	20 min 150 A-SAMPLE
26 Incubate	20 min 150 A-SAMPLE
27 Incubate	20 min 150 A-SAMPLE
28 Incubate	20 min 150 A-SAMPLE
29 Incubate	20 min 150 A-SAMPLE
30 WaitForKey	Waiting NTMT
31 Rinse	5000/5000 μL
32 SetTempReg	T0（OFF）
33 〈PRG-END〉	

3.6 原位杂交信号的定量

原位杂交信号的定量是通过数字光学显微镜和相对基本的图像分析软件实现的。对处理的胚胎拍摄数字图像并保存成图像分析软件识别的格式。为了保证数据的采集没有人为的偏见，成像和分析应采用双盲法。此外，在图像采集前应保证所有的胚胎都处于相似的排列方式，以避免因视角的变化而导致图像获得的数据发生改变。因此，在拍摄前可将胚胎固定于铺了一层琼脂的培养皿上。用小镊子或者移液器在凝胶中挖小槽或者小洞，胚胎可以放在其中保证固定的方位。最后应用一致的光强，保证原位杂交信号的色彩值尽量在各个样本之间可以统一。

获得胚胎的图像之后，图像可以使用任何一种图像分析软件包分析，包括 Adobe Photoshop(www. adobe. com)、NIH Image(http://rsb. info. nih. gov. nih-image)、Simple PCI(http://www. cimaging. net/)或 Metamorph(http://moleculardevices. com/pages/software/metamorph. html)。所有这些软件都能测定各种图像参数（面积、长度、密度等），而且大部分情况下都能将数据输出成可识别格式，例如电子表格等用于后续分析。像素阈值技术被用于自动识别有原位杂交信号的细胞。在使用图像软件选择特定的光谱颜色（通常在 NBT/BCIP 染色中选择蓝色）后，软件本身就会根据所选像素确定测量值。图 2 显示的是暴露于氯化镉后的斑马鱼胚胎的分析结果。为了确定镉暴露是否对胚胎脑的发育造成影响，我们选择了一个仅在中脑和后脑分界的弥散区域表达的探针进行了原位杂交检测。通过分析 100 个对照和 100 个处理的胚胎，并测定了 *Eng2* 表达域的面积，我们发现镉暴露会导致该基因在这一组织内的表达显著增强。

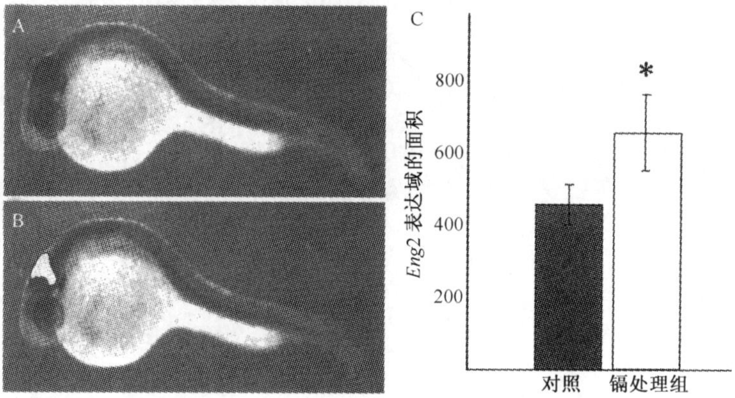

图 2　氯化镉处理导致斑马鱼胚胎脑发育的异常。(A) 利用 *Eng2* 反义探针对受精后 24 h 的斑马鱼胚胎进行整体原位杂交。*Eng2* mRNA 定位于中脑和后脑分界处（黑色区）。(B) 像素阈值技术用于定义（阴影区）和测定 *Eng2* 的表达域。(C) 柱形图表示的是受精后 24 h 的斑马鱼胚胎氯化镉暴露组和未暴露组 *Eng2* 表达域的面积（用随机的像素单位表示）。（引自 Coverland and Martin，2004）(8)。

4. 注释

1. 干固体试剂的包装必须是未开封的，而且只用于无 RNase 的操作。大部分干试剂都有不含 RNase 的可以购买。DEPC 水是由 1000 mL 的蒸馏水加 1 mL 的 DEPC 配成的。溶液必须剧烈振荡以溶解 DEPC，并放置 1 h 后高压灭菌，冷却后使用。或者购买配好的 DEPC 水。储存瓶和其他器具都应该用 RNase 去污剂如 RNA Zap（Ambion）处理。
2. 用于 RNA 探针体外转录的质粒必须包含 RNA 聚合酶启动子位点如 T7、T3 或 SP6，例如 pCR2（Invitrogen）或 BluescriptⅡ（Stratagene）。
3. 用于准备预吸收抗体的胚胎应该与进行原位杂交的胚胎处于同一发育阶段。此外，胚胎可以切碎或碾碎加入溶液中。此时，预吸收的抗体必须静置 24 h 或者低速离心去除溶液中的胚胎碎片。
4. 左旋咪唑储存液应新鲜制备。左旋咪唑可以降低胚胎组织内的碱性磷酸酶活性从而降低背景染色。但是同时也会降低染色过程的整体效率。所以如果背景颜色不是很高的话，左旋咪唑可以不加。
5. 尽量避免这些试剂见光。
6. 避免酶消化后留下 3′突出端。这种突出会显著降低体外转录反应的效率。
7. 有些情况下，探针合成后加入 DNase 可以降低背景。这里的 DNase 应该严格无 RNase。如果背景颜色不是很高的话，此步骤可以省略。
8. 通常，在凝胶中检测探针时，会观察到一片模糊的 RNA 片段。这些探针仍然可以使用，但是仅有一个条带的探针效果最佳。

9. 各种来源的蛋白酶 K 活性各异。有必要根据试验检测每批蛋白酶 K 储存液活性以确定最佳的孵育时间。因为其脆弱性，24 h 的胚胎的孵育时间（1 min）要比 48 h 胚胎（2～4 min）和成体组织（5～10 min）要短。如果胚胎在蛋白酶 K 中孵育时间过长的话，胚胎很容易解体。如果孵育时间不足，也会导致染色信号的急剧降低。
10. 如果需要，胚胎可以放在 PBST 中 4℃过夜。
11. 胚胎应该染成紫色。如果约 3 h 后，胚胎还未被染色，应使用新鲜的染色液和 BCIP-NBT 重复染色过程。胚胎可以放在染色液中 4℃过夜。
12. 所需溶液体积应按准备进入仪器的样本数计算。

致谢

本工作得到了加拿大自然科学和技术研究基金（NSERC）对 C. C. Martin 资助的支持。

（张广林　杨　军）

参考文献

1. Kolpin, D. W., Furlong, E. T., Meyer, M. T., Thurman, E. M., Zaugg, S. D., Barber, L. B., and Buxton, H. T. (2002) Pharmaceuticals, hormones, and other organic wastewater contaiminants in U.S. streams, 1999–2000: a national reconnaissance. *Environ. Sci. Technol.* **36,** 1202–1211.
2. Mandal, R., Hassan, N. M., Murimboh, J., Chakrabarti, C. L., Back, M. H., Rahayu, U., and Lean, D. R. S. (2002) Chemical speciation and toxicity of nickel species in natural waters from the Sudbury area (Canada). *Environ. Sci. Technol.* **36,** 1477–1484.
3. Squillace, P. J., Scott, J. C., Moran, M. J., Nolan, B. T., and Kolpin, D. W. (2002) VOCs, pesticides, nitrate, and their mixtures in groundwater used for drinking water in the United States. *Environ. Sci. Technol.* **36,** 1923–1930.
4. Nagel, R. and Isberner, K. (1998) Testing of chemicals with fish – a critical evaluation of tests with special regard to zebrafish. In: Braunbeck, T., Hinton, D. E. and B. Streit (Eds.) Fish Ecotoxicology, Birkhäuser Verlag Basel/Switzerland, 338–352.
5. Lele, Z., Hartson, S. D., Martin, C. C., Whitsell, L., Matts, R. L., and Krone, P. H. (1999) Disruption of zebrafish somite development by pharmacologic inhibition of Hsp90. *Dev. Biol.* **210,** 56–70.
6. Martin, C. C., LaForest, L., Akimenko, M-A., and Ekker, M. (1999) A role for DNA methylation in gastrulation and somite patterning. *Dev. Biol.* **206,** 189–205.
7. Ellies, D. L., Langille, R. M., Martin, C. C., Akimenko, M-A, and Ekker, M. (1997) Specific craniofacial cartilage dysmorphogenesis coincides with a loss of *dlx* gene expression in retinoic acid treated zebrafish embryos. *Mech. Dev.* **61,** 23–36.
8. Coverdale, L. E. and Martin, C. C. (2004) Not just a fishing trip—environmental genomics using zebrafish. *Curr. Genom.* **5,** 299–308.

第二章 荧光 RNA 随机引物触发的聚合酶链反应

——一种新的用于检测野生物种中由污染物引起的基因表达改变的差异显示方法

Doug Crump，Suzanne Chiu，Vance L. Trudeau，Sean W. Kennedy

概论

差异显示聚合酶链反应（PCR）可促进在诸多物种中与污染暴露相关的新分子标志物的鉴定。至今，已有多种差异显示方法被详细描述。这里，我们描述了一种改良的 RNA 随机引物触发的 PCR 方法（RNA arbitrarily primed PCR，RAP-PCR），主要涉及通过 5′罗丹明（rhodamine）标记的 18 碱基的随机引物对 cDNA 转录物进行荧光标记。这些随机引物特异结合于 cDNA 的编码区，因此简化了下游对毒物响应基因的鉴定。这种方法被命名为荧光 RNA 随机引物触发的 PCR（fluorescent RNA arbitrarily primed PCR），即 FRAP-PCR，该方法已被成功用于几种禽类和来源于培养细胞和组织等的 RNA。这种直接、安全、低成本的方法是对基于放射标记的 RAP-PCR 方法的有效替代。

关键词：差异显示；荧光；基因表达；方法；RAP-PCR；毒理基因组学

1. 引言

“组学”革命提供了一个特殊的机遇让我们去探索和建立能够在转录组、蛋白质组和代谢组水平发现新标志物的技术。尤其是毒理基因组学的出现将环境毒物的影响和转录组联系起来。差异显示 PCR（differential display PCR，DD-PCR）作为一种现代的分子生物学手段可加快对差异表达基因的鉴定，自建立以来已被广泛应用于各个研究领域（1）。RNA 随机引物触发的 PCR（RNA arbitrarily primed PCR，RAP-PCR）是一种相关的技术，是指将随机序列的引物与 RNA 一起复性生成可重复的表达模式，用于检测表达的转录子的多态性（2，3）。这项技术可应用于许多物种，并且不需要预先了解待测物种的基因组信息。由于此项技术适用于实验室和野生条件下暴露于环境毒物的生物有机体，这为新基因的发现创造了条件。到目前为止，PAP-PCR 已被用于各类物种基因表达的检测如金鱼（4）、美洲蛙（5）、海龟（6）、底鳉（7）、水蚤、大型溞等（8）。

与基因芯片的发展趋势类似，DD-PCR 技术引入了商业化的荧光染料以减少对放射性同位素标记的依赖。最初对荧光 DD-PCR 的尝试是对 3′端锚定的引物用罗丹明、荧光素或 FITC 标记 5′端（9-12）。Diener 等（8）发展了一种改良的 RAP-PCR 方法——用加上荧光素（Cy5）接头的引物进行 PCR 反应，从而使得 PCR 产物被荧光标记。为了简化该技术并省去第二次标记的步骤，我们开发出了名为荧光 RNA 随机引物触发的 PCR 方法（FRAP-PCR），将荧光素标记的随机引物引入 PCR 反应。在建立这个方法的过程中，我们使用了暴露于各种环境污染物下的不同物种和组织类型来评测 FRAP-PCR 的通用性。我们在暴露于多溴联苯醚、灭鼠剂溴鼠灵、二噁英等污染物的鸟类神经和肝细胞，以及银鸥、鸡、野鸭等禽类的脑组织和肝脏组织发现了新的基因靶点。这项技术拓展和改善了基于放射同位素标记的 RAP-PCR 方法，并且可广泛应用于多类物种以鉴定环境污染物作用的新的分子机制。

2. 试剂

除非特别说明外，所有试剂均可贮存于室温（RT）。

2.1 从组织和培养细胞中分离 RNA

1. TRIzol 试剂（Invitrogen）。该试剂含有苯酚和硫氰酸盐化合物，操作时应穿实验服，戴手套，存放于 4℃。
2. 氯仿。
3. 异丙醇。
4. 乙醇。
5. 焦炭酸二乙酯（DEPC）处理的水。
6. 无 DNA 试剂盒（Ambion）。贮存于－20℃。

2.2 cDNA 合成

1. SuperScript™ Ⅱ，RNase H-反转录酶（200 U/μL；Invitrogen）。－20℃下可稳定贮存两年以上。
2. 5×第一链合成缓冲液：250 mmol/L Tris-HCl，pH 8.3，375 mmol/L KCl，15 mmol/L $MgCl_2$，贮存于－20℃。
3. 0.1 mmol/L 二硫苏糖醇（DTT），贮存于－20℃。
4. dNTP 混合物：dNTP 各 10 mmol/L，贮存于－20℃。
5. 18 碱基的随机引物（25 μmol/L）：A3，5′-AATCATGAGCTCTCCTGG-3′；B3，5′-CATACACGCGTATACTGG-3′；C3，5′-CCATGCGCATGCATGA-GA-3′。贮存于－20℃。
6. RNase OMT™重组核糖核酸酶抑制剂（40 U/μL；Invitrogen），贮存于－20℃。

2.3 FRAP-PCR

1. Qiagen *Taq* DNA 聚合酶（5 U/μL；Qiagen），贮存于－20℃。
2. Qiagen 10×PCR 缓冲液：Tris-HCl，KCl，$(NH_4)_2SO_4$，15 mmol/L $MgCl_2$，pH 8.7，贮存于－20℃。
3. 25 mmol/L $MgCl_2$，贮存于－20℃。
4. 焦炭酸二异酯（DEPC）处理过的水。
5. dNTP 混合物：dNTP 各 10 mmol/L，贮存于－20℃。

6. 5′端用罗丹明标记的随机引物（10 μmol/L；A3、B3 或 C3），贮存于－20℃，避光。
7. QIAquick PCR 纯化试剂盒（Qiagen）。

2.4 凝胶电泳

1. 制胶溶液：6％丙烯酰胺（29∶1 丙烯酰胺-bis 丙烯酰胺），含 7 mol/L 尿素和 1×TBE 缓冲液。
2. 1×TBE 缓冲液：89 mmol/L Tris 碱，89 mmol/L 硼酸，2 mmol/L EDTA 二钠盐，pH 8.3。
3. 上样缓冲液：99％甲酰胺，1 mmol/L EDTA，pH 8.0，0.009％二甲苯氰，0.009％溴酚蓝。
4. TEMED。
5. 25％过硫酸铵。
6. FDD 垂直电泳系统，包含 60 孔梳子和低背景荧光的玻片（GenHunter）。
7. Sigmacote 硅胶液（Sigma-Aldrich），贮存于 4℃。
8. 可提供电压＞1700 V 的直流电源。
9. 荧光成像扫描仪：Typhoon 9210 可变模式成像仪（Amersham）。
10. 可打印 11in×17in[①] 纸的喷墨打印机，用于打印实际尺寸的凝胶图像。
11. 刀片。

2.5 PCR 产物的分离、再扩增和克隆

1. 胶原（20 μg/μL），贮存于－20℃。
2. 3 mol/L 乙酸钠。
3. 乙醇。
4. 焦炭酸二乙酯（DEPC）处理过的水。
5. PCR 试剂，见 2.3（注意：10 μmol/L 未标记的随机引物）。
6. TOPO-TA® 克隆试剂盒（Invitrogen）。OneShot® 感受态大肠杆菌贮存于－80℃，PCR TOPO® 克隆载体贮存于－20℃。
7. SOC 培养基：2％胰蛋白胨，0.5％酵母提取物，10 mmol/L NaCl，2.5 mmol/L KCl，10 mmol/L $MgCl_2$，10 mmol/L $MgSO_4$，20 mmol/L 葡萄糖。
8. LB 培养基。
9. 氨苄西林（10 mg/mL），贮存于－20℃。
10. 琼脂。
11. X-gal（20 mg/mL），避光贮存于－20℃。
12. M13 引物：正向（5′-GTAAAACGACGGCCAG-3′），反向（5′-CAGGAAACAGCTATGAC-3′），贮存于－20℃。
13. QIAprep 离心法小量质粒抽提试剂盒（Qiagen）。

---

① 1in＝2.54cm

3. 方法

3.1 从组织或培养细胞提取 RNA

RNA 可以从各种来源的样本包括培养的细胞（例如神经元细胞、肝细胞等）和组织中分离得到（见注释 1）。mRNA 的纯化对 FRAP-PCR 方法来说并不需要，因为 mRNA 仅占细胞总 RNA 的 3%～5%（13）。因而在本章所描述的方法适用于可得到的总 RNA 有限的情况下（如少量的细胞或组织）。细胞总 RNA 易于纯化但在用于 FRAP-PCR 前需用 DNase 处理（见注释 2）并根据每次的用量分装于一次性管子中（见注释 3）。每次实验总 RNA 的使用量均约为 750 ng（见注释 4）。

1. 培养板每一孔的原代细胞（约 1.2 mg）用 100 μL TRIzol 溶解，或每 50～100 mg 组织加 1 mL TRIzol，用匀浆器 Mixer Mill MM 300（Retsch）和碳化钨合金珠在 20 Hz 匀浆处理 2 min（见注释 5）。
2. 将匀浆后的样品在室温放置 5 min，使得核蛋白复合体完全解离。
3. 每 1 mL TRIzol 加入 0.2 mL 氯仿，用手剧烈振荡管子 15 s，室温放置 2～3 min。
4. 4℃下 12 000 *g* 离心 15 min。
5. 转移上层水相（约起始 TRIzol 体积的 60%）至一新管中，按每 1 mL TRIzol 加 0.5 mL 的异丙醇，颠倒几次混匀。在室温放置 10 min，然后 4℃，12 000 *g* 离心 20 min。
6. 移去上清，按每 1 mL TRIzol 的初始用量用 1 mL 75%乙醇洗涤 RNA 沉淀，振荡混匀，并于 4℃，7500 *g* 离心 5 min。
7. 室温下干燥 RNA，用≤100 μL 的 DEPC 处理过的水溶解。
8. 用分光光度计测定 RNA 浓度。
9. 为了去除基因组 DNA 的污染，在 50 μL 反应体系中按每 10 μg RNA 加 5 μL DNase Ⅰ缓冲液和 1 μL 重组 DNase Ⅰ（2 U/μL）。37℃孵育 20～30 min。
10. 加 10 μL DNase Ⅰ灭活剂并在室温下放置 2 min，然后 10 000 *g* 离心 1.5 min，将 RNA 转移入一新的离心管内。
11. 再次测定 RNA 浓度，稀释至 75 ng/μL，每管 10 μL 分装，于－80℃保存。

3.2 cDNA 合成

在这项技术中使用了 18 碱基的随机引物而非 Oligo-dT 引物，以确保合成的反转录产物不偏向于 3′端非翻译区。这使得内部包括可读框的 RNA 序列可被反转录成 cDNA，从而有利于下一步基因产物的鉴定。这点对于基因组序列未知的种属有特殊的意义（如银鸥、野鸭等）。同时，需设立不加反转录酶的对照，用以确定在随后的 PCR 实验步骤中是否有基因组 DNA 的污染（非反转录反应的对照，no RT control）。此外，商业化的 RNA（例如从转化的大鼠成纤维细胞来源的无 DNA 污染的总 RNA，GenHunter）可作为反转录依赖的 mRNA 扩增反应的对照（control RNA）。

1. 将 10 μL 75 ng/μL 的总 RNA 和 1 μL dNTP 混合物，1 μL 随机引物（A3、B3 或 C3；25 μmol/L）混合。65℃孵育 5 min，立即置于冰浴，稍加离心。

2. 加入 4 μL 5×第一链合成缓冲液，2 μL DTT，1 μL RNA 酶抑制剂 RNase Out 和 1 μL SuperScript™ Ⅱ反转录酶。
3. 在 25℃孵育 10 min 后于 42℃孵育 50 min.
4. 70℃加热 15 min 以终止反应。
5. cDNA 每管 5 μL 分装，于－20℃保存，用于随后的 PCR 反应（见注释 6）。

3.3 FRAP-PCR

罗丹明是光敏性的染料，因此所有的操作过程均需要在暗处进行，包括引物、工作液及包含荧光标记物的 PCR 产物。

1. 每个 25 μL 的反应体系应包括：5 μL cDNA，2.5 μL 10×PCR 缓冲液，1.5 μL $MgCl_2$，0.5 μL dNTP 混合物，1.25 μL 罗丹明标记的引物（A3、B3 或 C3），0.1 μL Qiagen *Taq* DNA 聚合酶，14.15 μL DEPC 处理过的水。
2. PCR 参数设置：

初始变性	94℃，5 min
第一阶段（仅 1 个循环）	94℃，1 min
（见注释 7）	36℃，5 min
	72℃，5 min
第二阶段（30 个循环）	94℃，1 min
	54℃，2 min（见注释 8）
	72℃，1 min
最后延伸阶段	72℃，10 min

3. 将 PCR 产物保存于 4℃，暗处避光。
4. 用 Qiagen PCR 清洁试剂盒（QIAquick Nucleotide Removal kit）纯化 PCR 产物（见注释 9）。
5. 加 125 μL PB 缓冲液至 25 μL PCR 产物中，混匀。
6. 将 QIAquick 柱子放置于 2 mL 收集管中，把上一步混匀的样品加到柱子上，17 900 *g* 离心 30～60 s。
7. 弃去过柱的液体，将纯化柱放回收集管中。
8. 加 0.75 mL 的 PE 缓冲液于纯化柱上，离心 30～60 s。
9. 将滤液弃去，纯化柱放回收集管，再离心 1 min 以除去残留的缓冲液。
10. 将纯化柱放置于另一干净的 1.5 mL 离心管中。
11. 在柱子的膜中间位置加入 30 μL EB 缓冲液，室温静置 1 min，离心洗脱 DNA。

3.4 凝胶电泳

1. 将玻片的内表面擦拭干净，并用 Sigmacote 包被液处理带有凹槽的玻片内表面。装好玻片成“三明治”，将边缘封口以防胶聚合前泄漏。
2. 配置 6％的变性聚丙烯酰胺凝胶。垂直电泳系统（长 45 cm，宽 25 cm）约需 50 mL 聚丙烯酰胺溶液。同时需加 100 μL 新鲜配制的过硫酸铵和 50 μL TEMED 并混匀。

3. 将配置好的凝胶溶液沿着玻片上缘加入，插入加样梳，让其聚合过夜。在胶体溶液的上面盖上湿纸巾和保鲜膜防止溶液蒸发干。
4. 聚合后，先在 1500 V 的电压下预电泳 45 min。上下缓冲液槽共需用约 750 mL 1×TBE 电泳缓冲液。
5. 将 30 μL PCR 产物和 15 μL FDD 上样缓冲液混匀，并设置恰当的对照（非转录反应的对照和 control 反转录依赖的 mRNA 扩增反应的对照），在 80℃孵育 2 min 后取 5 μL 上样（见注释 10）。上样前，用移液器冲刷每个上样孔。每份样品上样三个平行孔。
6. 在 1700 V 电泳 6 h 后，取出凝胶，根据对罗丹明的操作指南，用 Typhoon 成像仪扫描（激发透镜为 532 nm，发射透镜为 580 nm BP30）。确保非转录反应的对照加样孔泳道为空白，而反转录依赖的 mRNA 扩增反应的对照泳道有条带出现。
7. 根据实际尺寸将凝胶图谱打印出来，将胶放于打印出的图谱上用保鲜膜包裹整块凝胶，以防止水分蒸发。
8. 用干净的刀片将感兴趣的条带切下，重新扫描确定切割的是正确的条带。所切割获取的条带应该显示为有/无模式（图 1）。

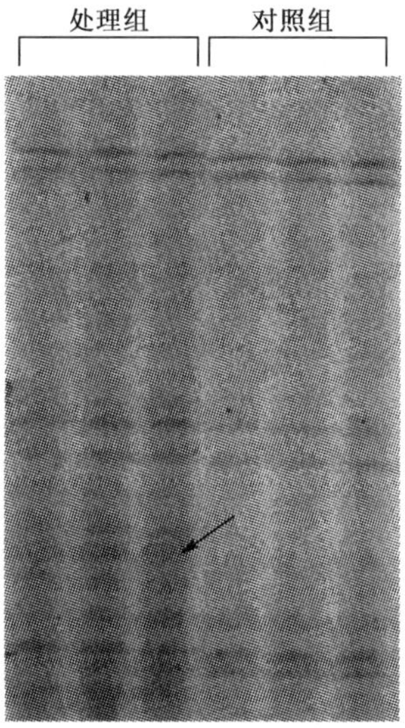

图 1　处理样品和对照的 FRAP-PCR 结果图。从鸡胚神经嵴细胞抽提的总 RNA 用随机引物 A3 反转录成 cDNA，并用 5′端标记有罗丹明的 A3 引物作 PCR 扩增。箭头指示的条带为有/无模式。此外，无论处理与否，有几条条带呈现组成性表达。

3.5　PCR 产物的分离、再扩增和克隆

1. 将割取的胶条置于 1.5 mL 离心管中，室温下用 100 μL 水浸泡 10 min。
2. 扣紧离心管盖子，>95℃孵育 15 min，离心 2 min。
3. 转移上清到另一离心管；加入 10 μL 3 mol/L 乙酸钠，2.5 μL 胶原（20 μg/μL）和 450 μL 无水乙醇。−80℃放置 30 min 以上。
4. 离心 10 min 沉淀 DNA，移去上清，用 200 μL 85%冰乙醇冲洗沉淀，离心去除残留的乙醇。
5. 用 10 μL DEPC 水溶解沉淀，取 4 μL 用于再扩增。除未标记的引物（10 μmol/L）之外，再扩增反应须用与 FRAP-PCR 相同的 PCR 试剂。PCR 循环条件为：94℃，30 s；54℃，1 min；72℃，1 min；30 个循环。
6. 取 15 μL 第二次 PCR 反应产物在 1%的琼脂糖凝胶上进行电泳，用溴乙锭染色确定插入片段的大小（见注释 11）。
7. 用 TOPO® TA 克隆试剂盒（Inivtrogen）将 PCR 产物克隆入 pCR2.1 TOPO® 载体，操作如下：2 μL PCR 产物，0.5 μL pCR2.1 TOPO® 载体，0.5 μL 盐溶液（见注释 12）。
8. 室温下孵育 5 min，贮存于−20℃或直接进行转化（步骤 9～12）。

9. 将 2 μL 连接产物和 25 μL One Shot®感受态大肠杆菌（约半管）轻轻混匀（不可用移液器吹打混匀）。
10. 冰浴 5～30 min。42℃加热 30 s，立即转到冰上。
11. 加入 125 μL SOC 培养基，在 37℃，水平摇床 200 r/min 培养 1 h。
12. 取 50～75 μL 转化物在含有 50 μg/μL 氨苄青霉素和 40 μg/mL X-gal 的 LB 琼脂板上涂板，37℃培养过夜。
13. 用移液枪头轻触三个白色克隆的边缘，将其分别溶于 50 μL 水中，取 1 μL 用 M13 引物进行 PCR 反应，以鉴定阳性克隆。
14. 从每一感兴趣的条带中选一阳性转化克隆，在 LB/氨苄培养基中 37℃培养过夜。
15. 用 Qiagen 的 QIAprep 小量质粒抽提试剂盒提取质粒并测序。
16. 验证不同基因的表达（见注释 13）。

4. 注释

1. 细胞培养需严格在无菌条件下进行。移去培养基后，培养板需立即放到干冰上或放置于－80℃直至抽提 RNA。组织的收集必须用无菌、无 RNase 污染并用 3%过氧化氢处理过的器具。组织样本需迅速冻存于干冰或液氮中，以防止 RNA 的降解。另一选择是将组织剪切成直径小于 0.5 cm 的小块，贮存于 RNAlater（0.1～0.2 g/mL，Ambion）中，可于 4℃存放一个月或－20℃长期保存。这对于现场就地取样来说非常理想，省去了对干冰或液氮的依赖。
2. 去除痕量的染色体 DNA 或其他来源的基因组 DNA 的污染是 FRAP-PCR 实验成功的关键。在扩增反应时基因组 DNA 可与 cDNA 竞争导致 RNA 指纹图谱的假阳性结果。对这些假阳性结果的研究将浪费大量试剂和时间。我们用 Ambion 的 DNA-Free Kit 可去除单链和双链的基因组 DNA，同时保持 RNA 模板的完整性。在随后的实时定量 PCR 反应中非转录反应的对照未出现任何扩增产物。这个试剂盒还有一个优点就是它包含一种新的去除 DNase 的试剂，可以除去 DNase 和二价阳离子，以消除它们对后续反应的影响。DNase 和二价阳离子的去除步骤非常迅速，且不需要有机溶剂的抽提、加入 EDTA 或热灭活（所有这些操作都可能影响 RNA 的完整性）。
3. 每管分装适量的 RNA 避免随后用于 cDNA 合成反应的 RNA 反复冻融而影响 RNA 的数量和质量。总 RNA 样品经过反复冻融后凝胶电泳显示条带的亮度会有所降低。
4. 对 FRAP-PCR 实验最佳的总 RNA 用量是通过用 200、500、750 和 1000 ng 预实验结果得到的。750 ng 结果重复性最好，条带最清晰。但有时会遇到较高的噪声信号比，此时将 RNA 总量降至 375 ng 可消除背景噪声，改善条带的清晰度。
5. 根据裂解液和裂解的组织类型，我们同时使用了不锈钢珠子和碳化钨珠子来匀浆组织。我们发现 TRIzol 会腐蚀不锈钢珠子而 RNeasy 裂解液（Qiagen）则不会。性腺、心脏和肝组织用碳化钨珠子匀浆解离效果较好，而脑组织和甲状腺则用不锈钢珠子较好。

6. cDNA 分装的原因正如 RNA 分装的原因：避免反复冻融导致降解。20 μL 的反应体系得到的 cDNA 如用于 4 次 FRAP-PCR 反应则中间会冻融 3 次，第三次时就会影响凝胶图谱，尤其是弱的条带。
7. 第一链合成之后，要进行一步低保真度的 PCR 步骤以利于随机引物结合到 PCR 产物的两端。这一第二链合成步骤确保了后面高保真 PCR 中 cDNA 产物的最佳扩增效果。
8. 决定 FRAP-PCR 中使用的具体的 18 碱基引物的最佳复性温度是非常重要的。A3、B3 的理想退火温度是 54℃，而 C3 则是 56℃。如果研究者使用本章描述之外的 18 碱基引物，则需在进行实验之前用分析软件（如 Oligoanalyzer）确定其溶解温度、GC 含量及最佳 PCR 温度。之后，再根据经验确定 PCR 条件。
9. 在建立 FRAP-PCR 方法的初始阶段，罗丹明标记的 PCR 产物在电泳前并没有

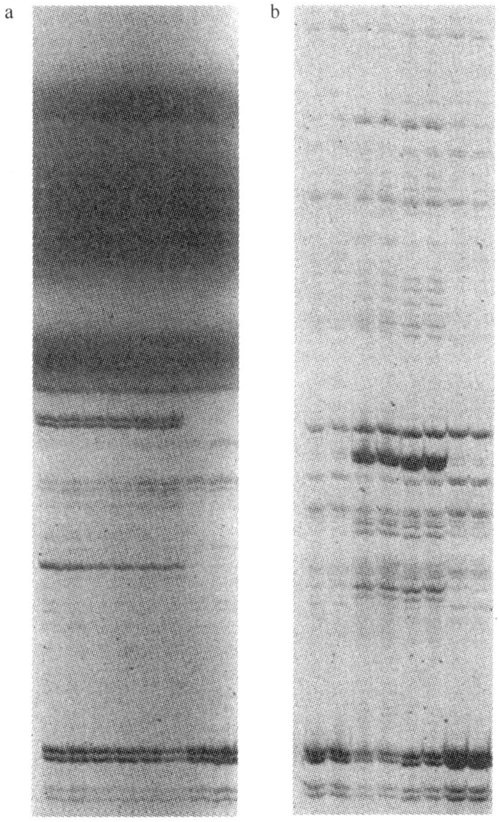

图 2　在电泳前用 QIAquick PCR 纯化试剂盒（Qiagen）纯化 FRAP-PCR 产物的效果图。从鸡胚神经嵴细胞抽提的总 RNA 用随机引物 A3 反转录成 cDNA，并用 5′端标记有罗丹明的 A3 引物作 PCR 扩增。其中 8 份样品的各一部分随即上样电泳（a），而剩余部分经 QIAquick PCR 纯化试剂盒纯化后再上样电泳（b）。结果表明在获得 RNA 的指纹图谱结果前，PCR 纯化步骤极其重要，否则会丢失很多感兴趣的目的条带。

经过纯化。这导致所有上样孔都出现了大片的非特异性的条带（图 2a）。我们推测非特异性条带是由于多余的核苷酸和过剩的罗丹明所致。QIAquick PCR 纯化试剂盒（Qiagen）可回收 100 bp～10 kb 的片段，并将小于 40 bp 的片段去除。这种基于纯化柱的简易快速的方法对于除去拖尾，改善电泳结果的分辨率是非常有效的（图 2b），应该用于所有的 FRAP-PCR 实验。在未纯化的样品中，由于非特异性条带造成的背景会导致目的条带的丢失。

10. 上样时尽可能不用靠近两边的 5 个孔。这些孔的电泳结果时常会出现拱形的条带，这使得与中间上样孔的结果很难比较。因为中间的上样孔通常分离效果较好，电泳条带清晰平整。同时，在不同处理组间空开 1～2 个上样孔可避免电泳条带的弥散干扰。
11. 罗丹明标记的 DNA 标准物并没有同时在测序胶上跑，因此，产物大小是在再扩增 PCR 步骤进行的。经过 6 h 的 1700 V 恒压电泳，在测序胶的中部切下的产物大小约在 300～750 bp 之间。在大多数情况下，从测序胶切下的条带在再扩增 PCR 时只产生一个产物，可直接亚克隆至 TOPO 载体上。然而，一些看上去代表单一产物的条带在用于筛选的琼脂糖凝胶上会呈现多条带。这种共迁移率和非特异的扩增现象可从下面两方面来处理解决：（1）从琼脂糖凝胶上切割下与测序胶上条带大小相同的电泳条带，用 QIAquick PCR 纯化试剂盒（Qiagen）纯化，亚克隆纯化产物或者（2）增加测序胶电泳的时间，以提高单个条带的分辨率，因为可能原来的条带代表了不止一个的 PCR 产物。
12. 根据要进一步研究的潜在靶点的数量，转化和克隆可能会在 FRAP-PCR 的实验成本中占相当的比例。我们发现克隆反应可以用推荐量一半的试剂进行。比如，在连接反应时只用 0.5 μL 的载体，连接产物转化入半管（25 μL）的感受态细菌。这样可节约试剂和成本而不影响 TOPO TA 克隆效率。
13. 克隆完成后有好几种方法鉴定差异基因表达。我们选用了一种敏感度和可靠性最高的衡量 mRNA 相对表达量的实时定量 RT-PCR 方法（仪器为 MX4000，SYBR GREEN Master Mix 荧光染料）。实时定量 PCR 引物根据 FRAP-PCR 获得的序列设计。18S rRNA、β-actin、甘油-3-磷酸脱氢酶（GAPDH）作为内对照基因与目的基因的表达丰度相比较。

致谢

这项工作由杀虫剂科学基金资助（Pierre Mineau 博士，加拿大环境保护署）和加拿大环境基因组学技术应用部门资助。特别感谢 Stephanie Jones 和 Magdalena Jagla 对本章内容的仔细审阅。

（陈璋辉　杨　军）

参考文献

1. Liang, P. and Pardee, A.B. (1992) Differential display of eukaryotic messenger RNA by means of the polymerase chain reaction. *Science* **257**, 967–971.
2. McClelland, M., Honeycutt, F., Vogt, T., and Welsh, J. (1997) Fingerprinting by Arbitrarily Primed PCR, in *Methods in Molecular Biology, Vol. 85: Differential Display Methods and Protocols* (Liang, P. and Pardee, A.B., eds.), Humana Press, Totowa, NJ, pp. 13–24.
3. Welsh, J., Chada, K., Dalal, S. S., Cheng, R., Ralph, D., and McClelland, M. (1992) Arbitrarily primed PCR fingerprinting of RNA. *Nucleic Acids Res.* **20**, 4965–4970.
4. Blazquez, M., Bosma, P. T., Chang, J. P., Docherty, K., and Trudeau, V. L. (1998) Gamma-aminobutyric acid up-regulates the expression of a novel secretogranin-II messenger ribonucleic acid in the goldfish pituitary. *Endocrinology* **139**, 4870–4880.
5. Crump, D., Lean, D., and Trudeau, V. L. (2002) Octylphenol and UV-B radiation alter larval development and hypothalamic gene expression in the leopard frog (*Rana pipiens*). *Environ. Health Perspect.* **110**, 277–284.
6. Trudeau, V. L., Chiu, S., Kennedy, S. W., and Brooks, R. J. (2002) Octylphenol (OP) alters the expression of members of the amyloid protein family in the hypothalamus of the snapping turtle, *Chelydra serpentina serpentina. Environ. Health Perspect.* **110**, 269–275.
7. Picard, D. J. and Schulte, P. M. (2004) Variation in gene expression in response to stress in two populations of *Fundulus heteroclitus. Comp. Biochem. Physiol. Part A* **137**, 205–216.
8. Diener, L. C., Schulte, P. M., Dixon, D. G., and Greenberg, B. M. (2004) Optimization of differential display polymerase chain reaction as a bioindicator for the cladoceran *Daphnia magna. Environ. Toxicol.* **19**, 179–190.
9. Ranamukhaarachchi, D. G., Rajeevan, M. S., Vernon, S. D., and Unger, E. R. (2002) Modifying differential display polymerase chain reaction to detect relative changes in gene expression profiles. *Anal. Biochem.* **306**, 343–346.
10. Cho, Y. J., Meade, J. D., Walden, J. C., Chen, X., Guo, Z., and Liang, P. (2001) Multicolor fluorescent differential display. *Biotechniques* **30**, 562–571.
11. Ito, T. and Sakaki, Y. (1997) Fluorescent differential display, in *Methods in Molecular Biology, Vol. 85: Differential Display Methods and Protocols* (Liang, P. and Pardee, A.B., eds.), Humana Press, Totowa, NJ, pp. 37–44.
12. RNAspectra™ Kit for Fluorescent mRNA differential display: Protocol. GenHunter Corporation, Nashville, TN, USA. (www.genhunter.com)
13. Alberts, B., Bray, D., Lewis, J., Raff, M., Roberts, K., and Watson, J. D. (eds.) (1994) *Molecular Biology of the Cell, 3rd edition.* Garland, New York.

第三章 cDNA宏阵列方法分离拟南芥的臭氧应答基因

Masanori Tamaoki

概论

除cDNA微阵列外，基于尼龙膜支持物的cDNA宏阵列方法是又一被广泛应用的大规模基因表达数据的收集方法。从新基因的发现到基因表达谱的分析，cDNA宏阵列被应用于分子生物学研究领域的各个方面。尽管cDNA宏阵列的点阵密度低于微阵列，但由于应用灵敏度较高的同位素标记的cDNA探针，宏阵列仍适用于检测大规模基因表达。在mRNA表达差异较大的器官中，比如植物分生组织和动物脑部，cDNA宏阵列是获得基因表达谱的适用方法。本章将介绍cDNA宏阵列杂交的应用方法，内容包括：如何制备不同规模的宏阵列，如何分析实验结果，以及如何决定基因表达数据的统计学差异的显著性。

关键词： 拟南芥；cDNA宏阵列；cDNA微阵列；基因表达；臭氧；统计分析；子阵列

1. 引言

近年来，cDNA微阵列（1）和cDNA宏阵列（2）技术的出现使测定大规模基因表达得以实现。cDNA阵列是指将cDNA克隆的聚合酶链反应（PCR）产物在支持物上排成点阵，宏阵列的支持物一般为尼龙膜，而微阵列的支持物一般为玻片。由mRNA转录得到的探针经同位素或荧光标记后与cDNA阵列进行杂交。无论是微阵列还是宏阵列，对阐明不同组织、不同生长阶段、不同环境条件下的mRNA表达谱差异和发现新的基因，都是非常有用的实验技术（3）。尽管都能进行大规模的基因检测，但普便认为cDNA微阵列的优势在于检测灵敏度较高，这主要是由于微阵列杂交时所用液体体积较小，探针浓度较高。但是经比较研究发现，由于宏阵列膜上能固定更多的DNA样品，与^{33}P标记的探针联合应用时具有比微阵列更高的灵敏度（4）。理论上，宏阵列可以检测到一个表达水平只有0.005%的mRNA，一般认为每个细胞中有约300 000个mRNA表达，0.005%的表达水平相当于每个细胞中只表达15个分子（表1）。

与微阵列不同，宏阵列实验可以利用实验室常规仪器完成，因此目前来说，cDNA宏阵列是研究者更容易选择的研究手段。但是，cDNA宏阵列的缺点是一张膜只能分析一个样本，在比较多个样本时就会存在因cDNA探针量的差异引起的信号强度误差的可能性。而cDNA微阵列由于每个样本都用不同荧光标记，例如Cy3和Cy5，可以在同一张玻片上比较两个或多个样本（5），就不存在这样的问题。微阵列技术可以较为准确地测定信号，可以检测到10^2范围内基因表达的上调和下调（6）。而相对于微阵列，cDNA宏阵列较易受实验因素干扰，因此应用宏阵列时应对多次重复实验的数据进行统计分析，以减少实验影响因素。

表 1　cDNA 宏阵列和微阵列的比较

	cDNA 宏阵列	cDNA 微阵列
支持物	尼龙膜	玻片
点阵密度	<500 个基因/cm^2	500～1000 个基因/cm^2
检测系统	放射性同位素（^{33}P）	荧光染料（Cy3、Cy5）
是否可再利用	是（见注释 9）	否
灵敏度	0.005% mRNA	0.05% mRNA
动态范围	10^4 倍	10^2 倍
误差	20%	100%

本章将以分别在臭氧和环境空气中培养的拟南芥中基因表达谱差异分析为例，介绍 cDNA 宏阵列的方法。本章包括以下几个方面：(1) cDNA 宏阵列的制备；(2) 阵列杂交和数据收集；(3) 一组包括了三次独立实验的统计分析。

2. 材料

2.1　cDNA 宏阵列的样品制备

培养基：1∶2 (*V/V*) Gamborg B5 培养基（GibcoBRL，Rockville，MD），1∶1000 (*V/V*) Hyponex 肥料（Hyponex 10∶5∶10；Hyponex Japan，Osaka，Japan），1%蔗糖；pH 调至 5.7。

2.2　cDNA 宏阵列探针制备（见注释 1～4）

1. 4 mol/L 硫氢酸胍（guanidium thiocyanate）溶液：4 mol/L 硫氢酸胍，0.1 mol/L Tris-HCl，pH 7.5，10 mmol/L EDTA，0.5%十二烷基肌氨酸钠（Sarkosyl），0.1% β-巯基乙醇（β-mercaptoethanol）。
2. 酚-氯仿（Phenol-chloroform）：50% (*V/V*) 液态酚，pH 8.0，48% (*V/V*) 氯仿，2% (*V/V*) 异戊醇。
3. 5.7 mol/L 氯化铯垫层：5.7 mol/L 氯化铯，0.1 mol/L EDTA；pH 调至 7.5。
4. DEPC 水：0.1%焦碳酸二乙酯（DEPC）。
5. 10×杂交液：1.2 mol/L NaCl，0.1 mol/L Tris-HCl，pH 8.0，50 mmol/L EDTA，10%十二烷基磺酸钠（SDS）。
6. BPB 溶液：10 mmol/L Tris-HCl，pH 7.5，0.25%溴酚蓝，1 mmol/L EDTA，pH 8.0，60% (*V/V*) 甘油。
7. 碱溶液：0.5 mol/L NaOH，1.5 mol/L NaCl。
8. 中和液：1.5 mol/L NaCl，0.5 mol/L Tris-HCl；pH 调至 7.4。
9. 2×SSC：300 mmol/L NaCl，30 mmol/L 柠檬酸钠。

2.3　cDNA 宏阵列杂交

1. 5×M-MLV RT 缓冲液：250 mmol/L Tris-HCl，pH 8.3，375 mmol/L KCl，

15 mmol/L $MgCl_2$。

2. 不含 dCTP 的 dNTP 混合液：20 mmol/L dATP，20 mmol/L dTTP，20 mmol/L dGTP。
3. 杂交液（Church 磷酸缓冲液）：0.5 mol/L Na_2HPO_4，1 mmol/L EDTA，1 μg/mL poly dA（Roche Diagnostics，Indianapolis，IN），7% SDS，pH 调至 7.2。
4. 0.2×SSC：30 mmol/L NaCl，3 mmol/L 柠檬酸钠。

3. 方法

3.1 cDNA 宏阵列的样品制备

1. 选用拟南芥（*Arabidopsis thaliana*）Heyhn accession Columbia（Col-0；ABRC，Columbus，OH）。
2. 用来构建 cDNA 文库的植株在 22℃下按照 16 h 光照：8 h 避光的周期进行土壤培养。
3. 生长 2～6 周的植株收集地上部分，包括花苞和绿色果荚。植株的水培养是把消毒后的种子散布入培养基，在 22℃下进行不间断的光照和旋转培养 2 周。水培养的植株收集幼苗和根。
4. 为提取 mRNA，先把植株在石棉块上萌发，并在 25℃，50%～60%相对湿度，100 μmol m^{-2} s^{-1}光量子通量密度（PPFD），14 h 光照：10 h 避光周期的条件下在叶箱中培养。
5. 用稀释 2000 倍的 5：10：5 营养液（Hyponex，Hyponex Japan）浇灌植株。两周大的植株在臭氧叶室中进行 200 nL/L O_3处理 12 h（7）。臭氧叶室保持 25℃，70%相对湿度，100 μmol $m^{-2}s^{-1}$ PPFD 的连续光照培养条件。环境空气中培养的植株作为实验的对照组。臭氧由臭氧发生器（Sumitomo Seika Chemical，Tokyo，Japan）产生。

3.2 cDNA 宏阵列的探针制备（8）

3.2.1 Poly (A)$^+$ RNA 的提取

1. 利用硫氢酸胍-氯化铯超速离心法提取地上部分、花苞、根部、2～6 周大的植株和水培幼苗的总 RNA（9）。
2. 取 4g 冷冻组织，在液氮中研磨成粉，加入 25 mL 4 mol/L 硫氢酸胍缓冲液。
3. 匀浆于室温，5000 *g* 离心 10 min。
4. 将上清液转移到新的离心管中并加入等体积酚-氯仿，混匀。
5. 5000 *g* 室温离心 5 min。
6. 将上清液转移到新的离心管中，重复步骤 4 和 5 四次。
7. 取上清，置于离心管中的氯化铯垫层（15 mL，5.7 mol/L）之上，20℃，271 000 *g* 离心 22 h，离心机转子为 RP50VF（Hitachi Koki，Tokyo，Japan）。
8. 弃去离心管上清，并将离心管倒置于纸巾上吸去多余液体。

9. 用 70%乙醇室温下清洗沉淀，弃上清，吸去多余液体。
10. RNA 沉淀晾干，用 DEPC 水溶解。
11. 用 mRNA 纯化试剂盒（Amersham Biosciences，Piscataway，NJ）将 Poly (A)$^+$ RNA 从总 RNA 中分离出来（见注释 5）。

3.2.2 cDNA 文库的构建

1. 取 1.5～7.5 μg poly（A)$^+$ RNA 做模板，用带有一个 *Xho* Ⅰ位点的 oligo-(dT)$_{18}$引物扩增，用 SuperScript Ⅱ（Invitrogen，Groningen，Netherlands）反转录酶 52℃反应 30 min 合成第一链（见注释 6）。
2. 第二链合成结束后，用 DNA 补平试剂盒（DNA Blunting Kit，TaKaRa Bio，Ohtsu，Japan）将 cDNA 末端补平，两端各加一个 *Eco*R Ⅰ接头。
3. 用 *Xho* Ⅰ消化后在 cDNA 的 3′端切出 *Xho* Ⅰ黏末端位点。
4. 1%琼脂糖电泳分离合成的 cDNA，大小在 1～3 kb 之间的片段用试剂盒 QIAquick Gel Extraction Kit（QIAGEN，Düsseldorf，Germany）回收。
5. 回收的片段通过 *Eco*R Ⅰ-*Xho* Ⅰ位点连接到 pBluescript Ⅱ SK$^-$ 载体上并电转化到 *E. coli* XL1-Blue MRF' 菌株（Stratagene）中。

3.2.3 cDNA 文库均一化

1. 用 5 μg 质粒 DNA 构建一个单链文库。首先，用 20 单位噬菌体 F1 的 gene Ⅱ 内切酶（M13 gpⅡ protein；Life Technologies，Gaithersburg，MD）37℃处理 30 min（见注释 7），在质粒 DNA 的 f1 复制起始点生成缺口。然后用 250 单位具有 3′到 5′外切酶活性的外切酶Ⅲ（New England Biolabs）酶切得到单链质粒。整个反应在自带缓冲液中完成（TaKaRa Bio，50 mmol/L Tris-HCl，pH 8.0，5 mmol/L $MgCl_2$，10 mmol/L 2-巯基乙醇），加水调整至总体积 50 L，在 37℃下孵育 1 h。
2. 用 PCR 扩增得到的 cDNA 插入片段，通过加入过量的 cDNA 插入片段（大约 1 μg）使之发生自杂交。扩增 cDNA 插入片段时，用约 5 ng 的 DNA 模板（由步骤 1 得到的单链文库）与 1 μL 100 μmol/L T7 引物 5′-TAATACGACTCACTATAGGG-3′ 和 1 μL 100 μmol/L SK 引物 5′-GCTCTAGAACTAGTGGATC-3′ 混合，加入 Ex-*Taq* DNA 聚合酶（TaKaRa Bio）在 Perkin-Elmer 9600 Thermal Cycler（Applied Biosystems，Foster City，CA）上进行 PCR 反应，反应程序如下：7 min 从室温升到 94℃；20 个循环，每循环 94℃ 1 min，55℃ 2 min，72℃ 3 min。最后 72℃延伸 7 min。
3. PCR 产物用乙醇沉淀，溶解于 1.5 μL 水，然后与溶于 5 μL 甲酰胺的单链文库 cDNA（50 ng），0.5 μL（10 μg）5′端封闭寡核苷酸混合物（5′-GCTCTAGAACTAGTGGATCCCCCGGGCTGCAGGAATTCG-3′ 和 5′-AATTCGGCACGAG-3′）和 0.5 μL（10 μg）3′端封闭寡核苷酸混合物（5′-CTCGAGGGGGGGCCCGGTA-3′和 5′- GTACCCAATTCGCCCTATAGTGAGTCGTATTA - 3′）混合。

4. 混合物置于 80℃ 3 min，加入 1 μL 10×杂交缓冲液和 1.5 μL 水，在 30℃反应 24 h。
5. 剩余的质粒 DNA 单链环采用羟磷灰石色谱法纯化后（10）用 Klenow 片段（TaKaRa Bio）转化成双链 DNA。然后将获得的双链 DNA 电转化到 *E. coli* 中。均一化的文库一般有 1×10^6 个独立克隆。

3.2.4 模板制备和测序

1. 质粒 DNA 用碱裂解法在 96 孔板中提取（11）。
2. 克隆用 *Apa* Ⅰ和 *Sma* Ⅰ酶切，酶切产物进行琼脂糖电泳，得到插入片段并确定片段长度。
3. 用 BigDye Terminator Cycle Sequencing Ready Reaction Kit（Applied Biosystems）对克隆进行核酸测序，在 DNA 自动测序仪（ABI PRISM 373 和 377XL；Applied Biosystems）上电泳。
4. 从标准 cDNA 文库中随机挑选 cDNA 克隆（见注释 8）。在本例中，共有 14 026 个克隆由 5′端测序，39 207 个克隆由 3′端测序。最终，39 207 个 3′表达序列标签（EST）被分成为 12 028 个独立的组（8）。
5. 12 028 个独立的 EST 克隆用来构建一个大规模的 cDNA 宏阵列。这些 EST 克隆用引物 5′-GTAATACGACTCACTATAGGGC-3′ 和 5′-TCATTAGGCACCCCAGGCTTTACAC-3′扩增。PCR 反应在 Perkin-Elmer 9600 Thermal Cycler（Applied Biosystems）上进行，反应体系为 80 μL 混合物，包括 1 μL *E. coli* 细胞作为 PCR 模板，1× Ex-*Taq* 缓冲液（TaKaRa Bio），2.5 mmol/L $MgCl_2$，0.2 mmol/L dNTPs，上下游引物各 0.2 μmol/L 和 0.5 单位 Ex-*Taq* DNA 聚合酶（TaKaRa Bio）。反应程序为 35 个循环，每循环包括 94℃解链 45 s，55℃复性 45 s 和 72℃延伸 2 min；循环之后再 72℃延伸 4 min。
6. 每个反应取 4 μL 产物于 1.5%的琼脂糖胶上电泳检测 EST 片段的长度。

3.3 大规模 cDNA 宏阵列的制备

1. 剩余的 75 μL PCR 产物与 15 μL BPB 溶液混合后用 Biomek 2000 Laboratory Automation Workstation（Beckman Instruments Inc.，Fullerton，CA）点在一张 8cm×12cm 的尼龙膜（Biodyne A，Pall，East Hills，NY）上。这台仪器的点样针可在膜上点出 2880 个 EST 克隆，因此，本例需要 5 张不同的膜来容纳 12 028个 EST 克隆。图 1A 为一张 cDNA 宏阵列的示例。
2. λDNA（10 mg/μL）点在膜上作为阴性对照。
3. 点好的膜先置于装有碱溶液的浅盘中变性 2 min，再转移到中和液中反应 2 min。
4. 将膜用 2×SSC 清洗后，有 DNA 的一面向上放在纸巾上晾干。
5. 膜晾干后，通过紫外交联（1.2 J/cm^2）将点上的 EST 克隆固定在膜上。

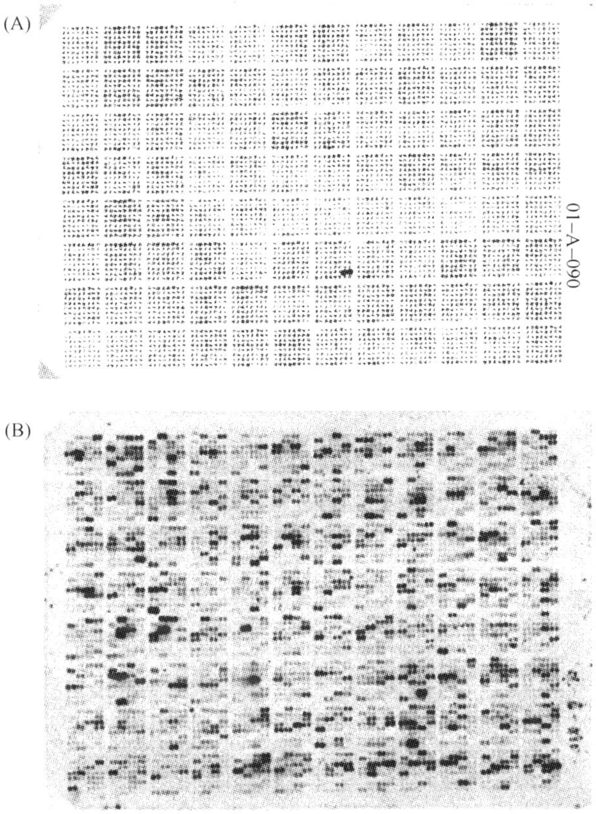

图 1 cDNA 宏阵列分析的杂交模式示例。(A) 杂交前的 cDNA 宏阵列，用 Biomek 2000 Laboratory Automation Workstation (Beckman Instruments Inc.) 制成，包括 2880 个 EST 克隆。(B) 杂交后的 cDNA 宏阵列。拟南芥 EST 克隆的大规模 cDNA 宏阵列与来自臭氧处理的拟南芥的放射同位素标记的 cDNA 探针杂交。杂交图像用高分辨率扫描仪 (Storm; Amersham Biosciences) 扫描。

3.4 cDNA 宏阵列的杂交

3.4.1 同位素标记 (RNA 标记)

1. 目标样本的总 RNA 或 mRNA 如 3.2.1 所述制备。在本例中，总 RNA 来自臭氧处理和未处理的拟南芥植株。
2. 10 μg 总 RNA [或 0.2 μg poly $(A)^+$ RNA] 与 2 μg oligo-$dT_{(12\text{-}18)}$ (Invitrogen) 混合，加 DEPC 水调整总体积至 14 μL。
3. 将该 RNA 溶液 70℃孵育 10 min，冰浴 2 min。
4. 加入 6 μL 5×M-MLV RT 缓冲液，1.5 μL 不含 dCTP 的 dNTP 混合液，1 μL 0.1 mol/L DTT，6 μL [α-^{33}P] dCTP (spec act >2500 Ci/mmol; Amersham Biosciences) 和 7.5 单位 SuperScript Ⅱ (Invitrogen)。

5. 混匀后将反应混合物37℃孵育90 min。冰浴5 min。
6. 将样品置于G-50离心柱（Probe Quant G-50 Micro Column；Amersham Bioscience）中，820 *g* 离心2 min。
7. 收集滤液（约30 μL）并于95℃变性5 min。
8. 将变性后的探针置于冰上直至使用。

3.4.2 杂交

1. 将cDNA宏阵列膜置于杂交袋（Atto，Tokyo，Japan）中。
2. 将10 mL杂交液倒入袋中，用加热封口机封袋。
3. 杂交袋没入65℃水浴中1～2 h。
4. 将杂交袋从水浴中取出，用剪刀剪去一角。
5. 将变性后的探针（3.2.1）加入杂交液中，将袋中的空气尽可能挤净。
6. 将杂交袋重新封好。
7. 杂交袋没入65℃水浴中不少于16 h。
8. 杂交结束后，用剪刀剪去杂交袋一角，打开袋子。
9. 将膜转移到一装有250 mL 0.2×SSC，0.1% SDS的平底塑料盒中。
10. 65℃轻轻晃动15 min洗膜（见注释10）。
11. 将溶液换成新的250 mL 0.2×SSC，0.1% SDS，把盒子转移到65℃水浴中，轻轻摇晃15 min。
12. 将膜置于纸巾上吸去大部分液体。
13. 用塑料包裹膜后置于成像盘（Fuji Film，Tokyo，Japan）中不少于12 h。

3.5 数据收集和统计分析

1. 用50 μm分辨率的高分辨率扫描仪（Storm；Amersham Biosciences）扫描放射自显影片，然后用ArrayVision软件（Amersham Bioscinces）对信号强度定量。图1B为一张扫描的例图。
2. 将信号强度数据以“.csv”格式导出，导入数据分析软件（例如Microsoft Excel Version X，Microsoft，Redmond，WA）进行分析。
3. 用全局均一化法（见注释11）将膜与膜之间的数据差异均一化，具体做法为：将膜上所有信号的强度求平均值，用目标信号强度与膜的平均强度比值求得相对信号强度。这样，这个评估值就称之为表达率。
4. 在进一步分析之前，计算重复点的表达率平均值。在筛选刺激应答基因（本例中为臭氧应答基因）时，首先去除表达率在背景信号（阴性对照λDNA的平均表达率）10倍以下的基因；这个表达水平相当于0.02%的总RNA。在本例中，这个过程排除了12 028个EST中的大约2/3。
5. 选择经处理后（本例中为臭氧处理，见图2）表达量提升或下调3倍以上的基因做进一步分析。
6. 采用单因素方差分析（显著性水平＜0.05）鉴别出结果可重复的，对刺激产生应答的基因。这一步要用到F统计，即在两个或多个随机样本信息的基础上评估群体的变异，从而检验不同实验条件下 mRNA 表达水平差异的统计学显著性。在本例中，找到了 205 个被臭氧调控的不冗余的 EST，其中 157 个表达被臭氧诱导，48 个表达被抑制（图 3）（12）。

7. （可选）如果有必要进行系统聚类（13）和 K-均值聚类分析，推荐用 GeneSpring 软件包（version 5.0，Silicon Genetics，Redwood，CA）。
8. 对拟南芥数据的处理，可以在 *Arabidopsis* Research and Tools (DART) 程序的数据库（http://tabacum.agr.nagoya-u.ac.jp/dart.）中搜索基因名和注释。基因的功能分类可以先通过 MATDB（http://mips.gsf.de/proj/thal/db/index.html）对 EST 分类。然后未分类的 EST 再通过注释所述中推测的功能再次分类。

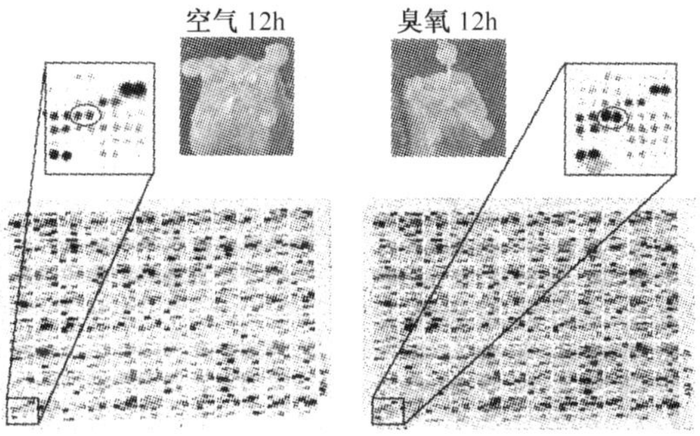

图 2　cDNA 宏阵列中臭氧诱导的基因表达谱。图中所示为环境空气（左）和臭氧（右）诱导的基因表达谱。部分 cDNA 宏阵列被放大（上部的格子）后，显示了其中一个能被臭氧诱导的基因示例（格子中圈出的部分）。

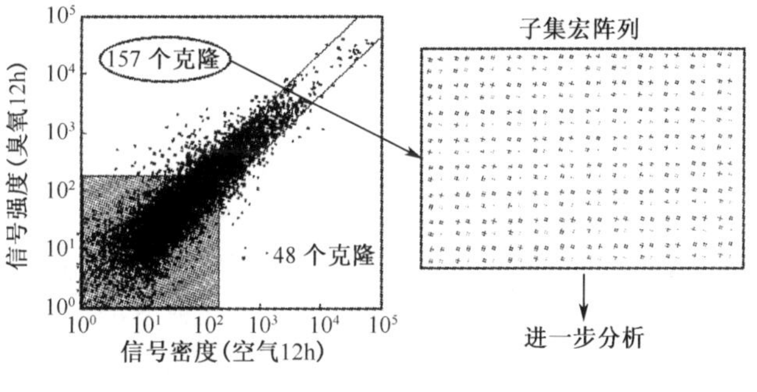

图 3　拟南芥宏阵列的信号强度散点图（左）和子阵列（右）。宏阵列中每个克隆都根据它们在臭氧处理（y 轴）和未处理植株（空气；x 轴）中均一化后的表达率点注于图中。对角线表示基因表达的 3 倍上调或下调。阴影区的点为信号强度低于背景强度 10 倍的克隆。臭氧诱导的 157 个克隆被制成了一个子阵列。

3.6 cDNA 子阵列的制备

当对刺激产生应答的基因被筛选出来后，制备一个筛选基因的子阵列就非常有利于进一步分析。因为一般情况下，只有约 10%的基因对目标刺激发生响应，而在进一步的实验中一个子阵列比大规模宏阵列要方便得多。子阵列一般包括 100～1000 个基因，但是我们曾经做过一个只有 12 个基因的子阵列（14）。子阵列的用处非常多。例如，由于传统用来验证基因表达的 Northern 印迹和定量 PCR 都比较费时费力，就可以用子阵列来验证筛选出来的基因是否能正确地响应目标刺激。而且子阵列还可以用来比较突变株和不同组织间与刺激相关的基因表达差异（11）。

1. 目标 cDNA 克隆可以从公共资源库中或自己克隆得到。在本例中，拟南芥 157 个臭氧诱导的 EST 来自于 Kazusa DNA 研究所（Kisarazu，Japan）。
2. 用 3.2.3 所述扩增条件及引物 5′-GTTTCCCAGTCACGAC-3′和 5′-CAGGAAACAGCTATGAC-3′（这对引物对应于由 pBR 衍生的质粒载体）对这些 EST 克隆的插入片段进行 PCR 扩增。
3. 将 75 μL 上述 PCR 产物与 15 μL BPB 溶液混合，用 Multi Pin Blotter 96（Atto）点样于 9 cm×12 cm 的尼龙膜（Biodyne A，Pall）上，每个样本两两重复。图 3 为一子阵列的示例。
4. λDNA（10 mg/μL）点在膜上作为阴性对照。
5. 如 3.3 所述将 cDNA 点固定在膜上。
6. 如 3.4 所述杂交并对信号强度进行定量。
7. 用重复点的平均信号强度减去阴性对照（λDNA）的平均信号强度得到每个点的信号强度。
8. 选取刺激处理后表达水平未发生改变的基因的信号强度作为参照标准，对每个基因的信号强度进行均一化。在本例中，选择 *AtTub4* 作为均一化的标志物，因为 *AtTub4* 已经被证实在应激条件下表达不发生改变（5）。

4. 注释

1. 所有的试剂必须用电阻高于 17.6 MΩ-cm 的双蒸水配制。
2. 提取 RNA 所用的玻璃器具必须于 180℃烘烤至少 8 h 以灭活 RNase。除缓冲液外的所有溶液都要用 0.1% DEPC 水配制（见注释 3）。RNase 的污染主要来源于实验人员的手，所以进行 RNA 实验时需要戴一次性手套。
3. DEPC 可与胺迅速反应，所以不能用来配制含有缓冲成分的溶液，比如 Tris 等。可用新鲜启封的 Tris 结晶物制备无 RNase 的溶液。
4. DEPC 可能致癌，应小心使用。
5. RNA 的浓度可以通过取部分终产物测 OD_{260} 确定。OD_{260} 为 1 的溶液中含 RNA 约 45 μg/mL。
6. 甲基化的 dCTP（5′-methyl dCTP）代替 dCTP 进行 cDNA 的第一链合成反应，防止片段内的 *Xho* Ⅰ 位点被酶切。

7. 由于噬菌体F1的gene Ⅱ内切酶（M13 gpⅡ protein；Life Technologies）已经不再生产，可以用位点特异性的内切酶 N. BstT9（BIORON GmbH，Ludwigshafen，Germany）代替。反应体系为 5 μg 质粒 DNA，20 U N. BstT9 和 N. BstT9 缓冲液［BIORON GmbH，10 mmol/L Tris-HCl，pH 8.5，10 mmol/L $MgCl_2$，150 mmol/L KCl，1 mmol/L DTT，0.1 mg/mL 牛血清白蛋白（BSA）］混合，加水调整体积至 50 μL，于 55℃反应 30 min。
8. 挑选出的克隆数量取决于基因组大小和（或）实验目的。如果要制备一套好的拟南芥 cDNA（拟南芥全基因组大小约为 1.25×10^8 bp），就必须要在均一化的 cDNA 文库（cDNA 的平均长度约为 2kb）中挑选不少于 3×10^6 个克隆。总体上，要得到一套较好的 cDNA 一般需要挑选 5 倍于基因组大小的克隆。
9. 当比较多套基因表达数据时，宏阵列所用的膜经常要重复使用。用 1% SDS 煮膜 30 min 能够有效地洗脱。由于这种方法对膜的物理损伤和膜上 cDNA 量的损失，膜的重复使用不得超过 5 次。Horngerg 等采用了一种较为温和的方法（16）。由于较短的 cDNA 链解链温度也相对较低，经过氧化降解后，用他们的方法可以在相对低一些的温度洗脱，这样就可以减少温度引起的损伤。根据他们文中所述，同样的膜用这个方法即使重复洗脱 10 次也检测不出损失。
10. 宏阵列膜的杂交效率受探针精确度、RNA 质量和膜反复使用的次数影响。用高质量的 RNA 和新的膜及 3.3 所述杂交体系就可以很好地完成实验。但是当信号强度较弱或者膜用作其他用途时，建议膜的洗脱温度应低于 65℃。例如，当以拟南芥 cDNA 文库制备的 cDNA 宏阵列用于检测其他物种，比如芥菜（*Brassica napus*）或小麦（数据未发表）的基因表达谱时，建议洗脱温度应低于 42℃。相反，如果所有点的信号强度都很强，则可提高温度再洗一次。
11. 在 3.4 中，我们提出用全局均一化法来均一化阵列信号，但最近刚刚发表了一种更精确的方法（lognormal distribution fitting method）来评估数据质量和均一化（17）。

（武　为　胡　虎）

参考文献

1. Ramsay, G. (1998) DNA chips: state-of-the-art. *Nat. Biotechnol.* **16**, 40–44.
2. Chalifour, L. E., Fahmy, R., Holder, E. L., Hutchinson, E. W., Osterland, C. K., Schipper, H. M., and Wang, E. (1994) A method for analysis of gene expression patterns. *Anal. Biochem.* **216**, 299–304.
3. Stoughton, R. B. (2005) Applications of DNA microarrays in biology. *Annu. Rev. Biochem.* **74**, 53–82.
4. Bertucci, F., Bernard, K., Loriod, B., Chang, Y. C., Granjeaud, S., Birnbaum, D., Nguyen, C., Peck, K., and Jordan, B. R. (1999) Sensitivity issues in DNA array-based expression measurements and performance of nylon microarrays for small samples. *Hum. Mol. Genet.* **8**, 1715–1722.
5. Schuchhardt, J., Beule, D., Malik, A., Wolski, E., Eickhoff, H., Lehrach, H., and Herzel. H. (2000) Normalization strategies for cDNA microarrays. *Nucleic Acids Res.* **28**, E47.
6. Hughes, T. R., Marton, M. J., Jones, A. R., Roberts, C., Stoughton, R.,

Armour, C. D., Bennett, H. A., Coffey, E., Dai, H., He, Y. D., Kidd, M. J., Meyer, M. R., Slade, D., Lum, P. Y., Stepaniants, S. B., Shoemaker, D. D., Gachotte, D., Chakraburtty, K., Simon, J., Bard, M., and Friend, S. H. (2000) Functional discovery via a compendium of expression profiles. *Cell* **102**,109–126.

7. Tamaoki, M., Matsuyama, T., Kanna, M., Nakajima, N., Kubo, A., Aono, M., and Saji, H. (2003) Differential O_3 sensitivity among *Arabidopsis* accessions and its relevance to ethylene synthesis. *Planta* **216**, 552–560.
8. Asamizu, E., Nakamura, Y., Sato, S., and Tabata, S. (2000) A large-scale analysis of cDNA in *Arabidopsis thaliana*: generation of 12028 non-redundant expressed sequence tags from normalized and size-selected cDNA libraries. *DNA Res.* **30**, 175–180.
9. Sambrook, J., Fritsch, E. F., and Maniatis T. (1989) *Molecular Cloning: A Laboratory Manual*, 2nd ed. Cold Spring Harbor Laboratory Press. Cold Spring Harbor, pp F.4–F.5.
10. Ko, M. S. H. (1990) An equalized cDNA library by the reassociation of short double-strand cDNAs. *Nucleic Acids Res.* **18**, 5705–5711.
11. Stowers, L., Herrnstadt, C., Grothe, A., Pease, E., Osterlund, M., Cable, P., Brolaski, M., and Gautsch. J. (1992) Rapid isolation of plasmid DNA. *Am. Biotechnol. Lab.* **10**, 48.
12. Tamaoki, M., Nakajima,N., Kubo, A., Aono, M., Matsuyama, T., and Saji, H. (2003) Transcriptome analysis of O_3-exposed *Arabidopsis* reveals that multiple signal pathways act mutually antagonistically to induce gene expression. *Plant Mol. Biol.* **53**, 443–456.
13. Eisen, M. B., Spellman, P. T., Brown, P. O., and Botstein, D. (1998) Cluster analysis and display of genome-wide expression patterns. *Proc. Natl. Acad. Sci. USA* **95**, 14863–14868.
14. Tamaoki, M., Matsuyama, T., Nakajima, N., Aono, M., Kubo, A., and Saji, H. (2004) A method for diagnosis of plant environmental stresses by gene expression profiling using a cDNA macroarray. *Environ. Pollut.* **131**, 137–145.
15. Matsuyama, T., Tamaoki, M., Nakajima, N., Aono, M., Kubo, A., Moriya, S., Ichihara, T., Suzuki, O., and Saji H. (2002) cDNA microarray assessment for ozone-stressed *Arabidopsis thaliana*. *Environ. Pollut.* **117**, 191–194.
16. Hormberg, J. J., de Haas, R. R., Dekker, H., and Lankela, J. (2002) Analysis of multiple gene expression array experiments after repetitive hybridizations on nylon membranes. *BioTech.* **33**, 108–117.
17. Obayashi, T., Okegawa, T., Sasaki-Sekimoto, Y., Shimada, H., Masuda, T., Asamizu, E., Nakamura, Y., Shibata, D., Tabata, S., Takamiya, K., and Ohta, H. (2004) Distinctive features of plant organs characterized by global analysis of gene expression in *Arabidopsis*. *DNA Res.* **11**, 11–25.

第四章　通过 cDNA 宏阵列和基因表达谱检测环境毒物的毒理效应

Jason L. Blum，Melinda S. Prucha，Vishal J. Patel，Nancy D. Denslow

概论

本章主要介绍如何通过制备和使用 cDNA 宏阵列来检测环境毒物对基因表达的影响，同时具体介绍实验所用到的材料与方法。由于一些非传统模式的物种研究购买不到商业化的芯片，应用本章讲述的方法，研究人员可以自行设计和使用适合自己实验目的的芯片。我们有意略去了实验中统计分析方面的内容，因为统计分析的方法仍有待进一步发展，而且不同的实验必须针对性地应用不同的统计方法。总之，基因宏阵列是相对简便的高通量的检测方法。

关键词：cDNA 阵列；基因表达分析；基因宏阵列；非传统模式

1. 引言

互补 DNA（cDNA）宏阵列在检测环境毒物引起的基因表达差异方面非常有效。在这个实验过程中，目标 cDNA 克隆被挑选出来后固定在尼龙膜上。先从特定组织中提取 RNA，在含有放射标记核苷的体系中反转录成 cDNA，然后与制备好的尼龙膜孵育，标记的 cDNA 就可以与膜上的点杂交互补。信号强度与样品 RNA 库中 mRNA 的量成正比。

对很多研究者来说，cDNA 阵列已经成为鉴定新的标志物的有效工具。利用一些设计较好的阵列，研究者能够提出并验证设想，从而对毒物直接或间接的效应得到更深入和全面的认识，这种方法即为“系统毒理学”（1）。毒物可能对一些我们意想不到的生化过程产生影响，通过使用基因阵列的方法，我们就能够更好地了解毒物产生全基因组效应的机制。用这种方法，我们可以将小范围适用的理论放到更大范围的视野中，来更好地了解毒物的效应机制。

基因阵列的应用让研究者能够只用一个 RNA 样本同时研究多种刺激的响应。以前需要花更多时间、用更多 RNA 来做的实验用阵列的方法只要少许时间就能完成。像其他技术一样，cDNA 阵列也有它的优点和缺点。最大的优点是能够对大量基因表达的改变进行同时筛选。另一个优点是所用起始样本量少，比如 Northern 印迹每道需要 10～30 μg RNA，而每个 cDNA 阵列只需要 2 μg 总的样本 RNA（2）。

但是这种方法一个很重要的缺点是不能确定不同转录物的大小或者确定转录起始位点，而这些都是 Northern 印迹或 RPA（RNA 酶保护实验）能够轻易完成的。RPA 实验通过液相杂交，具有能定量和耗时少的优点，但是有标记探针不易合成的缺点。

随着现代分子生物学的发展，大量基因组工程的完成，使我们能够制备基于未知功能的基因的基因阵列。各个公司已经生产出理论上包括所有基因转录物的芯片。在毒理学研究检测基因表达方面，研究传统模式生物（如人类细胞株、啮齿类和斑马鱼）要比研究非传统的物种［如大多数鱼类（3-5）和无脊椎动物（6）］更容易和更有效。对于那些研究非传统物种的人来说，需要利用手上已有的 cDNA 克隆制备一些物种特异的芯片，而这正是本章所要介绍的方法。

研究人类和啮齿类有商业化的 cDNA 克隆可以购买，但研究非传统模式生物，往往不能直接购买到商业化的 cDNA 克隆。对于那些买不到基因克隆的物种，必须要自己动手构建基因文库。目前最多的是用 Clontech 的抑制消减杂交法。这个方法是将一个 cDNA 库从另一个库中"减掉"（可以是两个处理组的 cDNA 库相减，也可以是处理组减去对照组 cDNA 库）另一个较老的方法是差异显示技术（GenHunter Corporation，Nashville），应用这种方法可以从胶上直接挑选差异表达基因进行克隆和测序验证。虽然这种方法仍然有效，但是近几年来已经比较少用。

2. 材料

2.1 扩增和制备克隆

1. 甘油保存的 *E. coli*，质粒含有目标 cDNA 插入片段。
2. *Taq* 聚合酶和缓冲液（New Englang Biolabs cat. no. M0267）。
3. 10 mmol/L dNTP 混合物。
4. 用来扩增载体中插入片段的引物稀释到 10 μmol/L（M13、SP6、T4 或 T7 为常用引物）。
5. 不含核酸酶的水配制的 70%乙醇。
6. Tris-EDTA 缓冲液：10 mmol/L Tris，1 mmol/L EDTA，pH 8.0。
7. 普通 96 孔圆底培养板。
8. 96 孔板培养用封贴（breathe easy strips，USA Scientific cat. no. 9123-6100）。
9. LB 培养基：每升 10 g 胰蛋白胨，5g 酵母提取物，10 g NaCl，pH 7.0。
10. Milipore 过滤系统，用来纯化 PCR 产物（MultiScreen Filtration System Vacuum Manifold cat. no. MAVM0960R 和 Montage PCR_{96} Cleanup plates cat. no. MANU03010）。
11. 适用于 PCR 仪的 96 孔 PCR 板。
12. 多道移液器（20 μL 和 200 μL）。
13. 普通平底 96 孔或 384 孔板。
14. 进行 PCR 产物电泳的琼脂糖胶电泳系统。
15. 大小在 300～2000 bp 之间的 DNA 分子质量标准。
16. 紫外分光光度计，最好有读板装置。
17. 紫外分光光度计可用的 96 孔板（参照仪器说明）。

2.2 阵列的点印

1. 预切好的 Pall Biodyne B 中性尼龙膜（Nunc，cat. no. 250385）。

2. Spot Report Array Validation System (Stratagene, cat. no. 252005-7)，包括对照 [poly (dA)、人 Cot-1、拟南芥 cDNA、空载体等]，这些对照也需要点印在阵列上。
3. 紫外透射仪（我们用的是 UV Stratalinker 1800，Stratagene）。
4. 带 96 孔板转子的离心机（任何型号均可）。
5. 自动点样仪（例如带 100nL 点样针的 Biomek 2000，Beckman Coulter）。
6. 蒸馏水。
7. 10%漂白剂。
8. 70%乙醇。
9. 溴酚蓝。
10. 20×SSC：3 mol/L 氯化钠，0.3 mol/L 柠檬酸钠，pH 7.6，用不含核酸酶的无菌水配制。高压灭菌后置于室温。0.01 mmol/L 的溴酚蓝灭菌后加入。

2.3 阵列的标记、杂交和清洗

1. M-MuLV 反转录酶和缓冲液 [New England Biolabs, cat. no. M0253S (200 U/mL)]。
2. 随机六聚引物（New England Biolabs, cat. no. S1254S）加入 80 μL 不含核酸酶的无菌水，使终浓度为 1 A_{260} 单位。
3. 10×dNTP 混合物：可以购买成品或将 100 mmol/L dCTP、dGTP、dTTP 各 20 μL 与 10 μL 100 mmol/L dATP 混合制成。加入不含核酸酶的无菌水至总体积 400 μL（终浓度为 dCTP、dGTP、dTTP 4 mmol/L 以及 dATP 2 mmol/L）。
4. [α-^{33}P] dATP：购买即可（Perkin Elmer cat. no. NEG612H for 250 μCi）。
5. Spike RNA 混合物：可以从 Stratagene 购买带有制备阵列所需的 spike 对照的试剂盒，也可以单独购买 spike RNA（Spike 2 RCA 和 Spike 3 rbcL, cat. no. 252202 和 252203）。
6. 20×SSC：3 mol/L NaCl，0.3 mol/L 柠檬酸钠，pH 7.6，用不含核酸酶的无菌水配制。高压灭菌后置于室温。
7. 20% SDS：200 g 十二烷基磺酸钠加入 1 L 无菌水。
8. 杂交缓冲液：0.375 mol/L NaCl，0.0375 mol/L 柠檬酸钠，7% SDS 和 25%新鲜配制的甲酰胺，加入不含核酸酶的无菌水定容到 500 mL。加入 100 mg 酵母 tRNA。4℃存放。
9. 洗液 1：2×SSC-0.5% SDS (100 mL 20×SSC，25 mL 20% SDS 和 875 mL 水)。
10. 洗液 2：0.5×SSC-0.5% SDS (25 mL 20×SSC，25 mL 20% SDS 和 950 mL 水)。
11. 10 mmol/L EDTA，pH 8.0。
12. 去除标记反应中多余核苷的试剂盒（如 Qiagen QIAquick Nucleotide Removal Kit, cat. no. 28304）。
13. 恒温金属浴。
14. 液体闪烁计数器和缓冲液。

15. 杂交瓶（Fisher Scientific）。
16. 杂交炉（我们用的是 Labnet 的 MaxiOven）。

2.4 阵列的扫描和定量

1. 透明胶片：任何办公用品商店都能买到。
2. 磷光屏：Molecular Devices。
3. 磷光影像系统：我们用的是 Molecular Devices Typhoon Scanner。
4. ImageQuant 软件：Molecular Devices。

3. 方法

3.1 cDNA 克隆的扩增

1. 向 96 孔板的每个孔中加入 98 μL 含适当浓度抗生素的 LB 液体培养基。
2. 向 LB 培养基中加入 2 μL 带有目标质粒的甘油保存的菌液（每孔加入 1 个克隆）。同时也应该包括一个空载体作为阵列的另一个对照（在与目标样品杂交时杂交信号应该非常弱）。
3. 用一块 breathe easy strip 覆板，盖上板盖。
4. 37℃振荡培养过夜（转速约 125 r/min）。
5. 次日上午，按每个反应 90 μL 配制预混合的 PCR 反应液（表 1）（如果进行整板 PCR，按 100 个反应配制充足的混合液）。实验流程见图 1A。
6. 向每孔中加入 90 μL 混合液和 10 μL 过夜培养的菌液。
7. 用合适的盖子覆盖 PCR 板，按表 1 所述进行循环反应。
8. 反应结束后，用 1%的琼脂糖胶检测 PCR 产物，确认扩增结果。每个反应产物 5 μL，与 DNA 分子质量标准一起上样。扩增失败的克隆需重新进行 PCR 反应。

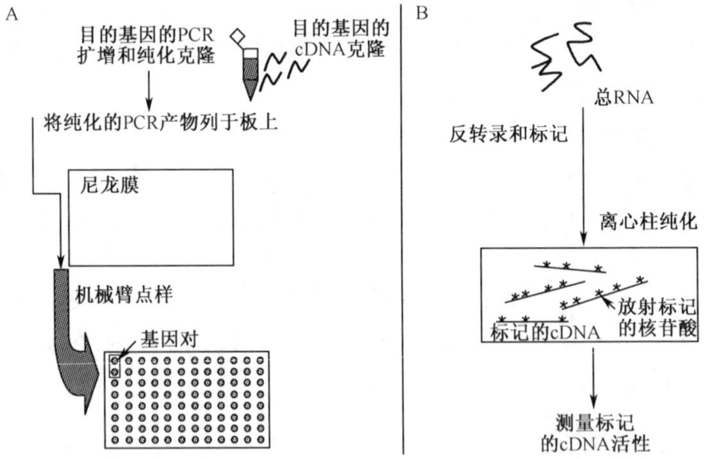

图 1　阵列点印和 cDNA 标记反应示意图。（A）在尼龙膜上制备 cDNA 基因阵列的主要步骤的总流程图。（B）从总 RNA 到得到标记后的单链 cDNA 的主要步骤。

9. 当所有的克隆扩增完毕后，将反应产物上样于 Millipore 过滤系统，使液体流过过滤膜。用 70%乙醇洗一次。
10. 关掉真空泵，用 50 μL TE 缓冲液重悬 PCR 产物，于室温静置几分钟后，转移到另一个 96 孔板中（可以用多道移液器）。
11. 取 5 μL 纯化后的 DNA 稀释到 95 μL 水中，用紫外分光光度计测定浓度。
12. 如果产物量不够可以重新扩增克隆，重新扩增的产物可以与第一次的合并。阵列点印需要的浓度不能低于 160 ng/μL。

表 1　预混合的 PCR 反应液成分及反应条件

成分	每个反应中各成分的体积/μL	步骤	温度
无核酸酶的水	59	1	95℃，10 min
10×聚合酶缓冲液	10	2	95℃，1 min
$MgCl_2$	8	3	57℃，[a]1min
dNTPs (10 mmol/L)	8	4	72℃，2min
上游引物（10 μmol/L）	2	5：回到步骤 2，34 个循环	
下游引物（10 μmol/L）	2	6	72℃，7 min
Taq 聚合酶	1	7	4℃，hold
总计	90		

a 退火温度取决于所用的根据克隆载体设计的引物。表中所列的是 M13 引物的退火温度。

3.2 阵列点印

1. 在这步开始之前，首先应该将阵列上要点印基因的位置安排好。我们往往是将基因两两重复地点上去（见注释 1），不要忘记阵列中必须包括对照点（见注释 2 和 3）。
2. 将纯化过的 DNA 稀释后（3000 ngDNA 加到 18.75μL 水中，终浓度为 160 ng/μL）加到点印所用板的对应孔中。
3. 再向每孔中加入 1.9 μL 3 mol/L NaOH。
4. 将板盖好，于 65℃孵育 15 min（我们用杂交炉孵育）。
5. 立即置于冰上，放置 2～3 min。
6. 短暂离心。
7. 去掉板盖，向每孔中加入含溴酚蓝的 9.35 μL 20×SSC，吹打混匀（现在的体积应该约为 30 μL）。
8. 于 100 *g* 再次短暂离心 5 s（这一步很重要）。
9. 将上样板、尼龙膜、漂白剂、水和乙醇都装入自动点样仪后开始点样。在点样前要针对实验事先编写程序（见注释 4）。
10. 点另外一套样品之前（当台面上所有的阵列都点完以后），必须要先清洗点样针。设定仪器的程序，让点样针依次在漂白剂、水、乙醇中浸没 10 s，风扇吹干后再进行点样。当点样针进行清洁程序时，可以将一套新的膜先准备好。
11. 用紫外透射仪对 DNA 进行交联，使之固定在膜上。照射剂量与 Southern 印迹相同（100 mJ）。
12. 用 100 nL 的点样针可以做到高精度地点样超过 100 张膜。

3.3 样品标记（步骤见图 1B）

1. 消除超低温冰箱中的放射性并置于有机玻璃防护后。打开 37℃和 100℃水浴。
2. 打开杂交炉，温度设定在 64℃，将杂交缓冲液放入炉内进行预热。
3. 在一微量离心管中加入 2 μL 随机引物、0.65 μL spike RNA 混合物和 2 μg 样品 RNA，加 DEPC 水至反应体积为 13 μL。
4. 将离心管置于 64℃ 5 min 后，于室温冷却 5～10 min，使引物退火。
5. 离心管冷却后，加入 2 μL 10×RT 缓冲液，2 μL 10×dNTP 混合液，1 μL M-MuLV 和 2 μL [α-^{33}P] dATP（离心管内总体积为 20 μL）。
6. 37℃孵育 1.5～2 h。
7. 离心将液体甩到管底后打开离心管。
8. 用去核苷酸试剂盒纯化标记的样本。
9. 取部分样本（我们取了 2 μL 标记样本）用液体闪烁计数器测定放射强度。

3.4 杂交和清洗

1. 开始进行膜的预杂交。将膜放在杂交瓶中，加入 5～6 mL 杂交缓冲液（见注释 5），将杂交瓶放回杂交炉内，于 64℃翻转（12～14 r/min）1.5～2 h（图 2A）。
2. 计算杂交所需的放射性标记 cDNA 的体积（公式 1）。每张膜都需要以同样的放射强度（1×10^6 cpm/mL）进行杂交。

   公式 1：计算标记 cDNA 的量

   探针量 ＝ 1 000 000 cpm/mL* V/cpm/μL

   这里探针量为所需标记 cDNA 的体积，单位为 μL；V 表示杂交缓冲液的体积，单位为 mL。然后加入上面计算出的探针量的 20 倍体积的 10 mmol/L EDTA（公式 2）。

   公式 2：计算加入 EDTA 的量

   探针量* 20 ＝ μL 加到探针中的 10 mmol/L EDTA
3. 将用公式 1 计算出体积的 cDNA 加入到用公式 2 计算出的 10 mmol/L EDTA 中。将二者在 1.5 mL 离心管中混合，将管盖扣紧或旋紧，以防止在变性过程中管盖松开。
4. 探针于 100℃变性 5 min，然后于冰上放置 2 min。
5. 2700 g 离心 1 min 后，将溶液吸出转入对应的杂交瓶中，杂交瓶中此前已放入膜和杂交液。
6. 轻轻摇晃杂交瓶，然后放回杂交炉中，64℃旋转过夜，约 12～15 r/min 14 h。
7. 将洗液 1 和 2 置于杂交炉中，64℃过夜。杂交炉内边上应该有足够的空间放置洗液。
8. 第二天上午可以开始洗膜。洗涤过程为（图 2B）：
   a. 首先，根据研究机构的要求将杂交液倒出后进行放射性垃圾的处理。向每个杂交瓶中加入洗液 1，确保洗液能够盖过膜的一半以上。放回杂交炉于 12～14 r/min 翻转 30 min。

b. 用洗液 1 再洗 3 次后，用洗液 2 洗 4 次（也是每次 30 min）。根据要求将所有废液收集进行安全处理。

c. 整个过程结束应共洗膜 8 次。

9. 将膜从瓶中取出，晾干后放入荧光影像暗盒中（见注释 6）。（注：将透明胶片放在暗盒的光栅区域，将膜与光栅排成直线，这样便于对膜的分析，见注释 7）。于磷屏上显影 48 h 后，用 typhoon scanner 扫描。

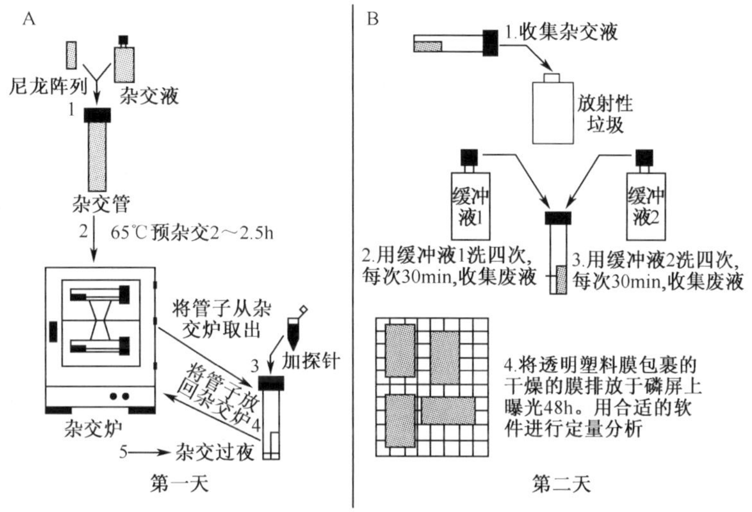

图 2　阵列杂交与清洗的流程图。（A）阵列杂交的主要步骤。（B）杂交次日阵列清洗的步骤及膜置于磷屏上扫描的示意图。注意将膜不对称地放置以便于扫描之后对图像进行分辨。

3.5　定量

曝光后，将膜从暗盒中取出，磷屏拿去扫描信号。我们用 ImageQuant 5.1 软件包（Molecular Devices）对样点定量。首先对影像进行对比度的调整（只用目测即可，不会影响后面的分析），然后围绕最大或信号最强的一对点（一个基因的一对点）上拉两个框（每个点周围一个）。其他的基因都用复制过来的同样大小的框选定，这样所有的基因都能保证背景区域大小相同。

1. 当所有的基因都框好，所有膜上的数据都收集好之后，计算每个基因对的信号均值，减去阵列上所有空白点的均值。
2. 然后，将每张膜上的基因进行均一化，使得膜与膜之间的信号具有可比性。这步可能会需要将每张膜与一个特定的均值或中值，通常为信号最强的膜，进行对比调整。
3. 然后对数据进行 log 换算，使数据更好地符合正态分布。可以咨询统计学或生物信息学专家。
4. 使用合适的统计模型和方法对实验开始前想要检测的差异进行比对。
5. 筛选到目的基因后，需要用其他方法，比如定量 PCR 进行验证。

3.6 统计分析和数据挖掘

在开始基因阵列实验前最重要的事情就是要考虑到如何对最终数据进行分析。包括每组处理需要的个体数，不同个体是否要进行合并，要做什么对比和做这些对比所要用的统计方法。由于阵列分析方法还在不断发展，最好在实验开始前就征询一下统计学家和生物信息学专家。同样，数据的阐述也有很多方法，这都取决于实验的类型。

4. 注释

1. 我们一般对基因两两重复地点样，这样可以防止仪器可能出现的点样错误。
2. 当对阵列上的基因进行位置排布时，一定要记得把对照放上去。我们所用的对照有一个空载体扩增产物，几个不含 DNA 的点（只是含溴酚蓝的 20×SSC），核糖体蛋白的 mRNA，几种 Stratagene 的 array spot reporter 试剂盒提供的 spike 和其他 cDNA。
3. 由于阵列点印耗费较大，可以通过合理设计，将两个或多个阵列点印在一张膜上，从而控制实验成本。
4. 现在手动点印器也可以买到，所有没有必要非得用自动点样仪，但是进行点印大量阵列时，手动仪器会比较费力而且重复性较差。真空驱动的点转印器可能也可用来点印，但是这种方法还没有人尝试过而且可能会比较费时。
5. 我们一般用 5 mL 杂交缓冲液，但是具体使用体积取决于杂交瓶的体积。如果要将半张膜浸在液体中，瓶子越大所需要用的缓冲液也越多。
6. 如果没有磷光影像系统的话，普通的 X 光底片也可以用。但是这种底片的动态范围比磷屏差了几个数量级，所以差异分析会相对困难。如果用底片的话，可以用光密度分析法代替 ImageQuant 或者其他磷光影像软件。
7. 将膜不对称地置于磷屏上扫描，这样在扫描图像的时候可以轻易地分辨出图像所对应的膜。

（武 为 胡 虎）

参考文献

1. Waters, M. D. and Fostel, J. M. (2004) Toxicogenomics and systems toxicology: aims and prospects. *Nat. Rev. Gen.* **5,** 936–948.
2. Sambrook, J., Fritsch, E. F., and Maniatis, T. (1989). *Molecular Cloning: A Laboratory Manual*, 2nd ed. Cold Spring Harbor Laboratory Press, Cold Spring Harbor, New York, pp. 7.43–7.45.
3. Blum, J. L., Knoebl, I., Larkin, P., Kroll, K. J., and Denslow, N. D. (2004) Use of suppressive subtractive hybridization and cDNA arrays to discover patterns of altered gene expression in the liver of dihydrotestosterone and 11-ketotestosterone exposed adult male largemouth bass (Micropterus salmoides). *Mar. Environ. Res.* **58,** 565–569.
4. Knoebl, I., Blum, J.L., Hemmer, M.J., and Denslow, N.D. (2006) Using gene

arrays to determine temporal gene induction in sheepshead minnows exposed to 17β-estradiol. *J. Exp. Zoolog A Comp Exp Biol.* **305,** 707–719.

5. Larkin, P., Sabo-Attwood, T., Kelso, J., and Denslow, N.D. (2002) Gene expression analysis of largemouth bass exposed to estradiol, nonylphenol, and *p,p′*-DDE. *Comp. Biochem. Phys. Part B* **133,** 543–557.
6. Brouwer, M., Larkin, P., Brown-Peterson, N., King, C., Manning, S., and Denslow, N. (2004) Effects of hypoxia on gene and protein expression in the blue crab, *Callinectes sapidus. Mar. Environ. Res.* **58,** 787–792.

第五章　cDNA 文库的构建和筛选

——在外界环境压力条件下，新表达基因的鉴定方法

Kevin Larade，Kenneth B. Storey

概论

许多生物是疾病研究或探索使细胞和机体应对和存活于不同刺激下的分子适应机制的优良模型。cDNA 文库的构建和随后目的基因的筛选可促使研究者发现在调节和响应某些外部特定环境压力中有重要作用，而在其他体系中可能不表达或者不存在的新基因。确定这些新基因的可读框，进一步分析其编码蛋白质的功能可以开创全新的研究领域并可以更科学地设计下一步的研究方案。

关键词：生物信息学；cDNA 文库；差异筛选；表达分析；功能基因组学；基因鉴定；新基因；压力应激；上调

1. 引言

组成动物基因组的大部分编码基因都处于选择压力下，由于这些野生型基因功能的重要性，其演化出其他功能的余地很小。然而，在某些情况下，一些休眠的基因（位于异染色质的某些区域）或那些经全部或部分基因复制（gene duplication）产生的基因（伴随选择性的内含子/外显子的转换）对生活在特定的环境或暴露于某些外界条件下的生物会有选择优势。额外的基因拷贝或“剪接拷贝”（spliced copy）可被活化或突变从而编码新蛋白质，相当于为一个机体中现有的基因增加了“新基因”。尽管一些物种的基因组项目已完成，一些还在进行中，但是大多数种类的生物体仅选择性地鉴定了一些基因（1，2）。通过确定那些不仅能在不利条件下存活，且能够兴盛发展的物种中表达的基因，我们可以获得预防甚至处理这类系统压力的有益信息。最终的目标是确定这类基因的功能。功能基因组学的进展可以帮助我们达到这个目标。生物信息学的发展以及大量的基因信息数据为基因分析软件和程序的产生提供了基础，研究人员可以运用已有的规则和算法分析核酸和蛋白质的序列。从核苷酸序列本身和基因翻译后的氨基酸序列都可以获得许多信息，使得研究者可以在开始大规模的后续工作前提出合理的假设并进行验证。这些初始的工作为以后的实验奠定了基础，例如可读框的克隆和表达，上游启动子的测定，影响基因表达的突变体的构建，甚至建立基因敲除动物模型用于检测基因缺失的体内效应。

这一程序的第一步是鉴定特定条件下表达发生改变的基因。本章概述了 cDNA 文库构建的基本流程，包括 mRNA/cDNA 的制备和克隆方法，随后的差异表达基因的筛选，以及用 Northern 印迹法对基因的验证。同时用一新发现的基因 *sarp*-2 为例介绍了分析特定序列的方法。*Sarp*-2 是从海蜗牛（*Littorina littorea*）的肝胰腺组织 cDNA 文

库中分离得到的几个新基因之一（3，4）；该基因在缺氧条件下可被诱导表达。本章概述了这个新基因的鉴定方法，结果如图所示。

2. 材料

所有化学试剂均为分子生物学级纯度。所用塑料和玻璃制品，包括瓶子和移液器吸头均经高压蒸气灭菌。涉及核酸的操作均需带手套。

2.1 总 RNA 提取

1. 无 RNase 水。加 1 mL 焦炭酸二乙酯（DEPC）（Sigma-Aldrich）到 1 L 水中（0.1%，*V/V*），搅拌过夜（>12 h），高压蒸气灭菌。这可使得存在于水中的 RNase 失活，处理过的水用于本节中溶液的配制和溶解 RNA 样品。
2. TRIzol 试剂（Invitrogen）。
3. 氯仿（Fisher Scientific）。
4. 异丙醇（Fisher Scientific）。
5. 70%乙醇，加 30 mL DEPC 处理的水至 70 mL 无水乙醇中。
6. Oligo（dT）纤维素（New England BioLabs，NEB）。干燥的 Oligo（dT）纤维素与 0.1 mol/L NaOH 混合使其成浆状，填充入一个无菌的柱子或 1 mL 灭菌棉花或者玻璃丝塞住的注射器。在加样前先用上样缓冲液平衡柱子。
7. 上样缓冲液：1 mol/L NaCl，2 mmol/L 磷酸缓冲液，pH7.2。
8. 洗涤缓冲液（middle wash buffer）：上样缓冲液+0.3 mol/L NaCl。
9. 洗脱缓冲液（elution buffer）：10 mmol/L Tris-HCl，pH7.2～7.4，1 mmol/L EDTA。
10. 3 mol/L 乙酸钠，pH 5.2。
11. 乙醇。

2.2 cDNA 文库的构建

1. cDNA 文库构建的克隆载体。现已有许多载体，各有其特别的用途，研究者应根据其特性挑选恰当的载体。一些使用较广泛的 cDNA 文库构建载体包括：Uni-ZAP XR（Stratagene）、plTriplEx2（Clontech）、pSPORT1（Invitrogen）、lSCREEN-1（Novagen/Merck）。本章将以 Uni-ZAP XR 克隆载体为例。
2. 1 μg 经过柱纯化的 mRNA。
3. 含多聚（dT）区域的寡聚核苷酸连接物-引物（linker-primer）[例如 5′-NNNNNNNNCTCGAG dT（15）-3′]。
4. 核糖核酸酶抑制剂（RNasin，20 U/μL；Promega）。
5. AMV 反转录酶（10 U/μL）和 10×反转录缓冲液（Promega）。
6. 核苷酸（dATP、dTTP、dGTP 各 10 mmol/L）。
7. 5-甲基胞嘧啶类似物（* dCTP；5 mmol/L）。
8. RNase H（5 U/μL；New England Biolabs）。

9. DNA 聚合酶Ⅰ（*E. coli*；10 U/μL）和 10×DNA 聚合酶Ⅰ缓冲液（New England Biolabs）。

10. *Eco*RⅠ接头。*Eco*RⅠ接头可购买得到，也可用两个不同长度的引物构建，经过杂交可形成双链并在平末端带有 5′-磷酸基。在一条引物上包含一个有 *Eco*RⅠ酶切位点的 5′-AATTCNNN -3′突出末端。双链的另一端（接头的平末端）可连接至任何包含 5′-磷酸基团的 cDNA 末端。接头应用蒸馏水稀释至终浓度为 5 μg/μL。

11. 50×TAE 缓冲液：2 mol/L Tris-乙酸 pH 8.5，100 mmol/L EDTA。

12. 1%TAE 琼脂糖凝胶：1×TAE 缓冲液，1%琼脂糖（1g/100mL），溴乙锭（1 μg/mL）。

13. 100 mmol/L EDTA。

14. T_4 DNA 连接酶（400 U/μL）和 10×T_4 DNA 连接酶缓冲液（New England Biolabs）。

15. T_4 多聚核苷酸激酶（polynucleotide kinase，10 U/μL）和 10×T_4 多聚核苷酸激酶缓冲液（New England Biolabs）。

16. TSM 缓冲液：50 mmol/L Tris-HCl，pH 7.5，100 mmol/L NaCl，8 mmol/L $MgSO_4$，0.01%（*W/V*）胶原。

17. XL1-Blue（Stratagene）。

18. LB-氨苄青霉素肉汤：10 g 蛋白胨，5 g 酵母抽提物，5 g NaCl，pH 7.5，用双蒸水稀释定容至 1 L，高压蒸气灭菌。冷却至室温后，添加 0.2%的麦芽糖和终浓度为 100 μg/mL 的氨苄青霉素。

19. NZY 琼脂：5 g NaCl，2 g $MgSO_4 \cdot 7H_2O$，10 g 蛋白胨，5 g 酵母抽提物，15 g 琼脂粉，pH 7.5。用双蒸水稀释定容至 1 L，高压蒸气灭菌。冷却至 50℃铺平板，储存于 4℃。

20. NZY 上层琼脂：5 g NaCl，2 g $MgSO_4 \cdot 7H_2O$，1 g/L 蛋白胨，5 g 酵母抽提物，0.7%（*W/V*）琼脂粉，pH 7.5。用双蒸水稀释定容至 1 L，高压蒸气灭菌。上层琼脂储存于 4℃。在使用前用微波炉融化。在接种细菌培养前，必须冷却至 45℃以下。

21. *Pfu* 高保真聚合酶（2.5 U/μL，Stratagene）。

2.3 cDNA 文库的扩增

1. NZY 平板（24 cm×24 cm），LB-氨苄青霉素肉汤，XL1-Blue 菌种，NZY 琼脂，NZY 上层琼脂（见 2.2 中第 19、20 项）。
2. TSM 缓冲液（见 2.2 中第 16 项）。
3. 氯仿（Fisher Scientific）。
4. 二甲亚砜（DMSO；Sigma-Aldrich）。

2.4 cDNA 文库差异表达的筛选

1. NZY 平板（24 cm×24 cm，见 2.2 中第 19、20 项）。

2. Hybond-N 0.45 μm 孔径的尼龙膜（GE Healthcare）。
3. 20×SSC：3 mol/L NaCl，0.3 mol/L 柠檬酸钠（1 L 配方：175 g NaCl，88 g 柠檬酸钠）；用蒸馏水稀释。
4. 变性缓冲液：1.5 mol/L NaCl，0.5 mol/L NaOH。
5. 中和缓冲液：1.5 mol/L NaCl，0.5 mol/L Tris-HCl，pH 8.0。
6. 冲洗缓冲液：0.2 mol/L Tris-HCl，pH 8.0，2×SSC。
7. Whatman 滤纸或层析纸（Fisher Scientific）。
8. $dNTP_S$（dATP、dTTP、dGTP 各 10 mmol/L）。
9. 固定的 Oligo（dT）引物：5′- dT（15）A/G/C-3′，可购买商业化产品（Invitrogen；New England Biolabs）。
10. RNasin（20 U/μL，Promega）。
11. 二硫苏糖醇（DTT）（Sigma-Aldrich），用无菌水配置成 0.1 mol/L 储存液。
12. AMV 反转录酶（10 U/μL）和 10×反转录缓冲液（Promega）。
13. [α-^{32}P] dCTP（3000 Ci/mol；GE Healthcare）。
14. RNase A（60 mg/mL，Sigma-Aldrich）。
15. 快速离心柱（quick spin column）（TE；Sephadex G-25，Fine），用于放射性标记的 DNA 纯化（Roche）。
16. 1×T_{10}E1 缓冲液：10 mmol/L Tris-HCl，pH 8.0，1 mmol/L EDTA。
17. 杂交缓冲液，改良的 Church's 缓冲液：0.25 mol/L Na_2HPO_4，0.25 mol/L NaH_2PO_4（pH 7.5），1 mmol/L EDTA，7%十二烷基磺酸钠（SDS；*W/V*）；或够买商业化的缓冲液；Ultrahybe（Ambion）。
18. 洗膜缓冲液（membrane washing buffer）：0.1×SSC，0.1% SDS（*W/V*）。
19. 膜清洗缓冲液（membrane rinsing buffer）：0.1×SSC。
20. X 光片（Koda）。
21. TSM 缓冲液：（见 2.2 中第 16 项）。
22. 氯仿（Fisher Scientific）。
23. XL1-Blue 培养基。
24. NZY 上层琼脂（见 2.2 中第 19、20 项）。

2.5 菌体内克隆的检出

1. XL1-Blue 菌种。
2. 10 mmol/L $MgSO_4$。
3. ExAssist helper 噬菌体。
4. Uni-ZAP XR 噬菌体储存液。
5. LB-氨苄青霉素肉汤（见 2.2 中第 18 项）。
6. SOLR 细胞。
7. LB 氨苄青霉素琼脂平板：15 g 琼脂粉加至 LB 肉汤中（1 L），高压蒸气灭菌。冷却至 50℃以下铺平板，加入氨苄西林（100 μg/mL），用恰当厚度铺板。

2.6 质粒的小量抽提

1. LB-氨苄青霉素肉汤（见 2.2 中第 18 项）。
2. 预裂解缓冲液：50 mmol/L 葡萄糖，25 mmol/L Tris-HCl，pH 8.0，10 mmol/L EDTA。
3. RNase A（见 2.4 中第 14 项）。
4. 碱裂解缓冲液：0.2 mol/L NaOH，1% SDS，该溶液需用之前新鲜配制。
5. 中和缓冲液：5 mol/L 乙酸钾，30%乙酸，50 mmol/L 葡萄糖，25 mmol/L Tris-HCl，pH 8.0，10 mmol/L EDTA。
6. 异丙醇（Fisher Scientific）。
7. 70%乙醇（见 2.1 中第 5 项）。

2.7 插入序列的分离

1. 限制性内切酶：*Eco*RⅠ和 *Xho*Ⅰ（New England Biolabs）；可根据接头调节。
2. 10×限制性内切酶缓冲液，使用限制酶所附带的缓冲液。
3. DNA 上样缓冲液：0.25%（*W/V*）二甲苯氰，0.25%（*W/V*）溴酚蓝，50%甘油。
4. 1% TAE 琼脂胶和 50×TAE 缓冲液（见 2.2 中第 11、12 项）。
5. DNA 分子质量标准（Invitrogen），由表达克隆片段的大小而定（从 100 bp 到几 kb）。
6. 带滤芯的移液器吸头（1 mL）。
7. 灭菌棉花或玻璃丝。

2.8 标记探针的合成

1. 无 dCTP 的 $dNTP_S$（dATP、dTTP、dGTP 各 5 mmol/L）。
2. 随机引物（100 mmol/L dN_6；New England Biolabs）。
3. 10×随机引物缓冲液：0.5 mol/L Tris-HCl，pH 7.6，20 mmol/L DTT，50 mmol/L $MgCl_2$，0.4 mol/L KCl。
4. DNA 聚合酶Ⅰ Klenow 片段（5 U/μL；New England Biolabs）。
5. ［α-^{32}P］dCTP（3000 Ci/mol；GE Healthcare）。
6. 快速离心柱（TE；Sephadex G-25，Fine），用于放射性标记的 DNA 纯化（Roche）。

2.9 Northern 印迹

1. 10×MOPS 缓冲液：200 mmol/L MOPS，50 mmol/L 乙酸钠，10 mmol/L EDTA，pH 7.0。
2. 1.25%甲醛变性胶：将 3.75 g 琼脂糖溶于 217 mL 双蒸水中，加 EB 至终浓度 1 μg/mL，将该溶液放置于 60℃培养箱中。另取一灭菌瓶，加入 30 mL 10×MOPS 缓冲液，53 mL（37%，*V/V*）甲醛，将该溶液放入 60℃培养箱中。等到两种溶液都平衡至 60℃后，将它们混合，轻轻旋转混匀，注意不要产生气泡，倒入较大的制胶板中。

3. RNA 样品溶解缓冲液：1×MOPS 缓冲液，2.2 mol/L 甲醛，50%甲酰氨（V/V）。
4. 6×RNA 上样缓冲液：1×MOPS 缓冲液，50%甲酰氨（V/V），40%甘油（V/V），加入几滴溴酚蓝和二甲苯氰作为示踪染料。
5. Hybond 0.45 μm 孔径的尼龙膜（GE Healthcare）。
6. 20×SSC（见 2.4 中第 3 项），必要时用蒸馏水稀释至所需浓度。
7. Whatman 滤纸或层析纸（Fisher Scientific）。
8. 纸巾。
9. 测序胶板。
10. 压重物。
11. 玻璃或塑料吸管（5 或 10 mL），用来驱除转膜装置中的气泡。
12. 塑料薄膜。
13. Northern 印迹法的固定液：0.05 mol/L NaOH。

2.10 用探针检测 Northern 印迹

1. 杂交液：Ultrahybe 杂交缓冲液或者改良的 Church's 缓冲液（见 2.4 中第 17 项）。
2. 放射性标记的探针（见 2.8）。
3. Northern 杂交洗液：用蒸馏水配置 0.1×SSC，0.1% SDS。
4. X 光片。
5. Northern 印迹洗脱液：煮沸含有 0.5% SDS 的双蒸水，将印记膜放入，用盖革计数器检测直至放射信号低于背景水平。

3. 方法

已有针对特定的实验（基因的高或低拷贝等）而设计的商业化产品来检测和鉴定差异表达的基因。尽管技术的发展日新月异，但从感兴趣的组织/器官/有机体中分离 mRNA 构建 cDNA 文库仍然是鉴定新基因和蛋白质的标准方法。有很多成熟的试剂和产品可供选择来构建一个文库；本章介绍了一种通用的标准方法用于构建文库，筛选阳性克隆并对其分析。这些实验方法使用了 Uni-Zap-cDNA 合成试剂盒（Stratagene）(5)，但也可以修改后用于其他载体。一些通用的噬菌体克隆载体包括 plTriplEx2（Clontech）、pSPORT1（Invitrgen）和 ISCREEN-1（Novagen），但不局限于这几种。

文库构建之后，用表达差异筛选来鉴定在测试条件下受诱导或抑制的基因克隆。在这里我们以新基因 *sarp-2* 的鉴定为例说明具体的实验步骤，该基因在海蜗牛的肝胰腺组织中表达，并在缺氧条件下被诱导。这种表达上调被 Northern 印迹所证实。*sarp-2* 克隆的序列测定后，进一步的序列分析参见 3.11。

3.1 总 RNA 的提取分离

1. 现今有许多试剂盒可用于总 RNA 和 mRNA 的分离（Ambion、Roche、Qiagen、

Invitrogen、Novagen 等）。这些试剂盒可获得高纯度和高质量的 RNA，但相对来说价格较贵。这里我们介绍了传统常规的 RNA 抽提方法。

2. 每 100 mg 组织加入 1 mL TRIzol 匀浆，并加入 0.2 mL/mL 氯仿。颠倒混匀 15 s，室温放置 2～3 min。4℃，12 000 *g* 离心 15 min。
3. 转移上层水相至一新的 Eppendorf 管，加入等体积的异丙醇沉淀 RNA。在室温放置 10 min。
4. 4℃，最高转速离心 10 min。移去上清，用 250 μL 70%乙醇洗涤沉淀，最高转速离心 5 min。吸去乙醇，在室温空气干燥 RNA 10 min，用适量的 DEPC 处理的水溶解（假定 10 mg 组织获得的 RNA 量为 10 μg）。储存于 4℃（一周之内）或者－20℃（长期保存）。
5. 用紫外分光光度计测定 260 nm 和 280 nm 光吸收值，用以确定 RNA 浓度和纯度。A260/A280 为 1.6～2.0 为可接受的范围（见注释 1）。
6. 用结合有 Oligo（dT）的纤维素柱子纯化 poly（A）$^+$ mRNA。总 RNA 加热至 65℃，与上样缓冲液 1∶1 混合（*V/V*），上样至 Oligo（dT）的纤维素柱。
7. 用一个柱床体积的上样缓冲液冲洗柱子，收集洗脱液于无菌 Eppendorf 管。将洗脱液再上样、收集，重复两次。
8. 分别用一个柱床体积的上样缓冲液和洗涤缓冲液冲洗柱子，最后用 1.5 倍柱床体积的洗脱液洗脱。最后一步使 poly（A）$^+$ mRNA 得以洗脱，加入 0.1 倍体积的 3 mol/L 乙酸钠（pH 5.2），2.5 倍体积的无水乙醇，放置于－20℃沉淀过夜。操作程序可在此停止。
9. 第二天于 4℃，13 000 *g* 离心 45 min。弃上清用 70%乙醇洗涤（250 μL），以相同速度离心 10 min。所获得的沉淀为 mRNA，空气干燥并溶于 DEPC 处理的水中（见注释 2）。如果不立即用 mRNA 进行实验，则将样品储存于－80℃。

3.2 cDNA 文库的合成

1. 在无 RNase 的 Eppendorf 管中，加入 mRNA（5 μg，＜30 μL），寡聚核苷酸连接物-引物（3 μg）及 RNasin（5 μL）。第一链 cDNA 合成以 mRNA 为模板，加入 dNTPs（3 μL）、5-甲基-dCTP（3 μL）、10×反转录酶缓冲液（5 μL），补水至 45 μL。轻轻混匀，于室温使引物和模板复性 10 min。
2. 加入反转录酶至反应管中（5 μL，50 U）使最终体积为 50 μL。轻轻混匀，稍加离心收集反应液于离心管底部，然后在 42℃放置 1 h（见注释 3）。
3. 于同一管中进行 cDNA 第二链的合成（第一链的互补链）。在第一链反应液中加入以下成分：dNTPs（6 μL）、10×DNA 聚合酶Ⅰ缓冲液（20 μL）、［α-^{32}P］dCTP（1 μL）、RNase H（1 μL，5 U）、DNA 聚合酶Ⅰ（10 μL，100 U），用蒸馏水补加至终体积 200 μL，在 16℃孵育 2 h。
4. 将双链 cDNA 反应管置于冰上，加入 22.5 μL dNTPs（A/G/C/T），*pfμ* DNA 聚合酶（2.5 μL）合成平头末端，在 72℃反应 30 min。
5. 加入等体积的苯酚-氯仿（1∶1 *V/V*，pH 7.4），振荡混匀，在台式离心机上室温以最大速度离心 10 min。转移水相至新离心管，加入等体积氯仿。振荡混匀，以上述条件再离心 5 min，转移水相至新的 Eppendorf 管。

6. 加入等体积异丙醇，加乙酸钠至终浓度为 0.1 mol/L。放置反应管于−20℃沉淀 cDNA 过夜。实验步骤可在此处暂停。
7. 第二天于 4℃，最大速度离心 1 h 沉淀 cDNA。转移上清至另一离心管，确认获得的沉淀是 cDNA。用盖革计数器确定 cDNA 沉淀有放射标记，再测定上清确认大部分放射活性存在于沉淀中。
8. 加入 70%乙醇洗涤沉淀（250 μL），在微型离心机上用最大转速于室温离心 10 min，小心移除乙醇，当心不要扰动沉淀，室温空气干燥 10 min。沉淀位置用笔在管外部做上标记，因为干燥后沉淀会“消失”。
9. 在无菌水（10 μL）中重新溶解 cDNA 沉淀，轻弹样品，稍加离心收集样品于离心管底部。将离心管静置于室温 10 min 或 4℃，30 min 使 cDNA 充分溶解。转移 cDNA 溶液至一新的离心管，用盖革计数器检测旧离心管，确定 cDNA 已被完全溶解（见注释 4）。
10. 加入 T_4 DNA 连接酶（5 U）和 10×T_4 DNA 连接酶缓冲液（1.5 μL）将 *Eco*RⅠ接头连接到平末端。反应终体积为 15 μL（加蒸馏水补足）。在 10℃反应 16 h。
11. 将离心管放置于 75℃，反应 15 min 以热灭活连接酶，稍加离心，收集反应液于管底。将该样品放置于冰上，加入如下试剂：T_4 多聚核苷酸激酶（10 U），10×T_4 多聚核苷酸激酶缓冲液（0.5 μL），加无菌水将反应终体积补至 20 μL。37℃孵育 30 min，随后于 75℃反应 15 min 以热灭活激酶。稍加离心，收集反应液于管底，将该离心管放置于冰上。
12. 加入 4 μL 10×内切酶反应酶缓冲液，10 μL 灭菌蒸馏水，6 μL *Xho*Ⅰ内切酶至 cDNA 管中（使终体积为 40 μL），用以切开位于连接物-引物上的 *Xho*Ⅰ酶切位点。轻弹混匀，稍加离心，收集反应液于管底，在 37℃孵育 2 h。加入等体积异丙醇，放置于−20℃沉淀过夜（见注释 5）。
13. 在微型离心机上用最大转速于 4℃离心 10 min，小心移除上清，当心不要扰动沉淀。
14. 加入 70%乙醇洗涤沉淀（250 μL），在离心机上用最大转速于 4℃离心 10 min。小心移除乙醇，室温空气干燥 10 min（见注释 6）。用适当体积的无菌蒸馏水（本例中我们使用了 50 μL）重新溶解沉淀，于 4℃保存。
15. 制备 10 mL 1%TAE 的琼脂糖凝胶，倒入 10 cm 的制胶板，等待其聚合。在胶底部标记出 10 个方形网格。
16. 用 100 mmol/L 的 EDTA 溶液倍比稀释（从 10 ng/μL 到 250 ng/μL）已知浓度的 DNA 标准品（如 2.7.5 中的 DNA 分子质量标准）。
17. 在每一稀释度作一标记（0、5、10、25、50、75、100、150、200、250 ng/μL）。
18. 从每一稀释度中仔细吸取 1 μL 到胶板上。
19. 在每一稀释度下方，点样 1 μL cDNA 样品，放置大约 20 min 使其渗透入胶板中。
20. 用紫外线照射平板，观察 cDNA 样品，与标准品相比估计其浓度。
21. 将 cDNA（～100 ng）、带有黏末端的载体（1 μg）、10×DNA 连接酶反应缓冲

液（1 μL）、T_4 DNA 连接酶（2.5 U）混合，用无菌蒸馏水补至 10 μL。在 10℃反应 16h（过夜）。

22. 连接产物用商业化的试剂盒包装（packaging）入噬菌体，根据制造商的说明书操作（本例使用了来自 Stratagene 的 GigapackⅢ XL）。实验 DNA 与包装提取物混合，孵育一定时间，氯仿沉淀，然后噬菌体可用于滴度测定。

3.3 滴度测定和 cDNA 文库扩增

1. 取出一个保存的 XL1-Blue 菌种管，划线接种于 LB-氨苄青霉素平板上，37℃培养过夜。第二天，挑单克隆接种到 25 mL LB-氨苄青霉素肉汤中，于 37℃摇床培养至 $OD_{600}=1$。
2. 将培养物于 4℃，1000 *g* 离心 10 min，重悬细菌沉淀于 10 mmol/L $MgSO_4$ 溶液中，调整 OD_{600} 至 0.5。
3. 用 TSM 溶液配制文库浓度梯度稀释液各 100 μL（1∶10，1∶100，1∶1000，1∶10 000），与等体积新鲜培养的 XL1-Blue 细菌混合，37℃培养 20min。
4. 将前述每管与 NZY 上层琼脂混匀（冷却至 50℃以下，每一稀释度加 3 mL），随后迅速铺板于 10 cm 平板上。等平板冷却至上层琼脂完全凝结，翻转培养板于 37℃培养直至观察到噬菌斑形成。计数每块板上的噬菌斑数，用以下公式计算文库的滴度：pfu/mL＝（噬菌斑数×稀释度）/铺板的体积（见注释 7）。
5. 为扩增 cDNA 文库，准备 10 个 NZY 平板（24 cm×24 cm）和 XL1-Blue 菌种的 LB-氨苄青霉素肉汤过夜培养物（见 1 和 2 项）。
6. 用移液器分别吸取 100 μL XL1-Blue 菌悬液，分装入 10 个 1.5 mL 灭菌离心管中，分别加入包装噬菌体混合物（含～50 000 个噬菌体），37℃孵育 15 min。
7. 在各管中加入 7 mL 融化的顶层琼脂，平铺于 NZY 平板之上。
8. 将平板于 37℃培养过夜，直至在菌苔上形成噬菌斑。随后在各平板表面加入 10 mL TSM 缓冲液，放置于 4℃，轻轻振摇过夜，使得噬菌体从固体培养物中释放入缓冲液。
9. 收集 10 个平板上的包含有噬菌体的 TSM 培养液，加入氯仿至终浓度为 5%（*V*/*V*）。室温放置 15 min，500 *g* 离心 10 min，转移上清至新的灭菌容器内。
10. 加入 DMSO 至终浓度为 7%（*V*/*V*），分装扩增好的文库于 1.5 mL 离心管，贮存于－80℃。用前面的方法滴定扩增文库的滴度。

3.4 cDNA 文库的差异筛选

1. 准备 NZY 平板（10 块板，24 cm×24 cm），见 3.3 中 1～4。通过计算出的滴度，调整噬菌体文库感染细菌量至每块板为 20 000～50 000 pfu。
2. 大约 12 h 后噬菌斑形成。经常观察至噬菌斑为圆形，直径为 1 mm 左右。
3. 在每块新形成噬菌斑的培养板上放置一张 Hybond 尼龙膜，吸收 1 min。在尼龙膜和培养板上做好一一对应的标记，以便确定阳性克隆。
4. 将每张膜浸泡在变性液中 1 min，再浸泡于中和液中 5 min，洗涤液中 0.5 min。
5. 将膜放置于滤纸上，在空气中干燥。用紫外交联仪交联噬菌体 DNA 至膜上。

6. 取第二张膜，重复步骤 3～5，吸收时间延长至 2 min。
7. 将尼龙膜放置于两张滤纸中间，于干胶仪中 80℃烘烤。
8. 需合成两套探针来筛选。一套用对照 mRNA 为模板合成，另一套则以暴露于环境压力中的 mRNA 为模板。
9. 用与第一链 cDNA 合成类似的操作方法合成探针，（见 3.2，材料列于 2.2）。分装 poly（A）$^+$ mRNA（约 1 μg）入 DEPC 处理的 1.5 mL 离心管，65℃加热 5 min。
10. 立即置于冰上，随后各管分别加入 10×反转录酶缓冲液（5 μL）、dNTPs（3 μL、无 dCTP）、Oligo（dT）引物（3 μg）、RNasin（5 μL）。补水至 40 μL，轻弹混匀，稍加离心收集液体于离心管底部，在室温退火 10 min，使引物结合至 mRNA 模板。
11. 加 5 μL 反转录酶和 5 μL [α-^{32}P] dCTP（3000 Ci/mol）至各管，42℃孵育 1 h 后，将离心管转移至 16℃水浴。
12. 为降解 RNA，需加入 RNase A 5 μL 并于 37℃孵育 30 min。经此处理后离心管内只剩下 cDNA，将其上样至快速离心柱，400 *g* 离心 3 min。洗脱液（放射标记的 cDNA）即可用作探针与尼龙膜杂交。
13. 结合有噬菌斑的膜放置于 55℃的旋转杂交管中在杂交液中预杂交 30 min。
14. 把放射标记的探针煮沸 5 min（见注释 8），立即置于冰上。将探针直接加入现有的杂交液中（见注释 9）至终浓度为 1×10^6 cpm/mL。为便于比较，需加入等同的放射标记量至匹配的印迹膜上（对照和实验组），在 45℃下滚动杂交过夜（～16 h）。
15. 杂交后，用 0.2×SSC，0.1%（*W/V*）SDS 溶液于 55℃洗涤杂交膜 10 min，再重复该洗涤步骤 3 次以降低放射背景。如果背景仍然很高（用手持式盖革计数器测量），可重复该洗涤步骤。
16. 将洗涤过的膜保持湿润，有放射活性的一面朝下，放置于塑料薄膜上，封口使液体不至漏出。用薄膜再次包裹杂交膜。用纸巾抚平表面（除去折皱和气泡）。将杂交印迹曝光于 X 光胶片（或成像磷屏）适当的时间，其时间取决于特异性探针结合于杂交膜的 cpm 值。
17. 曝光 X 光胶片，并分析放射自显影结果。图 1A 为第一次筛选的放射自显影结果。每一点代表一个探针结合的噬菌斑。
18. 根据定位标记，回到 NZY 平板上找出对应于差异表达克隆的噬菌斑并剪下。用一灭菌的巴斯德管剪切下各个斑点的琼脂块，放置于加有 500 μL TSM 缓冲液的 1.5 mL Eppendorf 管中。如果不能分离出单个克隆（特别在初次筛选时），将推定的大致阳性“区域“切下。
19. 每管加入氯仿（至 5%，*W/V*），振荡混匀 30 s，在室温放置 30 min，使得噬菌体从琼脂释放至缓冲液中。
20. 将以上样品在 4℃，3000 *g* 离心 5 min，转移上清至一新的离心管（包含游离的噬菌体），存放于 4℃。
21. 测定每一转移噬菌斑的滴度（pfu/mL）（见 3.3）。

22. 按 50～100 pfu/平板的水平将每一阳性克隆重新铺板于 NZY 平板（10 cm 直径）。

23. 用一小的圆形尼龙膜重新做第二次噬菌斑筛选，方法与初次筛选相同（从第 3 步开始）。用同样的方法重复差异筛选步骤（从第 8 步开始）。通过检查放射自显影图谱，选择代表感兴趣基因（具有差异表达）的阳性克隆。图 1B 为第二次筛选的放射自显影图谱。

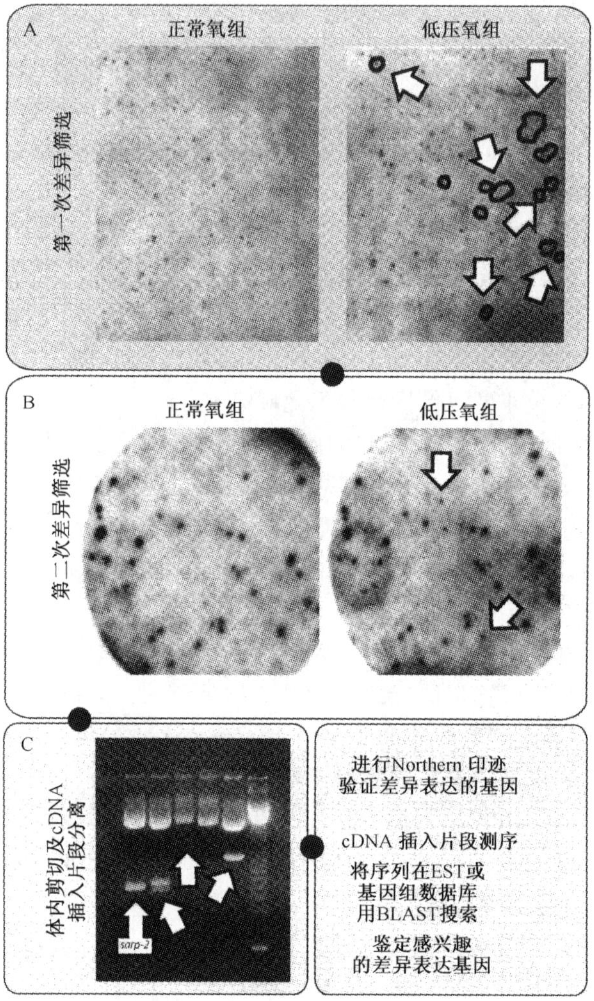

图 1　cDNA 文库的表达差异筛选。（A）初次差异筛选使用以海蜗牛（*Littorina litorea*）的肝胰腺组织的 mRNA 为来源合成的［^{32}P］dCTP 掺入的 cDNA。正常氧含量组：试验动物处于 4℃正常氧含量环境。低压氧组：试验动物处于一个大气压的氮气环境中，持续时间为 1 h、12 h、24 h（将来源于各时间点的等量的 mRNA 混合）。（B）第二次差异筛选，用相同的探针筛选假定的缺氧反应克隆。（C）从噬菌体上切割质粒载体，随后从细菌中对质粒进行纯化。可分离缺氧诱导的阳性克隆插入片段。第一泳道为编码蜗牛缺氧响应蛋白 2（snail anoxia-responsive protein 2，*sarp-2*）的质粒克隆；各类非特异性的基因插入显示于随后几个泳道。阳性克隆需用 Northern 印迹确证其差异表达，随后进一步的鉴定如图 2 所示。

3.5 体内克隆的捡出

1. 本节的操作步骤根据所选用的 cDNA 文库载体而异。均应购买商业化的试剂（通常应购自与载体相同的生产商）。本节提供了使用 Uni-Zap 试剂盒的简要说明（ExAssist Helper 噬菌体和 SOLR 细胞；Stratagene）(6)。
2. 按 3.3.1 项准备 XL1-Blue 细菌。用相同的步骤准备 SOLR 细胞。细胞在 LB-氨苄青霉素肉汤中 37℃过夜培养（～16 h），3000 *g* 离心 5 min。
3. 弃上清，重悬细菌沉淀于 10 mmol/L $MgSO_4$ 至 $OD_{600}=1$，存放于 4℃至步骤 8。
4. 分装 200 μL 噬菌体储液于 Eppendorf 管中，加入等体积的 XL1-Blue 细菌，加入 1 μL helper 噬菌体。
5. 将离心管于 37℃孵育 15 min。准备相同数目的加有 3～5 mL LB-氨苄青霉素肉汤的 15 mL 试管，孵育结束后将 Eppendorf 管中的液体转入 15 mL 试管中，37℃轻轻振摇培养 3 h。
6. 将培养管于 400 *g* 离心 15 min 以沉淀菌体细胞和碎片，转移上清（包含中期的丝状噬菌体）至新试管，70℃孵育 15 min。
7. 于 3000 *g* 离心 15 min 以沉淀残留的细胞，转移上清（包含丝状噬菌体）至一新 15 mL 试管，贮存于 4℃。
8. 将代表每一选择出的噬菌粒的丝状噬菌体储存液（100 μL）加入做好标记的试管中。稍微吹打重悬 SOLR 细胞，分装 200 μL 到每一试管，37℃孵育 15 min。
9. 每管用移液器吸取 100～200 μL 细胞，加到 LB-氨苄青霉素平板上，涂布均匀，37℃培养过夜。
10. 挑取单克隆划线接种于新鲜的 LB-氨苄青霉素平板，作为含有目的基因 pBluescript 质粒的 SOLR 细胞的主板，37℃培养过夜。
11. 从主板上取单克隆接种到 3 mL 的 LB-氨苄青霉素肉汤。培养至 $OD_{600}=1$，加入灭菌甘油至终浓度 15%（*V*/*V*）贮存，将每一培养管混匀，－4℃放置 30 min，再贮存于－80℃。

3.6 质粒的小量抽提

1. 已有各种各样的商业试剂盒可为我们提供简便快速的质粒提取方法。这些试剂盒可从许多公司获得，但不仅限于这些公司，如 BD Bioscience、Qiagen、Invitrogen 等。这里提供了一种标准的非试剂盒的抽提方法。
2. 从划线接种的主板上挑选一单克隆至含 3 mL LB-氨苄青霉素肉汤的 15 mL 试管，将该培养管在 37℃摇床培养过夜。
3. 吸取 1.5 mL 的过夜培养液至 Eppendorf 管，3000 *g*，4℃离心 10 min，弃上清。
4. 重悬细菌沉淀于 400 μL 预裂解液中，转移至另一无菌 Eppendorf 管，加入 RNase A 5 μL 并振荡混匀。
5. 加入等量的新鲜配制的碱性裂解液，放置于室温 5 min。
6. 加入等量的中和缓冲液，振荡直至将白色沉淀（蛋白质、基因组 DNA 和细胞碎片）打碎。放置于冰上 5 min，在 4℃以最大转速离心 10 min。

7. 转移上清至另一无菌 Eppendorf 管，加入等体积异丙醇。颠倒混匀，于室温放置 10 min。
8. 在室温以最大转速离心 10 min，弃上清。用 70%乙醇洗沉淀（DNA 质粒），再次以相同条件离心 5 min，吸弃乙醇，室温空气干燥 10 min。
9. 用合适体积的无菌蒸馏水溶解质粒 DNA（通常最少用 20 μL），用紫外分光光度计定量（1 OD=50 μg/mL 双链 DNA）。质粒可短期储存于 4℃或长期保存于 −20℃直至再次使用。

3.7 插入片段的分离提取

1. 用匹配的限制性内切酶酶切质粒 DNA（本例中使用的是 *Eco*R Ⅰ 和 *Xho* Ⅰ）。
2. 混合 5 μL 质粒 DNA，内切酶各 0.5 μL，1 μL 的 10×酶切缓冲液，补水至 10 μL。37℃孵育至少 1 h。
3. 于 94℃加热 5 min 终止反应，加入 0.1 倍体积的上样缓冲液。
4. 上样于 1%TAE 琼脂糖凝胶，90 V 在 1×TAE 缓冲液中电泳分离酶切片段。同时上样合适的 DNA 分子质量标准以估计插入片段的大小。插入片段的凝胶分离如图 1C 所示。
5. 用灭菌刀片从凝胶上仔细切割下插入片段，放入做好标记的 Eppendorf 管中。从凝胶中回收 DNA 有很多可供选择的方法。可购买使用层析柱和玻璃丝的商业化试剂盒。这里提供了一种非试剂盒的快速和简洁的操作方法。
6. 将割下的胶条放置于−80℃直至其冷冻（约 15 min）。将 1 mL 过滤吸头的滤芯上部切除，将吸头的下部放入其中。这一装置再牢固地置于 Eppendorf 管中。冷冻的胶条快速放入吸头的开口中后，将 Eppendorf 管放入台式离心机，10 000 *g* 离心 3 min。取出离心管，弃去吸头。洗脱液中的插入 DNA 片段可于 4℃短期保存或放置于−20℃长期保存。

3.8 标记探针的合成

1. 取 12 μg DNA 片段溶液，转移入 1.5 mL 离心管，补水至 8 μL。94℃变性 3 min，稍加离心收集反应液于离心管底部，立即置于冰上。加入下列试剂：$dNTP_S$（dATP、dTTP、dGTP，终浓度各 1 mmol/L），1 μL 随机引物（100 mmol/L d $(N)_6$；New England Biolabs），2 μL 10×随机引物缓冲液，2.5 U DNA 酶 Ⅰ 的 Klenow 片段（New England Biolabs），2.5 μL [α-^{32}P] dCTP (3000 Ci/mol；Amersham)。
2. 轻轻混匀，于 37℃加热 45 min。将反应液放入快速离心柱中，400 *g* 离心 3 min。洗脱的放射标记探针用于 Northern 印迹。

3.9 Northern 印迹

1. 准备 1.25%甲醛变性胶，将其浸没于 1×MOPS 缓冲液，预电泳 15 min。
2. 分装适量的 RNA（10～20 μg）于做好标记的离心管中，加入等体积的 RNA 样品缓冲液。

3. 55℃孵育 10 min 后立即置于冰上，加入适量的 RNA 上样缓冲液（终浓度为 1×）到各样品管中。
4. 轻轻混匀 RNA 样品，稍加离心收集全部样品溶液于离心管底部。
5. 将各管中的全部 RNA 样品上样至变性凝胶，记录样品号。
6. 用 100 V 电压电泳直至溴酚蓝到达胶的前沿。
7. 将胶放置于塑料薄膜上，用紫外灯观察 RNA 条带，用成像仪拍摄保存图像。核糖体 RNA（rRNA）条带用于检测其降解程度，并可大致确定每孔 RNA 的量。图 2A（下方）为 UV 显示的 EB 染色的 rRNA 电泳图。
8. 分离后的 RNA 用中性转膜法从凝胶转移至 0.2μm 的尼龙膜。把胶浸泡于 10×SSC 溶液中 10～15 min，以除去多余的甲醛和 EB。
9. 在胶浸泡时，装配好转膜装置。准备一大张塑料膜将其折叠成 2 ft×3 ft① 大小，置于实验台上。
10. 于尼龙膜中间放置一树脂玻片测序板（大于被转膜的胶），膜的边距应超出玻板 3～4in。
11. 裁剪出两张滤纸，各边距超出玻板 1～2in。
12. 用 10×SSC 润湿玻板，按次序将滤纸片放置于玻片上，推平皱褶并除去气泡。
13. 将胶的正面朝下放置于滤纸中央。
14. 裁切一张与胶的大小一致的膜。用无菌水冲洗膜，再用 10×SSC 冲洗，放置于胶上，用移液管推平膜，除去气泡。
15. 剪切好两张滤纸（与胶和膜的大小一致）放置于膜的上方。预先用 10×SSC 润湿滤纸，用移液管推平，除去气泡。
16. 放置一张塑料薄膜（与开始放置于实验台上的塑料膜同样大小）于整个转移装置上，用刀片沿着胶和滤纸切一个“窗口”，揭去塑料薄膜，在滤纸上方放置一叠纸巾（5in 高）。在转膜装置的两端（在内外层之间）加入 10×SSC（10 mL），折叠好塑料薄膜并封口。在纸巾上方放置一重物（250～500 g），转膜过夜（见注释 10）。
17. 转膜后，用与 3.4 中 5 相同的方法交联 RNA 至膜上，或将膜浸泡于 0.05 mol/L 的 NaOH 中 5 min，然后用灭菌蒸馏水冲洗。

3.10 用探针进行 Northern 印迹

1. Northern 印迹的探针检测与噬菌斑印迹膜的检测类似。在 55℃的杂交炉中用杂交液（完全覆盖杂交膜）预杂交至少 30 min。
2. 将放射性标记的 cDNA 探针于 94℃加热 5 min，立即置于冰上。直接加入杂交液中。
3. 在 45℃下杂交过夜（～16 h）。杂交后，用 Northern 洗涤液于 55℃洗涤杂交膜 10 min，重复洗涤步骤共 4 次。
4. 如果背景仍然很高（用手持式盖革计数器测量），可重复该洗涤步骤。

① 1ft=0.3048m

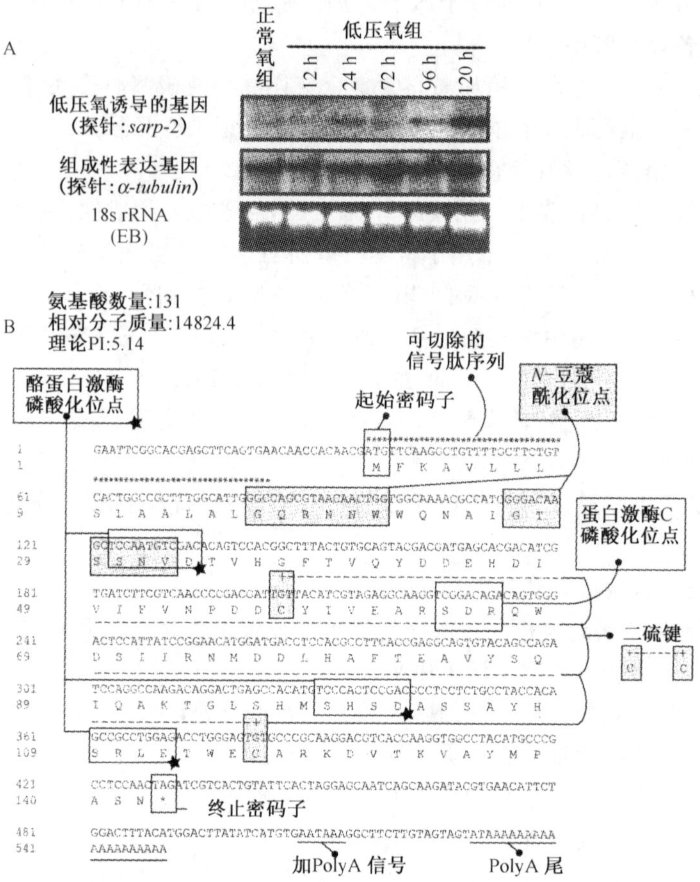

图 2 来源于海蜗牛的新基因 *sarp-2* 的鉴定。(A) 从定名为 *sarp-2* 基因的克隆中分离到插入片段后(见图 1),暴露于低氧环境中各时间点的 *sarp-2* 基因表达用 Northern 印迹法监测。*sarp-2* 的表达量用管家基因 *α-tubulin* 的表达量标准化,同时也用转膜前凝胶上 rRNA 的光密度值作对照。(B) 对插入的 *sarp-2* 基因测序显示有 550 个核苷酸序列,并包含有完整的可读框编码 131 个氨基酸的蛋白质。使用 3.11 中所列出的分析工具,在 *sarp-2* mRNA 和推定的蛋白质序列上发现多种常见的蛋白结构域,结果显示如图。

5. 将膜用塑料薄膜包裹,曝光 X 光片(或成像磷屏)适当的时间,显影。
6. 用合适的成像分析软件进行放射自显影图像分析光密度[例如 Imagequant (GE Healthcare) 或 QuantityOne (Bio-Rad)],图 2 为 Northern 印迹结果(上半部分)。
7. 如果需要,将印迹膜用煮沸的含 0.5% SDS 的去离子水冲洗可除去探针。重复该步骤直至放射活性达到或低于背景水平。用无菌水冲洗杂交的印迹膜以除去残留的 SDS,如果需要可以重新再用探针杂交。检测组成性表达、不受试验条件影响的管家基因,用来标准化差异表达的目的基因的表达量。图 2 中的 Northern 印迹膜洗脱后,再用 *α-tubulin* 探针杂交检测其表达量用于控制上样量(中间部分)。

8. 进一步鉴定一个新基因还需要其他的实验方法和步骤。对基因启动子的分析可确定其是否存在对环境压力的响应元件。转录分析可确定基因的转录活性是否可调节或者其 mRNA 的水平是否稳定。基因可被表达成蛋白质并且用基本的生化方法体外分析确定其可能的功能。所表达的蛋白质可用作抗原制备抗体，用于 Western 印迹或亚细胞结构定位。基因沉默（用 siRNA）或基因敲除（用遗传操作手段）可确定该基因缺失后导致的效应和表型。这些方法和技术超出了本章介绍的范围，它们代表了从这里为起始点的下游的试验方法。简要的操作步骤可参考 *Methods in Molecular Biology* 丛书中的其他图书和经典的实验室手册如 *Molecular Cloning*：*A Laboratory Manual*（7）。图 3 所示为用于检测由本

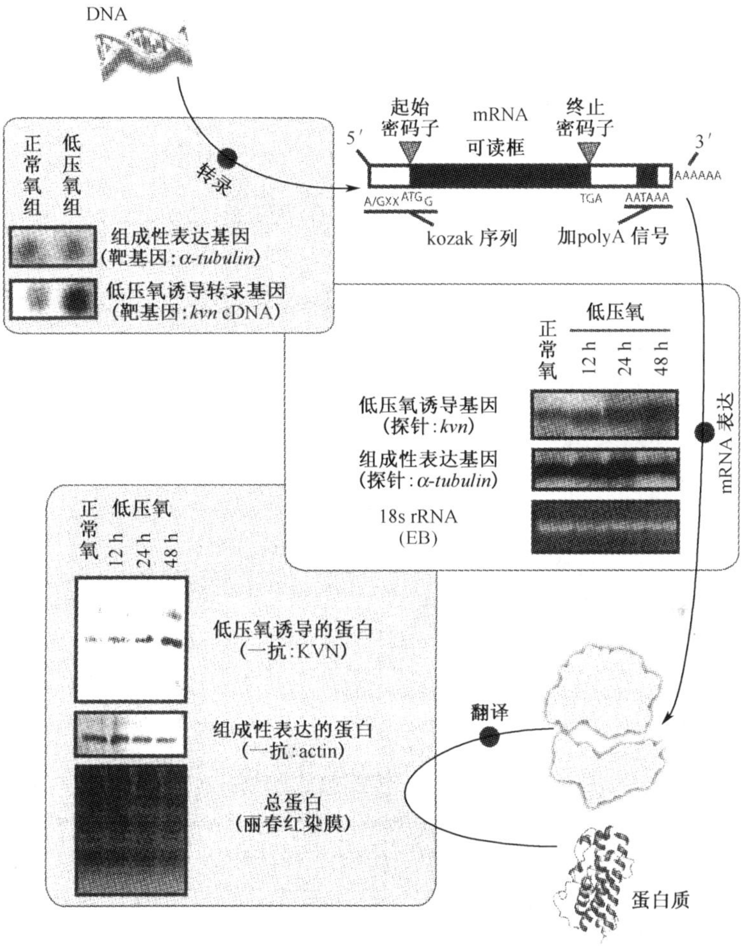

图 3　鉴定一个新基因的流程图。从基因组 DNA 开始，基因的转录活性可用核酸逃逸实验检测（上图左边部分）。这里所检测的基因（*kvn*）在低氧环境处理 48 h 的海蜗牛的肝胰腺组织细胞核中活跃表达。该基因已于先前被鉴定（4），其 mRNA 具有真核基因共有的特性。*kvn* 暴露于低氧环境的表达时相由 Northern 印迹法检测（图中间部分）。*kvn* 的表达量用管家基因 *α-tubulin* 的 Northern 印迹标准化，同时也用转膜前凝胶上 rRNA 的光密度值作对照。KVN 蛋白的表达时相由 Western 印迹测定（图底部左半部分），其表达量由同一膜上的 β-actin 蛋白表达量作标准化，同时用丽春红染膜大致确定每孔的上样量。

章作者发现和鉴定的新基因 *kvn* 的实验。

3.11 克隆分析

具有差异表达的克隆应该用标准方法双向测序（不管在实验室还是在 DNA/基因组测序机构）。随后的序列分析可用商业化的软件和其他大量的在线分析工具进行。下面列出了一些优秀的进行 cDNA 和氨基酸序列分析的生物信息学软件和应用工具。

第一步，DNA 序列应被拷贝至 NCBI 的 BLAST 服务器比对已有的和注释过的序列。相同的基因序列或与表达序列标签（expressed sequence tag）的相似性可由 E 值决定。E 值表示每一对序列相似的可能性。当 E 值$<e^{-5}$意味着该序列比对不是由错误产生的。新的或未知的基因通常无法得到配对，但一些保守区域可得到鉴定并提供很短的序列配对。

3.11.1 国立生物技术信息中心（NCBI）

http://www.ncbi.nlm.nih.gov/

1. Basic Local Alignment Search Tool（BLAST）：http://blast.ncbi.nlm.nih.gov/Blast

BLAST 首先给出了在一个序列中四个字母所表示的残基，然后由这些字母所扩展组成的片段。所使用的程序中，blastx 用于将查询的核苷酸序列的所有可读框翻译成蛋白质序列后与蛋白质数据库中的数据比对。tblastx 是将查询的核苷酸序列翻译后与核苷酸序列数据库翻译结果比对。blastp 是将查询的氨基酸序列与蛋白质数据库对比。

2. ORF（可读框）finder：http://ncbi.nlm.nih.gov/gorf/gorf.html

ORFfinder 可鉴定一个核苷酸序列中所有 6 种可读框的编码区域。选择好的可读框可以直接转入 BLAST 进行保守区域或相似序列的搜索（blastp）。

3.11.2 基因的翻译和蛋白质序列的鉴定

新基因功能的鉴定是当前许多大规模的基因组计划面临的挑战。mRNA 序列包含许多信息，但常规来说蛋白质才是功能执行者。为了预测某一特定基因的功能，常常将基因序列翻译成预测的蛋白质序列来分析与已知功能蛋白的同源性和保守区域。许多情况下，一个 cDNA 克隆通常代表了一个已知的同源物。这些克隆所代表的基因或蛋白质通常可与现有的功能模式相匹配，因为这些基因很可能已在其他系统、器官、组织（在各类应激和环境条件下）中被鉴定出，并具有已知的作用和功能。然而，如果目的克隆没有任何已知的同源物，则需进行进一步的分析和鉴定。一些用于分析新基因或蛋白质的软件如下：

PredictProtein（蛋白质预测）：

http://www.embl-heidelberg.de/predictprotein/ predictprotein.html

将被翻译的目的蛋白质序列用 PredictProtein 服务器搜索，得到的结果是数据库中的相似序列和蛋白质结构的预测。

蛋白质序列分析（Protein Sequence Analysis，PSA）：

http:// bmerc-www.bu.edu/psa/request.htm

PSA 根据氨基酸序列预测蛋白质的二级和四级结构。

SOSUI：

http://sosui.proteome.bio.tuat.ac.jp/sosui_submit.html

该工具软件通过所输入的氨基酸序列的理化性状（如疏水性和电荷），预测膜蛋白的二级结构。

PROSITE：

http://www.expasy.ch/prosite

PROSITE 是一个蛋白质保守域数据库。基于蛋白质的基本序列，查询得到的结果是与具有生物学意义的结构模式的匹配。

PSORT：

http:// psort.nibb.ac.jp/

在基因被翻译成蛋白质后，氨基酸序列通常都包含了转位和定位信号的区域。这一信号决定了蛋白质在细胞内的定位并可帮助确定其功能。PSORT 将输入序列与分选信号同义序列比较确定是否存在信号分选序列。

SignalP：

http://www.dtu.dk/services/SignalP

SignalP 程序用于预测在所输入的氨基酸序列中信号肽断裂位点存在与否。

Submitting DNA sequence to NCBI GenBank：

http://www.ncbi.nlm.nih.gov/Genbank/submit.html

在所研究和鉴定的 DNA 序列发表之前，必须将该序列注释后提交到序列数据库。提交的信息需包含如编码区、起始密码子和终止密码子或者其他相关信息。用互联网浏览器，新的序列通过 Bank It（基于互联网的工具）或 Sequin（独立的提交工具软件）提交至 GenBank。

4. 注释

1. 总 RNA 的量也可以通过变性凝胶电泳来估测（见 3.9）。每一泳道 rRNA 条带的完整性及 mRNA 的分布都可指示 RNA 是否有降解。28S rRNA 的条带亮度应该大约为 18S rRNA 条带亮度的两倍（在许多无脊椎动物中，只能观察到一条大小约为 18S rRNA 的条带）。mRNA 应均匀分布于泳道，EB 染色后在紫外灯下形成类似拖尾的现象。
2. cDNA 文库合成的最终反应体积为 50 μL（3.2 中 1），因此 RNA 需重悬溶解于适量无菌蒸馏水。如果 RNA 浓度不够则需要用真空离心机浓缩或者用异丙醇重新沉淀（会有部分损失）。
3. 吸取 5 μL 第一链合成反应液，分装于一新的 Eppendorf 管。加入 0.25 μL[α-^{32}P] dCTP 与第一链合成液一起孵育。放置 5 μL 放射标记反应液对照于－20℃，直至用碱性琼脂糖凝胶电泳分离（见注释 4）。
4. 取第二链 cDNA 合成反应液 1 μL，与第一链反应对照液（见注释 3）一起用碱性琼脂糖凝胶电泳分离。这些放射标记反应对照可用来确定合成的 cDNA 的质量和大小。凝胶电泳操作步骤类似于3.7或3.9。称取3.75 g琼脂糖溶于270 mL蒸馏水中，加入EB至1 μg/mL，冷却至60℃。加入0.1倍体积的10×碱性琼脂糖凝胶电泳缓冲液（500 mmol/L NaOH，10 mmol/L EDTA，pH 8.0），搅拌混匀，不要带入气泡，倒胶让其聚合。将胶浸没入1×碱性琼脂糖凝胶电泳缓冲液，预电泳5 min。每份样品（第一链反应液和第二链反应液各1 μL）加10 μL 1×碱性琼脂糖凝胶电泳缓冲液，2 μL碱性上样缓冲液（300 mmol/L NaOH，6 mmol/L EDTA，18% Ficoll 400，0.15%溴甲酚绿，0.25%二甲苯氰）。如果可能，电泳可在冷室进行（或尽量用较低电压）防止过热。电泳后，用7%三氯乙酸（*W/V*）固定胶，干胶后放射自显影检测。

5. 为提高沉淀效果，加入NaCl至终浓度为25 mmol/L。
6. 根据mRNA的提取方法，有些可以不用进行片段大小的筛选而直接构建文库。如果希望转录产物片段大小在某一个数值之上或之下，则需要对cDNA进行分选。这里简要介绍一种方法。可以用琼脂糖凝胶（sepharose）柱（～1 mL）根据cDNA的片段大小来分选，长片段将首先被洗脱，随后被洗脱的序列越来越短。洗脱柱可在实验室用琼脂糖凝胶制备成所希望的截留分子质量（通常为S500）或可从公司购买（如Invitrogen）。首先用1 mL上样缓冲液（10 mmol/L Tris-HCl，pH 7.5，0.1 mmol/L EDTA，25 mmol/L NaCl）平衡柱子，直至完全流出柱子。重复3～5次。将cDNA样品上样（在约100 μL上样缓冲液中），使其进入琼脂糖凝胶。加入100 μL上样缓冲液，直至其进入凝胶，收集洗脱液至第一个试管中。继续加入100 μL上样缓冲液，在前100 μL完全进入凝胶后，再加100 μL，每个试管50 μL收集洗脱液。可加入几微升的样品示踪染料（包含50%溴酚蓝和50%甘油），用以显示cDNA的洗脱进度。从各份分步收集液取5 μL上样至5%～6%的非变性聚丙烯酰胺凝胶，电泳分离，随后进行放射自显影（可用干胶或湿胶）确定根据每一份样品的cDNA片段大小。合并在所需范围之内的cDNA片段于一个试管中，然后再继续3.2中5～8的步骤。重悬沉淀于适量双蒸水中，继续步骤15。
7. Uni-ZAP载体在多克隆位点包含有β-半乳糖苷酶基因，可根据蓝白选择确定cDNA文库中重组子（白斑）和非重组子（蓝斑）的比列。移取噬菌体最后包装的反应液（各1 μL）到两个Eppendorf管，把其中一管标记为1（非稀释管）。加入9 μL双蒸水到第二管，混匀后移取1 μL至另一离心管，标记为2（1∶10稀释）。加入分装好的XL1-Blue细菌（100 μL，见3.3中1）至标记管，37℃孵育15 min。混合IPTG（15 μL 0.5 mol/L的储液）、X-gal（50 μL 250 mg/mL的储液）和3 mL融化的NZY上层琼脂。冷却琼脂至50℃以下，加入到已感染的XL1-Blue细菌，将混匀的培养物铺板于标准NZY平板，等待上层琼脂凝固。将培养板37℃过夜（～16 h）直至彩色的噬菌斑出现。观察这两块平板（其中一块应出现约250～500个噬菌斑）并计数蓝斑对白斑的比例以确定文库的非特异背景。
8. 被剪切过的鲑精DNA（Sigma-Aldrich）可作为未标记的、非特异性的DNA以降低膜的杂交背景。加入剪切过的鲑精DNA（0.2 mg DNA/mL杂交液）至含有探针的 Eppendorf 管中，随后的操作步骤见 3.4 中 14，本注释亦适用于 3.10。

9. 在将探针加至杂交管时，注意不要直接喷淋至膜上。否则浓缩的探针溶液直接接触膜后会造成异常深的背景区域从而覆盖了一些重要的转膜印迹。探针应直接加入杂交液（用长吸头）或加入分装好的杂交液中（~1 mL），然后再逐滴加入反应管。
10. 在整个转膜装置的纸巾外包裹一层塑料薄膜防止泄漏（导致短路）。这层额外的包裹层可确保缓冲液流经胶和膜到达纸巾，以改善 Northern 印迹的转膜效率。

致谢

我们对 Jan Storey 表示特别感谢，感谢他详细审阅了本章稿件并提供了有意义的意见和优秀的编辑工作。

（陈璋辉　杨　军）

参考文献

1. Larade, K. and Storey, K. B. (2002) A profile of the metabolic responses to anoxia in marine invertebrates, in *Cell and Molecular Responses to Stress, Vol. 3: Sensing, Signaling and Cell Adaptation* (Storey, K. B. and Storey, J. M., eds.), Elsevier Press, Amsterdam, pp. 27–46.
2. Storey, K. B. and Storey, J. M. (2004) Physiology, biochemistry and molecular biology of vertebrate freeze tolerance: the wood frog, in *Life in the Frozen State* (Benson, E., Fuller, B., and Lane, N., eds.) CRC Press, Boca Raton, pp. 243–274.
3. Larade K. and Storey K. B. (2004) Anoxia-induced transcriptional up-regulation of *sarp-19*: cloning and characterization of a novel EF-hand containing gene expressed in hepatopancreas of *Littorina littorea. Biochem. Cell. Biol.* **82,** 285–293.
4. Larade K. and Storey K. B. (2002) Characterization of a novel gene up-regulated during anoxia exposure in the marine snail, *Littorina littorea. Gene* **283,** 145–154.
5. Stratagene Instruction Manual Revision #073013b. 2003. For: cDNA Synthesis Kit, ZAP-cDNA Synthesis Kit, and ZAP-cDNA Gigapack III Gold Cloning Kit.
6. Stratagene Instruction Manual Revision no. 073002f. 2003. For: ExAssist Interference-Resistant Helper Phage with SOLR Strain.
7. Sambrook, J., Russell, D.W. (2001) *Molecular Cloning: A Laboratory Manual*, 3rd lab edition. Cold Spring Harbor Laboratory Press, Cold Spring Harbor, NY.

第六章 比较分子生理基因组学

——cDNA 阵列的异种杂交

Sean F. Eddy and Kenneth B. Storey

概论

近几年来，DNA 微阵列已经被公认是分子生物学研究的一种标准方法。特别是在生物医学研究方面，常用物种的微阵列一面世就得到广泛应用。但是对于非模式生物来说，微阵列的应用尚未得到充分开展，而这些物种往往表现出一些很有趣的生理表型。对大多数比较生物学的研究者来说，制备一个新物种的 DNA 阵列或微阵列是一项成本高、工作量大的实验，这也是阻碍这方面应用的主要原因。异源阵列杂交的方法可作为另一个选择，即用一个物种的阵列筛选另一个物种的应激诱导基因。本章主要对异源 DNA 阵列杂交有关文献进行综述，并探讨进行非模式生物异源微阵列分析时应考虑的因素，同时也对其他内容进行了讨论，包括针对交叉反应的方法学的改进（比如杂交条件、清洗的严谨度），可能出现的假阳性和假阴性结果，以及下游基因分析方法和阵列数据的验证。本章示例中讨论的与人的微阵列进行异源杂交的物种在系统发育学上跨度较大，从松鼠到青蛙到蜗牛都包括在里面。尽管像所有的新技术一样，能够掌握应用异种杂交技术的人还不多，但由于最初的障碍已经被克服，它的发展前景十分广阔。

关键词：比较基因组学；异种 DNA 阵列杂交；哺乳动物冬眠；半定量 PCR

1. 引言

生物化学和分子生物学的绝大多数研究对象都只集中于极少部分物种；人、小鼠和大鼠是主要的哺乳动物模型而果蝇（*Drosophila melanogaster*）和线虫（*Caenorhabditis elegans*）是主要的无脊椎动物模型。但是大量的其他物种的遗传信息提供了独特的模型，可以让研究者深入理解生物机体对很多应激和疾病情况产生应答的分子机制。例如，对合适的动物模型系统的研究是理解细胞和机体如何通过进化适应环境应激（包括缺氧、冷热应激、冰冻、高盐和低盐等）的唯一途径。对这些生物过程的调控需要多个信号途径协同作用，最终通过调控一些特定基因的激活或抑制，从而维持应激条件下的细胞功能。DNA 阵列筛选技术的发展为研究者提供了一个研究细胞应激反应的新颖而且强大的工具。阵列筛选像快照一样可以对任何时间点上一个细胞的整套基因表达模式进行记录，从而既能深入地研究单个基因的反应，也能对各功能单位（比如代谢途径、信号转导途径等）的反应进行整合分析。

继 20 世纪 70 年代将 DNA 固定在硝酸纤维素膜和尼龙膜上的 Southern 印迹技术诞生后，研究者就一直在寻求将 DNA 固定在更小的范围和平台上的方法。cDNA 阵列和微阵列是分子生物学家所用的进行核酸固定的最新技术。这项技术诞生以来，阵列的物理体积得到了明显的压缩，而同时阵列上的信息量却在大幅度提高。从 90 年代中期 DNA 阵列被发明以来，这一领域得到了巨大发展，研究者将这一技术应用于全方位的生物学和医学研究（1-5）。起初这项技术主要应用于研究细胞、组织或个体的 mRNA 表达谱或转录组，进而更好地了解两个或多个代谢状态的基因表达的改变。然而近年来的发展使得我们可以利用微阵列进行临床样本中病原的鉴定和基因型分析，这就是所谓的宏基因组学（6-8）。

制备 DNA 阵列主要有两种方法。这两种方法除了在制备成本上大幅度降低和阵列密度更高更完整（大多覆盖整个基因组）之外，其余方面与十年前相比没有太大变化。这两种方法是：

1. 光刻技术。在一个支持物，比如玻璃上合成特异的寡核苷酸。由 Affymetrix 发明的这个方法可以直接在一张玻片或其他支持物上进行光诱导的寡核苷酸合成（3）。
2. 在玻璃或尼龙支持物上进行 cDNA 点样。这个方法最初是由 Standford 大学的 Patrick Brown 的实验室提出的，需要对 cDNA 扩增纯化后点到支持物上（1）。自动点样仪的发展使高密度的 cDNA 阵列和微阵列得到很好的制备。

比较分子生物学和生理学，特别是在非传统模式物种的研究领域，由于缺乏 cDNA 阵列的实验平台而使得这项技术的应用只停留在起步阶段。这一领域的研究人员普遍认为必须使用相同物种的 cDNA 平台才能得到有用的数据。事实上并不是这样，现有的阵列技术已经可以将大量混合的菌群和病毒等病原体在同一个阵列上进行基因型分析和鉴定，依此类推，将亲缘性较高的物种个体进行异源 cDNA 阵列筛选也应该不成问题。对每一个新的物种都单独制备阵列成本太高，是造成非传统模式生物研究的发展滞后的重要原因。然而近年来越来越多模式生物物种的阵列得到商业化生产，这些物种代表的生物在进化上分布较为广泛，从而大大拓宽了同源阵列筛选应用的研究范围。例如，Affymetrix 现有的平台就包括了很多非哺乳类动物（蛙类 *Xenopus laevis*、果蝇 *D. melanogaster*、线虫 *C. elegans*、斑马鱼 *Danio rerio*），植物（拟南芥、大麦、葡萄、玉米、大豆、西红柿）和原核生物（枯草芽孢杆菌 *Bacillus subtilis*、大肠杆菌 *Escherichia coli*、绿脓杆菌 *Pseudomonas aeruginosa*、金黄色葡萄球菌 *Staphylococcus aureus*）。因此，对很多比较生物学研究者们来说，这些商业芯片已经为他们进行异源物种分析提供了一个很大的现有平台。

全世界的研究者们使用的实验动物模型具有极大的多样性。对每个所研究的物种都能用合理的成本构建一个同源 DNA 阵列并进行筛选，目前来说是不可能实现的。我们需要鼓励对现有微阵列技术进行充分利用（使用已有的模式生物或其他亲缘性较高物种的微阵列）。用一个物种的 cDNA 探针与另外物种来源的阵列进行异源杂交和筛选从而发现基因的方法具有很大发展潜力。虽然异种间的杂交不能做到 100%，但通过优化实验条件，利用异源杂交对成千上万个基因进行表达分析还是可以实现的。因此，异源 DNA 杂交并不只是科学原理上合理可行，还能为比较生物学家们提供一种节省成本的科学研究方法，即不必对每个物种都制备阵列也可以研究基因调控多样性。在评估这种方法的可行性时，我们必须要先在遗传水平上对非模式生物和已经具有完备的阵列实验平台的模式生物进行亲缘性分析，从而决定异源杂交是否能得出有效的实验结果。

异源阵列杂交成功是否很大程度上取决于非传统模式生物的基因与它们在传统模式生物中同源基因的相似度。人与啮齿类动物的基因序列同源性分析显示，就平均相似度来说，编码区域的核苷酸有85%，5′端非翻译区约为70%，3′端非翻译区约71%（9，10）。如果把分析扩大到比较哺乳动物（人和小鼠）和线虫的基因相似度，我们会发现44%的人/啮齿类同源基因在线虫中有同源物，它们在核苷酸水平上的相似度平均约为50%（11）。动物界中分类地位相差如此之大的物种在基因序列上都有这么高的相似度，这个认知很好地为我们奠定了异源 cDNA 阵列可行性的理论基础。

我们之前的实验对大量来自于冬眠的小动物包括地松鼠（*Spermophilus tridecemlineatus*）和蝙蝠（*Myotis lucifugus*）中的特定基因进行了克隆和测序，结果显示人和冬眠动物之间同源基因的相似度实际上与上面提到的人和啮齿类之间的相似度是一样的。例如，分析显示脂肪酸结合蛋白中的心脏异型蛋白（h-fabp），其可读框序列在墨西哥黄鼠、加州鼠耳蝠、人、小鼠和大鼠这5个物种中的相似度达到91%（12-14）。值得注意的是，脂肪酸结合蛋白对冬眠是至关重要的，因为它们可以促进脂肪酸从质膜到线粒体的细胞内运输，而脂类正是冬眠时期体内最重要的燃料。对一些从冬眠动物中克隆到的其他基因的完整或部分 cDNA 序列的分析也得到了相似的结果，这些基因包括 *atpase6/8*、*coxⅡ*、*hif1α*、*mlc2*（*v*）、*nd2*、*pag*、*pgc-1α* 和 *ppar-γ*（12，14-19）。其他研究者在比较冬眠动物的一些基因与人、小鼠或大鼠中的同源物时，结果也显示了很高的相似度（20，21）。

其他非模式物种中基因克隆的结果也证实了很多基因的序列在广泛的脊椎动物和无脊椎动物中都是高度保守的。我们最近对树蛙（*Rana sylvatica*），一种在冬季体液冻结时还能存活的物种中的一些基因进行了测序。纤维蛋白原α和γ的基因在冷冻蛙的肝脏中表达上调，树蛙纤维蛋白原γ部分 cDNA 测序的结果与人纤维蛋白原γ相同区域的同源性为67%（22）。树蛙中编码 ATP/ADP 转移酶的 *aat* 基因与人的基因核酸序列有70%的同源性（23），其他从树蛙中克隆出的基因与它们在哺乳动物中的同源物也都有着非常高的同源性，这些基因包括无机磷载体基因、*pic* 和酸性核糖体蛋白编码基因 *P0*（24，25）。从锦龟（*Chrysemys picta marginata*）中克隆的线粒体基因也显示出与哺乳动物同源物的高度同源性（26）。从海蜗牛（*Littorina littorea*）克隆出的核糖体蛋白 L26 和铁蛋白编码基因，更加证实了非模式生物与模式生物之间的遗传相似度足以进行异源 cDNA 阵列的筛选（27-29）。最后，从一种抗冷的瘿虫（*Epiblema scudderiana*）中克隆的一个肌肉 *LIM* 基因与合适的模式物种果蝇相比，总的 mRNA 序列有60%的相似度，可读框有75%的相似度（30）。因此我们在基因同源性方面的数据有力地说明比较的 DNA 阵列杂交是可行的。而事实上我们和其他一些实验室的数据也证明了这一可行性，我们会在后面提到。

鉴于克隆的冬眠动物基因与其他哺乳动物的同源物在核酸序列上的高度同源性，异源阵列杂交成为冬眠基因发现的有力手段。同样的方法可用于很多其他不同物种的同源物。因此，跨物种的异源阵列杂交成为研究非传统模式动物在不同应激条件下转录组复杂改变的一种合理的方法。除我们之外，还有很多实验用了其他物种，充分利用了 cDNA 阵列的高通量特性。迄今为止，我们已经用 Clontech ATLAS™大鼠 cDNA 阵列和人 19K cDNA 阵列（University Health Network，Toronto）进行了动物异源杂交检测基因表达的实验。这些研究在以下几个方面的鉴定中极其有效：a）鉴定之前未知的参与环境应激耐受的基因；b）探索被应激状态激活的细胞的信号途径。我们首先用 ATLAS™包含大鼠 cDNA 的尼龙阵列对地松鼠冬眠期基因表达的变化进行了评估。这两种啮齿类之间显示了很强的异源杂交率，结果显示褐色脂肪组织中脂肪酸结合蛋白中的脂肪异型蛋白（*a-fabp*）的表达有明显上调（14），而包括 *S12*，*L21* 和 *L36a* 在内的大量核糖体蛋白编码基因在冬眠期的骨骼肌中表达抑制达 50%（31）。我们实验室后续的研究发现哺乳动物间（蝙蝠或松鼠）的 cDNA 阵列杂交结合度高达 85%～90%（31），低等的脊椎动物（树蛙）与人源的阵列杂交结合度为 60%～80%（32），海蜗牛（*Littorina littorea*）在低严谨度杂交条件下可以与 18%的 19K 人源阵列基因进行杂交（33）。用树蛙的心脏进行的这种 cDNA 阵列实验鉴定出很多在冷冻期的心脏中表达上调的基因。有趣的是，有 3 个 cDNA 微阵列实验中表达上调的基因在之前用其他方法已经被证实为冷冻反应基因，这 3 个基因为 ATP/ADP 转移酶、葡萄糖载体和 6-磷酸葡萄糖脱氢酶（22，34，35）。其他实验室也很好地利用哺乳动物异源杂交证实了这种比较学的研究方法是切实可行的（14，31，36-44）。Rinaudo 和 Gerin（40）的研究表明用土拨鼠的肝脏 cDNA 与含 4000 个人类基因的微阵列杂交筛选，没有得到假阳性结果，假阴性数据只有 29 个（0.7%）；假阳性为阵列杂交结果显示表达上调或下调，而之后的验证分析中无表达差异的基因，假阴性为阵列上不发生杂交的基因。假阴性的出现可能是由于这些基因在人和土拨鼠这两个物种中遗传上的较大差异。这个研究最让人欣喜的是完全没有假阳性结果产生，说明严格的异源微阵列分析生成了确实有效的数据。对比分析土拨鼠肝脏样本和人肝脏样本与尼龙膜阵列的杂交模式，我们发现人肝脏样本能与阵列探针的 20%～60%进行杂交（取决于清洗时的温度和盐浓度），而同样条件下土拨鼠肝脏样本与阵列探针的杂交度为 18%～53%，与人的基本相同（40）。

另外一个实验使用了包含 4400 个人类基因的 cDNA 阵列来研究负鼠（*Monodelphis domestica*）中紫外线诱导产生的黑色素瘤。这种异源杂交研究非常有效，结果显示在紫外线照射下，共有 79 个表达上调和 28 个表达下调（43）。这种在进化上与人类距离较远的有袋动物的大部分已公布的基因序列与人的同源基因有着 70%～80%的同源性。

一个关于猪的血管重构模型的研究在人的 ATLAS cDNA 平台上进行了基因表达分析（45）。分析结果发现了 *col1a1* 和 *col3a1* 的表达差异。最近，有关猪 mRNA 表达的研究用人源尼龙膜 DNA 阵列完成，检测了 4324 个猪基因的表达，结果具有重复性（36）。研究者们正在尝试用高密度的微阵列检测来源于猪的样本的异源杂交 cDNA 探针的可能性。初期研究表明，用人类的 Affymetrix 高密度寡核苷酸阵列（41），或用猪样本与人类 UniGEM 微阵列杂交（46），都得到了令人欣喜的结果。

用牛、猪和狗的探针与人和小鼠的 Affymetrix 高密度寡核苷酸阵列进行杂交，显示出良好的杂交度和统计显著性（47）。通过稍微降低阵列杂交和清洗中的灵敏度（改变洗液中的盐浓度），我们在包含 18 000 个人源转录产物的 U133A GeneChips 上检测了牛心脏和肝脏中的 2972 个转录产物，这 2972 个转录产物与人心脏和肝脏中表达谱相比，相关系数为 0.792（47）。另一个研究利用了 Incyte 开发的人 UniGEM 微阵列检测牛巨噬细胞对大肠杆菌 OH157：H7 LPS 处理的反应，这是一个研究病原入侵的效应的模型（44）。这些研究者们发现接近80％阵列上的基因能够产生可以检测的足够强的杂交信号，即总共7075个中有5644个杂交成功。随机挑选用来进行后续验证分析的基因里面，90％的验证结果与微阵列数据相符，牛和人基因的同源性也达到76％～96％，平均为86％。这些再次说明了人和其他哺乳动物的高度同源性，为cDNA阵列在比较学研究中的应用提供了坚实的基础。

跨物种的异源DNA阵列分析实验告诉我们，不同物种在基因水平上显示出高度的保守性，从异源DNA阵列的高杂交度就可以得知。从两个哺乳类物种的异源杂交研究中，我们可以预期任何一套微阵列都能有85％～90％的杂交反应度（31）。通过提高清洗时的严谨度限制探针杂交（40），我们可以减少产生假阳性结果的可能性，更容易筛选到那些上调或下调幅度较大的基因。在异源杂交分析中使用全基因组或接近全基因组微阵列，相对于研究者用自己的cDNA文库构建的高低密度阵列来说，在转录组的覆盖范围上更广泛。由于很多研究者主要关注的是利用阵列筛选后续分析所用的目标基因，通过使用已有的微阵列平台进行初期筛选是一个更好的方法，可以让他们将精力集中在后续的基因调控和蛋白质功能的分析上。

现在有很多公司都在生产商业化的微阵列，其中的一些可以生产多个物种的微阵列；表1列出了一些主要的生产商，它们生产的微阵列价格较为合理。由于制造阵列的公司和研究所越来越多，这个表格不可能一一列出。在前述的内容和后面的讨论中，我们的例子显示了很多不同的cDNA阵列都已被成功地应用于比较学的研究。在使用DNA阵列进行比较分子生物学研究之前，研究者必须首先评估从他们的模式物种中提取的cDNA与一特定阵列杂交并且能产生足够强的信号的可能性，这样才能获得有意义的数据。

表1　生产DNA阵列的公司。公司和研究机构提供了很多可用于比较学研究的DNA阵列平台

公司	是否高密度阵列	探针标记
Affymetrix	是	Cy3，Cy5
Amersham	是	Cy3，Cy5
Clontech	高/低密度都有	Cy3，Cy5和^{32}P
Ontario Cancer Institute	是	Cy3，Cy5
Superarray Bioscience	否	^{32}P

成功的异源微阵列分析不只限于哺乳动物的基因和模型，在整个动物界中都是适用的。例如，研究者们利用虹鳟鱼（*Oncorhynchus mykiss*）作为一个研究环境中锌毒害的模型，与一个含有18 432个cDNA克隆的河豚（*Fugu rubripes*）腮的阵列杂交进行基因表达评估。在6天锌的毒害处理后，腮中与能量产生、蛋白质合成和炎性反应相关的基因表达上调（37）。

2. 材料

这里用到的所有化学试剂都为分子生物学等级，或者用它们最高纯度的等效物。所有的塑料和玻璃制品，包括瓶子和移液器吸头都要高压灭菌，在核酸实验操作过程中必须始终戴手套。cDNA ATLAS阵列从Clontech购得。人19K cDNA阵列从Ontario癌症研究所购得。

2.1 总 RNA 的提取

1. 焦碳酸二乙酯（DEPC）（Sigma-Aldrich，St. Louis，MO）加入水中，终浓度为 0.1%（*V/V*），搅拌过夜（>12 h），高压灭菌。吸头、管子和其他塑料或玻璃制品可以购买无 RNase 的或者在 DEPC 水中搅拌过夜，去除 RNase。这部分实验所有的溶液制备和 RNA 样本溶解都需要使用 DEPC 水和无 RNase 的塑料或玻璃制品。
2. TRIzol 溶液（Invitrogen，Carlsbad，CA）。
3. 氯仿（Fisher Scientific，Fairlawn，NJ）。
4. 异丙醇（Fisher Scientific）。
5. 70%乙醇。于 70 mL 无水乙醇（Pharmco，Brookfield，CT）中加入 30 mL DEPC 水。

2.2 RNA 变性凝胶电泳

1. 10×MOPS 缓冲储液：200 mmol/L MOPS [3-（*N*-morpholino）propanesulfonic acid]，50 mmol/L 乙酸钠，10 mmol/L EDTA，pH 7。
2. 1%（*W/V*）琼脂糖甲醛变性胶：在一装有 217 mL 双蒸水的无菌烧瓶中溶解 3g 琼脂糖，加入溴化乙锭（EB，1 μg/mL）。将溶液置于 55℃的恒温箱中。在另外一个无菌烧瓶中加入 30 mL MOPS 10×缓冲液和 53 mL 37%甲醛溶液（*V/V*）后，置于 55℃。当两种溶液都稳定在 55℃后，在通风柜中混合并轻微摇晃，不要产生气泡。倒入大的制胶板中至所需厚度。
3. RNA 样品缓冲液：1×MOPS 缓冲液，2.2 mol/L 甲醛，50%（*V/V*）甲酰胺。
4. RNA 上样缓冲液 6×储液：1×MOPS 缓冲液，50%（*V/V*）甲酰胺，40%（*V/V*）甘油。加入少许溴酚蓝和二甲苯青作为指示剂。

2.3 mRNA 提取

1. Oligotex poly（A）$^+$ mRNA 提取试剂盒（Qiagen）。注意：下面列出的 3 种缓冲液是试剂盒配套试剂。
2. Oligotex 结合缓冲液（OBB）：20 mmol/L Tris-HCl，pH 7.5，1 mol/L NaCl，2 mmol/L EDTA，0.2%（*W/V*）十二烷基磺酸钠（SDS；Sigma-Aldrich）。
3. Oligotex 清洗缓冲液（OWB）：10 mmol/L Tris-HCl，pH 7.5，150 mmol/L NaCl，1 mmol/L EDTA。
4. Oligotex 洗脱缓冲液（OEB）：5 mmol/L Tris-HCl，pH 7.5。

2.4 cDNA 探针合成

1. 1μg mRNA 样本。
2. 聚合酶链反应（PCR）仪［例如 Bio-Rad iCycler（Bio-Rad），PTC-100（MJ Research）］。

3. Oligo-5′-dT_{20}N-3′（Bio S&T，Montreal，QC）。
4. 随机引物［100 mmol/L d（N）$_6$；New England Biolabs］。
5. CDS 引物混合液（Clontech）。
6. ［α-^{32}P］dATP（3000 Ci/mol；GE Healthcare）。
7. dNTP 混合液 1（dCTP/dTTP/dGTP；各 2.5 mmol/L）。
8. 20 mmol/L dNTP 混合液 2（dATP，dGTP，dTTP 各 6.67 mmol/L）。
9. 2 mmol/L dCTP。
10. Cy3-dCTP，Cy5-dCTP（GE Healthcare）。
11. 二硫苏糖醇（DTT）（Sigma-Aldrich）。用无菌双蒸水配制 0.1 mol/L 储液。
12. Superscript Ⅱ RNase H 反转录酶（200 U/μL）（Invitrogen）。
13. RNasin（20 U/μL；Promega）。
14. 0.5 mol/L EDTA（Sigma-Aldrich）。
15. 10 mol/L NaOH（Sigma-Aldrich）。
16. 5 mol/L 乙酸（Sigma-Aldrich）。
17. 异丙醇（Fisher Scientific）。
18. 70%乙醇。用 5.1 中提到的方法制备。
19. TE 缓冲液：10 mmol/L Tris 碱，pH 8.0，1 mmol/L EDTA。

2.5 DNA 阵列杂交和清洗

1. Church 缓冲液：0.25 mol/L Na_2HPO_4，0.25 mol/L NaH_2PO_4，pH 7.5，7% SDS（W/V）。
2. 20×SSC：3.0 mol/L NaCl，0.3 mol/L 柠檬酸钠（Sigma-Aldrich）。
3. 20% SDS（W/V）。
4. 酵母 tRNA（10 mg/mL）（Invitrogen）。
5. 小牛胸腺 DNA（10 mg/mL）（Sigma）。
6. DIG Easy Hybe 溶液（Roche）。

2.6 DNA 阵列分析

1. X 光底片或磷屏成像系统（用于 ATLAS™ cDNA 阵列）。
2. 微阵列分析仪（分析人的 19K cDNA 阵列）。有很多公司（AlphaInnotech、Affymetrix、VersArray Chip Reader）销售阵列分析仪，但有些公司或服务机构（还有很多研究所的设备中心）能够提供收费的阵列扫描和分析服务，这样比购买一台分析仪要经济得多。
3. 可以下载的分析软件（例如 Scanalyze；http://rana.lbl.gov）。

2.7 结果验证：半定量反转录酶-聚合酶链反应（RT-PCR）

1. DNAman 软件（Lynnon Biosoft）。
2. 引物设计软件（Scientific and Educational Software）。
3. Bio-Rad iCycler（Bio-Rad）或其他梯度 PCR 仪。

4. 50×TAE 缓冲液：242 g Tris 碱，pH 8.5，57.1 mL 冰乙酸，37.2 g EDTA，1 L 双蒸水。
5. 1% TAE 琼脂糖凝胶：1×TAE 缓冲液，1%琼脂糖（W/V），溴化乙锭（1 μg/mL）加入到 100 mL 水中。
6. DNA 上样染料：0.25%（W/V）溴酚蓝，0.25%（W/V）二甲苯青，50%（V/V）甘油。
7. DNA 分子质量标准（Invitrogen）。根据预期的 PCR 产物大小选择合适的分子质量标准（从 100 bp 到几 kb 不等）。

3. 方法

在开始任何微阵列实验之前，必须要选定合适的对照和时间点，这样获得的数据才有生物学意义。关于如何选择合适的对照，参见注释 1 和 2。

3.1 总 RNA 的提取

1. Poly (A)$^+$mRNA 提取试剂盒可用于冰冻组织样品中 poly (A)$^+$ mRNA 的富集；但是经验告诉我们采用试剂盒进行一步法提取时得率一般较低。我们建议采用传统的总 RNA 提取方法，并对 RNA 进行检测以保证较好的质量，然后进行 mRNA 的提取和阵列的杂交。
2. 对照和实验样品在 TRIzol 中匀浆（每 100 mg 冰冻组织加入 1 mL TRIzol），迅速加入氯仿（每 1 mL TRIzol 中加入 0.2 mL）。反复快速颠倒混匀 15 s 后于室温孵育 5 min。4℃下以最高速离心 10 min。
3. 将上层液体转移到一个无菌的无 RNase 的 Eppendorf 管中，加入等体积异丙醇沉淀 RNA。于室温孵育 10 min。
4. 4℃下最高速离心 10 min 沉淀 RNA。将上清小心弃去，用 70%乙醇（250 μL）清洗沉淀，最高速再次离心 5 min。倒掉乙醇，让沉淀晾干。小心不要使沉淀过分干燥，这可能会给重溶带来一定的困难。以大约每 10 μg 沉淀加入 10 μL 水的比例将 RNA 溶于 DEPC 水，－20℃保存（如果可以于一周内使用）或－80℃（长期保存）保存。
5. 利用分光光度计通过测定 260 nm 和 280 nm 的吸光值检测 RNA 的浓度和纯度。纯度较好的 RNA A_{260} ∶ A_{280} 的值应介于 1.6 和 2.0 之间。再进一步通过 RNA 凝胶电泳检测 RNA 的质量。根据 40 μg RNA A_{260} 为 1.00 的标准，计算 10～20 μg 总 RNA 的量。

3.2 RNA 变性凝胶电泳

1. 制备一块 1%的琼脂糖甲醛变性胶，浸没在 1×MOPS 缓冲液中，胶上的孔应被溶液完全没过。将胶预电泳 15 min（与此同时准备 RNA 样品）。
2. 取适当体积的总 RNA（含有 10～20 μg RNA），加入到置于冰上的标记管中，用 DEPC 水调整总体积到 15 μL。向每管中加入 15 μL RNA 样品缓冲液和 6 μL

6×RNA 上样缓冲液。

3. 将样品于 55℃孵育 10 min，迅速置于冰上。向每管中加入适当体积的 RNA 上样缓冲液，使每个样品中的上样缓冲液达到 1×的终浓度。
4. 将 RNA 样品轻轻混匀，短暂离心，将所有的样品都收于 Eppendorf 管的底部。
5. 将每个管中所有的样品都加到胶孔中，记录加样顺序。
6. 于 100 V 进行电泳，当指示染料的前端到达胶底部时结束电泳。胶置于塑料膜上，于紫外灯下观察电泳结果。28S 和 18S 核糖体 RNA（rRNA）条带作为 RNA 质量的判断标准，两者比例应该约为 2∶1。这一步保证了 DNA 阵列杂交用 mRNA 提取之前的总 RNA 的质量。虽然总 RNA 也可用来进行探针合成，但是我们推荐使用 mRNA。当 28S rRNA 与 18S rRNA 条带的比例远不足 2∶1 或样品条带出现弥散时，可认为 RNA 的质量比较差（关于微阵列分析所用 RNA 的最大量见注释 3）。

3.3 用 Oligotex mini Kit (Qiagen) 进行 mRNA 提取

1. 在水浴中将 Oligotex 悬液加热到 37℃，振荡混匀后置于室温。
2. 将金属恒温仪设置成 70℃，将 OEB 置入加热。
3. 取 0.25～0.5 mg 高质量的总 RNA 开始实验。后面实验中如果 mRNA 产量不够，可能要对特定组织或动物的总 RNA 量进行调整。
4. 将总 RNA 吸入一个无 RNase 的 1.5 mL Eppendorf 管中，用无 RNase 的水调整体积至 500 μL。
5. 加入 500 μL OBB 和 30 μL Oligotex 悬液。
6. 将样品在 70℃的金属恒温仪中孵育 3 min 以破坏二级结构。
7. 将样品从恒温仪中取出后置于室温 10 min，让 Oligotex 悬液中颗粒上的 oligo-dT_{30} 与 mRNA 的 poly (A)$^+$ 进行结合。
8. 最大转速离心 2 min 沉淀 Oligotex-mRNA 复合物，小心吸去上清。
9. 加入 400 μL OWB 吹打重悬 Oligotex-mRNA 复合物，将悬液吸到一个离心柱（试剂盒提供）中，将柱子置于一个无 RNase 的 1.5 mL Eppendorf 管中，最大转速离心 1 min。
10. 将离心柱转移到一个新的 1.5 mL Eppendorf 管中，向离心柱中加入 400 μL OWB，最大转速离心，弃去滤液。
11. 将离心柱转移到一个新的 1.5 mL Eppendorf 管中，向离心柱中加入 20 μL 热的（70℃）OEB，吹打 3～4 次重悬 Oligotex-mRNA，最大转速离心 1 min，收集含有纯化的 mRNA 的洗脱液。
12. 重复步骤 11 以得到最大产量的 mRNA，将两次洗脱液合并（进一步的 mRNA 处理是不可取的，见注释 4）。

3.4 cDNA 探针合成

1. PCR 仪预热到 70℃，向每个 0.5 mL 的 PCR 管（或 0.2 mL 的管子，取决于 PCR 仪加热模块上孔的大小）中加入 1 μg（至少 0.5 μg/μL）的各个 mRNA 样品（对照或实验组）。向每管中加入 100 ng Oligo-5′-dT_{20}N-3′和 100 ng 随机引物（共 200 ng），确保整个 mRNA 库的完全标记。

2. Clontech ATLAS™试剂盒推荐使用 1μL 附带的 CDS 引物混合液，这种混合液中包括了阵列上所有基因的序列特异的引物。虽然 CDS 引物混合液用于冬眠动物物种的 mRNA 样品效果相对较好，我们发现将 CDS 引物换成 100 ng Oligo-5′-d T_{20}N-3′和 100 ng 随机引物（共 200 ng），高丰度的基因能得到差不多的结果，结果对样品中的所有基因也具有更好的代表性。这是由于 CDS 混合引物含有物种特异的引物，对那些与 CDS 引物序列覆盖区域差异较大的基因来说，结合度较差。因此在进行系统进化树上距离较远的非哺乳动物的筛选实验时，使用 Oligo-5′-d T_{20}N-3′是绝对有必要的。

3. 加入必要体积的 DEPC 水将反应总体积调整到 3 μL，置于 PCR 仪上孵育 2 min 后，将温度降低到 50℃再孵育 2 min，使引物与 mRNA 进行充分杂交。

4. 制备 Clontech ATLAS™阵列所用的 ATLAS™反应混合液，向每个 0.5 mL Eppendorf 管中加入：2 μL 5×反应缓冲液（包括 Superscript Ⅱ，Invitrogen），1 μL dNTP 混合液 1（dTTP、dCTP 和 dGTP 各 2.5 mmol/L，Invitrogen），0.5 μL 100 mmol/L DTT 和 3.5 μL [α-^{32}P] dATP（3000Ci/mol；GE Healthcare）。也可以用其他放射标记的核苷酸，只要它不包括在 dNTP 混合液中（例如可以用 [α-^{32}P] dGTP 和由 dATP、dTTP 和 dCTP 组成的 dNTP 混合液）。制备荧光标记的 cDNA 反应混合液（使用荧光标记的 dNTP 的注意事项见注释 5），每个反应应包括：8 μL 5×反应缓冲液，3 μL 20 mmol/L dNTP 混合液 2（dATP、dCTP 和 dTTP 各 6.67 mmol/L），1 μL 2 mmol/L dCTP，1 μL 1 mmol/L Cy3 或 Cy5 dCTP（用一种标记对照组，另一种标记实验组），4 μL 0.1 mol/L DTT 和 20 μL 水，将反应体积调整到 37 μL。将反应液置于冰上。

5. 向反应混合液中加入 Superscript Ⅱ反转录酶，完成反应体系制备。ATLAS™阵列试剂盒包括一支 MMLV 反转录酶，但是我们发现这种酶的活性比较低。因此我们推荐将每个反应中的 1 μL MMLV 换成 1 μL Superscript Ⅱ反转录酶。同时我们建议每个反应中加入 1 μL RNase 抑制剂（Promega）防止 RNA 降解。吹打混匀。

6. mRNA 于 50℃孵育 2 min 后，向每个反应中加入 8 μL ATLAS™反应混合液合成放射标记的 cDNA 或加入 37 μL 荧光反应混合液合成荧光标记的 cDNA，于 42℃孵育。对于放射标记探针，孵育时间应不低于 25 min。对于荧光标记探针，由于碳菁染料较难插入，反应时间要明显延长（至少 2～3 h）。加入 1 μL 0.5 mol/L EDTA 终止反应。终止后的反应液可保存在－20℃过夜。

7. 探针的纯化方式取决于是荧光标记还是放射标记。放射标记的探针用 Clontech ATLAS™试剂盒里附带的离心柱纯化，去除体系中剩余的核苷酸。然后每个单独制备的放射标记的探针与它们各自对应的阵列进行杂交。荧光探针的纯化首先进行 RNA 水解：加入 2 μL 10 mol/L NaOH 于 65℃孵育 20 min 后，加入 4 μL 5 mol/L 乙酸中和反应。加入 100 μL 异丙醇，冰上放置 30 min，离心将标记的 cDNA 沉淀下来，用 70%乙醇清洗沉淀。Cy3 和 Cy5 标记的 cDNA 样品晾干后，各自溶解于 5 μL 水或 TE（10 mmol/L Tris 碱，pH 8.0，1 mmol/L EDTA）缓冲液中，这两个样品在与阵列杂交前混合成一个 cDNA 库。

3.5 DNA 阵列杂交和清洗

3.5.1 Clontech ATLAS™阵列的杂交和清洗（见注释 6）

1. 阵列的同源杂交建议杂交温度为 68℃，但是我们发现异源杂交温度必须要低一些。对哺乳类冬眠动物来说，68℃杂交也能产生信号但是 55℃杂交效果会更好。我们最终发现 44℃在 Church's 缓冲液中杂交过夜结果最好。与非哺乳类物种进行异源杂交时，将温度降低到 40℃会产生最好的杂交信号，背景也极低。
2. 杂交结束后，需要通过调整和监测清洗步骤保证异源杂交系统中没有杂交信号损失。清洗开始用 5×SSC（用 20×的储液稀释），1% SDS，然后用 2×SSC，1% SDS，再用 1×SSC，0.5% SDS，最后用 0.5×SSC，0.5% SDS。每一步清洗完后，ATLAS™阵列都需要用盖革计数器检测杂交信号强度。如果发现信号降到 500～1000 cpm，应立即停止清洗，将 ATLAS™阵列用 X 光片或射线显影板曝光。当底片显影或显影板扫描读取后，可将两张底片或两张图像（对照和实验组）叠放，首先进行目测筛选差异表达基因。如果要得到更加量化的结果，将来自显影板或 X 光片的每张图像转化成软件可以分析的.tiff 文件。
3. ATLAS™阵列至少可以重复使用 3 次。阵列在 10% SDS 中煮 10 min 进行洗脱，然后用 2×SSC 去除 SDS。将阵列用玻璃纸包裹后保存于－20℃至再次使用。

3.5.2 人 19K 微阵列的杂交和清洗（采用 Ontario 癌症研究所的实验方法，www.microarray.ca/，见注释 6）

1. 制备杂交液。每个杂交反应取 100 μL DIG Easy Hyb 溶液，加入 5 μL 酵母 tRNA（10 mg/mL）（Invitrogen）和 5 μL 小牛胸腺 DNA（10 mg/mL）（Sigma）减少非特异结合。混合物于 65℃加热 2 min，冷却到室温。
2. 向 Cy3-Cy5 标记的 cDNA 样品中加入 80μL 制备好的杂交液，混合物再置于 65℃加热 2 min，冷却到室温。
3. 使用 19K 人源微阵列时，由于基因点在两块玻片上，所以向玻片上加入制备好的探针时应非常小心。将一张玻片放在另一张上，两张玻片都将点有阵列的一面向内。小心将含有探针混合物的杂交液缓慢均匀地沿着其中的一边加入以防止产生气泡。
4. 将剩余的杂交液置于一杂交盒（水平放置于 37℃恒温箱中的可密封的玻片盒）中用来保证杂交反应体系的湿度。将玻片置于杂交盒中 37℃孵育过夜。不需要调整杂交温度。
5. 杂交结束后，用 2×SSC 洗去玻片上的杂交液，将微阵列玻片置于一个玻片架上进行进一步清洗，先用预热的（50℃）2×SSC，0.1% SDS 洗 10 min，再用预热的（50℃）1×SSC，0.1% SDS 洗 10 min。最后，将玻片浸入 1×SSC 中，然后用异丙醇短暂清洗，500 *g* 离心去掉未结合的荧光 cDNA。微阵列可以用两个波长扫描，对不同的荧光定量。生成两个图像文件后进行荧光强度分析。如果担心由于进化上较大的差异不能产生好的杂交信号，建议清洗时降低严谨度。例如当研究中使用的 cDNA 同源性只有 60%～80%时，建议将清洗温度降低到 45℃，而且只进行 2×SSC 这一步清洗。根据我们和其他实验室的经验（40），洗液中的盐浓度对于去除阵列上结合的探针最为关键。

3.6 DNA 阵列分析

cDNA 阵列的分析近年来已经变得越来越简单。我们的分析主要是用 Michael Eisen 开发的 Scanalyze 程序完成的，这个程序（http://rana.lbl.gov/）是免费的，可以与阵列上目标基因的目测筛选搭配使用。Scanalyze 允许用户一次输入两个阵列图像，一般来说一张为 Cy3 杂交生成的扫描图像，另一张为 Cy5 生成的图像。可以从 http://rana.lbl.gov/manuals/ScanAlyzeDoc.pdf 获得进一步的信息。还有很多其他的 DNA 阵列分析软件，相关内容见注释 7。

1. 将 19K cDNA 阵列 Cy3 和 Cy5 扫描保存的.tiff 文件分别在 Channel 1 和 Channel 2 中打开。
2. 图像载入后，点击“redraw”调整每张图像的增益和均一化使它们具有相同的亮度和强度。
3. 对图像栅格化将每个 19K cDNA“点”都用一个 Scanalyze 生成的圆圈框起来。对每一批新导入的阵列图像都要先创建新的栅格。在 Grid Control 面板上点击“New Grid”，选取 1～32 个格子。
4. 输入每个格子的行数和列数、行宽和列宽，以及行高和列高。
5. 由于阵列点印有时做不到很理想，格子可能与阵列不太匹配。如果出现这样的情况，可以用 Scanalyze 的方向按钮（directional）将格子进行上下左右移动和拉伸。当阵列的格子调整到差不多在每张图像上能够重合时，按“refine”，Scanalyze 会将格子调整到最合适的大小。如果选定的点出现错配，可以通过“spot”选项和方向按钮的操作对这些点进行单独匹配。
6. 当格子调整到适合阵列后，点击数据保存按钮（save data）。Scanalyze 会对阵列上每个点的输出信息进行计算，结果以 tab 分页格式导出，可在 Microsoft Excel 中打开。
7. 目前为止最快速、最简便的分析方法仍是测定 Channel 1∶Channel 2 生成的杂交信号强度的比值（例如对照组与冬眠组）。通过这种分析可以得到两种状态下基因水平比较的一个概况。由于数据导出到 Microsoft Excel 中，可以对比值从高到低（或从低到高）进行排序（点击“Data”，然后选择“Sort”）。显示出阵列中上调或下调最明显的点，鉴定其对应基因后，进行后续分析（见注释 8）。

3.7 结果验证：半定量 PCR（见注解 9）

1. 对每个筛选出来的目标基因，从 NCBI（www.ncbi.nlm.nih.gov）下载其他动物中的同源基因序列。

2. 从下拉菜单中选择“nucleotide”，输入目标基因的名字或缩写。
3. 得到一个基因的序列后，可以很简单地利用 Blast 数据库（www. ncbi. nlmnih. gov/BLAST/）搜索获取其他物种同源基因。下载目标基因在多个物种中的同源序列。例如研究松鼠基因时，可以选择其他啮齿类和（或）哺乳动物（例如小鼠、大鼠和人）的序列。例如对于冬眠动物的基因，我们一般用人（*Homo sapiens*）、小家鼠（*Mus musculus*）和褐家鼠（*Rattus norvegicus*）确定同源区域。对进化距离更远的动物来说，选择更具多样性的基因和（或）来自与目标物种系统发育上更接近物种的基因会更加有效。例如分析一个海龟的基因时，选择蛙类、鸡和大鼠的序列进行初始分析会更合适。一般选择 3 个同源序列就足够，但是要对一个基因进行更深入的研究，可以选择多个序列进行分析。
4. 将每个序列（*H. sapiens*、*M. musculus* 和 *R. norvegicus*）在 DNAman 中打开。选择“Edit”，在下拉菜单中选择“All”，将每个序列对应输入（Sequence，load channel）。序列载入后，选择“Sequence，Multiple Alignment，Add From Channel”，导入所有的序列。选择“full alignment”，点击“OK”。软件会显示一个全面的基因联配结果，同源区域用暗色阴影标出。
5. 找到同源性较高的区域后，用 Primer Designer 软件（Scientific and Educational Software）设计引物序列。3′端 10 个碱基中没有错配的引物序列可用来进行引物合成。当序列的变异度较高时，设计兼并引物从生物个体中扩增 cDNA 序列。然后用得到的这个 cDNA 序列设计物种特异的引物，进行表达分析。物种特异的引物也可用于 cDNA 末端快速扩增技术，从而获得目标基因完整的可读框序列（12）。
6. 合成 cDNA 第一链的方法除了不加入标记的核苷酸外与 DNA 阵列探针合成部分相同（见 3.4；参见注释 10）。反应混合液包括 2 μL 5×反应缓冲液（Invitrogen），0.5 μL 100 mmol/L DTT 和 1 μL 10 mmol/L dNTPs（dATP、dTTP、dCTP、dGTP 各 2.5 mmol/L）。
7. 对于一个未研究过的物种的新序列，为了优化 PCR 条件，我们常规在一台梯度 PCR 仪上设定一个 50～70℃的温度梯度。加热模块一般设置为进行 8 个样品的温度梯度 PCR 反应，这样每个样品间的温度增值为 2.5℃。冰上制备反应混合液，每个反应 50 μL，包括 5 μL 10×反应混合液，2.5 μL 50 mmol/L $MgCl_2$，1 μL 10 mmol/L dNTPs，1 μL 0.5 μmol/L PCR 引物，1 μL 模板，0.25 μL *Taq* DNA 聚合酶（Invitrogen）和 39.25 μL 水。
8. 常规的 PCR 反应步骤为起始于 95℃变性 2 min，然后进行 35 个循环反应，包括 95℃ 45s，复性（50～70℃ 45 s）和 72℃延伸。72℃延伸时间取决于扩增产物的大小。*Taq* 聚合酶具有较高的活性，所以 1min 足够进行 1 kb 的 DNA 扩增，对于短片段的扩增可以将时间再缩短些。35 个循环结束后，最后再于 72℃延伸 10 min，将 PCR 反应设置在 4℃恒温或将样品取出置于 4℃冰箱。
9. 将所有的 PCR 反应产物进行 1% TAE 琼脂糖凝胶电泳，溴化乙锭染胶，紫外灯下观察并拍照记录电泳结果。选取产生最大扩增的复性温度［和（或）延伸时间用作后续实验的反应条件］。

10. 对 PCR 产物进行测序验证是否的确为目标基因。

11. 当复性条件选定，PCR 产物也验证确为目标基因后，可以开始进行对照组和实验组比较。将对照组和实验组的样品的第一链 cDNA 梯度稀释（例如 10^{-1}、10^{-2}、10^{-3}、10^{-4}）。对照基因也进行同样比例的系列稀释，用于扩增反应。像 α-tubulin，β-actin 或甘油醛-3-磷酸脱氢酶（商业网站上一般称之为 GAPDH）等基因的商品化引物可以应用于序列高度保守的物种。但对于那些进化上距离较远的物种，建议针对管家基因同源性较高的区域自己设计引物。

12. 用每个稀释浓度的对照组和实验组样品作模板进行 PCR 扩增。反应结束后，产物进行 1% TAE 琼脂糖凝胶电泳，溴化乙锭染胶，紫外灯下观察结果。用图像分析软件（Imagequant）测定每个泳道条带的亮度。很可能会有一个或多个较低稀释倍数的反应的对应条带出现亮度饱和，所以选择不完全饱和但具有足够强度的条带进行定量。这一步是为了保证用来定量的条带亮度落在所用图像分析软件的线性范围内。每个泳道中目标基因的条带亮度可以与对应管家基因的亮度进行校准，从而消除有可能由上样量不均引起的误差。

3.8 展望——微阵列数据的可比性，比较基因组学和冬眠

对于 DNA 阵列分析，早期人们比较担心的是缺少能够收纳研究产生的大量信息的公共领域（48-50）。解决方法是创建特别的公共数据库，研究者可以通过这种数据库的免费使用接触到大量微阵列数据，从而促进一些看上去不相关的领域的快速发展。举例来说，一个研究者在研究某一特定基因时，可以通过查询各种各样的微阵列数据来确定这个基因的时空表达情况，从而提出与其他基因相关的基因调控的假设。这正是 NIH 引入的基因表达数据库（GEO）（http://www.ncbi.nlm.nih.gov/geo/）的目的（51，52）。同时还有其他的微阵列数据库，比如 Standford 大学微阵列数据库［Standford University Microarray Database（http://genome-www5.stanford.edu/）］，列出了公共数据、参考文献和数据来源的物种；欧洲生物信息学研究院（European Bioinformatics Institute）的 ArrayExpress 数据库（http://www.ebi.ac.uk/arrayexpress/）（53-56），功能与 NIH GEO 数据库相似，包括覆盖了至少 35 个物种的超过 12 000 个杂交的数据。目前为止，GEO 是最大最全的开放数据库，提供科学家免费查询获得的高通量数据，这些数据涉及 mRNA 表达、基因组 DNA 分析、基因表达系列分析（SAGE）、质谱和蛋白质组学等方面。虽然这些数据库非常有用，特别是对于模式生物的研究者，但是它们最近才开始被从事比较学研究的人所使用。

很明显通过跨物种的异源微阵列分析，比较研究学家能够极大地提高他们的研究产出。下列两种情况不能采用跨物种的异源阵列筛选方法：(1) 阵列和目标物种基因之间的同源性太低；(2) 对某一特定物种特异的新发现的基因，从而在商品化的阵列上没有对应同源物。但越来越多的新物种阵列正在不停地产生，所以某种程度上来说，当与目标物种系统发育上接近的物种有可用的阵列时，上述两个问题都能被克服。例如在冬眠研究领域，Matt Andrews 实验室（57）最近用来自于墨西哥黄鼠（*S. tridecemlineatus*）cDNA 文库中的 4000 多个 cDNA 制备了一个 DNA 阵列，并用这个阵列进行冬眠期间心脏内转录组的分析。由于阵列上只点了 4000 个基因，基因组的

很大一部分未列在其中，因此目前来说，异源杂交得到的结果更具有广泛性，比如我们用地松鼠的 cDNA 和商品化的人 19 000 个基因的阵列杂交，杂交度达到 85%～90%。但是，用物种特异的阵列有机会发现只存在于冬眠动物中的新基因（即人类的基因组中没有的基因），因此物种特异的阵列在冬眠表型的遗传分析中有着不可取代的作用。

由于不管使用何种阵列平台，阵列筛选之后必然进行的是严格的后续分析，所以这对使用异源 cDNA 阵列杂交的比较生物学家来说是一个优势，特别是在目标物种与模式物种有较高同源性的情况下。由于全世界的生物学工作者都在对非传统模式物种的基因组进行测序，包括人类基因组计划指定要进行全基因组测序的墨西哥黄鼠，异源微阵列分析领域在未来几年中必将有很大的发展。对多物种的基因和基因结构的注释和分析将为精确的基因鉴定和同源性分析提供可能，并且进一步确认异源微阵列对未来比较生物学家的跨物种工作的重要价值。

4. 注释

1. 任何阵列研究很重要的部分是确定实验路线和合适的对照。在所有的科学工作中，选择合适的对照条件是恰当诠释处理条件下基因表达变化的关键因素。这点在阵列筛选研究中看上去尤其重要，因为这种研究进行的是 mRNA 的分析，而 mRNA 在细胞中半衰期极短，所以对阵列研究来说最好能选择在时间和处理前状态上尽可能相似的对照和实验组样品，目前冬眠研究领域的一个现有的争论提供了很好的例子。我们想要了解蛰伏的调控机制以及什么基因的表达需要被上调从而帮助动物进入蛰伏状态和（或）稳定代谢，活过这个很长的蛰伏期。因此我们选择了尽可能相似的对照和实验组动物：在这个实验中，对照组是体温 37℃的动物，它们在一个 5℃的房间里但还没进入冬眠，而实验组动物是在同一个房间内已进入蛰伏期的动物，它们的体温已接近室温。这样我们就可以得到活跃状态和蛰伏状态基因表达的差异。与此相反，一些其他的研究小组提倡用夏季活跃的动物与冬天进入蛰伏期的动物进行比较（58）。这样做可以体现器官中 mRNA 的季节差异但对于冬眠调控的研究来说是不合适的，因为夏季和冬季的动物存在太多差异，包括环境条件（例如光周期和温周期）、生理状态（例如进食活跃与否；夏季动物地上频繁活动对比冬季蛰伏动物在洞穴中进行睡眠），以及生殖状态。这种差异使得我们不可能“切割”出蛰伏特异的基因表达变化来单独研究。因此夏季活跃的动物可以说是一个极为糟糕的生物学对照，更可以说是一个错误的时间点，对冬眠的整体研究是一个毁灭性的因素。事实上，应用我们的实验体系（恒温的相对于蛰伏的动物）进行基因筛选，结果显示当动物进入蛰伏期后有大量基因的表达被特异性地诱导；这些基因看上去在蛰伏状态下发挥着不可或缺的生物学功能。相对于恒温的对照组，我们也在蛰伏实验组中发现了应激诱导的信号转导途径发生了广泛的器官特异性的激活，其中包括了丝裂原激活蛋白激酶（17，59），说明蛰伏期间体内器官还是维持了基本的代谢活性。这些发现实际上与一些之前冬眠研究中所谓的“常规的经验”相反，它们认为蛰伏期间大多数的生物进程都减弱或干脆停止。

2. 值得注意的是我们用 Kinexus Kinetworks™磷酸化蛋白（表 2）进行的应激标记物筛选，结果显示了选定的蛋白质在冬眠期的墨西哥黄鼠肝脏中磷酸化状态有所改变，对冬眠动物在蛰伏期体内确实维持了一定的代谢活性这个概念是一个有力的支持。结果显示 $p38^{MAPK}$（Thr^{180}/Tyr^{182}）磷酸化状态没有改变，JUN（Ser^{73}）磷酸化程度的提高，AKT 在 Ser^{473} 而不是 Thr^{308} 位置上磷酸化程度的降低。我们的数据与之前对贝氏黄鼠（*S. richardsoni*）和墨西哥黄鼠的研究结果一致：蛰伏期间，$p38^{MAPK}$ 活性不发生变化，而磷酸化 JUN 的上游激酶 JNK 的活性则被大幅度提高（59）；而之前对墨西哥黄鼠的研究也显示在蛰伏和冬眠期间 AKT 在 Ser^{473} 而不是 Thr^{308} 位置上磷酸化程度的降低（60）。因此阵列筛选的数据与很多传统实验体系得到的数据是相吻合的。

表 2　*S. tridecemlineatus* 肝脏中的磷酸蛋白筛选

蛋白质名称	简称	抗原决定簇	恒温对照组	蛰伏实验组
N-甲基-D 天门冬氨酸谷氨酸受体亚基 1(112)	NR1	S896	133	—
内收蛋白 α(121)	Adducin a	S724	1000	894
内收蛋白 γ(80)	Adducin g	S662	485	404
癌基因 SRC(49)	SRC	Y529	347	834
信号转换和转录激活因子 5(94)	STAT5	Y694	616	—
p38 α 促细胞分裂原活化蛋白激酶(38)	p38 MAPK	T180/Y182	205	136
蛋白激酶 C α(S657)	PKCa	S657	1658	3710
癌基因 SRC(49)	SRC	Y418	714	1413
蛋白激酶 C α/β(T368)	PKCa/b	T638/641	1128	1356
促细胞分裂原活化蛋白激酶 6 (36)	MEK6	S207/T211	188	240
促细胞分裂原活化蛋白激酶 3 (33)	MEK3	S207/T211	295	321
S6 激酶 p70 (80)	p70 S6K	T389	688	905
蛋白激酶 C ε	PKCe	S719	618	921
信号转换和转录激活因子 3(83)	STAT3	S727	1255	2315
癌基因 JUN (40)	JUN	S73	—	426
癌基因 Raf 1(69)	RAF1	S259	656	411
癌基因 Raf 1(63)	RAF1	S259	986	943
蛋白激酶 C δ	PKCd	T505	407	947
蛋白激酶 B-α(Akt1)(T308)	PKBa	T308	341	417
蛋白激酶 B-α(Akt1)(S473)	PKBa	S473	1193	547
糖原合成酶激酶 3αa (45)	GSK3a	S21	172	54
dsRNA 依赖蛋白激酶 (68)	PKR	T451	243	653
糖原合成酶激酶 3α(45)	GSK31	Y279	437	286
糖原合成酶激酶 3β(40)	GSK3b	Y216	—	317

3. 微阵列分析所用的 cDNA 探针要进行荧光或放射标记。荧光探针专用于高密度的 DNA 微阵列，^{32}P 标记的探针一般用于宏阵列，像 Clontech ATLAS™阵列。异源杂交实验中，根据我们的经验当满足以下几个条件时，实验会很成功：

a. 两个物种间基因的同源性较高（检测物种相对于制备阵列的物种）。

b. 最适量的初始材料。

c. 比同源杂交实验的严谨度稍低的杂交条件。

我们先从组织样本中用 TRIzol（Invitrogen）法提取 RNA，然后用 Qiagen Oligotex 纯化试剂盒的操作指南纯化 mRNA［或 poly（A）$^+$］。我们的研究也发现虽然用有限的初始材料（0.25～0.5 μg mRNA 或 1～2 μg 总 RNA，浓度至少在 0.5 μg/μL）就可以完成杂交，但是用 Qiagen Oligotex-mRNA 纯化试剂盒纯化得到的 mRNA 能产生明显更高的杂交强度。所有的阵列操作方法中建议所用 mRNA 的最大量一般不超过 1 μg。然后用 mRNA 制备微阵列分析所用的荧光或放射标记的 cDNA 探针。荧光探针专用于高密度的 DNA 微阵列，^{32}P 标记的探针一般用于宏阵列荧光，像 Clontech ATLAS™阵列。对两个^{32}P 标记的探针样品进行比较时，将一组放射标记的 cDNA 与一个阵列杂交，另一组探针与这个阵列的重复阵列杂交。

4. 大多数实验方法中都建议在阵列杂交前对制备好的 mRNA 进行 DNase 处理去除样品中的基因组 DNA 污染。虽然去除样品中的 DNA 污染是比较明智的做法，但我们发现即使不做这一步也不会对阵列杂交产生实质性的影响。事实上，当我们跳过这步后，我们基本看不到与阵列上基因组 DNA 样点的高于背景水平（阵列上没有 DNA 只有缓冲液的区域）的结合。因为操作步骤的增加可能会增加引入 RNase 的可能性，因此当 mRNA 样品十分有限时，我们认为减少操作步骤来保护 mRNA 要比少量的基因组 DNA 污染更重要。
5. 对光敏性非常高的碳菁染料（Cy3 和 Cy5）因为与微阵列杂交相对容易（例如这些染料与其他荧光标签相比几乎不存在空间障碍）而成为荧光标记时一个较好的选择。本例中，一个样品用 Cy3 标记，另一个样品用 Cy5 标记，然后将这两个样品与同一张芯片杂交。对于用荧光标记的 cDNA 进行的微阵列分析，我们一般进行两套杂交，一套用 Cy3 标记对照组样品，Cy5 标记实验组样品，另一套刚好相反，从而消除探针标记这一步产生的任何误差。虽然每次杂交产生的绝对荧光强度可能会有变化，但是这种探针和阵列标记互换的杂交能够产生相近的表达比率。
6. 对于我们用 Clontech ATLAS™阵列进行的研究，我们起初使用了阵列试剂盒操作指南中建议的条件来制备放射标记的 cDNA。在进行阵列杂交时，我们开始时采用了 Ontario 癌症研究所微阵列中心（Microarray Center of the Ontario Cancer Institute）制订的实验路线。然后我们发现对实验方法进行一些修改能够提高异源杂交时转录物的检测能力。^{32}P 和荧光标记 cDNA 的制备方法基本一样，只是荧光探针需要在暗处或弱光处制备以减少荧光信号的激发和损失。
7. 虽然我们用 Scanalyze 就足够进行筛选用于进一步实验的目标基因，但其他的分析软件可能为其他研究者提供更多帮助。研究者可以免费使用的其他程序包括用于 Affymetrix 阵列的基于 HTML 的“Bullfrog”程序和用于自制的和其他类型的 cDNA 阵列的“Spot”(61)。同样免费的还有 Gene Expression Open Source System (GEOSS)，之前被称为 Gene X Va（62），用户可以将杂交率输入，通过将杂交率转换成颜色强度并生成 Venn 图表（如果有多个实验组样品就要做多个图表）可轻易地准备聚类分析所用的数据。表 3 列出了一些提供分析软件的公司或其他研究者。开放性资源平台一般对学术界和非盈利的研究者都是免费的，通常只需要注册并在文章中引用即可。其他一些程序需要研究者购买授权许可，但并不一定比大量的免费程序做得更好。

表 3 微阵列分析程序

阵列程序	研发者	是否为开放性资源	参考文献
ArrayPro	Media Cybernetic	否	
Bullfrog and Spot	Zapala et al.	是	(61)
F-Scan	Munson et al.，NIH	是	(64)
GenePix	Axon Instruments	否	
GEOSS	Lee et al.	是	(52)
ImaGene	BioDiscovery	否	
MatArray	Wang et al.，National Research Center for Juvenile Diabetes	是	(65)
P-scan	Munson，et al.，NIH	是	(64)
Quantarry	Packard Bioscience	否	
Scanalyze	Meichael Eisen	是	

8. 多数情况下 1.5 倍的基因表达差异看上去已经足够体现对照组和实验组的统计学显著差异，但可能还是会失去一些重要的实验线索。可以用另一层次的分析方法评估一组相关的基因在应激响应的信号途径中的总体改变。例如，Mootha 等（53）的研究发现，在对分成 3 组（正常糖耐量、糖耐量障碍和糖尿病患者）的适龄成年男子骨骼肌中的 22 000 个基因进行分析时，根据前一种统计学分析标准，没有任何差异表达基因，简单来说就是在单基因分析基础上几乎检测不到这 3 组之间基因表达的差异。但是通过将这些基因分组进行基于信号途径的分析时，他们发现氧化磷酸化相关的基因在糖尿病患者中出现协同性的下调，通过这条线索发现了转录因子 PGC-1α 在糖尿病患者中表达下调了约 20%（63）。这种根据已知的信号途径将基因分到几个指定组中分析的 Gene Set Enrichment Analysis（GSEA）方法在与一特定应激相关的生化功能鉴定方面有很大的帮助。当然这种分析需要先对信号途径及它们对下游基因表达的效应有一定的了解，这些要求在比较生物学中不一定能得到满足。
9. 虽然后续的微阵列分析一般采用定量 RT-PCR（Q-PCR），事实上我们觉得比较学研究中对微阵列筛选获得的数据进行 Q-PCR 分析没有必要。这是因为我们研究的主要目标是发现对照组和实验组之间基因表达的相对改变（比如一个基因的上调或下调），而不是每个样品中每个 mRNA 转录物类型的量变。所以半定量 RT-PCR 就已经足够了。而且所谓的“定量”PCR 的概念不仅不准确而且具有误导性。要得到一个确切定量的结果，必须在分析的每一步都要有对照，包括从 RNA 提取的百分得率到将已知质量和数量的对照 mRNA 加入提取的 RNA 中，这样下游分析就可以得到一个精确的标准。异源筛选的基因表达差异验证一般采用 Northern 印迹（包括点印迹或狭缝印迹）或半定量 RT-PCR 两种方法。当差异表达的目标基因已经被克隆而且研究者能拿到克隆时，Northern 印迹或点印迹会是更好的下游分析方法。但是多数情况下，比较生物学家会选择半定量 RT-PCR，这种方法较为有效是因为：(a) PCR 有利于基因表达的高通

量分析；(b) 同时 PCR 产物可作为部分序列分析的材料，研究者对这部分序列翻译后可以评估氨基酸序列的改变并通过在 Genbank 中与同源物的比较检测到目标物种蛋白可能的结构或功能差异。

10. 使用 RT-PCR 进行验证时，很重要的一点是要对尽可能多的总转录物进行扩增。Oligo-5′-dT_{20}N-3′引物可用于很多片段较小的 mRNA (<2 kb)，但是片段较大的 mRNA 由于含有二级结构，所以要加入其他引物。因此最好在第一链 cDNA 合成时在体系中也加入随机引物。

致谢

感谢 J. Storey 对本章的审阅和建议。这项工作部分得到 S. F. E. (Ontario Graduate Scholarship，安大略研究生奖学金) 和 K. B. S. (NSERC) 的资助。K. B. S. 为分子生理学的加拿大国家首席教授。

(武　为　胡　虎)

参 考 文 献

1. Schena, M., Shalon, D., Davis, R. W., and Brown, P. O. (1995) Quantitative monitoring of gene expression patterns with a complementary DNA microarray. *Science* **270,** 467–470.
2. Schena, M., Shalon, D., Heller, R., Chai, A., Brown, P. O., and Davis, R. W. (1996) Parallel human genome analysis: microarray-based expression monitoring of 1000 genes. *Proc. Natl. Acad. Sci. USA* **93,** 10614–10619.
3. Pease, A. C., Solas, D., Sullivan, E. J., Cronin, M. T., Holmes, C. P., and Fodor, S. P. (1994) Light-generated oligonucleotide arrays for rapid DNA sequence analysis. *Proc. Natl. Acad. Sci. USA* **91,** 5022–5026.
4. DeRisi, J., Penland, L., Brown, P. O., Bittner, M. L., Meltzer, P. S., Ray, M., Chen, Y., Su, Y. A., and Trent, J. M. (1996) Use of a cDNA microarray to analyse gene expression patterns in human cancer. *Nat. Genet.* **14,** 457–460.
5. Shalon, D., Smith, S. J., and Brown, P. O. (1996) A DNA microarray system for analyzing complex DNA samples using two-color fluorescent probe hybridization. *Genome Res.* **6,** 639–645.
6. Urisman, A., Fischer, K. F., Chiu, C. Y., Kistler, A. L., Beck, S., Wang, D., and DeRisi, J. L. (2005) E-Predict: a computational strategy for species identification based on observed DNA microarray hybridization patterns. *Genome Biol.* **6,** R78.
7. Wang, D., Coscoy, L., Zylberberg, M., Avila, P. C., Boushey, H. A., Ganem, D., and DeRisi, J. L. (2002) Microarray-based detection and genotyping of viral pathogens. *Proc. Natl. Acad. Sci. USA* **99,** 15687–15692.
8. Wang, D., Urisman, A., Liu, Y. T., Springer, M., Ksiazek, T. G., Erdman, D. D., Mardis, E. R., Hickenbotham, M., Magrini, V., Eldred, J., Latreille, J. P.,

Wilson, R. K., Ganem, D., and DeRisi, J. L. (2003) Viral discovery and sequence recovery using DNA microarrays. *PLoS Biol.* **1,** E2.

9. Makalowski, W., and Boguski, M. S. (1998) Evolutionary parameters of the transcribed mammalian genome: an analysis of 2,820 orthologous rodent and human sequences. *Proc. Natl. Acad. Sci. USA* **95,** 9407–9412.
10. Makalowski, W., Zhang, J., and Boguski, M. S. (1996) Comparative analysis of 1196 orthologous mouse and human full-length mRNA and protein sequences. *Genome Res.* **6,** 846–857.
11. Wheelan, S. J., Boguski, M. S., Duret, L., and Makalowski, W. (1999) Human and nematode orthologs—lessons from the analysis of 1800 human genes and the proteome of *Caenorhabditis elegans*. *Gene* **238,** 163–170.
12. Eddy, S. F., and Storey, K. B. (2004) Up-regulation of fatty acid-binding proteins during hibernation in the little brown bat, *Myotis lucifugus*. *Biochim. Biophys. Acta* **1676,** 63–70.
13. Hittel, D., and Storey, K. B. (2002) The translation state of differentially expressed mRNAs in the hibernating 13-lined ground squirrel (*Spermophilus tridecemlineatus*). *Arch. Biochem. Biophys.* **401,** 244–254.
14. Hittel, D., and Storey, K. B. (2001) Differential expression of adipose- and heart-type fatty acid binding proteins in hibernating ground squirrels. *Biochim. Biophys. Acta* **1522,** 238–243.
15. Morin, P., Jr., and Storey, K. B. (2005) Cloning and expression of hypoxia-inducible factor 1alpha from the hibernating ground squirrel, *Spermophilus tridecemlineatus*. *Biochim. Biophys. Acta* **1729,** 32–40.
16. Eddy, S. F., Morin, P., Jr., and Storey, K. B. (2005) Cloning and expression of PPAR-gamma and PGC-1alpha from the hibernating ground squirrel, *Spermophilus tridecemlineatus*. *Mol. Cell. Biochem.* **269,** 175–182.
17. Eddy, S. F., McNally, J. D., and Storey, K. B. (2005) Up-regulation of a thioredoxin peroxidase-like protein, proliferation-associated gene, in hibernating bats. *Arch. Biochem. Biophys.* **435,** 103–111.
18. Hittel, D. S., and Storey, K. B. (2002) Differential expression of mitochondria-encoded genes in a hibernating mammal. *J. Exp. Biol.* **205,** 1625–1631.
19. Fahlman, A., Storey, J. M., and Storey, K. B. (2000) Gene up-regulation in heart during mammalian hibernation. *Cryobiology* **40,** 332–342.
20. Cai, D., McCarron, R. M., and Hallenbeck, J. (2004) Cloning and characterization of a forkhead transcription factor gene, FoxO1a, from thirteen-lined ground squirrel. *Gene* **343,** 203–209.
21. Yu, E. Z., Hallenbeck, J. M., Cai, D., and McCarron, R. M. (2002) Elevated arylalkylamine-*N*-acetyltransferase (AA-NAT) gene expression in medial habenular and suprachiasmatic nuclei of hibernating ground squirrels. *Brain Res. Mol. Brain Res.* **102,** 9–17.
22. Caï, Q., and Storey, K. B. (1997) Freezing-induced genes in wood frog (Rana sylvatica): fibrinogen upregulation by freezing and dehydration. *Am. J. Physiol.* **272,** R1480–1492.

23. Cai, Q., Greenway, S. C., and Storey, K. B. (1997) Differential regulation of the mitochondrial ADP/ATP translocase gene in wood frogs under freezing stress. *Biochim. Biophys. Acta* **1353,** 69–78.
24. Wu, S., and Storey, K. B. (2005) Up-regulation of acidic ribosomal phosphoprotein P0 in response to freezing or anoxia in the freeze tolerant wood frog, *Rana sylvatica. Cryobiology* **50,** 71–82.
25. De Croos, J. N., McNally, J. D., Palmieri, F., and Storey, K. B. (2004) Upregulation of the mitochondrial phosphate carrier during freezing in the wood frog *Rana sylvatica*: potential roles of transporters in freeze tolerance. *J. Bioenerg. Biomembr.* **36,** 229–239.
26. Cai, Q., and Storey, K. B. (1996) Anoxia-induced gene expression in turtle heart. Upregulation of mitochondrial genes for NADH-ubiquinone oxidoreductase subunit 5 and cytochrome c oxidase subunit 1. *Eur. J. Biochem.* **241,** 83–92.
27. Larade, K., and Storey, K. B. (2004) Anoxia-induced transcriptional upregulation of sarp-19: cloning and characterization of a novel EF-hand containing gene expressed in hepatopancreas of *Littorina littorea. Biochem. Cell. Biol.* **82,** 285–293.
28. Larade, K., and Storey, K. B. (2004) Accumulation and translation of ferritin heavy chain transcripts following anoxia exposure in a marine invertebrate. *J. Exp. Biol.* **207,** 1353–1360.
29. Larade, K., Nimigan, A., and Storey, K. B. (2001) Transcription pattern of ribosomal protein L26 during anoxia exposure in *Littorina littorea. J. Exp. Zool.* **290,** 759–768.
30. Bilgen, T., English, T. E., McMullen, D. C., and Storey, K. B. (2001) EsMlp, a muscle-LIM protein gene, is up-regulated during cold exposure in the freeze-avoiding larvae of *Epiblema scudderiana. Cryobiology* **43,** 11–20.
31. Eddy, S. F., and Storey, K. B. (2002) Dynamic use of cDNA arrays: Heterologous probing for gene discovery and exploration of organismal adaptations to environmental stress, in *Cell and Molecular Responses to Stress* (Storey, K.B., and Storey, J.M., eds.), Elsevier, Amsterdam, pp. 315–325.
32. Storey, K. B. (2004) Strategies for exploration of freeze responsive gene expression: advances in vertebrate freeze tolerance. *Cryobiology* **48,** 134–145.
33. Larade, K., and Storey, K. B. (2002) A profile of the metabolic responses to anoxia in marine invertebrates, in *Cell and Molecular Responses to Stress* (Storey, K.B., and Storey, J.M., eds.), Elsevier, Amsterdam, pp. 27–46.
34. King, P. A., Rosholt, M. N., and Storey, K. B. (1995) Seasonal changes in plasma glucose transport. *Can. J. Zool.* **73,** 1–9.
35. Storey, K. B., and Storey, J. M. (1984) Biochemical adaptation for freezing tolerance in the wood frog, *Rana sylvatica. J. Comp. Physiol. B* **155,** 29–36.
36. Moody, D. E., Zou, Z., and McIntyre, L. (2002) Cross-species hybridisation of pig RNA to human nylon microarrays. *BMC Genom.* **3,** 27.
37. Hogstrand, C., Balesaria, S., and Glover, C. N. (2002) Application of genomics and proteomics for study of the integrated response to zinc exposure in a non-model fish species, the rainbow trout. *Comp. Biochem. Physiol. B Biochem. Mol. Biol.* **133,** 523–535.

38. Becher, M., Talke, I. N., Krall, L., and Kramer, U. (2004) Cross-species microarray transcript profiling reveals high constitutive expression of metal homeostasis genes in shoots of the zinc hyperaccumulator *Arabidopsis halleri. Plant J.* **37,** 251–268.
39. Adjaye, J., Herwig, R., Herrmann, D., Wruck, W., Benkahla, A., Brink, T. C., Nowak, M., Carnwath, J. W., Hultschig, C., Niemann, H., and Lehrach, H. (2004) Cross-species hybridisation of human and bovine orthologous genes on high density cDNA microarrays. *BMC Genomics* **5,** 83.
40. Rinaudo, J. A., and Gerin, J. L. (2004) Cross-species hybridization: characterization of gene expression in woodchuck liver using human membrane arrays. *J. Med. Virol.* **74,** 300–313.
41. Shah, G., Azizian, M., Bruch, D., Mehta, R., and Kittur, D. (2004) Cross-species comparison of gene expression between human and porcine tissue, using single microarray platform—preliminary results. *Clin. Transplant.* **18 Suppl 12,** 76–80.
42. Renn, S. C., Aubin-Horth, N., and Hofmann, H. A. (2004) Biologically meaningful expression profiling across species using heterologous hybridization to a cDNA microarray. *BMC Genom.* **5,** 42.
43. Wang, Z., Dooley, T. P., Curto, E. V., Davis, R. L., and VandeBerg, J. L. (2004) Cross-species application of cDNA microarrays to profile gene expression using UV-induced melanoma in *Monodelphis domestica* as the model system. *Genomics* **83,** 588–599.
44. Chitko-McKown, C. G., Fox, J. M., Miller, L. C., Heaton, M. P., Bono, J. L., Keen, J. E., Grosse, W. M., and Laegreid, W. W. (2004) Gene expression profiling of bovine macrophages in response to Escherichia coli O157:H7 lipopolysaccharide. *Dev. Comp. Immunol.* **28,** 635–645.
45. Medhora, M., Bousamra, M., 2nd, Zhu, D., Somberg, L., and Jacobs, E. R. (2002) Upregulation of collagens detected by gene array in a model of flow-induced pulmonary vascular remodeling. *Am. J. Physiol. Heart Circ. Physiol.* **282,** H414–422.
46. Gladney, C. D., Bertani, G. R., Johnson, R. K., and Pomp, D. (2004) Evaluation of gene expression in pigs selected for enhanced reproduction using differential display PCR and human microarrays: I. Ovarian follicles. *J. Anim. Sci.* **82,** 17–31.
47. Ji, W., Zhou, W., Gregg, K., Yu, N., and Davis, S. (2004) A method for cross-species gene expression analysis with high-density oligonucleotide arrays. *Nucleic Acids Res* **32,** e93.
48. Geschwind, D. H. (2001) Sharing gene expression data: an array of options. *Nat. Rev. Neurosci.* **2,** 435–438.
49. Becker, K. G. (2001) The sharing of cDNA microarray data. *Nat. Rev. Neurosci.* **2,** 438–440.
50. Miles, M. F. (2001) Microarrays: lost in a storm of data? *Nat. Rev. Neurosci.* **2,** 441–443.
51. Edgar, R., Domrachev, M., and Lash, A. E. (2002) Gene Expression Omnibus: NCBI gene expression and hybridization array data repository. *Nucleic Acids Res* **30,** 207–210.

52. Barrett, T., Suzek, T. O., Troup, D. B., Wilhite, S. E., Ngau, W. C., Ledoux, P., Rudnev, D., Lash, A. E., Fujibuchi, W., and Edgar, R. (2005) NCBI GEO: mining millions of expression profiles—database and tools. *Nucleic Acids Res.* **33,** D562–566.
53. Parkinson, H., Sarkans, U., Shojatalab, M., Abeygunawardena, N., Contrino, S., Coulson, R., Farne, A., Lara, G. G., Holloway, E., Kapushesky, M., Lilja, P., Mukherjee, G., Oezcimen, A., Rayner, T., Rocca-Serra, P., Sharma, A., Sansone, S., and Brazma, A. (2005) ArrayExpress—a public repository for microarray gene expression data at the EBI. *Nucleic Acids Res.* **33,** D553–555.
54. Sarkans, U., Parkinson, H., Lara, G. G., Oezcimen, A., Sharma, A., Abeygunawardena, N., Contrino, S., Holloway, E., Rocca-Serra, P., Mukherjee, G., Shojatalab, M., Kapushesky, M., Sansone, S. A., Farne, A., Rayner, T., and Brazma, A. (2005) The ArrayExpress gene expression database: a software engineering and implementation perspective. *Bioinformatics* **21,** 1495–1501.
55. Rocca-Serra, P., Brazma, A., Parkinson, H., Sarkans, U., Shojatalab, M., Contrino, S., Vilo, J., Abeygunawardena, N., Mukherjee, G., Holloway, E., Kapushesky, M., Kemmeren, P., Lara, G. G., Oezcimen, A., and Sansone, S. A. (2003) ArrayExpress: a public database of gene expression data at EBI. *C. R. Biol.* **326,** 1075–1078.
56. Brazma, A., Parkinson, H., Sarkans, U., Shojatalab, M., Vilo, J., Abeygunawardena, N., Holloway, E., Kapushesky, M., Kemmeren, P., Lara, G. G., Oezcimen, A., Rocca-Serra, P., and Sansone, S. A. (2003) ArrayExpress—a public repository for microarray gene expression data at the EBI. *Nucleic Acids Res.* **31,** 68–71.
57. Brauch, K. M., Dhruv, N. D., Hanse, E. A., and Andrews, M. T. (2005) Digital transcriptome analysis indicates adaptive mechanisms in the heart of a hibernating mammal. *Physiol. Genom.* **23,** 227–234.
58. Lindell, S. L., Klahn, S. L., Piazza, T. M., Mangino, M. J., Torrealba, J. R., Southard, J. H., and Carey, H. V. (2005) Natural resistance to liver cold ischemia-reperfusion injury associated with the hibernation phenotype. *Am. J. Physiol. Gastrointest. Liver Physiol.* **288,** G473–480.
59. MacDonald, J. A., and Storey, K. B. (2005) Mitogen-activated protein kinases and selected downstream targets display organ-specific responses in the hibernating ground squirrel. *Int. J. Biochem. Cell. Biol.* **37,** 679–691.
60. Cai, D., McCarron, R. M., Yu, E. Z., Li, Y., and Hallenbeck, J. (2004) Akt phosphorylation and kinase activity are down-regulated during hibernation in the 13-lined ground squirrel. *Brain Res.* **1014,** 14–21.
61. Zapala, M. A., Lockhart, D. J., Pankratz, D. G., Garcia, A. J., and Barlow, C. (2002) Software and methods for oligonucleotide and cDNA array data analysis. *Genome Biol.* **3,** SOFTWARE0001.
62. Lee, J. K., Laudeman, T., Kanter, J., James, T., Siadaty, M. S., Knaus, W. A., Prorok, A., Bao, Y., Freeman, B., Puiu, D., Wen, L. M., Buck, G. A., Schlauch, K., Weller, J., and Fox, J. W. (2004) Gene X Va: VBC open source microarray database and analysis software. *Biotechniques* **36,** 634–638, 640, 642.

63. Mootha, V. K., Lindgren, C. M., Eriksson, K. F., Subramanian, A., Sihag, S., Lehar, J., Puigserver, P., Carlsson, E., Ridderstrale, M., Laurila, E., Houstis, N., Daly, M. J., Patterson, N., Mesirov, J. P., Golub, T. R., Tamayo, P., Spiegelman, B., Lander, E. S., Hirschhorn, J. N., Altshuler, D., and Groop, L. C. (2003) PGC-1alpha-responsive genes involved in oxidative phosphorylation are coordinately downregulated in human diabetes. *Nat. Genet.* **34,** 267–273.
64. Carlisle, A. J., Prabhu, V. V., Elkahloun, A., Hudson, J., Trent, J. M., Linehan, W. M., Williams, E. D., Emmert-Buck, M. R., Liotta, L. A., Munson, P. J., and Krizman, D. B. (2000) Development of a prostate cDNA microarray and statistical gene expression analysis package. *Mol. Carcinog.* **28,** 12–22.
65. Wang, x., Ghosh, S., and Guo, S. W. (2001) Quantitative quality control in microarray image processing and data acquisition. *Nucleic Acids Res.* **29,** E75–75.

第七章 以 AtT20 脑垂体细胞作为模型进行神经内分泌肽能系统干扰中的蛋白质组学分析

Fumin Dong，Liming Ma，Michel Chretien，Majambu Mbikay

概论

环境污染物可以影响许多胞内酶活性。酶抑制因子对蛋白质组的影响可以利用双向电泳来确定。在神经内分泌细胞中，前体蛋白转化酶 1 和 2（proprotein convertase 1 和 2，PC1 和 PC2）介导许多蛋白质前体水解为肽激素和神经肽。这些钙离子依赖的蛋白酶的活性可以被环境中的螯合剂和重金属离子调节。这种抑制可以导致潜在的肽能系统的病理性破坏。我们想要知道这些酶的特异性的抑制在何种程度上可以影响神经内分泌细胞的蛋白质组。为了解决这个问题，我们采用鼠脑垂体 AtT20 细胞作为模型。我们比较对照细胞和过表达 PC1 特异抑制剂 proSAAS 的细胞的蛋白质组。比对过程包括双向电泳、差异蛋白的质谱鉴定以及免疫印迹验证。双向电泳分析显示 proSAAS 过表达的细胞的蛋白质组有许多改变。对酶解后的肽段进行质谱分析发现 proSAAS 和 Ephrin A 类受体 2 这两种蛋白质在该种细胞中丰度增加。

关键词：AtT20 细胞；免疫印迹；质谱；PC1；前体蛋白转化酶；proSAAS；蛋白质组学；双向电泳

1. 引言

整体动物系统的研究对于理解有毒物暴露的表型效应有很大作用。由于整体动物系统包括许多对环境条件反应不同的多种细胞类型，对于它们整体的表达谱的研究，如基因组学和蛋白质组学的研究会变得十分复杂。所以，初始研究常常采用细胞培养体系。

AtT20 细胞系来源于小鼠脑垂体腺瘤（1），表达阿黑皮素原（pro-opiomelanocortin，POMC）。POMC 是几种生物活性激素的前体，如应激激素促肾上腺皮质激素（adrenocorticotropin，ACTH）、饱激素（satiety hormone）、α-黑色素细胞刺激激素（α-melanocyte-stimulating hormone，α-MSH），以及止痛激素 β-内啡肽（β-endorphin）（2）。这些激素是通过一种名为前体蛋白转化酶（proprotein convertase，PC）的钙离子依赖的 subtilase 蛋白家族的两个成员（5）——PC1 和 PC2 对 POMC 的不同的内部切割形成的（3，4）。PC1 和 PC2 在神经和内分泌组织中广泛表达（6-9）。他们的胞内活性分别由其共存的特异性抑制剂——proSAAS 和 7B2 的水平调节（10-13）。总体来说，这些酶毫无疑问地影响了调节许多包括生长、能量平衡、食欲和饱满、伤害感受和止痛，以及认知与行为等重要生物功能的神经内分泌肽能系统。遗传缺失 PC1 和 PC2 的人和小鼠表现出对这些功能的影响（14-16）。

PC1 和 PC2 的酶活性对于许多潜在的环境污染物，尤其是钙离子螯合剂如 EDTA，以及重金属离子如 Hg、Cu 和 Zn 等很敏感（17，18）。目前还不知道这些常见污染物对 PC1 和 PC2 的抑制如何改变神经内分泌细胞的蛋白质组。对这种改变的检测可以衡量 PC 抑制性化合物对于神经内分泌肽能系统潜在的破坏作用。

AtT20 细胞系常被用于研究 PC1 和 PC2 的生物合成以及它们在 POMC 剪切为不同的生物活性肽中的作用（3，4）。于是它成为研究污染物对肽能神经内分泌细胞的影响的适宜模型。作为判定蛋白质组学作为神经内分泌肽能系统干预评价手段的有效性的第一步，我们检测了过表达 PC1 特异性抑制剂 proSAAS [AtT20（proSAAS）细胞] 对 AtT20 细胞的蛋白质组的影响（11）。双向电泳图谱显示 AtT20 和 AtT20（proSAAS）细胞有许多蛋白质相对丰度有不同。质谱分析鉴定出 proSAAS 和 Ephrin A 类受体 2（Ephrin type A receptor 2，EphA2）在 AtT20（proSAAS）细胞中有更高的丰度。EphA2进一步通过免疫印迹得到了验证。这种受体酪氨酸激酶在神经发育（19）和肿瘤（20）中起作用。

2. 材料

2.1 细胞培养和裂解

1. 小鼠脑垂体 AtT20 和 AtT20（proSAAS）细胞系。AtT20（proSAAS）细胞系通过用包含一个新霉素抗性基因的 proSAAS 表达载体转染 AtT20 细胞，再利用该基因对细胞毒性药物 G418 的抗性挑选阳性细胞得到（11）。
2. 含有 10%胎牛血清（Wisent Inc.，Quebec，Canada）和 30 μg/mL 硫酸双生霉素的 DMEM 培养基（Gibco/BLR，Grand Island，NY），含或不含 500 μg/mL 的 G418（Gibco/BLR）。
3. 磷酸盐缓冲盐溶液（PBS）：1.35 mol/L 的 NaCl，28 mmol/L 的 KCl，80 mmol/L 的 $Na_2HPO_4 \cdot 7H_2O$，15 mmol/L 的 KH_2PO_4，pH 7.2。
4. Versine：含 0.1 mmol/L EDTA 的 PBS。
5. 缓冲液 B：10 mmol/L 羟乙基哌嗪乙磺酸（HEPES）-KOH，pH 7.4，10 mmol/L KCl，1.5 mmol/L $MgCl_2$，0.5 mmol/L EGTA 钠，1 mmol/L 二硫苏糖醇（DTT）。
6. 蛋白酶抑制剂（PIC）片剂（Roche Diagnostics GmbH，Mannheim，Germany）：一片溶于 10 mL 缓冲液 B。
7. Corning 细胞刮刀（Sigma-Aldrich，St. Louise，MO）。
8. 注射器（3mL）和针头（26 目）。
9. 蛋白质浓度测定试剂盒（Bio-Rad，Hercules，CA）。

2.2 双向凝胶电泳

1. IPGphor 胶条槽，18 cm（Amersham Biosciences，Piscataway，NJ）。
2. IPGphor 等电聚焦系统（Amersham Biosciences）。

3. Hoeffer DALT 电泳系统（Amersham Biosciences）。
4. pH 4～7L 的固相 pH 梯度（IPG）胶条，18 cm（Amersham Biosciences，Uppsala，Sweden）。保存于－20℃。
5. 水化上样缓冲液（RB）：7 mol/L 尿素，2 mol/L 硫脲，4% CHAPS，1% DTT。
6. Bio-Lyte 3/10 两性电解质（Bio-Rad）。保存于 4℃。
7. 矿物油（Bio-Rad）。
8. IPG 胶条平衡缓冲液（EB1）：50 mmol/L Tris-HCl，pH 8.8，6 mol/L 尿素，30%（*V/V*）甘油，2%十二烷基磺酸钠（SDS），1% DTT，1×10^{-4}%溴酚蓝。
9. IPG 胶条平衡缓冲液（EB2）：50 mmol/L Tris-HCl，pH 8.8，6 mol/L 尿素，30%（*V/V*）甘油，2% SDS，4%碘乙酰胺，1×10^{-4}%溴酚蓝。
10. 甲叉双丙烯酰胺溶液（30.8%T）（神经毒，戴手套!）：30%丙烯酰胺，0.8%甲叉丙烯酰胺。保存于 4℃。
11. 10%SDS。
12. 10%过硫酸胺。
13. 四甲基乙二胺（TEMED，Bio-Rad）。
14. SDS 电泳缓冲液：25 mmol/L Tris，192 mmol/L 甘氨酸，0.1% SDS。
15. 低熔点琼脂糖（LMT）（Gibco/BLR）。通过微波炉加热溶解 1%LMT 至 SDS 电泳缓冲液中。在使用前保持 50℃。
16. 银染溶液：（1）固定液：30%乙醇，5%乙酸；（2）敏化液：0.02%硫代硫酸钠；（3）银染试剂：0.2%硝酸银。（4）显影液：4%碳酸钾，0.025%甲醛（37%）；（5）停显试剂：4%Tris 碱，2%乙酸。
17. Umax Powerlook 1100 扫描仪（Umax Technologies，Dallas，TX）。

2.3 基质辅助激光解吸电离-飞行时间质谱（MALDI-TOF MS）

1. 胰蛋白酶（cat. no. V5111，Promega，Madison，WI）。
2. ZipTip C_{18} 移液吸头（Millipore，Bedford，MA）。
3. 基质溶液：10 mg/mL 的 α-氰-4-羟基肉桂酸溶于含 0.1%三氟乙酸的 50%乙腈。
4. Voyager DE^{Tm}-PRO 基质辅助激光解吸电离-飞行时间质谱（MALDI-TOF）（PerSeptive Biosystems，Framingham，MA）。
5. MALDI 板（PerSeptive Biosystems，Framingham，MA）。

2.4 免疫印迹

1. 硝酸纤维素膜（Bio-Rad）。
2. Towbin 缓冲液：25 mmol/L Tris，192 mmol/L 甘氨酸，0.1% SDS，20%（*V/V*）甲醇。
3. 1×Tris 缓冲盐溶液（1×TBS）：10 mmol/L Tris-HCl，pH 8.0，150 mmol/L NaCl。

4. TBS-T：1×TBS，0.1% Tween-20。
5. 5%脱脂牛奶溶液：TBS-T，5%脱脂牛奶。
6. ECL™抗兔抗体，辣根过氧化物酶链接的 F（ab′)^{2}片段（来自驴）（Amersham Biosciences)。
7. Western Lightning 化学发光试剂（PerkinElmer，Boston，MA)。

3 方法

3.1 样本制备

1. 将 AtT20 和 AtT20（proSAAS）细胞用 150 mm 的培养皿培养（每种细胞 3 盘），加入 DMEM，在 37℃，5% CO_2-95%空气的润湿环境中生长至满。AtT20（proSAAS）的培养基添加了 500 μg/mL 的 G418。
2. 每次用 10 mL 的 PBS 漂洗单层细胞 3 次。
3. 用 Versine 覆盖细胞；用细胞刮刀将细胞从板上刮下，将细胞悬液转移到离心管中。
4. 4℃ 1300 *g* 离心 5min 沉淀细胞。移出并丢弃上清液。
5. 如上所述再次离心来移去残留的 Versine。
6. 用 0.5 mL 的含 PIC 的缓冲液 B 重悬细胞，用带有 26 目针头的注射器推拉 30 次来破裂细胞。
7. 将裂解产物 4℃，1000 *g* 离心 7min。将上清液转移到新管子中并丢弃沉淀。
8. 4℃下 $10^5 g$ 离心上清 30min，将上清液（细胞质成分）转移到新的管子中并保留沉淀（微粒体成分)。
9. 加 3 倍体积的丙酮到每份细胞质成分中并置于－20℃ 1h，沉淀蛋白质。4℃下 15 800 *g* 离心 15min。弃去上清液，保留沉淀。
10. 用超声处理法将每份细胞质沉淀或微粒体蛋白溶于 500 μL 的 RB 中（见注释 1)。
11. 使用 Bio-Rad 蛋白质浓度测定试剂盒，Bradford 法确定蛋白质浓度。

3.2 双向电泳

3.2.1 等电聚焦（IEF）

1. 溶解 0.8 mg 的胞质蛋白或 1 mg 的微粒体蛋白到 340 mL 含 0.5% Bio-Lyte 3/10 两性电解质和 0.5%（*V*/*V*）的 0.1%溴酚蓝的 RH 缓冲液中。
2. 将每份混合物吸到 IPG 胶条槽中（见注释 2)。
3. 将 pH4～7L 的 18 cm 长 IPG 胶条的保护膜揭开。凝胶面向下放进 IPG 胶条槽中。确保 IPG 胶条的酸性末端面向胶条槽的尖端（见注释 3)。
4. 逐滴加入 800 μL 矿物油到胶条槽的两端。倾斜胶条槽让矿物油覆盖整个 IPG 胶条。盖上盖子。
5. 25℃在 IPGphor 系统中重新水化 IPG 胶条 12h。

6. 25℃下以每个胶条 50 μA 的电流进行等电聚焦，设定如下：500 V 1h，1000 V 1h，8000 V 进行 8h，最后保持在 500 V 直到电泳进入第二向。

3.2.2 十二烷基磺酸钠-聚丙烯酰胺凝胶电泳（SDS-PAGE）

1. 在 Hoeffer DALT 凝胶制备器中制备 1 mm 厚，19cm×23 cm，12%T 的聚丙烯酰胺凝胶。垂直板 SDS 凝胶是在多重凝胶制备器中制备的。对于凝胶板的装配，参考制造商用户手册（Hoefer DALT 系统用户手册，Amersham Biosciences）。若制备 25 板凝胶，混合如下溶液：600 mL 甲叉双丙烯酰胺溶液（30.8%T），375 mL 1.5 mol/L Tris-HCl，pH 8.8，15 mL 10% SDS 和 15 mL 10%过硫酸胺。加水（见注释 4）到 1500 mL。凝胶制备前，加 215 μL TEMED。
2. 将 IPG 胶条放入 10 mL EB-1 溶液中振荡 10min 进行平衡，再转入 10 mL EB-2 中 10min（见注释 5）。
3. 将胶条放在垂直 SDS 凝胶的顶端并用 1%的 LMT 琼脂糖封胶（见注释 6）。
4. 12℃的循环水浴降温，90 V 的恒定电压下在 Hoeffer DALT 电泳缸（Amersham Biosciences）中电泳过夜。
5. 将凝胶板卸下。打开的时候确保凝胶粘在一片玻板上。将凝胶放入含有固定剂的玻璃托盘中进行银染。

3.3 银染（19）

3.3.1 银染（见注释 7）

以下步骤在振荡中进行。
1. 将凝胶浸在固定液中 30min。
2. 更换固定液再振荡 30min。
3. 用水漂洗凝胶 5 次，每次 5min。
4. 在敏化液中孵育凝胶 1min。
5. 用水漂洗凝胶 2 次，每次 1min。
6. 在银染试剂中孵育凝胶 30min。
7. 用水漂洗凝胶 2 次，每次 1min。
8. 在显影液中孵育凝胶直到蛋白质斑点出现。
9. 用停显试剂终止显影 30min。
10. 用水漂洗凝胶 3 次，每次 5min。

3.3.2 2D 图像获取

银染凝胶在 Umax Powerlook 1100 扫描仪（图 1）上扫描，保存数字图像。

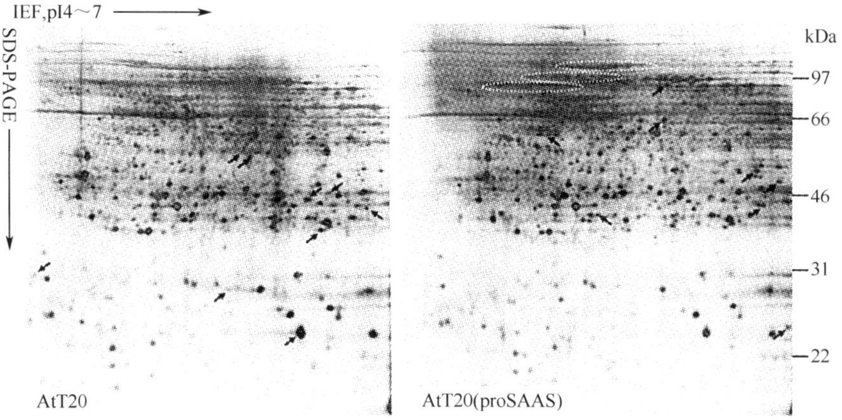

图 1　AtT20 和 AtT20（proSAAS）细胞胞质成分蛋白银染 2D 图谱的代表性图例。很多蛋白质点在某块胶上的染色比另一块要深。最明显的几个如箭头所示。圈中表示的是在 AtT20（proSAAS）细胞中更加丰富的高分子质量蛋白质。其高丰度可能直接或间接源自 proSAAS 过表达造成的 PC1 活性降低。

3.4　银染胶脱色（20）

1. 切取感兴趣的凝胶斑点。
2. 按 1∶1 的比例混合 30 mmol/L 的铁氰化钾和 100 mmol/L 的硫代硫酸钠。
3. 用 100 μL 以上溶液覆盖凝胶片。
4. 室温下振荡直到银染去除。
5. 每次用 500 μL 水漂洗凝胶片，并更换水数次直到黄色试剂去除。
6. 在 200 μL 200 mmol/L 的碳酸氢氨中孵育凝胶片 20min 并振荡。
7. 用 500 μL 水漂洗凝胶片 2 次，每次 1min。
8. 离心并除去水。

3.5　胰酶消化（21，22）

1. 将凝胶片在 200 μL CH_3CN 中孵育 10min。
2. 离心并除去 CH_3CN。
3. SpeedVac 真空离心蒸发浓缩凝胶片 15min。
4. 56℃下在 100 μL 100 mmol/L NH_4HCO_3，10 mmol/L DTT 中孵育凝胶片 45 min。
5. 离心并除去 DTT 溶液。
6. 加 100 μL 100 mmol/L NH_4HCO_3，55 mmol/L 碘乙酰胺，并在室温下黑暗中孵育 30min。
7. 离心并除去碘乙酰胺溶液。
8. 在 100 μL 100 mmol/L NH_4HCO_3 中振荡漂洗凝胶片 10min。
9. 离心并除去 NH_4HCO_3 溶液。
10. 室温下在 100 μL CH_3CN 中脱水凝胶片 5min。

11. 离心并除去 CH_3CN。
12. 在 100 μL 100 mmol/L NH_4HCO_3 中振荡漂洗凝胶片 5min。
13. 离心并除去 NH_4HCO_3 溶液。
14. 室温下在 100 μL CH_3CN 中脱水凝胶片 5min。
15. 离心并除去 CH_3CN。
16. SpeedVac 真空离心蒸发浓缩凝胶片 15min。
17. 在冰上用 20 μL 含 500 ng 胰酶的 50 mmol/L NH_4HCO_3 泡胀凝胶片 30min。
18. 去除残留的胰酶溶液，并加 50 mmol/L 无胰酶的 NH_4HCO_3 覆盖凝胶片。
19. 37℃下消化凝胶中的蛋白质过夜。
20. 离心并将上清转移到新管子中。
21. 加 50 μL 50% CH_3CN，0.1%三氟乙酸到凝胶片上并在冷水浴中超声处理 3min。
22. 离心并转移上清到最初的上清中。
23. 再重复步骤 21 和 22 两次。
24. SpeedVac 真空离心蒸发浓缩上清液直到体积小于 10 μL。
25. 加 0.1%三氟乙酸至 10 μL。

3.6 胰蛋白酶肽段 MALDI-TOF 质谱分析

1. 在 MALDI-TOF 分析之前，按照制造商说明书用 ZipTip C_{18} 移液吸头纯化胰蛋白酶消化的肽段。
2. 将纯化的肽段用 2 μL 基质点在 MALDI 板上。
3. 用以下仪器设定采用延迟提取和反射模式进行质谱分析：20 kV 加速电压，150 ns 延迟时间，70%栅极电压，0.05%导向线电压，128 激光发射，激光强度 2000，质量门从 800 到 2800。m/z 842.51 和 m/z 1045.56 的胰酶自降解产物用于内部质量校准（图 2）。
4. 选择单同位素峰的质量，通过使用搜索引擎 PeptIdent（http://www.expasy.ch/tools/peptident.html）搜索 Swiss-Prot 和 TrEMBL 数据库，与相应理论质量匹配在 50 ppm[①] 之内来鉴定蛋白质。

3.7 2D 免疫印迹

1. 如 3.2 所述重复制备 2D 凝胶。
2. 根据制造商用户手册，在含 Towbin 缓冲液的 Hoefer SE 600 槽中将蛋白质点从未染色的凝胶上转移到硝酸纤维素膜上。
3. 用 5%脱脂牛奶溶液封闭膜。
4. 室温下将膜在含抗-EphA2 一抗的 5%脱脂牛奶中孵育 1h。
5. 在 TBS-T 中漂洗膜 4 次，每次 5min。
6. 在含 HRP-结合的驴抗兔 IgG 的抗体的脱脂牛奶溶液中孵育膜 1h。

---

① 1ppm=1μg/g。

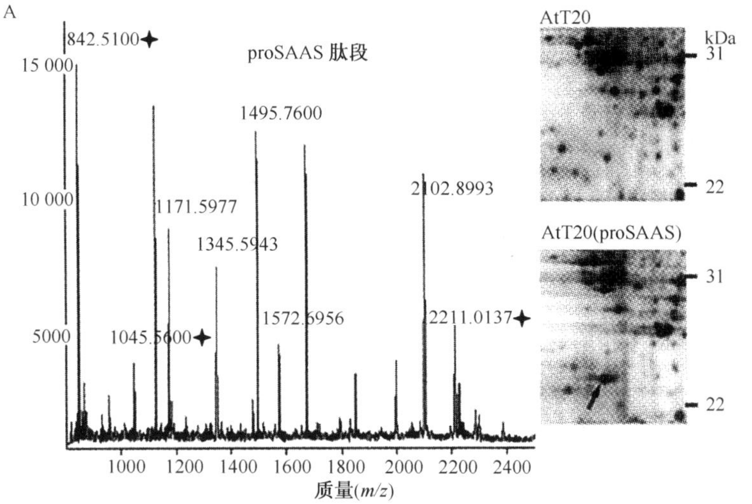

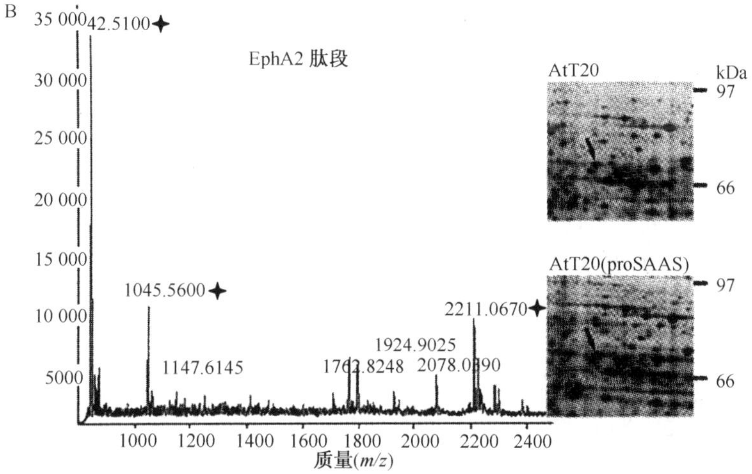

图 2　来自 proSAAS 和 Ephrin 型受体 2（EphA2）肽段的质谱图。AtT-20 和 AtT-20（proSAAS）细胞的胞质成分蛋白在 2D 凝胶上分离。蛋白质用银染检测。箭头所示蛋白质点被切下，胰酶消化后用 MALDI-TOF 质谱分析。胰酶自降解的肽段用星号标记。单同位峰的质量用 PepIdent 搜索引擎在 Swiss-Prot 和 TrEMBL 蛋白质数据库中的小鼠条目下搜索。根据肽段质量、蛋白质 pI 和与数据库中相配的蛋白质分子质量，蛋白质被鉴定为 proSAAS（A）和 EhA2（B）。EphA2 是与形态发生（23）和肿瘤生成（24）有关的酪氨酸激酶受体。

7. 在 TBS-T 中漂洗膜 4 次，每次 5min。
8. 根据制造商方案，用 Western Lightning 化学发光试剂显示免疫反应斑点（图 3）。

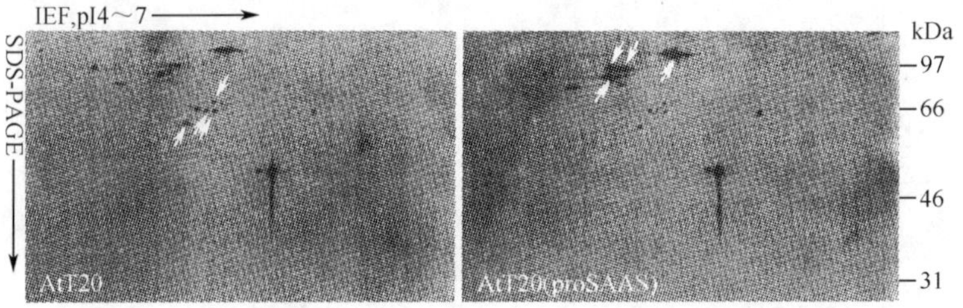

图 3 EphA2 相关蛋白质的 2D 免疫印迹。来自 AtT-20 和 AtT-20（proSAAS）细胞的蛋白质通过 2D 凝胶分离。它们被转移到硝酸纤维素膜上，用小鼠 EphA2 C 端的抗体（C-20，Santa Crus Biotechnology）检测。两种样品间不同强度染色的免疫反应蛋白用白色箭头所示。小鼠 EphA2 是 952 个残基的多肽，理论分子质量约为 120kDa。低质量免疫反应蛋白可能代表 EphA2 加工/降解的产物；那些质量相同 pI 不同的可能代表同一蛋白质的不同磷酸化形式。

4 注释

1. 样品蛋白的完全增溶、去解聚、变性和还原是用 2D 凝胶分离蛋白质能否成功的关键。因此，蛋白质沉淀需在 RB 中用超声处理至少 3min 以溶解。因为尿素在较高温度下可以降解为异腈酸盐，导致蛋白质氨甲基化，所以超声处理在冰水浴冷却下用 cuphorn 超声仪进行。
2. IPG 胶条槽是用陶瓷制成的，使用时小心。
3. 为了避免污染，带手套工作。不要让 IPG 胶条下存留气泡。
4. 这里用来制备溶液的水必须拥有 18MΩ-cm 以上的电阻率。
5. 20cm 长带盖子的玻璃管用于平衡很理想。
6. 避免在 IPG 胶条和 SDS 胶之间存留气泡。
7. 银染是最敏感的可视化方法。为得到高质量的结果，应使用高纯度的试剂并戴手套以避免污染。

致谢

编者感谢 Nabil G. Seidah 博士提供 AtT20（proSAAS）细胞，以及 Ajoy Basak 博士对本章的审阅。此工作由加拿大卫生研究院基金支持。

（邵正萍　孙龚萍　杨　军）

参 考 文 献

1. Eipper, B. A. and Mains, R. E. (1975) High molecular weight forms of adrenocorticotropic hormone in the mouse pituitary and in a mouse pituitary tumor cell line. *Biochemistry* **14,** 3836–3844.

2. Bertagna, X. (1994) Proopiomelanocortin-derived peptides. *Endocrinol. Metab. Clin. North Am.* **23,** 467–485.
3. Benjannet, S., Rondeau, N., Day, R., Chrétien, M., and Seidah, N. G. (1991) PC1 and PC2 are proprotein convertases capable of cleaving proopiomelanocortin at distinct pairs of basic residues. *Proc. Natl. Acad. Sci. USA* **88,** 3564–3568.
4. Zhou, A., Bloomquist, B. T., and Mains, R. E. (1993) The prohormone convertases PC1 and PC2 mediate distinct endoproteolytic cleavages in a strict temporal order during proopiomelanocortin biosynthetic processing. *J. Biol. Chem.* **268,** 1763–1769.
5. Seidah, N. G. and Chretien, M. (1999) Proprotein and prohormone convertases: a family of subtilases generating diverse bioactive polypeptides. *Brain Res.* **848,** 45–62.
6. Marcinkiewicz, M., Day, R., Seidah, N. G., and Chrétien, M. (1993) Ontogeny of the prohormone convertases PC1 and PC2 in the mouse hypophysis and their colocalization with corticotropin and alpha-melanotropin. *Proc. Natl. Acad. Sci. U SA* **90,** 4922–4926.
7. Schäfer, M. K., Day, R., Cullinan, W. E., Chrétien, M., Seidah, N. G., and Watson, S. J. (1993) Gene expression of prohormone and proprotein convertases in the rat CNS: a comparative in situ hybridization analysis. *J. Neurosci.* **13,** 1258–1279.
8. Seidah, N. G., Chrétien, M., and Day, R. (1994) The family of subtilisin/kexin like pro-protein and pro-hormone convertases: divergent or shared functions. *Biochimie* **76,** 197–209.
9. Zheng, M., Streck, R. D., Scott, R. E., Seidah, N. G., and Pintar, J. E. (1994) The developmental expression in rat of proteases furin, PC1, PC2, and carboxypeptidase E: implications for early maturation of proteolytic processing capacity. *J. Neurosci.* **14,** 4656–4673.
10. Muller, L. and Lindberg, I. (1999) The cell biology of the prohormone convertases PC1 and PC2. *Prog. Nucleic Acids Res. Mol. Biol.* **63,** 69–108.
11. Fricker, L. D., McKinzie, A. A., Sun, J., Curran, E., Qian, Y., Yan, L., et al. (2000) Identification and characterization of proSAAS, a granin-like neuroendocrine peptide precursor that inhibits prohormone processing. *J. Neurosci.* **20,** 639–648.
12. Qian, Y., Devi, L. A., Mzhavia, N., Munzer, S., Seidah, N. G., and Fricker, L. D. (2000) The C-terminal region of proSAAS is a potent inhibitor of prohormone convertase 1. *J. Biol. Chem.* **275:** 23596–23601.
13. Mbikay, M., Seidah, N. G., and Chretien, M. (2001) Neuroendocrine secretory protein 7B2: structure, expression and functions. *Biochem. J.* **357,** 329–342.
14. Furuta, M., Yano, H., Zhou, A., Rouillé, Y., Holst, J. J., Carroll, R., et al. (1997) Defective prohormone processing and altered pancreatic islet morphology in mice lacking active SPC2. *Proc. Natl. Acad. Sci. USA* **94,** 6646–6651.
15. Žhu, X., Rouille, Y., Lamango, N. S., Steiner, D. F., and Lindberg, I. (1996) Internal cleavage of the inhibitory 7B2 carboxyl-terminal peptide by PC2: a potential mechanism for its inactivation. *Proc. Natl. Acad. Sci. USA* **93,** 4919–4924.
16. Jackson, R. S., Creemers, J. W., Farooqi, I. S., Raffin_Sanson, M. L., Varro, A., Dockray, G. J., et al. (2003) Small-intestinal dysfunction accompanies the complex endocrinopathy of human proprotein convertase 1 deficiency. *J. Clin. Invest.* **112,** 1550–1560.
17. Jean, F., Basak, A., Rondeau, N., Benjannet, S., Hendy, G. N., Seidah, N. G., et al. (1993) Enzymic characterization of murine and human prohormone convertase-

1 (mPC1 and hPC1) expressed in mammalian GH4C1 cells. *Biochem. J.* **292,** 891–900.
18. Zhou, Y. and Lindberg, I. (1993) Purification and characterization of the prohormone convertase PC1(PC3). *J. Biol. Chem.* **268,** 5615–5623.
19. Rabilloud, T., Kieffer, S., Procaccio, V., Louwagie, M., Courchesne, P. L., Patterson, S. D., et al. (1998) Two-dimensional electrophoresis of human placental mitochondria and protein identification by mass spectrometry: toward a human mitochondrial proteome. *Electrophoresis* **19,** 1006–1014.
20. Gharahdaghi, F., Weinberg, C. R., Meagher, D. A., Imai, B. S., and Mische, S. M. (1999) Mass spectrometric identification of proteins from silver-stained polyacrylamide gel: a method for the removal of silver ions to enhance sensitivity. *Electrophoresis* **20,** 601–605.
21. Shevchenko, A., Wilm, M., Vorm, O., and Mann, M. (1996) Mass spectrometric sequencing of proteins silver-stained polyacrylamide gels. *Anal. Chem.* **68,** 850–858.
22. Beranova-Giorgianni, S. and Desiderio, D. M. (2000) Mass spectrometry of the human pituitary proteome: identification of selected proteins. *Rapid Commun. Mass Spectro.m* **14,** 161–167.
23. Klein, R. (2004) Eph/ephrin signaling in morphogenesis, neural development and plasticity. *Curr. Opin. Cell Biol.* **16,** 580–589.
24. Walker-Daniels, J., Hess, A. R., Hendrix, M. J., and Kinch, M. S. (2003) Differential regulation of EphA2 in normal and malignant cells. *Am. J. Pathol.* **162,** 1037–1042.

第八章　应用蛋白质组学方法对海洋环境中过氧化物酶体增殖污染物进行风险评估

Susana Cristobal

概论

由于海洋污染可影响人类和其他自然物种，因此海洋环境的污染越来越受到人们的关注。应用蛋白质组学方法对海洋污染进行监测是评估环境污染对生态影响的一种新方法。生活在岸边和河湾的水生生物特别容易接触到各种污染物，其中包括过氧化物酶体增殖污染物（peroxisome proliferating pollutant）。但是，特殊的过氧化物酶反应和普通的生物标记反应都会受到生物或非生物因素的影响。而利用蛋白质组学技术可以在一个实验中同时评估成百上千的蛋白质，从而克服这一缺陷。应用这一技术，我们通过双向电泳技术分析了贻贝（*Mylilus sp.*）消化腺过氧化物酶体的蛋白质组，并比较了受污染的样本和对照组的双向电泳图谱。上调和下调的蛋白质构成了与暴露于过氧化物酶体增殖污染物相关的蛋白质表达特征标签（protein expression signature，PES）。这一方法可得到高度重复的图谱，可适用于实验室或野外实验。

关键词： 生物标记物；海洋污染评估；过氧化物酶体；过氧化物体增殖；蛋白质表达特征标签；双向电泳

1. 引言

生物检测包括对生活在监控环境中的易感生物如贻贝的生理状态的评估。这是通过对一些已知的、可对污染物的毒性作用发生反应并产生改变的生物参数进行监测而进行的（1）。在影响海洋环境的化合物中，有一些已被证明可以诱导过氧化物酶体形态及功能上的改变，以及过氧化物酶体的增殖（2，3）。过氧化物增殖物引起过氧化物酶体数量的增加，同时还诱导一些过氧化物酶，特别是参与脂肪酸β氧化的酶。已在野外和实验室环境下证明，过氧化物酶体增殖污染物暴露可诱导乙酰辅酶A氧化酶（AOX）活性增高（2，4-6）。但是，目前存在的一个主要问题是使用任何一个单一的生物标记物都难以将污染相关的改变从“自然”变化中区分出来（7）。

环境检测领域正开始将传统的单一参数的生物标记物监测向可以综合多重可变信息的新方法转化。蛋白质组学技术已经被引入这一领域试图解决这些问题。这一领域中的首次蛋白质组学研究是关于鱼类的报道（8，9）。但是，现在人们更多地将注意力转移到贻贝中暴露于有毒污染物后表达的一系列蛋白质的鉴定（10）。一些实验室研究中应用了蛋白质表达特征标签（PES）的方法。这种方法已被应用于贻贝暴露于铜、多氯联苯和渗透压变化（11，12），彩虹鳟暴露于敌匹硫磷、壬基酚、异丙氧磷和污水处理厂的排出物（13），以及蛤暴露于模式污染物的研究中（14）。最近，使用表面增强激光解吸/电离-飞行时间技术（surface-enhanced laser desorption/ionization-time of flight，SELDI-TOF）在实验室及野外实验中建立了贻贝暴露于污染物后的蛋白质表达特征标签（15，16）。过氧化物酶体蛋白质组学是一项最近发展起来的方法，可获得一套复杂的蛋白质表达特征标签，用于评估实验室及野外实验中过氧化物酶体增殖污染物所造成的海洋污染（17，18）。蛋白质组学方法与传统的生物标记物方法相比较的另一个优点是不需要知道污染物作用的机制（19）。使用下面提供的方法我们已从贻贝的蛋白质表达特征标签中发现了大量的蛋白质（17，18）。而应用质谱对这些蛋白质的鉴定可大大提高我们对毒理学信号通路的理解。

这一方法的主要步骤是通过密度梯度离心的方法分离富集过氧化物酶体的部分，沉淀过氧化物酶体蛋白，然后溶解并通过 2-DE 分离过氧化物酶体蛋白。得到的 2-DE 图谱可使用目前商业化的各种软件包进行分析和量化，包括胶的识别、检测、蛋白质点的量化、胶的匹配、数据分析和数据整合等。那些在暴露于污染环境后发生表达改变的蛋白质最终构成蛋白质表达特征标签。

2. 材料

2.1 动物

一年中的同一时间在不同采样点潮落时采集贻贝（*Mytilus galloprovincials* Lmk，35～45 mm 长）或者是贝壳长度为 5 cm 的紫贻贝（*Mytilus edulis*）。其中一个采样点是有记录的清洁区域，在这里采集到的动物作为对照。

2.2 富含过氧化物酶体组分的分离

在分离过程中所有缓冲液都需新鲜配制，并在冰浴中操作。

1. 增溶缓冲液（HM）：250 mol/L 蔗糖，5 mmol/L 3-（*N*-吗啡啉）丙磺酸（MOPS），1 mmol/L $EDTANa_2$，0.1% 乙醇，0.2 mmol/L 苯甲基磺酰氟（PMSF），2 μmol/L 亮抑蛋白酶肽（leupeptin），2 μmol/L 抑胃酶肽（pepstatin），1 mmol/L ε-氨基己酸（ε-aminocaprioic acid），0.2 mmol/L DTT，pH 7.2（见注释 1）。
2. 碘克沙醇（iodixanol）梯度缓冲液：250 mol/L 蔗糖，30 mmol/L MOPS，6 mmol/L $EDTANa_2$，0.6% 乙醇，pH 7.2。
3. 28%和 50%浓度梯度的碘克沙醇溶液是由 60%的碘克沙醇商业溶剂 Optiprep 用碘克沙醇梯度缓冲液稀释而成。

2.3 蛋白质的沉淀

1. 20% (*V*/*V*) TCA（trichloroacetic acid）/冷丙酮，0.07% β-巯基乙醇。储存于－20℃的冰箱。
2. 100% 丙酮。储存于－20℃的冰箱。

2.4 促溶，再水化

1. 促溶缓冲液：7 mol/L 尿素，2 mol/L 硫脲，2% CHAPS，0.5% Triton X-100，1% β-巯基乙醇，1%Pharmalyte，1% DTT。
2. 再水化缓冲液：8 mol/L 尿素，2% CHAPS，15 mmol/L DTT，1% β-巯基乙醇，0.2% Pharmalyte。
3. 0.95 mol/L IAA（碘代乙酰胺，iodoacetamide）。

2.5 等电聚焦和平衡

1. 平衡缓冲液（EQ）：6 mol/L 尿素，50 mmol/L Tris，30% 甘油，2% SDS，考马斯亮蓝，pH 8.8。
2. EQ 含 1%的 DTT。
3. EQ 含 4%的 IAA。

2.6 SDS-PAGE

这些装置最好使用预制胶和标准类型的 12.5% Tris-HCl。如果 SDS-PAGE 胶在实验室自己准备的话，推荐用 1 cm 厚度的胶。

1. 0.5%琼脂糖在电泳缓冲液中溶解。
2. 电泳缓冲液（5×）：125 mmol/L Tris，960 mmol/L 甘氨酸，0.5% SDS，pH 8.3。

2.7 考马斯亮蓝染色

1. 固定液：甲醇-乙酸-水（45∶1∶54）
2. 染色液：17% 硫酸铵，34% 甲醇，3% 磷酸，0.1%（W/V）考马斯亮蓝 G250。

3. 方法

通过这种方法可以获得由暴露于污染环境时表达发生改变的蛋白质构成的 PES。在野外实验中，选择一块未被污染的区域作为对照区域对得到可靠的结果是必要的。理想化的条件是从对照和实验区域中收集的动物应暴露于相同的生物（年龄、贝壳大小等）和非生物条件（盐度、pH、温度等）中。

3.1 富含过氧化物酶体组分的分离

组织匀浆和通过碘克沙醇密度梯度离心分离亚细胞组分按已建立的方法（21）进行并稍有改进。主要亚细胞组分的命名是根据 Volkl 和 Fahimi 使用的术语（22）。因此，总匀浆被命名为 A，重的线粒体组分称为 B，轻的线粒体或富含过氧化物酶体的组分为 D，胞质组分为 E，微粒体组分为 F（图 1）。

1. 分离 50 个贻贝的消化腺（约 5g）。所有的采样区域的实验同时进行。
2. 按 3 mL/g（湿重）加入冰 HM 缓冲液，将组织在组织研磨器中研磨成小片状。

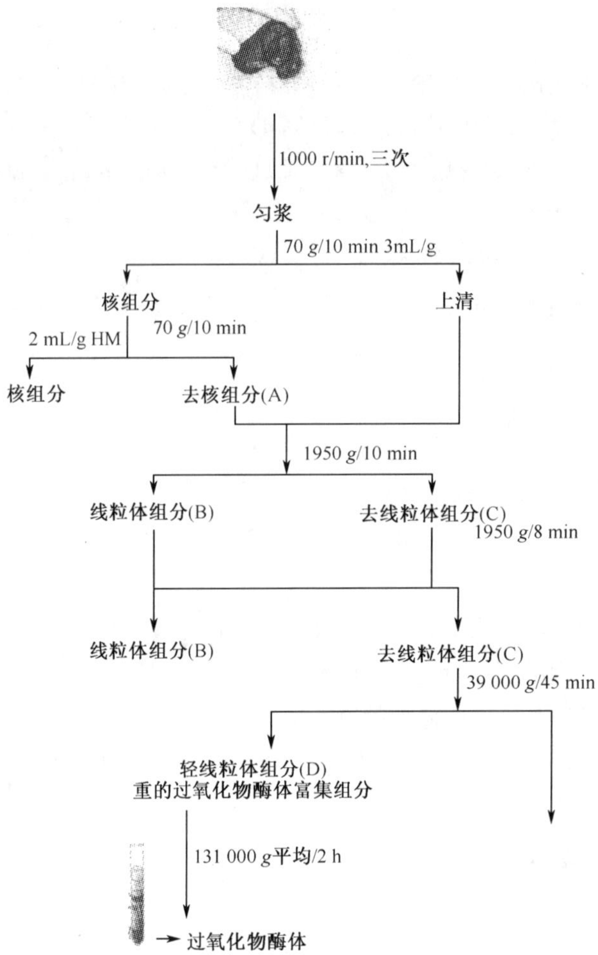

图 1　从贻贝消化腺中分离富含过氧化物酶体组分的流程图。

3. 使用松紧合适的研磨棒低速三次研磨获得组织匀浆，将匀浆转入试管中。
4. 用低速冷冻离心机 70 *g* 离心 10min 以去除残渣、未破碎的细胞和大部分细胞核。
5. 移走上清液，在沉淀中加入 2 mL/g 的冰 HM 缓冲液，再次匀浆和离心。
6. 将第一次和第二次的上清液混合，作为组分 A。
7. 在高速冷冻离心机中 1950 *g* 离心组分 A 10min。
8. 离心后缓慢倒出上清液再次在 1950 *g* 下离心 8min。最后的沉淀包括线粒体组分 B 的主要部分，上清液为组分 C。
9. 把上清液成分（组分 C）在 39 000 *g* 下离心 45min，移走包括细胞质（组分 E）和微粒体（组分 F）的上清液；然后用玻璃棒将沉淀溶于 2 mL 的冰 HM 缓冲液中。沉淀中包括了富含过氧化物酶体和轻线粒体的组分，即 D。
10. 将 1 mL 组分 D 小心地置于梯度液之上。梯度液包括 6 mL 28%碘克沙醇（*V*/*V*）、5 mmol/L MOPS、0.1%乙醇、1 mmol/L $EDTANa_4$溶液（pH7.3，密度 1.16 g/mL）和 1 mL 50%碘克沙醇（*V*/*V*）、5 mmol/L MOPS、0.1%乙醇、

1 mmol/L EDTANa_4溶液（密度 1.27 g/mL）。然后在 Beckman L7-55 离心机中使用 TFT50.2Ti 转子在 40 000r/min（131 000 *g*）下离心 2h。富含过氧化物酶体的组分将在 28%和 50%碘克沙醇溶液之间获得。

11. 可采用生化方法评估获得的富含过氧化物酶体组分。要尽量保证从不同采样点提取的过氧化物酶体组分有相同的质量。否则，在任何样本中掺杂的其他蛋白质污染将会干扰下一步的分析。在分离过程中可测量下列标记酶的活性：过氧化物酶体中的过氧化氢酶（catalase，CAT）、线粒体的琥珀酸脱氢酶（succinate dehydrogenase，SD）和溶酶体的酸性磷酸酶（acidic phosphatase，AP）（23）。蛋白质浓度通过 Bradford 法或其他相关方法测定（24）。另外，可应用不同的商业化多克隆抗体，使用经典的化学发光法来进行蛋白质凝胶印迹分析（图 2）。

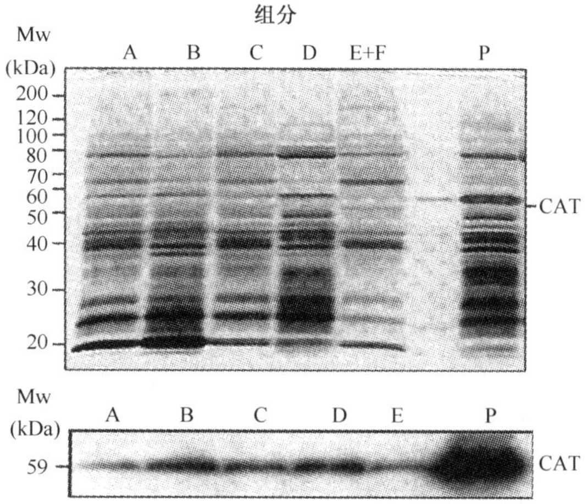

图 2　考马斯亮蓝染色的各组分在 12.5%的聚丙烯酰胺凝胶上的电泳图谱（20 μg 蛋白质）。泳道 A，总的匀浆；B，线粒体沉淀；C，剩余线粒体组分；D，轻线粒体组分；E＋F，胞质和微粒体；P，富含过氧化物酶体组分。注意不同的亚细胞成分有显著差别的特征性蛋白质图谱。CAT，过氧化氢酶。在免疫印迹实验中可发现在组分 P 中 CAT 高度富集。

3.2　蛋白质沉淀

1. 为了沉淀样本，需将 1×体积的 20% TCA（冷丙酮中，含 0.07% β-巯基乙醇）与 1×体积的样本混合。TCA 溶液必须新鲜配制。最后 TCA 浓度为 10%。
2. 在－20℃中至少沉淀 45min。每 15min 搅拌一次（见注释 3）。
3. 在冷冻离心机中以 12 000 *g* 离心 10min。
4. 去除上清液，然后以 12 000 *g* 离心甩去剩余的 TCA，否则它将影响 pH。
5. 用 1 mL 冷丙酮（含 0.07% β-巯基乙醇）清洗沉淀并混匀。然后以 12 000 *g* 在低温下离心 10min。如果获得的上清液还是黄色的话，重复这一步骤。
6. 去除上清液，以 12 000 *g* 离心甩除丙酮。这样可以减少干燥时间。
7. 在室温下打开试管盖干燥 20～30min。可以用锡箔纸或类似的东西覆盖管口以免灰尘或别的东西污染。

3.3 溶解和再水化

1. 在沉淀样本中加入促溶缓冲液。加入等于等电聚焦上样量一半体积的促溶液。根据不同长度的 IPG 胶条，以下为推荐的上样量：7 cm 胶条，125 μL；11 cm 胶条，185 μL；18 cm 胶条，250 μL。同时加入 1 μL 0.01%（*W*/*V*）CBB，在室温下振荡 15min。
2. 加入 0.95 mol/L IAA，使其终浓度为 30 mmol/L。在室温下振荡 15min。此溶液需要新鲜配制。
3. 加入再水化缓冲液（即余下的一半体积），在室温下振荡 30min。
4. 室温下以 5000*g* 离心 10min。
5. 测定蛋白质浓度。通过任何方法如 Bradford 法（24）或 Smith 法（25）来测定蛋白质浓度，推荐仅使用 1～2 μL 样品。
6. 如果样品无法马上使用，建议将其保存于 4℃冰箱。

3.4 等电聚焦与平衡

以下以使用 Bio-Rad 的 Portean IEF cell 为例。

1. 将上清液倒入聚焦盘中，将 IPG 胶条置于其上，注意胶条下不能有气泡。
2. 等电聚焦方法：

   对于 11 cm 的 IPG 胶条：被动再水化 12～15h，快速升压。

   第一步：250V 15min。

   第二步：8000V 2.5h。

   第三步：8000V 直到达到 35 000 V·h（如必须，可达到 45 000V·h）。

   再水化后加入矿物油覆盖胶条。
3. 在等电聚焦后，IPG 胶条可以马上平衡或储存于－20℃冰箱中。
4. 室温下将 IPG 胶条置于含有 1% DTT 的平衡液中在摇床上平衡 15min。
5. 室温下将 IPG 胶条置于新的含有 4% IAA 的平衡液中在摇床上平衡 15min。IAA 需新鲜制备。

3.5 SDS-PAGE 电泳

以下操作以使用 Bio-Rad 的 Criterion SDS-PAGE cell 或 Dodeca cell 和 Criterion gel 为例（见注释 4、注释 5）。

1. 将 IPG 胶条置于 SDS-PAGE 胶上，确保两者之间没有气泡。
2. 加入 0.5%的琼脂糖（溶于电泳缓冲液中）于胶条上，封住胶条。
3. 这一过程需在冷室中进行，用磁性搅拌棒保证电泳缓冲液维持在同一温度。电泳缓冲液温度应与室温相同或更低。
4. 11cm 的胶在 120V 下直到 CBB 到达胶的底部。而对于 18cm 的胶而言，需采用恒定的电流。在前 30min 采用 16 mA，然后调电流至 24 mA 直到 CBB 到达底部。

3.6 考马斯亮蓝染色

1. 在固定液中固定 30min。

2. 在考马斯亮蓝中染色 12～18min。

3. 在甲醇中脱色 2～3min。

4. 在水中脱色 12h 或直到背景清晰。多换几次水更好，这样背景更干净。然后将胶保存于冷室中直到扫描分析或用质谱鉴定蛋白质（图 3、图 4）。

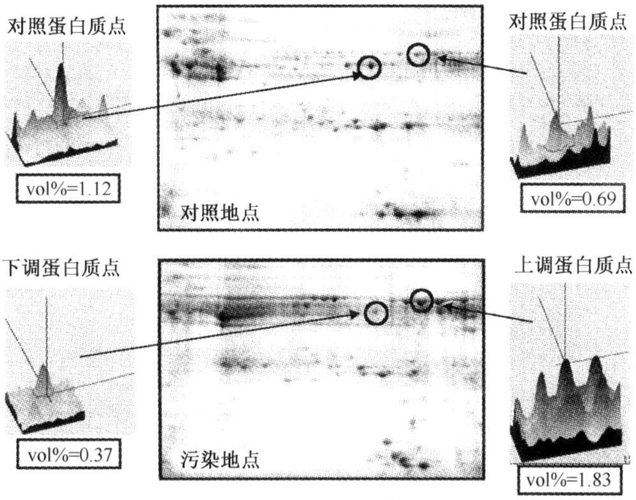

图 3 富含过氧化物酶体组分的 2-DE 图谱。在本例中包括来自污染区的样本和对照组的 2-DE 图谱。凝胶扫描和分析使用的是 Image Mastrer Platinum 分析软件。这个软件能够从胶上识别蛋白质点并确定其光密度值（即对应其蛋白质浓度）。这些数值再被转化成点的体积值（spot-volume value）。最后，通过一个标准化的过程来确定图上每个点占胶上所有点的体积的百分比。不同的地点收集的标本的 2-DE 图谱将用这个体积比值（vol%）进行比较。在这张图中给出了两个代表性的点的体积比值。与对照组相比，图左侧圈出的蛋白质点在暴露于污染环境中的样本中表达下调了 2.6 倍，而右侧圈出的点的表达却上调了 3 倍。

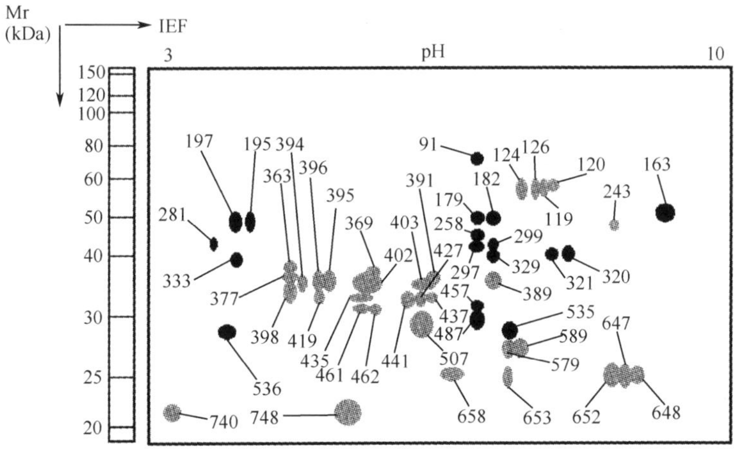

图 4 贻贝的 PES 模式图。其中上调的蛋白质被标注为灰色，而下调的被标注为黑色。

3.7 图像获取和分析

1. 可用 Amersham Biosciences 公司的 Image Scanner 扫描。
2. 数据通过 Amersham Bioscience 公司的 Image Master 2D Platinum 6.0 或市场上其他合适的软件进行分析。
3. 图像分析包括点的检测、点的量化、标准化、背景去除和点的匹配，然后再进行统计学分析。
4. 每个蛋白质点的量通过点的体积来表达，定义为所有构成该点的像素密度的总和。
5. 为了校正 CBB 染色的差异，并反映出点之间量上的差异，点的体积进一步表示为该点占胶上所有点的体积的百分比。不同样本间的所有点都通过这一百分比值进行显著性分析。污染区样本的 2-DE 图谱可以与对照组进行对比。为了发现那些表达明显改变（上调或下调）的点，对两个样本进行 t 检验，只有显著性为 95%或更高的蛋白质点才予以考虑。

4. 注释

1. 亮肽素、抑肽酶、ε-氨基己酸和 DTT 储液溶解在水中。PMSF 是一种危险物，用异丙酮制备 100 mmol/L 的储液。
2. 为了配制促溶和水化缓冲液，建议先在室温下用少量 MilliQ 水溶解尿素，然后再加硫脲。尿素-硫脲溶液通过 10 mg/mL 离子交换树脂清洗。振荡后静置 10min，用吸头移走上清液。
3. 在 TCA 沉淀蛋白质时，蛋白质浓度不同产率亦不同。蛋白质浓度大约在 1 mg/mL 得到的结果最好。
4. 在进行 SDS-PAGE 电泳时，要确保 IPG 胶条与胶面之间没有气泡。另一种方法是先将琼脂灌在 SDS-PAGE 上，再慢慢把 IPG 胶条放上。
5. 在进行 SDS-PAGE 电泳时，如果电泳缓冲液很冷，进程会减慢很多；如果电泳缓冲液太热了，胶会电泳得不连续。

致谢

本工作得到了瑞典研究委员会（Swedish Research Council）和 Carl Trygger 基金、Magnus Bergvalls 基金的支持。感谢 Miren Cajaraville 教授和他的研究团队的合作。

（王颖硕　杨　军）

参考文献

1. Shugart, L. R., Mccarthy, J. F., and Halbrook, R. S. (1992) Biological markers of environmental and ecological contamination: an overview. *Risk Anal* **12,** 353–360.
2. Cajaraville, M. P., Cancio, I., Ibabe, A., and Orbea, A. (2003) Peroxisome proliferation as a biomarker in environmental pollution assessment. *Microsc. Res. Tech.* **61,** 191–202.
3. Fahimi, H. D., and Cajaraville, M. P. (1995) Induction of peroxisomal proliferation by some environmental pollutants and chemicals in animal tissues. *Cell Biology in Environmental Toxicology*, Vol. (Cajaraville, M. P., ed.), University of Basque Country Press Service, Bilbo, Spain, pp. 221–225.
4. Cancio, I., Orbea, A., Volkl, A., Fahimi, H. D., and Cajaraville, M. P. (1998) Induction of peroxisomal oxidases in mussels: comparison of effects of lubricant oil and benzo(a)pyrene with two typical peroxisome proliferators on peroxisome structure and function in *Mytilus galloprovincialis. Toxicol. Appl. Pharmacol.* **149,** 64–72.
5. Porte, C., Biosca, X., Sole, M., and Albaiges, J. (2001) The integrated use of chemical analysis, cytochrome P450 and stress proteins in mussels to assess pollution along the Galician coast (NW Spain). *Environ. Pollut.* **112,** 261–268.
6. Cajaraville, M. P., and Pal, S. G. (1995) Morphofunctional study of the haemocytes of the bivalve mollusc *Mytilus galloprovincialis* with emphasis on the endolysosomal compartment. *Cell Struct. Funct.* **20,** 355–367.
7. Cajaraville, M. P., Bebianno, M. J., Blasco, J., Porte, C., Sarasquete, C., and Viarengo, A. (2000) The use of biomarkers to assess the impact of pollution in coastal environments of the Iberian Peninsula: a practical approach. *Sci. Total. Environ.* **247,** 295–311.
8. Martínez, I., Solberg, C., Lauritzen, K., and Ofstad, R. (1992) Two-dimensional electrophoretic analysis of cod (*Gadus morhua*, L.) whole muscle proteins, water-soluble fraction and surimi. Effect of the addition of $CaCl_2$ and $MgCl_2$ during the washing procedure. *Appl. Theor. Electrophor* **2,** 201–206.
9. Piñeiro, C., Vazquez, J., Marina, A. I., Barros-Velazquez, J., and Gallardo, J. M. (2001) Characterization and partial sequencing of species-specific sarcoplasmic polypeptides from commercial hake species by mass spectrometry following two-dimensional electrophoresis. *Electrophoresis* **22,** 1545–1552.
10. Aardema, M. J., and Macgregor, J. T. (2002) Toxicology and genetic toxicology in the new era of toxicogenomics": impact of "-omics" technologies. *Mutat. Res.* **499,** 13–25.
11. Shepard, J. L., and Bradley, B. P. (2000) Protein expression signatures and lysosomal stability in *Mytilus edulis* exposed to graded copper concentrations. *Mar. Environ. Res.* **50,** 457–463.
12. Shepard, J. L., Olsson, B., Tedengren, M., and Bradley, B. P. (2000) Protein expression signatures identified in *Mytilus edulis* exposed to PCBs, copper and salinity stress. *Mar. Environ. Res.* **50,** 337–340.
13. Bradley, B. P., Shrader, E. A., Kimmel, D. G., and Meiller, J. C. (2002) Protein expression signatures: an application of proteomics. *Mar. Environ. Res.* **54,** 373–377.
14. Rodriguez-Ortega, M. J., Grosvik, B. E., Rodriguez-Ariza, A., Goksoyr, A., and Lopez-Barea, J. (2003) Changes in protein expression profiles in bivalve molluscs (*Chamaelea gallina*) exposed to four model environmental pollutants. *Proteomics* **3,** 1535–1543.

15. Knigge, T., Monsinjon, T., and Andersen, O. K. (2004) Surface-enhanced laser desorption/ionization-time of flight-mass spectrometry approach to biomarker discovery in blue mussels (*Mytilus edulis*) exposed to polyaromatic hydrocarbons and heavy metals under field conditions. *Proteomics* **4,** 2722–2727.
16. Manduzio, H., Cosette, P., Gricourt, L., Jouenne, T., Lenz, C., Andersen, O. K., Leboulenger, F., and Rocher, B. (2005) Proteome modifications of blue mussel (*Mytilus edulis* L.) gills as an effect of water pollution. *Proteomics* **5**, 4958–4963.
17. Mi, J., Orbea, A., Syme, N., Ahmed, M., Cajaraville, M. P., and Cristobal, S (2005) Peroxisomal proteomics, a new tool for risk assessment of peroxisome proliferating pollutants in the marine environment. *Proteomics* **5,** 3954–3965.
18. Apraiz, I., Mi, J., and Cristobal, S. (2006) Identification of proteomics signatures of exposure to marine pollutants in mussels (*Mytilus edulis*). *Mol. Cell Proteomics* **5,** 1274–1285.
19. Kennedy, S. (2002) The role of proteomics in toxicology: identification of biomarkers of toxicity by protein expression analysis. *Biomarkers* **7,** 269–290.
20. Gorg, A., Obermaier, C., Boguth, G., Harder, A., Scheibe, B., Wildgruber, R. and Weiss, W. (2000) The current state of two-dimensional electrophoresis with immobilized pH gradients. *Electrophoresis* **21,** 1037–1053.
21. Ghosh, M. K., and Hajra, A. K. (1986) A rapid method for the isolation of peroxisomes from rat liver. *Anal. Biochem.* **159,** 169–174.
22. Volkl, A., and Fahimi, H. D. (1985) Isolation and characterization of peroxisomes from the liver of normal untreated rats. *Eur. J. Biochem.* **149,** 257–265.
23. Graham, J. M., and Higgens, J. A. (1993) *Methods in Molecular Biology*, Vol 19 (Graham, J. M. H., J. A., ed.), Humana Press, Totowa, NJ, pp. 1–28..
24. Bradford, M. M. (1976) A rapid and sensitive method for the quantitation of microgram quantities of protein utilizing the principle of protein-dye binding *Anal. Biochem.* **72,** 248–254.
25. Smith, P. K., Krohn, R. I., Hermanson, G. T., Mallia, A. K., Gartner, F. H. Provenzano, M. D., Fujimoto, E. K., Goeke, N. M., Olson, B. J., and Klenk, D. C (1985) Measurement of protein using bicinchoninic acid. *Anal. Biochem.* **150** 76–85.

第九章　应用^{1}H-NMR 波谱的环境代谢组学研究

Mark R. Viant

概论

环境代谢组学（environmental metabolomics）是代谢组学的分支，主要研究有机体对环境应激过程中的代谢变化。因为这种方法不依赖于有机体基因组的知识，所以对于研究一个生态系统中的多个物种非常理想。一个有机体代谢组分的测定，原理上可以用于鉴定新的生物标志物和刺激因素的作用机制。本章介绍了生物样本中代谢物提取，使用^{1}H 核磁共振（nuclear magnetic resonance，NMR）波谱法测量代谢物，并最终用多参数统计方法分析代谢数据的实验方案。首先介绍用于 NMR 分析的体液的制备与从组织样本中提取代谢物的甲醇-氯仿实验方案。然后介绍 NMR 方法，包括标准一维（1-D）^{1}H-NMR 法和二维（2-D）^{1}H-^{1}H J-分辨试验。每种方法的优缺点都进行了讨论。最终，介绍两种分析多参数代谢 NMR 数据的方法，包括了传统的由波谱预处理步骤和其后的多参数统计分析步骤组成的指纹法（fingerprinting）。尽管比较可靠且有效，但这种方法会产生一些对生物学家来说价值有限的未鉴定代谢产物。在第二种较新的模式法（profiling）中，NMR 波谱被转换为一系列代谢产物以及它们的浓度。尽管更加具有生物学意义，但这种方法更费力。

关键词： 指纹法；J-分辨；代谢组学；甲醇-氯仿；NMR；p-JRES；*ProMetab*；模式；组织提取

1. 引言

代谢组学研究生物系统包括细胞、组织或者体液中的低分子质量、内源性的代谢物（metabolite）（1-3）。这些代谢物是代谢产物，包括糖、脂类、氨基酸和许多其他化合物。细胞内的所有代谢物称为代谢组（metabolome）。环境代谢组学是代谢组学的分支，主要研究生物体在环境压力下的代谢变化（4）。由于不需要物种特异的 DNA 序列信息，这种方法对于研究胁迫物如污染的影响很有用。与转录组学和蛋白质组学一样，环境代谢组学在生态毒理学中的应用具有许多优势，包括可促进生物标志物发现和作用机制鉴定的无倾向性的大量分子模式的测量。而代谢组学特有的关键优势是代谢和生理学的联系，例如代谢表型是生物体生理状况的直接反映。比如，ATP 和糖原水平直接表现了能量状态，而谷胱甘肽和维生素 C 则是氧化状态的指示剂。一些环境代谢组学的潜在应用包括鉴定胁迫物如疾病和（或）污染物对陆生生物（5-8）和水生生物（4-10）的影响。另外，代谢组学很有可能对药物制剂、杀虫剂和其他家庭和工业化学物的环境危害评价有重要影响（11-13）。

代谢组学实验包括三个重要步骤：样本收集和制备、代谢物的测量和代谢数据的分析。本章介绍的方法就是基于这一结构。代谢物存在于组织和血、尿等体液中。样品的选择基于要解决的生物问题，但是也常常由实验的设计决定（如生物的大小）。体液一般比组织样品易于收集，且更有利于研究个体代谢变化的时间过程。从体液中获得的代谢信息是动物各个器官代谢变化的有效整合，可以很强烈地受到环境的影响。理论上，它是一个获取生物体整体代谢情况信息的理想的样本。但是，这一优势也会变为劣势，比如，不同个体的体液中代谢物浓度的巨大差异可能使得受胁迫和未受胁迫的生物体的统计学显著差异在实际获得的样品中很难被发现。对于血液，这个问题影响小些（相对于尿液），因为血液中的平衡调控更强。组织一般受到的平衡调控比体液强，可以提供个体间高度稳定的代谢测量，但是它的缺陷是对于环境改变不够敏感。制备代谢组学所需的体液和组织提取物的方法将在3.1中介绍。虽然制备组织和体液样本的方法不同，有一些重要的问题是两者都需要考虑的。特别是收集样品后要将其冷冻并储存在－80℃以防止代谢降解。因为高分辨率的核磁共振仪需要样品为液体，体液不需要过多处理。而组织样品则需要用适当的溶液提取代谢物。

代谢组学最常用的两种分析技术是^{1}H-核磁共振和质谱（1，2，14）。在3.2中我们集中介绍广泛用于环境代谢组学的两种核磁共振方法。核磁共振方法的优点包括：(1) 所有包括不可交换的氢原子的高丰度代谢物的观察；(2) 高重复性的代谢物定量测量；(3) 相对高通量和自动的分析和 (4) 已经较成熟的核磁共振技术，有最小的故障停工期。核磁共振技术最大的缺陷在于它的低灵敏度，这使得每个样品只能检测到100个左右的代谢物。这大概仅占一个生物体代谢组的不到10%。质谱技术有更高的灵敏度，可以通过分析低丰度代谢物来补充核磁共振检测的不足。但是，至今为止只有极少的基于质谱技术的代谢组学的研究被报道，反映了这个领域的空白。总而言之，基于核磁共振技术的代谢组学提供了一个可以深入了解代谢的迅速的、无倾向性的、从上至下的（或者扫描式的）方法。

核磁共振代谢数据分析有两种策略。传统的方法称为指纹技术（fingerprinting），是基于对由低分子质量代谢物产生的可以被认为是指纹的未确定的峰的完整核磁共振图谱的分析。这需要一个对核磁共振指纹图谱初步的处理，将它转化成适于多变量数据分析的形式。多变量方法例如主要组分分析（principal components analysis，PCA）或者部分最小矩形回归（partial least squares regression，PLS）可以用来分析核磁共振指纹图谱的相似点和不同点。多变量分析还有许多其他算法（15-17），但是大多数具有共同的目标，就是建立分类模型和（或）发现生物标志物。第二种更新的分析核磁共振数据的方法称作模式法，是采用计算机技术将每个核磁共振图谱分解成代谢物和它们的浓度。经过这种分解后，相同的PCA和PLS多变量分析方法可以直接应用在这些数据上。这种方法的优点是数据对于生化学家更有意义，因为它包括了代谢物的身份，而不仅仅是一串未鉴定的峰。在3.3中我们将介绍这两种方法。

2. 材料

2.1 组织收集和保存

1. 液氮和保温瓶。

2.2　体液收集和保存

1. 液氮和保温瓶。
2. 含肝素的血液收集管（如 BD Vacutainer Heparin Tubes）。

2.3　使用甲醇-氯仿对组织中极性和亲脂性代谢产物的联合提取

1. 有铝衬黑尿素螺纹盖的直壁玻璃瓶，包括“大”（高×直径为 46 mm ×12.5 mm）和“小”（36 mm×11 mm）瓶（Fisher Scientific）。
2. 甲醇（HPLC 级别；Fisher Scientific）：全过程置于冰上。
3. 氯仿（杀虫剂分析级别；Fisher Scientific）：全过程置于冰上。

2.4　NMR 体液和极性组织提取物的制备

1. NMR 缓冲液：磷酸钠缓冲液（由 NaH_2PO_4 和 Na_2HPO_4 组成；Fisher Scientific）pH 7.0，用 D_2O（99.9%纯度；Goss Scientific Instrument，Great Baddon，UK）配制，含 1 mmol/L 3-（三甲基硅烷基)-丙酸-2，2，3，3，-d_4 钠（TMSP；98%纯度；Goss Scientific Instruments）作为化学位移标准品内参。室温下保存于干燥器中。
2. Norell 5 mm NMR 管和帽。

2.5　NMR 亲脂性组织提取物的制备

1. 氘化 NMR 溶剂：2∶1 混合的氯仿-d（$CDCl_3$；99.8%纯度；Goss Scientific Instruments）和甲醇-d_4（CD_3OD；99.8%纯度；Goss Scientific Instruments），含 0.5 mmol/L 四甲基硅烷（TMS；99.9%纯度；Goss Scientific Instruments）作为化学位移标准品内参。室温下保存于干燥器中。
2. Norell 5 mm NMR 管和帽。

2.6　高分辨率 ^{1}H NMR

1. 500MHz 或 600MHz NMR 波谱仪可用于代谢组学研究。
2. 常规的 NMR 探针，尽管灵敏度较高的 NMR 超低温探头或冷探头是一种绝对的优势。

3. 方法

3.1　样本收集和制备

代谢组学生物样本的制备包括三个主要步骤。首先是快速收集并冷冻样本，以猝灭代谢作用并保持代谢产物浓度（见 3.1.1 和 3.1.2）。然后样本应保存于－80℃来防止代谢降解（18）。第二步只针对组织样本，包括在溶剂存在下机械性地破碎组织，并除去蛋白质（见 3.1.3）。尽管有很多提取方法可以使用，在此我们推荐可以将极性和亲脂性代谢产物分离为两部分的甲醇-氯仿程序（19）。最后一步将溶液优化用于高分辨率

NMR。对于体液和极性组织提取物，此步包括调整样本的 pH（以最小化 NMR 共振的化学位移差异），加 D_2O（以提供一个 NMR 波谱仪的频率锁定）和加入 NMR 化学位移标准品（见 3.1.4）。对亲脂性组织提取物，此步需要加入氘化溶剂作为频率锁定（frequency lock）和化学位移标准品（见 3.1.5）。

3.1.1 组织收集和保存

1. 快速切取组织（理想的为 100 mg 湿重，尽管此处提及的方法已经成功地用于 20 mg 组织），立即冷冻进液氮猝灭代谢反应。将样本转移到标记的冻存管中并放回液氮或置于干冰里（见注释 1）。
2. 样本应始终保持在－80℃（或更低），或者在液氮、干冰或冰箱里。在－80℃冰箱里长期保存是最方便的方式。

3.1.2 体液收集和保存

1. 使用适当的方法收集体液（理想情况下 250～500 μL），例如用注射器和针头。
2. 对于血液，把每份样本转移到一个含肝素的血液收集管中（见注释 3）。离心除去细胞，然后将血浆样本转移到冻存管中，在液氮或干冰里冻存。
3. 对尿液，将每份样本直接转移到冻存管中然后冻存到液氮或干冰里。
4. 样本应该保存于－80℃（或更低）。

3.1.3 使用甲醇-氯仿对组织中极性和亲脂性代谢产物的联合提取

1. 为每个组织样本标记四个玻璃瓶（三个小的一个大的）。
2. 将组织样本从冰箱中取出置于干冰上。快速称量每份样本（理想状态下 100 mg），小心不要让其融化。
3. 加 4 mL/g（湿重）冰甲醇和 0.85 mL/g 冰去离子水到一个大的玻璃瓶中，加入第一个组织样本，然后用匀浆器匀浆 5～10 s。
4. 加 2 mL/g 冰氯仿到匀浆的样本中，漩涡混匀 30 s，然后置于冰上。对所有样本重复此过程。
5. 使用轨道振荡器在冰上振荡所有样本 10min。所有溶液都必须单相（见注释 4）。
6. 4℃下 1800 *g* 离心样本 5min。将每份上清转移到一个小玻璃瓶中。
7. 加 2 mL/g 氯仿和 2 mL/g 去离子水到每份样本中（见注释 4 和 5）并漩涡混匀 30 s。
8. 4℃下 1800 *g* 离心样本 10min。溶液会分散为上层的甲醇-水相（极性代谢产物）和下层的氯仿相（亲脂性复合物），中间为一薄层的细胞碎片。
9. 用两个有金属针头的 Hamilton 注射器，转移每个样品的上层和下层到小玻璃瓶中（见注释 6）。
10. 使用快速真空浓缩仪从所有样品中除去溶剂，然后保存在－80℃直至使用。

3.1.4 NMR 体液和极性组织提取物的制备

1. 对于干燥的极性组织提取物（来自 3.1.3 中的甲醇相），在 550 μL NMR 缓冲液中重悬样本，然后漩涡混合 10 s（见注释 7）。在这个例子中，NMR 磷酸盐缓冲液浓度应该是 100 mmol/L。

2. 对于体液，每 300 μL 样本和 300 μL NMR 缓冲液混合，漩涡混合 10 s。在这里，开始 NMR 磷酸盐缓冲液浓度应该是 200 mmol/L，因此稀释后浓度是 100 mmol/L。
3. 室温下，12 000 *g* 离心 5min。
4. 转移 520 μL 到每个标记好的 NMR 管中。

3.1.5 NMR 亲脂性组织提取物的制备

1. 在 550 μL 氘化的 NMR 溶剂中重悬亲脂性组织提取物（来自 3.1.3 中干燥的氯仿相），并漩涡混合 10 s。
2. 室温下 1000 *g* 离心 5min。
3. 转移 520 μL 到每个标记好的 NMR 管中。

3.2 高分辨率 ^{1}H-NMR

NMR 波谱仪是使用前需相当的操作训练的专门化的分析仪器。此处描述的方法假定操作者已有 NMR 的基本工作知识。有很多公司生产 NMR 系统，包括 Bruker BioSpin、JEOL 和 Varian，以下描述的方法在 Bruker 系统中效果最佳（对此系统编者有最丰富的经验）。当然这些方法可以直接用于其他 NMR 系统。3.2.1 和 3.2.2 描述了环境代谢组学使用的详细一维（1-D）和二维（2-D）NMR 试验，包括每种方法的优点和缺陷。数据收集前常用的一般的样本最优化策略在 3.2 中描述（见注释 8）。

1. 将 5 mm 的 NMR 管载入波谱仪中。
2. 设定样品温度为 300 K 并让溶液在波谱仪中热平衡几分钟（见注释 8）。
3. 转动并匹配 NMR 探针。
4. 锁定谱仪频率到由 NMR 溶剂产生的氘共振频率上（分析体液或极性组织提取物时锁定到 D_2O，或者对于非极性组织提取物锁定到 $CDCl_3$）。
5. 用自动的方法垫补好样品（见注释 9）。
6. 确定 NMR 谱中一个 360°圆锥角峰的脉冲持续时间，由此 60°和 90°的圆锥角可以很容易地计算出来。
7. 确定水共振的频率并将波谱的中心设定到这个频率上。

3.2.1 标准 1 维 ^{1}H-NMR 试验

1-D ^{1}H-NMR 试验是代谢组学中使用的标准脉冲序列（4）。主要的优点为每个样品一般在 3～10min 内就可实现代谢指纹快速并且相对敏感的采集。然而，产生的波谱通常由高度重叠的峰组成，并且基线可能包含很多来自高分子质量化合物的广阔共振频率（图 1）。根据样品，很多对此方法的修正是必需的，描述如下。

1. 采集参数：脉冲序列组成（弛豫时间-60°-采集），此处脉冲功率设定为获得 60°圆锥角；7 kHz 的波谱宽度；2.5 s 的弛豫时间；典型情况下，32K 数据点可以收集 40～160 个暂态；水抑制依赖于样品的性质（见注释 10）；可选 T_2 波谱编辑，也是依赖于样品的类型（见注释 11）。

2. 过程参数：64K 数据点填零；使用 0.5Hz 的指数线加宽；使用傅里叶变换，手动相波谱（零和第一顺序校正）；用多项式函数手动校正基线；设定 TMSP 或 TMS 峰到 0.0 ppm 来校准波谱。
3. 使用以上的参数记录并处理数据。

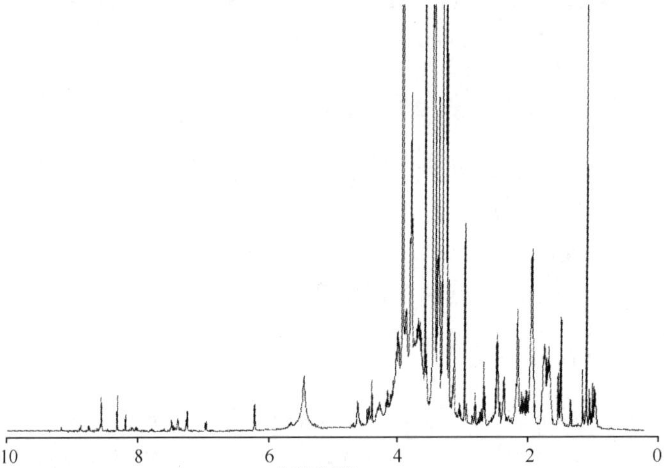

图 1　从红鲍鱼（*Haliotis rufescens*）腹足肌肉提取的极性代谢产物的代表性 1-D ^{1}H-NMR 谱。几百个 NMR 峰估计来自于大约 100 个低分子质量内源性代谢产物。

3.2.2　2-维 ^{1}H-^{1}H J-分辨的 NMR 试验

2D ^{1}H-^{1}H J-分辨（JRES）的 NMR 序列可被用于产生拥挤程度有很大改观的代谢指纹，是一种有效的“质子宽带去耦合”的 1-D ^{1}H-NMR 谱（专有名词 p-JRES）(20)。这是通过沿 F1 轴投影 JRES 谱实现的，JRES 谱自身由化学位移（F2）和自旋-自旋耦合（F1）轴组成。降低的 1-D p-JRES 谱波谱拥挤度增加了特定的代谢产物显现为良好分辨率及可识别峰的可能性，因此使每个波谱的代谢信息提取最大化。此外，p-JRES 谱有一个较平的基线（T_2 编辑的结果），并且提供可帮助代谢产物鉴定的自旋-自旋耦合数据。因此此方法是 NMR 代谢组学的首选方法（20）。然而，其需要较长的采集时间，典型为 10～20min。

1. 采集参数：脉冲序列组成 [弛豫时间-90°-[$t_1/2$]-180°-[$t_1/2$]-采集]，此处 t_1 是增大的时间延迟；F2（化学位移轴）上 7 kHz 的波谱宽度，F1（自旋-自旋耦合常轴）上为 50 Hz；3.5s 的弛豫时间；典型情况下，8K 数据点总共可以收集 32 个增量，每增量 8 个暂态；水抑制依赖于样品的性质。
2. 过程参数：F1 上的 128 个数据点和 F2 上 16K 数据点填零；F1 和 F2 维度都乘上未移位正弦-钟状窗口函数；使用双复变傅里叶变换；倾斜波谱 45°；调对称；设定 TMSP 或 TMS 峰到 0.0 ppm 来校准波谱。
3. 使用以上的参数记录并处理数据。

4. 计算 2-D 谱的 1-D 地平线投影（p-JRES）。

3.3 NMR 代谢组学数据的分析

现有两种相关的分析 NMR 代谢数据的策略。这两种策略可分为传统的指纹技术（3.3.1）和新的模式法（3.3.2）。

3.3.1 基于指纹法的 NMR 代谢组学数据分析

指纹法基于全 NMR 谱的多变量分析，其中每个波谱都可以被看作是一个源于生物样本中低分子质量代谢产物的未指定峰的指纹。

1. 波谱预处理：这是指纹法的第一步，用来将 1-D NMR 谱（或 2-D NMR 谱的 1-D p-JRES 投影）转换到一种多参数分析的格式。用于波谱预处理的商品化和免费软件包的数目不断增多。我们用的是自己实验室使用 MATLAB（The MathWorks，Natick，MA）开发出来的软件，叫做 *ProMetab*——源自 NMR 波谱的代谢物处理配置文件（20）。这个软件科学界可免费使用。通过切分波谱到用户定义宽度的化学位移 bin 文件，*ProMetab* 将原始的 Bruker NMR 谱转换到多参数分析的格式。除去诸如残留水共振频率等不需要的波谱特性之后，特定组的 .bin 文件可以压缩到一个节段中，以使 pH 导致的 NMR 峰位移的影响最小。有很多不同的标准化策略可以使用，同样普遍性的 log 转换策略也很多（21）。
2. 多参数统计分析：预处理的数据可用商品化的软件包进行。此种分析通常的目的是鉴定多重 NMR 指纹之间的相似和（或）不同，典型的是由分数图表表示的（图 2a）。如果发现波谱之间有意义的差别，例如对照组和疾病组之间的差异，相关的负荷曲线（图 2b）可用于确定 NMR 谱中的哪个峰造成了这种差别（即生物标志物发现）。多参数统计一个很方便的策略是使用 MATLAB 完成，例如 *PLS _ Toolbox* 软件（Eigen-vector Research，Manson，WA）。这个软件包含有很多化学计量学规程，包括主要成分分析（PCA）和偏最小二乘法（PLS）回归。多参数分析超出本章内容，但感兴趣的读者可查阅参考文献 16，17。
3. 确定了 NMR 谱的哪些峰可将样本组区分后，下面的任务就是鉴别哪些代谢产物产生了这些峰。典型情况下，代谢产物的鉴定是通过与化学位移表对比峰的位置（例如 22），然后通过诸如 ^{1}H-^{1}H 同核相关波谱学（COSY）和 ^{1}H-^{13}C 异核单量子相关谱学（HSQC）的 2-D NMR 试验证实。尽管相当费力（实际上这是目前 NMR 代谢组学研究的限速步骤），但如果对峰不进行鉴定则获得的数据缺乏生化意义，因而对生物学家来说几乎是没有价值的。

3.3.2 基于模式法的 NMR 代谢组学数据分析

1. 模式法是分析 NMR 数据更具有计算挑战性的方法，而且是基于每个 NMR 谱峰转化为一系列代谢产物及它们的浓度。因为一个 NMR 波谱里峰的化学位移会因样品 pH、温度和其他的“基质效应”而波动，目前用完全自动的方法准确地鉴别和量化 1-D NMR 谱里的代谢产物还是不可能的。仍然需要一些人工介入来

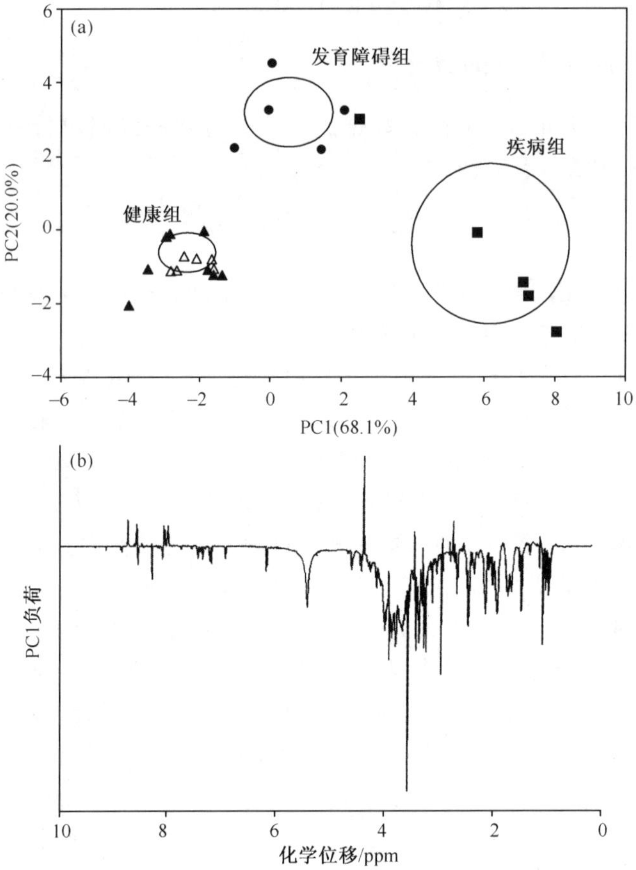

图 2　(a) 红鲍鱼腹足肌肉多重 1-D ^{1}H-NMR 谱主要成分分析的分数图表。研究中包括三组动物：健康鲍鱼（▲），患病动物（■）和表现发育障碍的鲍鱼（●）。椭圆代表三组每组的均值±SD（沿 PC1 和 PC2）。健康动物的紧密组合证实了它们的指纹是相似的。然而，患病鲍鱼表现了变化的代谢指纹，并沿 PC1 轴与健康动物分散。(b) 来自相同主要成分分析的 PC1 负荷曲线，表明了健康和患病鲍鱼之间的代谢差异（以未鉴别 NMR 峰的方式）。正负荷的峰来自于患病鲍鱼浓度上升后的代谢产物，反之亦然。

指导去转化程序。一个基于 1-D NMR 代谢数据模式法分析法的领先软件是 Chenomx NMR Suite 软件（Chenomx，Edmonton，Canada），该软件现在可以使用有 240 个代谢波谱的库来鉴定和量化体液中的代谢产物。

2. 波谱转化后，可直接对这些数据使用与 3.3.1 中相同的多参数统计分析方法（例如 PCA 和 PLS）。这种模式法的优点是多参数分析的结果对生物学家来说相对更有意义，因为其是由代谢物鉴别结果组成而非未鉴定的峰。很明显这种信息更加有用，并且可以用于生物标志物发现、鉴定特定代谢途径的作用，以及非仪器依赖的数据归档。

4. 注释

1. 当切取很多样品时，最快的方法是将切过的样品直接放入冻存管中然后马上放入液氮。
2. 样品可以保存数月。例如，迅速冻存并且保持于－80℃的血浆样品，保存 9 个月后仍未见明显的代谢改变（18）。
3. 不要使用 EDTA，作为抗凝血剂，它会在 NMR 谱中产生干扰峰。
4. Bligh 和 Dyer（23）确定溶液的体积应该遵循以下比例：代谢产物提取的单相溶液：2∶1∶0.8 的甲醇-氯仿-水；分离成分的双相溶液：2∶1∶1.8 的甲醇-氯仿-水。水的总体积还包括组织中水的体积加上增加的去离子水的体积。
5. 为了将极性脂类（磷脂）更好地分配到氯仿层中，可以通过用 0.8％的 KCl 水溶液代替水来提高甲醇相的极性。
6. 所有样品的处理和保存必须在玻璃容器中进行，因为氯仿能溶解塑料管和移液器吸头上的化合物，从而污染 NMR 谱。
7. 如果提取物仅来自于甲醇-氯仿提取，漩涡混匀后将样品从玻璃瓶中转移到 Eppendorf 管中。
8. 理想情况下，在一个特定的代谢组学研究中，所有的样品应该使用一致的提取方法、NMR 缓冲液和 NMR 管中溶液的体积。在此情况下，可减少很多对 NMR 谱仪中每个样品的优化程序。详细说来，只有步骤 1、2、4 和 5 是需要的，最优化的质量可用注释 9 中的标准校验。
9. 垫补的质量，用 TMSP 或 TMS 的半峰全宽衡量，应该在 2.0 Hz 以下（在切趾法导致任何线加宽之前）。
10. 对于包含 99％～100％氘化溶剂的样品（例如来自组织提取），可用基本的水预饱和来抑制残余水共振。然而，对于含高百分比 H_2O 的体液样本，必须使用更加有力的水抑制技术。
11. 如果标准 1-D ^{1}H-NMR 谱展现了宽阔的共振频率（来自高分子质量的大分子和动态抑制的化合物），那么可以使用更正过的脉冲序列，以更有利于自由的、低分子质量代谢产物的观察。这在分析血浆样本中经常是必需的。所需的脉冲序列叫做^{1}H Carr-Purcell-Meiboom-Gill（CPMG）自旋回波 NMR 序列。

致谢

我得到了英国自然环境研究委员会（Natural Environment Research Council）提供的代谢组学高级研究资金（NER/J/S/2002/00618）资助。这里提出的方法是与很多博士后研究者和研究生一起合作优选的，在此表示感谢，特别是 Ching-Yu Lin、Huifeng Wu 博士和 Adam Hines 及 Andrew Southam 先生。

（邵正萍　孙龚萍　杨　军）

参考文献

1. Kell, D. B. (2004) Metabolomics and systems biology: making sense of the soup. *Curr. Opin. Microbiol.* **7,** 296–307.
2. Griffin, J. L. (2003) Metabonomics: NMR spectroscopy and pattern recognition analysis of body fluids and tissues for characterisation of xenobiotic toxicity and disease diagnosis. *Curr. Opin. Chem. Biol.* **7,** 648–654.
3. Nicholson, J. K., Connelly, J., Lindon, J. C., and Holmes, E. (2002) Metabonomics: a platform for studying drug toxicity and gene function. *Nat. Rev. Drug Discov.* **1,** 153–161.
4. Viant, M. R., Rosenblum, E. S., and Tjeerdema, R. S. (2003) NMR-based metabolomics: a powerful approach for characterizing the effects of environmental stressors on organism health. *Environ. Sci. Technol.* **37,** 4982–4989.
5. Griffin, J. L., Walker, L. A., Garrod, S., Holmes, E., Shore, R. F., and Nicholson, J. K. (2000) NMR spectroscopy based metabonomic studies on the comparative biochemistry of the kidney and urine of the bank vole (*Clethrionomys glareolus*), wood mouse (*Apodemus sylvaticus*), white toothed shrew (*Crocidura suaveolens*) and the laboratory rat. *Comp. Biochem. Physiol. B* **127,** 357–367.
6. Bundy, J. G., Osborn, D., Weeks, J. M., Lindon, J. C., and Nicholson, J. K. (2001) An NMR-based metabonomic approach to the investigation of coelomic fluid biochemistry in earthworms under toxic stress. *FEBS Lett.* **500,** 31–35.
7. Bundy, J. G., Lenz, E. M., Bailey, N. J., Gavaghan, C. L., Svendsen, C., Spurgeon, D., Hankard, P. K., Osborn, D., Weeks, J. M., and Trauger, S. A. (2002) Metabonomic assessment of toxicity of 4-fluoroaniline, 3,5-difluoroaniline and 2-fluoro-4-methylaniline to the earthworm *Eisenia veneta* (Rosa): identification of new endogenous biomarkers. *Environ. Toxicol. Chem.* **21,** 1966–1972.
8. Bundy, J. G., Spurgeon, D. J., Svendsen, C., Hankard, P. K., Weeks, J. M., Osborn, D., Lindon, J. C., and Nicholson, J. K. (2004) Environmental metabonomics: applying combination biomarker analysis in earthworms at a metal contaminated site. *Ecotoxicology* **13,** 797–806.
9. Rosenblum, E. S., Viant, M. R., Braid, B. M., Moore, J. D., Friedman, C. S., and Tjeerdema, R. S. (2005) Characterizing the metabolic actions of natural stresses in the California red abalone, *Haliotis rufescens* using ^{1}H NMR metabolomics. *Metabolomics* **1**, 199–209.
10. Stentiford, G. D., Viant, M. R., Ward, D. G., Johnson, P. J., Martin, A., Wei, W., Cooper, H. J., Lyons, B. P., and Feist, S. W. (2005) Liver tumours in wild flatfish: a histopathological, proteomic and metabolomic study. *OMICS J. Integrat. Biol.* **9,** 281–299.
11. Viant, M. R., Bundy, J. G., Pincetich, C. A., de Ropp, J. S., and Tjeerdema, R. S. (2005) NMR-derived developmental metabolic trajectories: an approach for visualizing the toxic actions of trichloroethylene during embryogenesis. *Metabolomics* **1**, 149–158.
12. Viant, M. R., Pincetich, C. A., Hinton, D. E., and Tjeerdema, R. S. (2006) Toxic Actions of Dinoseb in Medaka (*Oryzias latipes*) Embryos as Determined by *in vivo* ^{31}P NMR, HPLC-UV and ^{1}H NMR Metabolomics. *Aquat. Toxicol.* **76,** 329–342.
13. Viant, M. R., Pincetich, C. A., and Tjeerdema, R. S. (2006) Metabolic effects of dinoseb, diazinon and esfenvalerate in eyed eggs and alevins of Chinook salmon (*Oncorhynchus tshawytscha*) determined by ^{1}H NMR metabolomics.

Aquat. Toxicol. **77,** 359–371.
14. Dunn, W. B. and Ellis, D. I. (2005) Metabolomics: current analytical platforms and methodologies. *Trends Anal. Chem.* **24,** 285–294.
15. Lindon, J. C., Holmes, E., and Nicholson, J. K. (2001) Pattern recognition methods and applications in biomedical magnetic resonance. *Prog. Nucl. Magnet. Reson. Spec.* **39,** 1–40.
16. Eriksson, L., Johansson, E., Kettaneh-Wold, N., and Wold, S. (2001) *Multi- and Megavariate Data Analysis—Principles and Applications.* Umetrics, Umea, Sweden.
17. Wise, B. M., Gallagher, N. B., Bro, R., Shaver, J. M., Windig, W., and Koch, R. S. (2004) *PLS_Toolbox Version 3.5 Manual.* Eigenvector Research, Manson, US.
18. Deprez, S., Sweatman, B. C., Connor, S. C., Haselden, J. N., and Waterfield, C. J. (2002) Optimisation of collection, storage and preparation of rat plasma for ^{1}H NMR spectroscopic analysis in toxicology studies to determine inherent variation in biochemical profiles. *J. Pharm. Biomed. Anal.* **30,** 1297–1310.
19. Weckwerth, W., Wenzel, K., and Fiehn, O. (2004) Process for the integrated extraction identification, and quantification of metabolites, proteins and RNA to reveal their co-regulation in biochemical networks. *Proteomics* **4,** 78–83.
20. Viant, M. R. (2003) Improved methods for the acquisition and interpretation of NMR metabolomic data. *Biochem. Biophys. Res. Commun.* **310,** 943–948.
21. Purohit, P. V., Rocke, D. M., Viant, M. R., and Woodruff, D. L. (2004) Discrimination models using variance stabilizing transformation of metabolomic NMR data. *OMICS J. Integrat. Biol.* **8,** 118–130.
22. Fan, W. M. T. (1996) Metabolite profiling by one- and two-dimensional NMR analysis of complex mixtures. *Prog. Nucl. Magnet. Res.* **28,** 161–219.
23. Bligh, E. G., and Dyer, W. J. (1959) A rapid method of total lipid extraction and purification. *Can. J. Biochem. Physiol.* **37,** 911–917.

Ⅱ　检测全基因组突变

第十章　限制性酶切标记基因组扫描检测基因突变

Jun-ichi Asakawa

概论

当今，在环境毒素和辐射暴露导致的人类和其他生物突变检测上需要更有效的方法。而环境基因组学研究是以非模式系统生物作为研究对象，这就需要一种不需要知道这些生物的基因组序列信息的方法。限制性酶切标记基因组扫描（restriction landmark genome scanning，RLGS）是一种对末端标记的 DNA 片段进行双向电泳（2-DE）的分析方法。一种垂直大型 2-DE 凝胶系统已经得到发展并应用于 RLGS。在小鼠或者人类 DNA 的单个 RLGS 图谱中，在一向电泳 1.0～5.0 kb，二向电泳 0.2～3 kb 的范围内可以观察到大约 2000 个 DNA 片段（点）。理论上，这个系统可检测两类基因组的改变：（1）得到或者丢失研究中使用的三种限制性内切酶的任一酶切位点，以及（2）插入/删除/重排等事件。当样品制备和电泳条件优化后，单个 DNA 样本的凝胶电泳得到的点的分布图谱可与其他样本比较。这种技术不需任何探针即可检测 3000 个 DNA 片段，因此在监测分布于基因组中 DNA 片段的 I/D/R 事件引起的突变方面相当有效。此方法直接标记 DNA 片段而非杂交，所以不需了解基因组的准确信息。因此，此方法可适用于任何物种。

关键词： 缺失；基因组扫描；插入；突变检测；重排；限制性酶切标记基因组扫描；二维电泳

1. 引言

限制性酶切标记基因组扫描（RLGS）技术实现了基因组酶切后的 DNA 片段二维分离，这一重要进展使得研究人员可以研究在体细胞组织和生殖细胞组织中的自发突变和诱导突变。用于一向分离的琼脂糖圆盘凝胶置于特氟龙管（Teflon tube）和玻璃管中。圆盘凝胶系统的发展使得 DNA 片段的分辨率更高，且重复性更好。胶内分离的 DNA 片段的限制性酶切消化的新装置也由特氟龙管组成。垂直的圆盘凝胶系统使得 RLGS 成为一种实用的方法。

改进后的 RLGS 方法流程见图 1。在修正的方案中，DNA 样本由两个限制性内切酶 *Eco*RⅤ（GAT↓ATC）和 *Not* Ⅰ（GC↓GGCCGC）进行消化。*Not* Ⅰ 的消化位点由 DNA 聚合酶对末端进行 ^{32}P 特异性标记补平并由高分辨率 2-DE 分离。DNA 样品首先在琼脂糖圆盘凝胶中按分子质量进行分离。然后 DNA 片段在凝胶中再用第三个内切酶 *Hin*f Ⅰ（G↓ANTC）消化成更小的片段，然后在聚丙烯酰胺凝胶中垂直分离。二向电泳的凝胶干燥后，*Not* Ⅰ 片段通过放射自显影显示。放射性元素标记的 DNA 片段放射自显影图像代表了 RLGS 图谱，由于其较好的重复性，两个不同 DNA 样本的 RLGS 图谱可以进行比较。这项技术可用于检测暴露于环境污染物后基因组中的突变。此外，在比较不同图谱后，对差异 RLGS 片段的后续分离和测序可以用于鉴定突变发生的特异位点。在早期应用这种方法之后（1-7），我们又进行了一些改进。本章将描述当前使用的方案和设备。

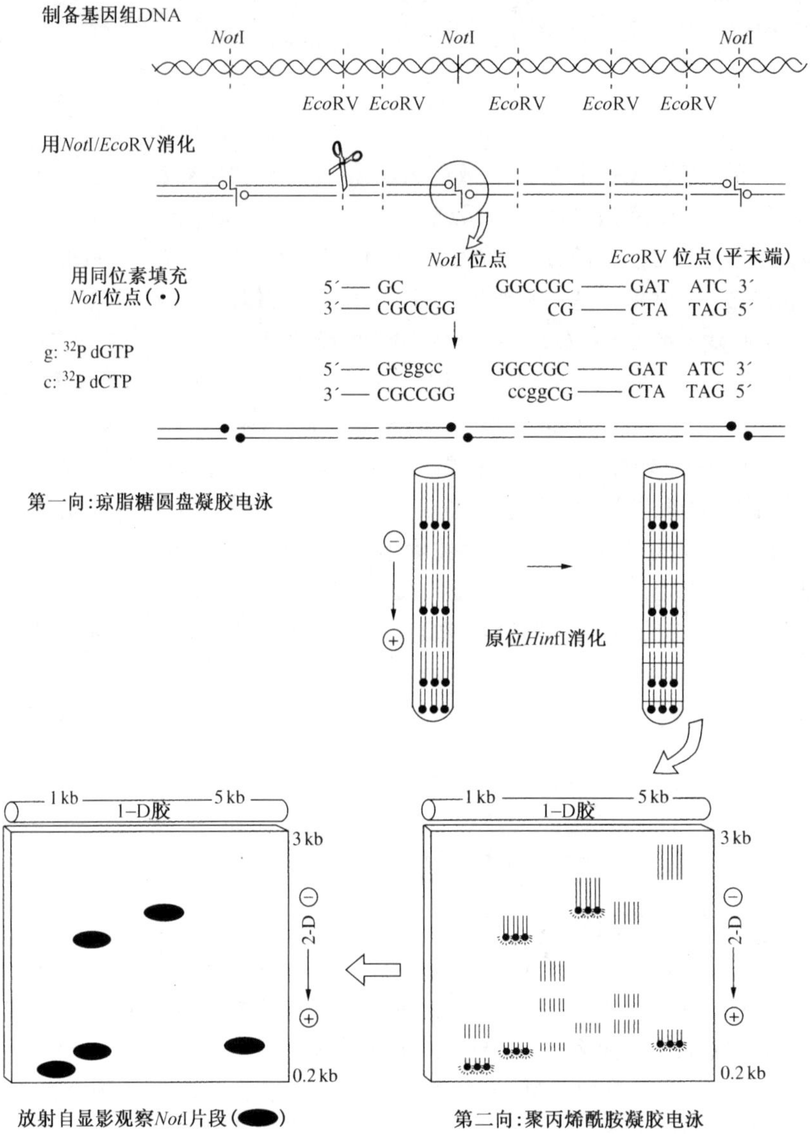

图 1　改进的 RLGS 方法流程图。

2. 材料

2.1　封闭：偶发的损伤修复（repair of adventitious damage，RAD）

1. 高分子质量基因组 DNA：330 μg/mL 溶于 TE 缓冲液（10 mmol/L Tris，1

mmol/L EDTA，pH 8.0)。储存于4℃（见注释1和2)。

2. DNA聚合酶Ⅰ（4 U/μL）(TOYOBO，Osaka)。储存于－20℃。
3. 高浓度缓冲液（10×HB)：0.5 mol/L Tris-HCl，pH 7.4，100 mmol/L $MgCl_2$，1 mol/L NaCl，10 mmol/L DTT。储存于－20℃。
4. dCTP [α] S，dGTP [α] S (Amersham)，储存于－20℃。
5. ddATP，ddTTP（Amersham)，储存于－20℃。
6. RAD储液：混合130 μL 10×HB，13μL 1 mol/L DTT，30 μL 1 mmol/L ddATP，30 μL 1 mmol/L ddTTP，24 μL 10 mmol/L dCTP [α] S和24 μL 10 μmol/L dGTP [α] S。分装储存于－20℃。
7. 大口径吸头：切除0.2 mL吸头约5 mm长度。

2.2 限制性酶切和同位素标记

1. *Not*Ⅰ（20 U/μL）(TOYOBO)。储存于－20℃（见注释3)。
2. *Eco*RⅤ（20 U/μL）(TOYOBO)。储存于－20℃（见注释3)。
3. *Not*Ⅰ添加物：0.5 mol/L NaCl，20 mmol/L $MgCl_2$，0.065%牛血清白蛋白(BSA)，0.065% Triton X-100，4 mmol/L DTT。混合100 μL 5 mol/L NaCl，20 μL 1 mol/L $MgCl_2$，65 μL 1%BSA，6.5 μL 10% Triton X-100，4 μL 1 mol/L DTT和805 μL H_2O。储存于－20℃。
4. [α-^{32}P] dCTP (3000 Ci/mmol；Amersham)。
5. [α-^{32}P] dGTP (3000 Ci/mmol；Amersham)。
6. 测序酶Ver 2.0 (12 U/μL；USB，Cleverland)。储存于－20℃。
7. 终止液：50 mmol/L EDTA，pH 8，含50%蔗糖和0.5%溴酚蓝（BPB）及二甲苯蓝（xylene cyanol，XC)。储存于室温。

2.3 二维电泳

2.3.1 一向电泳（1st D)

制备凝胶和原位消化所需要的装置如图2所示。

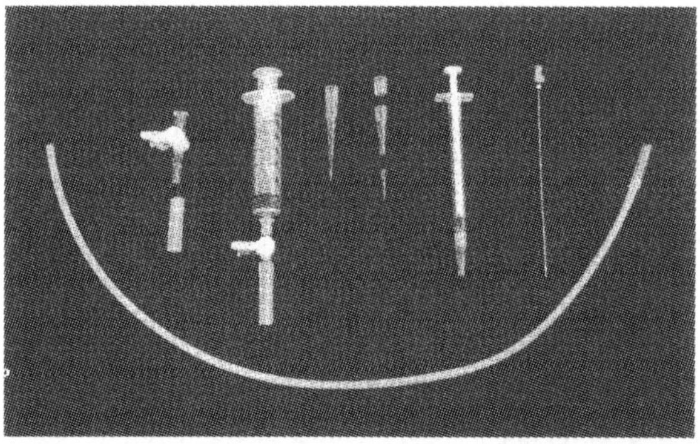

图2 用于圆盘琼脂凝胶制备和原位消化的小型仪器设备。

1. 用于分离 1～5 kb 片段的第一向电泳缓冲液（10×Boyer buffer）：1 mol/L Tris，0.4 mol/L 乙酸钠，0.36 mol/L NaCl，40 mmol/L EDTA，pH 8.15。1.8 L H_2O 溶解 242 g Tris，109 g 三水（合）乙酸钠，42 g NaCl，和 23.4 g EDTA $Na_2 \cdot 2H_2O$，用乙酸（1×buffer 的 pH 为 8.05）调节 pH 至 8.15。用 0.45 μm 硝酸纤维素膜过滤并储存于室温。
2. 用于分离 5～12 kb 片段的第一向电泳缓冲液（10×marathon TBE buffer）：1.35 mol/L Tris，0.45 mol/L 硼酸，0.1 mmol/L EDTA，pH 8.8。1.8L H_2O 溶解 327 g Tris，55.6 g 硼酸，0.74 g $Na_2EDTA \cdot 2H_2O$，用 0.45 μm 硝酸纤维素膜过滤并储存于室温。
3. 琼脂糖浓缩胶（0.6%）：2.5 g 蔗糖，0.3 g Seakem Gold 琼脂糖（FMC），5 mL 相应的 10×一向电泳缓冲液（Boyer 或 marathon TBE），加至 40 mL H_2O 中。微波炉煮沸溶解。待完全融化后加适量的温水至起始重量。当温度降至 65℃，用 0.45 μm 硝酸纤维素膜真空过滤未溶解的颗粒。用 15 mL Falcon 离心管每管分装 5 mL。储存于 4℃。
4. 1～5 kb 片段的琼脂糖分离胶（0.9%）：10 g 蔗糖，0.9 g Seakem Gold 琼脂糖（FMC），0.9 g Seakem GTG 琼脂糖（FMC），20 mL 10×Boyer 电泳缓冲液，加水至 200 mL。微波炉煮沸溶解。待完全融化后加适量温水至起始重量。当温度降至 65℃，用 0.45 μm 硝酸纤维素膜真空过滤未溶解的颗粒。用 50 mL Falcon 离心管每管分装 30 mL。储存于 4℃（见注释 4）。
5. 5～12 kb 片段的琼脂糖分离胶（0.7%）：10 g 蔗糖，0.4 g Seakem Gold 琼脂糖（FMC），1 g Seakem GTG 琼脂糖（FMC），20 mL 10×marathon TBE 电泳缓冲液，加水至 200 mL。微波炉煮沸溶解。待完全融化后加适量温水至起始重量。当温度降至 65℃，用 0.45 μm 硝酸纤维素膜真空过滤未溶解的颗粒。用 50 mL Falcon 离心管每管分装 30 mL。储存于 4℃（见注释 4）。
6. 有双滴定管夹的固定架。
7. 注射器（1 mL 和 6 mL）。
8. 针头（10 cm 长，19 目，平头）。
9. 三通管：配注射器。
10. 硅胶管（内径 3 mm 和 5 mm）。
11. 去头的吸头：切除 0.2 mL 吸头距头 5 mm，距尾 10 mm 部分，配注射器用。
12. DNA 分子质量标准：混合 3 μL 1 kb ladder（500 ng/μL；NEB），30 μL 终止液，67 μL H_2O。储存于 4℃。

2.3.2 原位限制性内切酶消化

1. BPB 溶液（0.01%）。储存于室温。
2. 反应管：36 cm 长，内径 2.7 mm 的 Teflon 管接到 3 cm 长的硅胶管（内径 3 mm）。管上做好连续的号码标签。
3. *Hin*f Ⅰ 缓冲液（10×）：200 mmol/L Tris-HCl，pH 8.3，1 mol/L NaCl，100 mmol/L $MgCl_2$，10mmol/L DTT。储存于－20℃。

4. *Hinf* Ⅰ 缓冲液（20 U/μL）（TOYOB）。储存于－20℃。

2.3.3 二向电泳（2nd D）

1. 剥离硅烷ES（Repel-Silane ES，Amersham：用于玻璃板包被的二氯二甲基硅烷溶液）。
2. 胶带：Scotch 3M或其他型号。
3. TBE缓冲液（5×）：400 mmol/L Tris，445 mmol/L 硼酸，12.5 mmol/L EDTA。108 g Tris，55 g 硼酸，9.3 g EDTA $Na_2 \cdot 2H_2O$，加水至2 L。用0.45 μm硝酸纤维素膜过滤，储存于室温。
4. 甘油溶液（50%）：等体积的甘油和水混合，储存于室温。
5. 丙烯酰胺储存液（30%）：290 g丙烯酰胺（99.9%纯度）和10 g *N*，*N'*-亚甲基双丙烯酰胺，加水至1000 mL，用0.45 μm硝酸纤维素膜过滤，避光并储存于4℃（见注释5）。
6. 过硫酸铵：制备新鲜的10%溶液。
7. TEMED/四甲基二乙胺。
8. 水饱和正丁醇：300 mL正丁醇和等体积的水混合，吸取上层部分，存于喷雾瓶，置于室温。
9. 蓝色连接凝胶溶液：0.5 g Seakem Gold琼脂糖溶于100 mL含0.05%BPB和XC染料的1×TBE缓冲液，分装于3个Falcon 50 mL离心管。储存于4℃。
10. 上样平台：塑料盘3 mm厚，33 cm×10 cm。

2.4 放射自显影

1. 干胶仪：Bio-Rad 583或同类型设备。
2. 滤纸：35 cm×43 cm，0.7 mm厚。（层析纸No. 526，Advantech，Tokyo）。
3. 塑料保鲜膜（50 cm宽）。
4. X射线胶片（35 cm×43 cm）：Fuji Rx-U，Kodak BioMax MS或同类产品。
5. 增感屏（35 cm×43 cm）：Fujifilm GRENEX HR-12，Kodak BioMax MS或同类产品。
6. 35 cm×43 cm胶片的曝光盒。
7. X射线胶片洗片机。

3. 方法

3.1 偶发性损伤修复（"封闭"，"blocking"）

1. 熔化RAD储存液，配制封闭液：每个DNA样本混合0.3 μL DNA聚合酶Ⅰ和1.8 μL RAD储液。用移液器轻柔混合，置于冰上（勿振荡）。
2. 加2.1 μL RAD封闭液到7 μL DNA（～2 μg）中。用带粗吸头的移液器轻轻混合。16℃孵育30 min后，再65℃孵育30 min（见注释1）。

3.2 限制性酶切消化和同位素标记

1. 加 2.1 μL *Not* Ⅰ，各 1 μL *Not* Ⅰ 和 *Eco*RⅤ。用带粗吸头的移液器轻轻吹打（10 次），充分混合达到完全消化。37℃孵育 3h。
2. DNA 聚合酶放射性标记补平 *Not* Ⅰ 5′黏末端（Sequenase Ver. 2.0）。制备标记储液：每个反应混合 1.6 μL [α-^{32}P] dCTP 和 1.6 μL [α-^{32}P] dGTP，0.2 μL 1 mol/L DTT，0.3 μL Sequenase。加 3.7 μL 标记储液至消化的 DNA 中，移液器混合充分。37℃孵育 30 min。
3. 加 5 μL 终止液后，置于冰上（见注释 6）。

3.3 双向电泳

在建立当前的一向电泳操作程序过程中经历了大量的试验摸索。过去放射效应研究基金会（Radiation Effects Research Foundation）的生化遗传学计划（The Biochemical Genetics Program）曾广泛地使用了圆盘凝胶电泳系统进行蛋白质突变体的研究，现在这种技术被用于 DNA 上。经过多次试验，我已经在内径 2.4 mm 的 Telflon 管中进行琼脂糖圆盘凝胶电泳并得到了最好的结果。我发现由于管内壁不平整，可使得在长时间的电泳过程中，琼脂糖凝胶的位置不会移动。凝胶由 1.5 cm 0.6%的浓缩胶和 59 cm 0.9%的分离胶组成。图 3 就是垂直圆盘凝胶装置。这种装置可以同时分析 10 个 DNA 样本。垂直圆盘凝胶装置可高精度地分离大分子 DNA 片段。此系统大大地减小了电泳的空间，并降低了原位消化需使用的昂贵的限制内切酶的量（原来的系统每个反应需要使用 *Hin*fⅠ 10 000 U，现在只需用 500 U），因此使 RLGS 方法变得更为实用和经济。一向的琼脂糖圆盘凝胶系统和最新的大胶二向垂直电泳装置系统（10 或 8 块胶）分别展示于图 3 和图 4。以上所有的装置都可以从 Ohtsuka -Rikagaku（Hiroshima，Japan）购置。

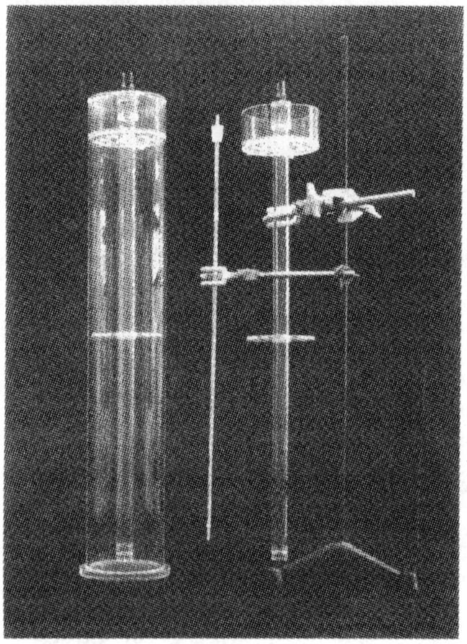

图 3　用于一向琼脂糖圆盘凝胶电泳的装置。

3.3.1 一向电泳

3.3.1.1 琼脂糖圆盘凝胶的制备

一向电泳凝胶的制备过程如图 5 所示。在同位素标记之前进行凝胶的制备。如果需要研究两种类型的 DNA（1～5 kb 和 5～12 kb），就需要同时制备两种凝胶。对于 5～12 kb DNA 片段，也可制备更软的凝胶。

1. 在微波炉中溶解分离胶和浓缩胶，并置于 70℃加热板上保温。
2. 将接有三通管的 6 mL 塑料注射器通过 3 cm 长硅胶管（内径 5 mm）与制备凝胶的持胶器连接。

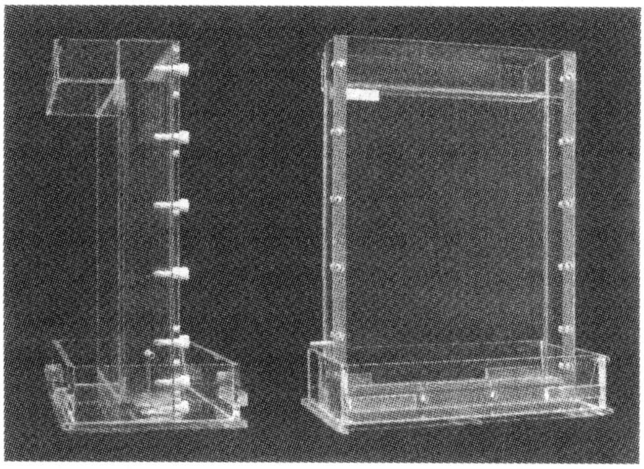

图 4　用于二向聚丙烯酰胺凝胶电泳的装置。

3. 将持胶器的底部伸入分离胶溶液 1 cm 深，慢慢吸入分离胶溶液至距底部 57 cm 处的第一条线（见注释 7）。
4. 吸入后，保持约 30s，再转移至有双夹的铁架台上，凝固 10min。
5. 将旋塞右转 90°打开左边进口，小心移走管上带旋塞的注射器。
6. 使用预热的带有平头针头的 1 mL 注射器灌分离胶至 59 cm 处的第二条线。手指轻敲持胶器的上端数次以保证凝胶的表面平整。凝固 3min。
7. 灌浓缩胶溶液至 60.5 cm 处的第三条线。手指轻敲持胶器的上端数次以保证凝胶的表面平整。凝固 10min。
8. 用 1×一向电泳缓冲液充满持胶器。
9. 通过直径为 5 mm 的硅胶塞将持胶器放置于阳极槽中。
10. 加 350 mL 1×一向电泳缓冲液于底部槽。
11. 顶部槽置于底部槽上，并注入 300 mL 1×一向电泳缓冲液（见注释 8）。

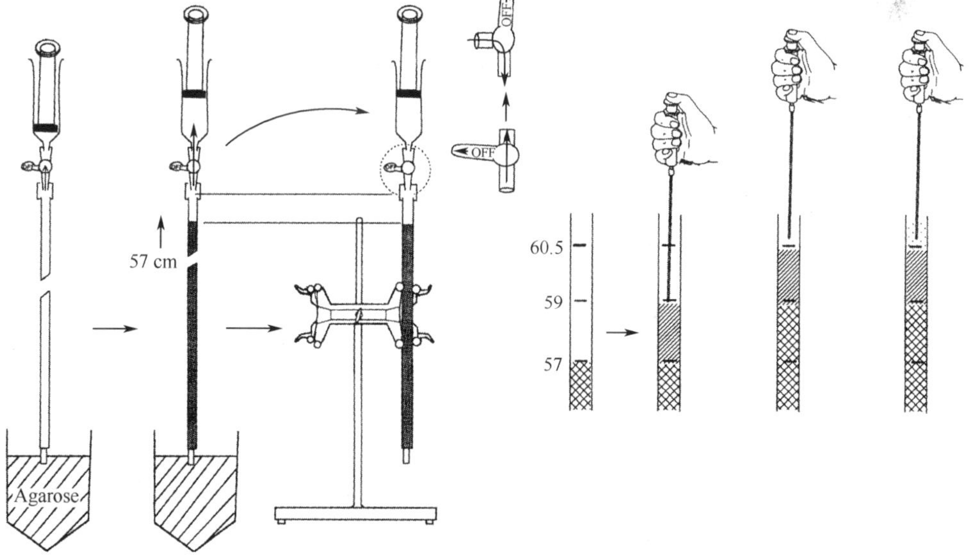

图 5　在 Teflon 管中制备琼脂糖圆盘凝胶流程图。

3.3.1.2 电泳

1. 每条胶上 10 μL 含 1 μg 放射性同位素标记的 DNA（见注释 9）。
2. 每条胶上 10 μL DNA 分子质量标准（150 ng）。
3. 所用样品加完后，合上顶部槽盖，并连通电极和电源。
4. 恒压电泳。小 DNA 片段（1～5 kb），130 V，19 h 后 140 V，24 h（约 5800 V·h）直至溴酚蓝条带迁移了 50 cm。对于大的 DNA 片段（5～11 kb），70 V 电泳 1 周（约 11 200 V·h）直至染料 XC 迁移 50 cm（见注释 10）。

3.3.1.3 原位限制性内切酶消化

琼脂糖圆盘凝胶分离的 *Not* Ⅰ/*Eco*RⅤ 消化片段需要用常见的限制性内切酶如 *Hin*fⅠ 进一步酶切成更小的片段，之后再进行如图 1 的第二步分离。图 6 所示为如何回收所需凝胶部分，图 7 为原位消化的步骤。在 Teflon 管中进行酶切反应可以大大减少昂贵的内切酶的使用量，并使操作过程更简便，重复性更好。

1. 关闭电源，拔出电极，揭开顶盖，吸走阴极槽的缓冲液。
2. 从阴极槽中取出持胶器。用去离子水清洗胶的底部以去除放射性同位素（注意恰当处理具有放射性的废液）。
3. 将含有 DNA 分子质量标准的胶挤入 50 mL Falcon 离心管中。加入 30 mL EB 溶液（0.5 μg/mL）染胶 20min。在紫外线下观察胶条并拍摄，用通明标尺来记录各条分子质量标准条带之间的距离（见注释 11）。
4. 假设当分子质量标准 1 kb 和 5 kb DNA 分别迁移至距底部 8 cm 和 38 cm 时，距底部 7 cm 和 39 cm 之间的 32 cm 长度（此部分两端分别含 BPB 和 XC）的胶将用于胶内酶切（同理，对于大分子质量的 DNA，包含 5～12 kb 片段的距底部7～39 cm 之间的胶也用于酶切）。在持胶器上距胶顶部 7 cm 和 39 cm 处做标记。
5. 用 1 mL 配有去头吸头的塑料注射器吸取 BPB 溶液，并缓慢通过 BPB 溶液挤压凝胶，当蓝色溶液到达第一条 7 cm 线处，按 45°用手术刀切除挤出的凝胶。将挤出的 39 cm 凝胶转入装有 20 mL 1×*Hin*fⅠ 缓冲液的 50 mL Falcon 离心管中，当 BPB 溶液到达 39 cm 处，按 90°切断凝胶。
6. 室温下在 1×*Hin*fⅠ 缓冲液中平衡凝胶 30min，每隔 10min 更换缓冲液，期间偶尔摇晃离心管。
7. 将凝胶连同缓冲液转移至倾斜 10°放置的托盘中。
8. 在 6 mL 注射器前装上去头吸头，并用 3 mm 内径、3 cm 长硅质套管将枪头连到 2.7mm 内径、33 cm 长的 Teflon 管上。将胶条小心吸入 Teflon 管中，并尽量除去凝胶中的缓冲液。
9. 加 600 μL 含 400 U *Hin*fⅠ 和 0.01% BSA 的 1×*Hin*fⅠ缓冲液到 2 mL 圆底离心管，将溶液吸入 Teflon 管中，使得 *Hin*fⅠ混合液浸没凝胶表面。
10. 移走注射器，用 3 cm 硅质套管将 Teflon 管首尾连接成环，放入尼龙袋中置于 37℃ 孵育 4 h（见注释 12）。

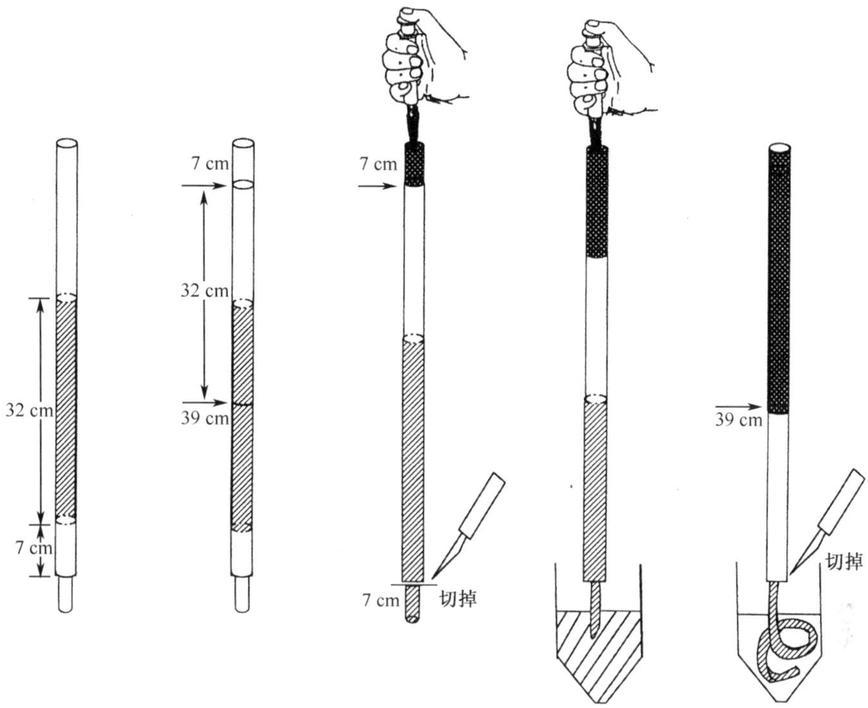

图 6　回收琼脂糖圆盘凝胶流程。

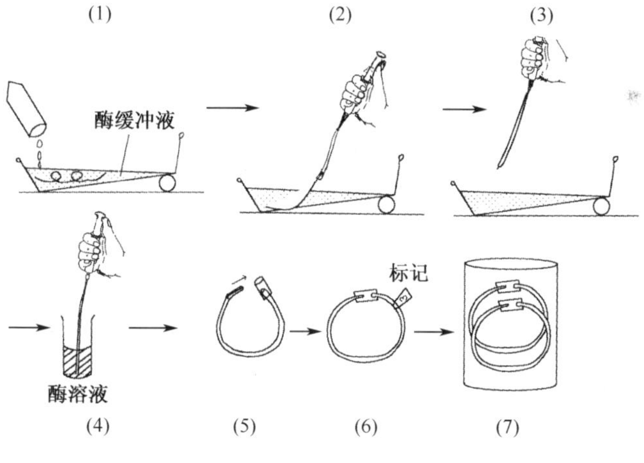

图 7　用于原位限制酶消化的凝胶制备流程

3.3.2　第二向电泳

3.3.2.1　制胶

在第二向电泳之前至少一天准备凝胶。利用图 4 所示系统可同时制备 10 块（33 cm 宽，46 cm 长和 0.8 mm 厚）凝胶。丙烯酰胺溶液有毒，在凝胶配制过程中，注意戴塑胶手套。

1. 仔细清洗玻璃胶板，用剥离硅烷处理倾斜一面的表面。
2. 放好装置，并用粘胶带（Scoth 3M）密封底部洞口（见注释 13）。
3. 在烧瓶中混合 348 g 30%丙烯酰胺储存液，504 g 5×TBE，23.3 g 50%甘油，15 g APS 和 1110 g 水以制备 5.15%丙烯酰胺凝胶（1.25×TBE）。分装到两个 1 L 真空烧瓶。我们发现配制试剂时，通过重量比利用量筒测量体积更准确。这种准确性在保证电泳的可重复性方面非常重要。
4. 真空泵抽出溶液中的气体，开始时操作要柔和。摇晃烧瓶，抽真空直至没有气泡产生。
5. 加入 210 μL TEMED 到 1 L 丙烯酰胺溶液中，混合均匀（见注释 14）。
6. 从装置的底部进口通过硅质套管将凝胶溶液立即注入电泳装置中。当溶液到达距玻璃板顶端 1 cm 处用夹子夹住进口处套管。
7. 用水饱和的正丁醇封住液面（见注释 15）。
8. 聚合 1h 后，用 1×TBE 代替凝胶上层溶液。
9. 用保鲜膜封住凝胶的 TBE 溶液，室温放置至使用。凝胶在室温下至少稳定放置 5 天。避免凝胶的顶部干掉。

3.3.2.2 电泳

1. 融化蓝色连接琼脂糖，将容器置于 70℃的加热板中。
2. *Hin*f Ⅰ消化 4h 后，将每一个胶条挤入装有 20 mL 1×TBE 的 50 mL Falcon 离心管中。
3. 平衡 10min 后，弃去缓冲液，将凝胶条转移至凝胶上部上样平台中，用尺子拉直胶条，移至平台的边缘。
4. 用连接琼脂糖堆积凝胶顶部至玻璃板的倾斜处。
5. 用刮铲将胶条沿胶板滑到玻璃板上。
6. 在胶条上覆盖足够的琼脂糖，凝固 10min，移走平台。
7. 在每个槽中加入 2.5 L 1×TBE 缓冲液，移除封洞的胶带，让凝胶和缓冲液接触。
8. 接通电极供电，电泳 150 V，40h，直至分子质量标准染料 XC 移至 35 cm 处（见注释 16）。

3.3.3 放射自显影

1. 电泳结束后，关闭电源，拔出电极。
2. 移走电泳缓冲液。
3. 放平装置，拿走塑料盖板。
4. 用刮铲缓慢撬开顶部的玻璃板。
5. 在凝胶上放置一块滤纸（35 cm×43 cm，比凝胶宽 2 cm），轻按使凝胶附于滤纸上，用手术刀切除凝胶的 3 cm 部分。
6. 捏住滤纸的边缘，迅速翻转将凝胶覆盖于干胶器上的另外一张滤纸上（凝胶置于上方），用保鲜膜覆盖凝胶，尽量避免折痕和气泡。

7. 在 80℃真空干燥凝胶。

8. 在滤纸的边缘标记好凝胶的编号。

9. 将凝胶曝光 X 胶片，−80℃放射自显影 1 周。

10. 洗片。

3.4 图像分析

图 8 所示为 BALB/c 小鼠的 RLGS 图谱的数字图像。在此方法中，通过放射自显影方法观察末端标记的 DNA 片段。点的密度代表 DNA 的拷贝数目。除了来源于性染色体片段和核糖体 DNA 等有多拷贝的片段之外，一张 RLGS 图谱上的大部分点的密度代表常染色体 DNA 片段的两个拷贝。对基因组突变的检测主要是通过对 DNA 片段长度改变的观察，如插入或缺失或酶切位点碱基的突变。通过查找只出现在子代而不在亲代出现的新的点，或者在子代只有一半浓度（一个拷贝）而亲代为两个拷贝的点，突变也可以得到鉴定。如果从 *Not* Ⅰ 位点到最近的 *Hin*f Ⅰ 或 *Eco*R Ⅰ 位点的距离发生改变，突变的片段在凝胶上将会发生位移。突变的片段发生位移的情况如图 9 所示。在某些情况下，发生突变的片段未必能在每一块凝胶上发现（尽管可能出现在不同的胶上），如果 *Not* Ⅰ 位点发生缺失或者碱基替代，那么这个点就不会出现在凝胶上。无论如何，正常的点的密度理论上应该减少 50%。现在已有计算机程序来分析复杂的双向电泳图谱。计算机辅助图像分析检测每个点的存在与否以及任何密度上的改变；因此，我们能高效地检测基因组的缺失、扩增、插入、重组。图 10 是我们在小鼠研究中检测到的基因突变的例子。

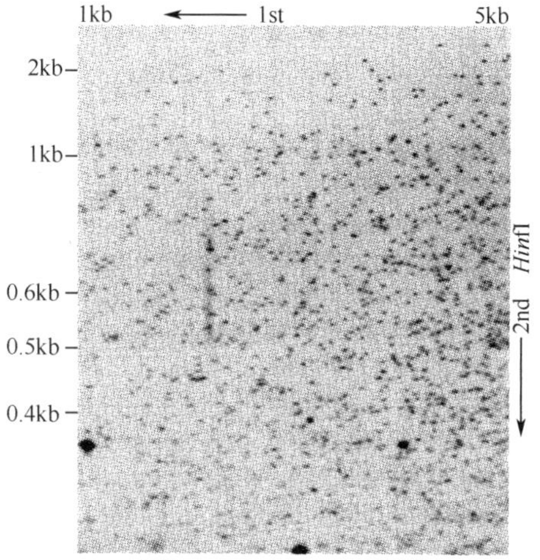

小鼠<*Not*I/*Eco*RV–*Hin*fI>图谱

图 8　BALB/c 小鼠 RLGS 图谱的数字图像。根据克隆位点的序列信息确定每一维上的片段大小。

3.5 RLGS 用到的其他内切酶

内切酶 *Not* Ⅰ、*Eco*R Ⅰ 和 *Hin*f Ⅰ 的组合，使我们得到了人类和小鼠（以及大鼠）DNA 点最平均分布的图谱。据我们的经验，目前可以用于检测人类和小鼠的最可靠的标记内切酶是 *Not* Ⅰ（我们检测 10 000 块胶后得出结论）。第二个酶（在标准方法中；*Eco*R Ⅰ）、*Pst* Ⅰ（C↓TGCAG）和 *Pvu* Ⅱ（CAG↓CTG）也可以使用。至于第三个用于原位消化的酶，*Mbo* Ⅰ（↓GATC）、*Bam*H Ⅰ（G↓GATCC）、*Pst* Ⅰ、和 *Pvu* Ⅱ 都可用（尽管 *Mbo* Ⅰ 较贵）。这些酶可以随意组合。RLGS 在其他物种上同样适用，而且如果研究物种的基因组比人类或小鼠小，那么操作更容易。我们已经检测了以下物种：(1) Medaka（一种鱼；基因组大小为 1×10^9 bp）：*Not* Ⅰ、*Eco*R Ⅴ、和 *Hin*f Ⅰ 组合，(2) Sacchromyces（酵母；3×10^7 bp）：*Hind* Ⅲ（A↓AGCTT；作为标记内切酶，仅仅

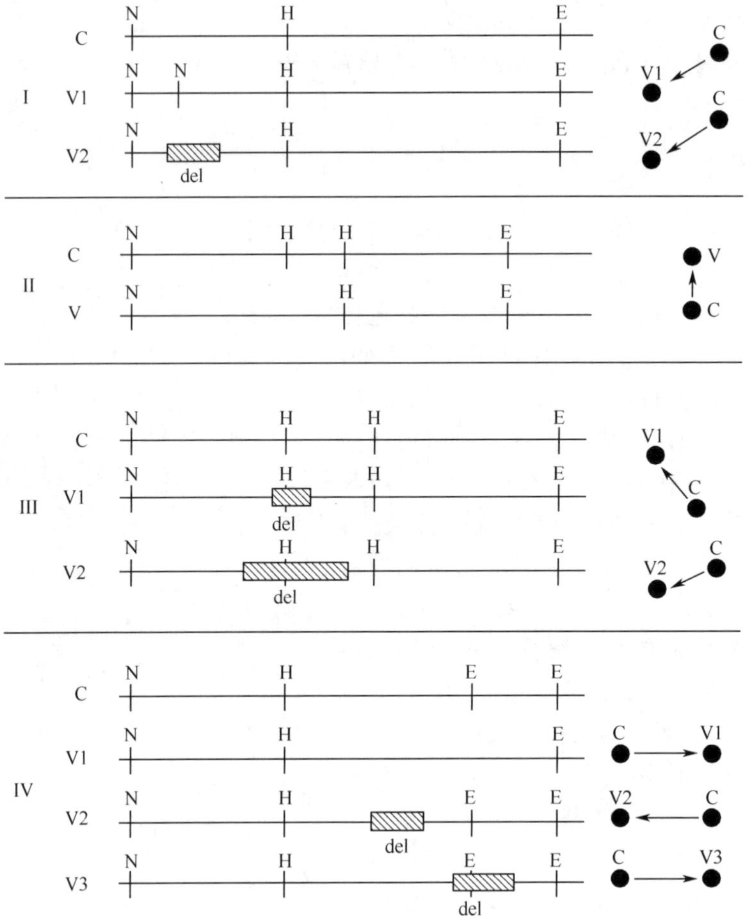

图 9　限制性图谱为等位基因位点的各种空间构象提供可能的解释。C 标记的片段代表常规等位基因，V1、V2、V3 代表突变体。标记的限制性位点：N＝*Not* Ⅰ，H＝*Hin*f Ⅰ，E＝*Eco*R Ⅴ。阴影长方形标记代表缺失。

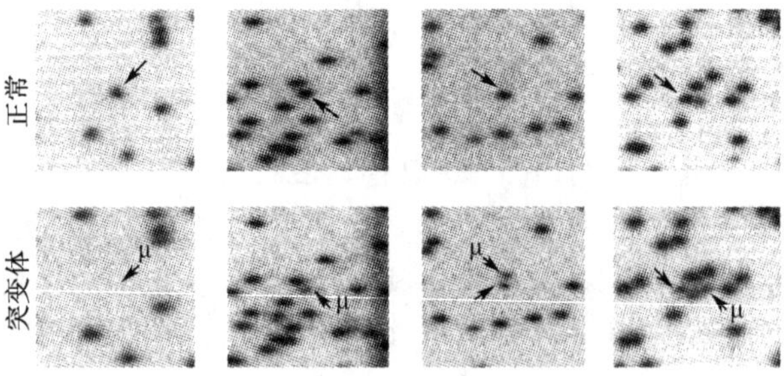

图 10　发生突变的部分位点的特写。箭头所指为检测到的突变位点。突变位点用 μ 标记。在最左栏，突变的杂合子位点消失。

标记了［^{32}P］dATP）和 *Hin*f Ⅰ、或者 *Hin*d Ⅲ 和 *Pst* Ⅰ；（3）*E. coli*（4×10^{6} bp）：

*Eco*RⅠ（标记内切酶，仅仅标记了［^{32}P］dATP）和 *Hin*fⅠ。对于低分子质量基因组物种的 RLGS，许多其他的酶可以用作标志内切酶，但是琼脂中的原位消化只是有限的，前面所提及的五种酶比较实用。

4. 注释

1. 完整的高分子质量 DNA 是非常黏稠的，很难通过移液器定量。这种情况下，用 *Eco*RⅤ消化基因组 DNA。使用 5 U 的酶在 100 μL 1×高缓冲液，37℃下消化大约 5～10 μg DNA 1h。加入 5 mol/L NaCl 和 250 μL 乙醇沉淀 DNA。离心回收 DNA，并溶解在 100 μL TE 中。通过 OD_{260} 测定浓度。同样乙醇沉淀，溶解于 TE 中使其浓度为 300 μg/μL。利用这些部分消化的 DNA 代替高分子质量 DNA。
2. 除非特殊说明，所以缓冲液和溶液都是用电阻值为 18 MΩ 的 Milli-Q 水配制。去离子水或者蒸馏水同样可以使用。
3. NEB 生产的内切酶（*Not*Ⅰ、*Eco*RⅤ和 *Hin*fⅠ）也可使用。所有的酶都储存于没有除霜的－20℃冰箱。
4. 在煮沸前后，称量琼脂糖溶液的重量，以便煮沸后用水补充至原重量。
5. 丙烯酰胺和甲叉双丙烯酰胺通常含有金属离子，可以向每升储存液中加入 1 g 离子交换树脂（Amberlite IRN-150L）搅拌过夜达到纯化。每几个月应重新制备新鲜溶液。
6. 在同位素标记之前消化物可在 4℃保存数天，但不能冷冻。
7. 仔细检查凝胶有无气泡，如果出现，应重新配制。
8. 理论上，反应的终体积应为 21.9 μL，但是实际中大约会降低至 21 μL 或更少。
9. 检查凝胶缓冲液中有无气泡，如果有，则用 1 mL 配有平头针头的注射器轻轻吸除。
10. 温度越高，染料和 DNA 片段移动得越快，那么电泳时间的长短也不同。如果时间仓促，短片段的电泳可以在 130 V，2h 后改用 200～250 V。长片段可以在 100 V，2～3h 后加到 150 V。总之，采取低电压会得到更高分辨率和更清晰的斑点。
11. 防止紫外线辐射，需戴安全面具。
12. 在每个离心管上做好标记。
13. 玻璃胶板上避免粘有油脂和灰尘，以免制胶时形成气泡。
14. 调节 TEMED 的量，以便凝胶在灌注后 10min 凝固。

（张广林　杨　军）

参考文献

1. Hatada, I., Hayashizaki, Y., Hirotsune, S., Komatsubara, H., and Mukai, T. (1991) A genomic scanning method for higher organisms using restriction sites as landmarks. *Proc. Natl. Acad. Sci. USA* **88**, 9523–9527.
2. Asakawa, J., Kuick, R., Neel, J. V., Kodaira, M., Satoh, C., and Hanash, S. M. (1994) Genetic variation detected by quantitative analysis of end-labeled genomic DNA fragments. *Proc. Natl. Acad. Sci. USA* **91**, 9052–9056.
3. Asakawa, J., Kuick, R., Neel, J. V., Kodaira, M., Satoh, C., and Hanash, S. M. (1995) Quantitative and qualitative genetic variation in two-dimensional DNA gels of human lymphocytoid cell lines. *Electrophoresis* **16**, 241–252.
4. Kuick, R., Asakawa, J., Neel, J. V., Kodaira, M., Satoh, C., and Hanash, S. M. (1995), High yield of restriction fragment length polymorphisms in two-dimensional separations of human genomic DNA. *Genomics* **25**, 345–353.
5. Thoraval, D., Asakawa, J., Kodaira, M., Chang, C., Radany, E., Kuick, R., Lamb, B., Richardson, B., Neel, J. V., Glover, T., and Hanash, S. (1996) A methylated human 9-kb repetitive sequence on acrocentric chromosomes is homologous to a subtelomeric repeat in chimpanzees. *Proc. Natl. Acad. Sci. USA* **93**, 4442–4447.
6. Hayashizaki, Y., Hirotsune, S., Okazaki, Y., Muramatsu, M., and Asakawa, J. (1997) Restriction Landmark Genomic Scanning Method. In *Encyclopedia of Molecular Biology and Molecular Medicine,* Vol. 5. Editor-in-chief: Meyers, R. A., VCH publisher, Weinheim, New York, Basel, Cambridge, pp. 304–319.
7. Asakawa, J., Kuick, R., Kodaira, M., Nakamura, N., Katayama, H., Pierce, D., Funamoto, S., Preston, D., Satoh, C., Neel, J. V., and Hanash, S. M. (2004) A genome scanning approach to assess the effects of radiation in mice and humans. *Radiat. Res.*; **161**, 380–390.

第十一章　彗星实验在环境毒理学中的应用

Loren D. Knopper，James P. McNamee

概论

彗星实验，又称单细胞凝胶电泳实验，是用来检测几乎所有有核细胞中 DNA 损伤的方法。彗星实验与其他遗传毒性检测实验相比有明显优势，但是由于它对实验中的细微变化非常敏感，可导致结果变化较大。本章的目的在于提供环境毒性实验中与碱性彗星实验相关的背景信息和详细的标准化操作流程。我们将阐述彗星实验相关缺陷与操作流程的注意事项，同时简要探讨改进普通碱性彗星实验的方法，使之能更好地适用于研究环境毒理学的多种情况。

关键词： 碱性彗星实验；DNA 损伤；环境毒理学；遗传毒性

1. 引言

彗星实验——又称单细胞凝胶电泳实验，是用来检测包括 DNA 单链、双链断裂，DNA-DNA 交联，DNA-蛋白质交联，以及碱性不稳定 DNA 损伤等几乎所有有核细胞中 DNA 损伤的方法。与其他遗传毒性实验相比，彗星实验的优越性体现在它相对简单的方法、较高的敏感度、较少的细胞需求量以及数据获得的便捷性（1）。然而，研究者需要注意这种技术对实验条件的细微变化非常敏感（如温度、缓冲液体积和 pH 等），这些条件的变化都会导致结果较大的波动。

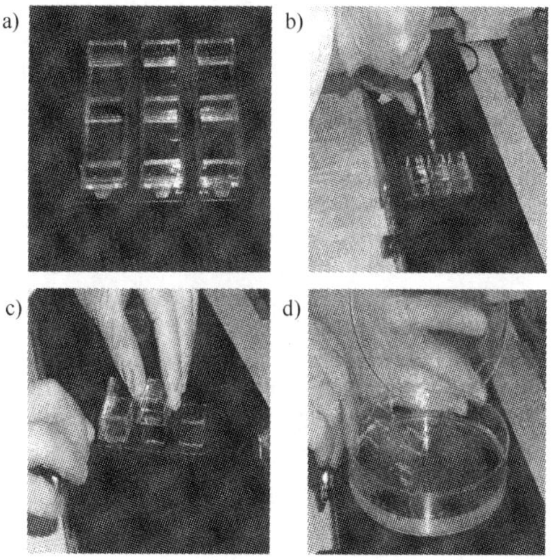

图 1　用 Gelbond 技术进行彗星实验。(a) 固定 Lab Tek Ⅱ小室于 Gelbond 上；(b) 将琼脂糖-细胞悬液注入小室内；(c) 将小室从 Gelbond 上取下；(d) 将 Gelbond-凝胶复合物放入裂解缓冲液。

基本步骤从制备目的细胞的单细胞悬液开始。细胞需经活性测试，稀释到适当的浓度，接着与融化的琼脂糖凝胶混合，“浇铸”到磨砂玻璃片上（1，2），或者注入固定在 Gelbond 乙酸纤维素膜上的独立分隔的塑料小室内（图 1）（3）。我们建议用 Gelbond 技术，因为这种方法消除了用玻片带来的主要技术问题（例如琼脂糖凝胶不能黏附在玻片上，在储存过程中琼脂糖凝胶皱缩）并且在不降低实验可信度的情况下提高产率和效率。在细胞-琼脂糖悬液凝固后，将整个 Gelbond 胶或玻片胶复合物放置在含有盐离子溶液和去垢剂的裂解缓冲液中以裂解细胞膜、使细胞核暴露。接下来在电泳前将凝胶复合物浸没在碱性或中性缓冲液（见下文）中让DNA解旋。解旋时间需要根据细胞的种类以及（或者）期望的实验敏感度进行相应调整。电泳后，凝胶复合物放在中性缓冲液中以稳定凝胶，然后放在乙醇中脱水。彗星实验对多数研究者而言很常见，但是细胞的稀释比例、缓冲液pH和电泳条件（电压和时间）等需要根据不同的细胞种类、期望的敏感度和仪器的使用情况进行调整（见注释1～3）。

国立卫生研究院有一个彗星实验兴趣研究组的网站（www.cometassay.com），上面有关于彗星实验各方面的讨论。这个网站是定期更新的，所有相应内容都被存档，因此可查阅以前记录。

2. 材料

2.1 溶液

1. 10×不含 Ca^{2+} 和 Mg^{2+} 的磷酸盐缓冲液（PBS）：1.31 mol/L NaCl，50 mmol/L Na_2HPO_4，16 mmol/L KH_2PO_4。室温避光储存。用之前稀释至1×，并调pH至7.4。
2. 0.75% 琼脂糖：750 mg的低熔点琼脂糖（LMP），1×PBS（无 Ca^{2+} 和 Mg^{2+}）。在搅拌盘上中火/高火加热搅拌，分装1.0 mL入1.5mL Eppendorf管。储存于4℃。在实验当天将含琼脂糖的Eppendorf管放在微波炉内高火加热10×20 s，然后置于42℃加热器或水浴。
3. 1.0%琼脂糖：1.0 g的琼脂糖（NMP），100 mL 1×PBS（无 Ca^{2+} 和 Mg^{2+}）。在搅拌盘上中火/高火加热搅拌，分取4.0 mL入Falcon管。储存于4℃。在实验当天将含琼脂糖的Eppendorf管放在微波炉内高火加热10×20 s，然后置于42℃加热器或水浴。
4. 裂解缓冲液（见注释4）：2.5 mol/L NaCl，100 mmol/L乙二胺四乙酸四钠盐（tetrasodium EDTA），10 mmol/L Tris碱，1%十二烷基肌氨酸钠（*n*-lauryl sarcosine）。振荡以消除块状物。缓慢加入1 L双蒸水并在搅拌器上搅拌。用NaOH或HCl调节pH至10.0。室温避光保存。实验当天在使用缓冲液前30min加入1% TritonX-100至预设体积，放在4℃（见下文）。
5. 电泳缓冲液A（见注释5）：0.3 mol/L NaOH，10 mmol/L乙二胺四乙酸四钠盐，0.1% 8-羟基喹啉，2% DMSO。缓慢加入双蒸水并在搅拌器上搅拌。一边混匀一边加入DMSO。用NaOH或HCl在酸度计上调整pH至13.1±0.1。在实验当天配制。
6. 中性缓冲液：1 mol/L乙酸铵（ammonium acetate）。用NaOH或HCl调节pH至7.0。
7. 双重染色测细胞活性：荧光素二乙酸酯储液（fluorescein diacetate，5.0 mg/ml丙酮），EB储液（200 μg/mL无 Ca^{2+} 和 Mg^{2+} 的PBS），调整pH至7.4。将荧光素二乙酸酯储液置于−20℃；EB用铝箔纸包裹后置于4℃。作为工作液，将储液混在Eppendorf管中：1.2 mL无钙镁PBS，7.5 μL荧光素二乙酸以及50

μL EB。现配现用。

8. DNA 染色：取 5.0 μL 的 SYBR Gold 染料（Molecular Probes cat. no. S-11494）加入 50 mL 超纯水。用锡箔纸包裹，4℃避光保存。

2.2 玻璃器具和实验器材

1. 移液器。
2. 吸头（10、20、100、200、1000 μL）。
3. 刻度烧瓶（100 mL、500mL 和 1 L）。
4. 量筒（100 mL、500 mL 和 1L）。
5. 烧杯（250 mL、500 mL 和 1L）。
6. 培养皿（120 mm 直径）。
7. 洗瓶（用于超纯水）。
8. 冰盒。
9. 冻存管（1.0 mL）
10. Eppendorf 管（0.5 mL、1.5 mL）。
11. 带旋盖的离心管（50 mL）。
12. 塑料/玻璃盘（如吸头容器的盖子或底盘）。
13. 显微镜用载玻片。
14. 显微镜用盖玻片。

2.3 仪器

1. pH 计。
2. 分析天平。
3. 磁力搅拌器和搅拌棒。
4. 电源，以提供低电压和高电流（如 300 V，2000 mA）。
5. 水平电泳仪。
6. 镊子。
7. 剪子。
8. Gelbond 胶（琼脂糖凝胶支持介质）（Mandel cat. no. 53740 GB1638）。
9. Lab Tek Ⅱ小室（Nalge Nunc cat. no. 154461-B）。
10. 加热器或者水浴锅。
11. 有彗星图像分析软件的计算机（Kinetic Komet 5.5 或其他）。
12. 带有 40 倍油镜的荧光显微镜（Zeiss AxioPlan Ⅱ或其他）和合适的激发/发射滤光片（如 SYBR Gold：激发光 300nm，发射光 495/537 nm，染核酸）。

3. 方法

3.1 校准

彗星实验的校准可通过评判经电离辐射（X 射线或 γ 射线）或化学处理（过氧化

氢、环磷酰胺或 MMS）后引起的细胞 DNA 损伤得以进行（见注释 7）（1，4，5）。做一条剂量效应曲线以判断此项技术的敏感性（图 2）。每次使用新物种和不同细胞系都需进行校准。有些实验室通过同时进行阳性对照（如放射或化学处理）来确保每次彗星实验的一致性。

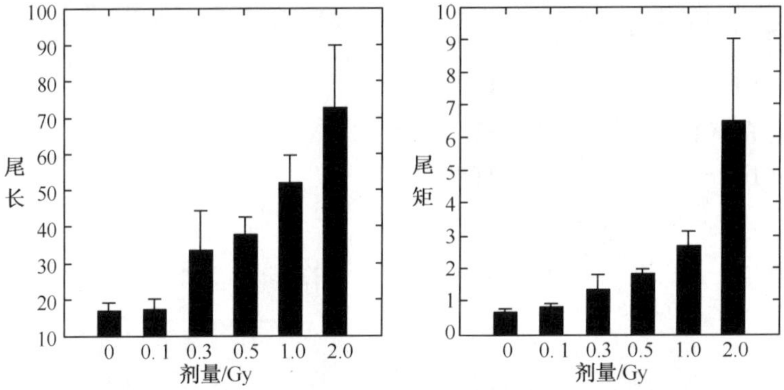

图 2　将田鼠（*Microtus pennsylvanicus*）全血暴露于^{137}Cs 放射后的剂量反应曲线。N=4。注意尾长（tail length）对应于剂量的平台期，尾矩（tail moment）对应于剂量的指数增长趋势。

3.2　细胞活性

凋亡或坏死的细胞并不表现出典型的彗星图像。相反，它们的头部很小或根本没有而彗尾则大且弥散（图 3）这些细胞常被称作泪滴状细胞、鬼影细胞或刺猬细胞（1，4）。这类细胞能通过细胞毒物和（或）非遗传毒物诱导产生，应该在分析时被排除。细胞暴露于遗传毒物也会出现这种类型的图像，此时则应纳入数据分析。因此，需要对细胞悬液进行细胞毒性的同期测定以确定细胞严重受损的原因以及这些细胞是否应被归入数据分析。

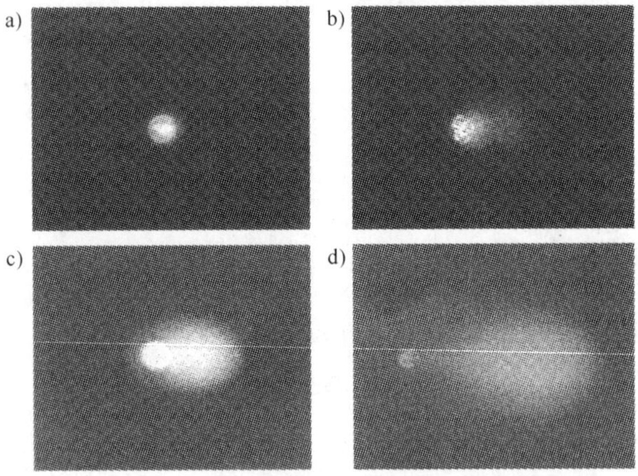

图 3　在 1.5 V/cm 电泳 20 min 后观察到的对照（a）、损伤（b）、中度损伤（c）和凋亡或高度损伤的细胞核（d）。细胞用 SYBR Gold 进行 DNA 染色。

细胞活性的检测首选以下两种方法之一。第一种是用双重染色活性实验（6）。在这个实验中，将等体积的细胞悬液和 EB/荧光素二乙酸酯工作液（见 2.1 中 7）混合，然后滴在血细胞计数板的两边（10 μL）。不论死细胞还是活细胞都将同时通过荧光显微镜计数。有代谢能力的细胞（活细胞）通过细胞酯酶将荧光素二乙酸酯转化成代谢荧光素从而显现绿色荧光；而没有代谢能力的细胞（死细胞）因为细胞膜通透性改变，DNA 被溴化乙锭染色从而显现红色。另一种方法是用台盼蓝排除实验法。在这个实验中，将等体积的细胞悬液和台盼蓝溶液相混合，分别滴在血细胞计数板的两边（10 μL），通过普通显微镜在一定时间内计数死细胞及活细胞（通常在 2～5min 内）。着色的细胞没有活性，而无色透明的细胞则为活细胞。一般而言，样本中阴性对照中活细胞比例在 70%～75%以下的不应进行后续分析。

3.3 种属差异

前提是活细胞的情况下彗星实验能在几乎所有有核细胞中进行。但在某些种属的细胞（如鸟类）中，全血不适于彗星实验，因为超过 80%的细胞表现为“鬼影细胞”或“刺猬细胞”，有可能是由于降解和有核成熟红细胞中功能惰性的 DNA/RNA。此种情况下，白细胞需从有核红细胞中分离才能进行彗星实验。两栖类的全血细胞则无此现象。

3.4 评判损伤的标准

为了量化 DNA 损伤，胶染色（如 EB、SYBR Gold、SYBR Green）后在荧光显微镜下观察 DNA 的迁移，通过合适的软件包如 Komet5.5（Kinetic Imaging，Nottingham，UK），Comet Assay Ⅳ（Perceptive Instruments，Suffolk，UK）给彗星打分。受损细胞会呈现出类似星空中彗星的图像，有一条含 DNA 的长尾巴从受损细胞的核中央迁移出去。损伤程度主要运用到三个重要值：彗尾长度、尾矩（彗尾长度与彗尾中 DNA 的百分比乘积）或 Olive 尾距（彗尾重心到彗星头部中心位置的距离乘以 DNA 在彗尾中的百分含量）以及尾部 DNA 的百分比含量（7，8）。由于不同的图像分析软件用不同的方法计算这些指标，因而哪个指标最有效目前尚未定论。

当暴露于低剂量的遗传毒性物质时，尾长会随之迅速增加，但是在较高浓度时，尾长的变化会到达一个平台（9）。然而在彗尾区域 DNA 的含量能够随着毒物剂量的增加而持续增加，理论上从 0～100%（7）。所以，随着剂量的增加，彗尾密度持续增加而不是尾长增加（图 2）。由于尾矩是基于长度计算的，因此有人认为彗尾密度或者彗尾 DNA 百分含量应作为最好的衡量遗传毒性的标准。

3.5 冻存样本

当彗星实验不能在样本收集后立即进行，样本可以在液氮中冻存直至合适的时间，前提是它们放置在合适的细胞冻存液中（11-13）。我们发现对于血液样本，无钙镁 PBS 加上 10% DMSO 或者无钙镁 PBS 加上 10% DMSO 和 20 mmol/L EDTA（12）可以作为合适的细胞冻存液。样本需要在室温下水浴解冻，并且立即进行后续实验。但是由解冻样本所进行的彗星实验得来的数据不能直接与非解冻样本所得的数据进行比较，因为解冻过程会提高 DNA 迁移的背景值。因此，对照试验也应当控制在相同条件下（冷冻）。

3.6 Gelbond 胶碱性彗星实验

1. 将含有 0.75%低熔点琼脂糖胶的 1.5 mL Eppendorf 管微波炉高火加热 10～20 s。
2. 融解后，将离心管放在 42℃加热器或水浴锅中预热。
3. 将 Lab-TekⅡ小室压 30 s 固定在 Gelbond 上。
4. 后续步骤需在较暗的灯光下进行。
5. 取 30 μL 稀释到合适比例的细胞悬液加入到 270 μL 融化的琼脂胶中。轻轻用移液器混匀（见注释 9）。
6. 取 120 μL 细胞-琼脂糖胶悬液加入两孔小室中的一孔。
7. 取 120μL 细胞-琼脂糖胶悬液加入另一个固定在其他 Gelbond 胶上的小室。重复步骤 5～6。
8. 需要同时做阴性对照。
9. 一旦琼脂糖胶凝固，小心移走 Lab-TekⅡ小室，并将各自 Gelbond 胶放入一个装满 75 mL 裂解液的塑料盒中。
10. 4℃放置过夜。
11. 第二天校准 pH 计。
12. 制备新鲜的电泳液。
13. 将胶从冰箱/孵箱/水浴锅中取出。
14. 把培养皿放入水槽中并加入干净的水。让水缓慢流入盘中。
15. 用镊子将 Gelbond 胶从裂解液中移出，反复浸入培养皿大约 30s，或者直到裂解液的泡沫消失（见注释 11 和 12）。
16. 将 Gelbond 胶放入电泳仪，倒入电泳液至水平液面高于胶面 1 cm（见注释 13）。让胶在电泳液中平衡 30min。
17. 30min 后，衡压条件下进行电泳（时间和电压需要根据样本类型调整，见注释 3）。
18. 把培养皿放入水槽中并加入干净的水。让水缓慢流入盘中。
19. 用镊子将 Gelbond 胶从电泳仪中移出，反复浸入培养皿大约 30s，或者直到电泳液流光。
20. 将 Gelbond 胶转移到另一个装有 75 mL 中和液的盘中，平衡 30min。
21. 30min 后将胶按上述方法漂洗，然后把胶放在 75 mL 85%乙醇中至少 2h。
22. 取出胶，过夜晾干。
23. 用标记好的信封储藏风干的胶。
24. 在 50 mL 管中配制 SYBR Gold 溶液（见 2.2 中 10），并在另一 50 mL 管中装水，以备染胶。
25. 将其中一个 Gelbond 胶切成小条，每个小条中含有两个样本。
26. 标记并染色（见注释 14）。

27. 染色后，用镊子移走 Gelbond 小条，并将其浸没水中两三次。
28. 胶面向上，将胶放在载玻片上，并盖上 22mm×50 mm 盖玻片。
29. 用纸巾轻压盖玻片以除去多余水分并形成密封。
30. 在盖玻片上滴加一滴甘油，然后在显微镜下观察。用合适的软件统计每个玻片上最少 50 个细胞。

3.7 其他与环境毒理学相关的彗星实验技术

三种由普通的碱性彗星实验改良而来的方法也可作为研究环境毒理学和基因组学的有力工具。首先，彗星实验可与荧光原位杂交技术（FISH）结合以确定 DNA 断裂发生在基因的哪个区域（14，15）。第二种方法，彗星-DNA 弥散实验，通过在彗星实验中不经电泳而用乙醇沉淀 DNA，来区分细胞死亡的类型［如凋亡（细胞程序性死亡）］和坏死（在损伤或疾病中死亡的细胞）（16）。此外，也可通过在中性缓冲液而非碱性缓冲液中进行彗星实验来检测 DNA 双连断裂（5，17）。这项技术也能评价生殖细胞中的 DNA 损伤，这种损伤通常有高水平的碱性不稳定位点（5，18，19）（见注释 6）。

4. 注释

1. 由于彗星实验的基本原理是检测单个细胞的 DNA 损伤（通常不少于 50 个细胞），所以胶内细胞密度不宜过高；否则细胞影像可能重叠，从而导致后续测量无法进行。通常将细胞样本稀释至 $2\times10^5\sim4\times10^5$/mL 即可。例如，哺乳类全血需用无钙镁 PBS 按 1∶10 稀释而两栖类全血则需稀释至 1∶100。
2. 在中性 pH 条件下，只有 DNA 双链断裂能被彗星实验检测到（17）。在碱性条件下（pH>13.1），双链、单链断裂以及碱性不稳定位点（在碱性条件下表现为单链断裂）都能被检测到（1，4）。与辐射暴露相比，化学遗传毒物引起的双链断裂要比单链断裂低若干数量级（1）。因此，碱性彗星实验在生物检测领域比中性彗星实验更有用。然而，在有些情况下，细胞（如精子）可能本身就有高水平的碱性不稳定位点（18）。此时不宜用碱性缓冲液，因为这些位点会在碱性条件下表现为 DNA 单链断裂。因此阴性对照液表现出较强的 DNA 损伤。在这些情况下，推荐使用中性缓冲液（Tris-乙酸 EDTA 或者 Tris-硼酸 EDTA；pH 7～8）。有些研究者用 pH 9.0（20）和 12.5（21）的电泳液，也没有导致 DNA 损伤的增加。
3. 如果在电泳时电压过低和电泳时间过短，DNA 就不能从彗星头部迁移。相反，如果电泳时电压过高和电泳时间过长，未受损细胞中的 DNA 也会大面积迁移。因此需要优化条件使得只有损伤才能被探测到。通常 5%～10%的阴性对照会出现彗尾，并且彗尾的长度不超过 15～20 μm（10）。合适的电压和电泳时间应根据被测细胞的种属、类型，使用的设备，所需电泳缓冲液漫过胶面的体积来调整。电泳电压（衡压）需用 V/cm 表示，由电泳电压除以电泳仪阳极至阴极的距离决定。对于血液样本初始条件以 1.5 V/cm，16～20min 为宜。需在实验开始前优化条件，并保证在实验过程中此条件严格不变。

4. 这种裂解缓冲液对大多数细胞都适用，但对生殖细胞需要一种特殊的裂解缓冲液使核暴露。对这些细胞，裂解液成分如下：2.5 mol/L NaCl（146.1 g/L），100 mmol/L 乙二胺四乙酸四钠（41.6 g/L），10.0 mmol/L Tris-HCl（0.61 g/L）。缓慢加入 1 L 纯净水并用搅拌器搅拌。用 NaOH 或 HCl 调节 pH 至 10.0。21℃避光储存。在实验当天，加入 1%的 Triton X-100 和 4 mmol/L DTT 至所需体积并混匀。不要冷藏。约 1h 后，倒出缓冲液加入含有 0.1 mg/mL 蛋白酶 K 的新鲜缓冲液，37℃过夜。加入 DTT 和蛋白酶 K 的目的是浓缩生殖细胞的染色质。
5. 这个电泳缓冲液的配方适用于标准的碱性彗星实验。生殖细胞本身有非常多的碱性不稳定位点（18），需使用中性缓冲液。在仅需检测 DNA 双链断裂的情况下需要使用中性缓冲液。Tris-乙酸 EDTA 或 Tris-硼酸 EDTA（pH7～8）缓冲液适用于这些情况。
6. 当染色强度减弱时，可以向溶液内补充 5 μL SYBR Gold。但是此种补充方法只能用一次，之后需要新配染料。用活性炭处理废弃染料。
7. 对于生殖细胞，由于其染色质很紧凑，在暴露于化学药物（如双氧水）前需要先将其进行裂解。但是对于体外辐射暴露，细胞并不需要经过事先裂解。
8. 新的小室底部有黏性，但是随着使用次数的增加黏性会减弱。可以通过在小室底部加入 1%琼脂糖溶液来重复利用旧的小室。轻轻用戴手套的手指蘸取 1%琼脂糖涂在 Lab-TekⅡ小室的底部，将其附在 Gelbond 胶上，使之凝固。琼脂糖使小室得以密封，样本可如前所述加入其中。
9. 如果用的是冷冻样本：将样本从－80℃冰箱取出，放在室温水浴。一旦样本融解（约 1～3min），轻轻混合，放在冰上。
10. 如果条件允许，使用对照。如果没有对照，可用人指血（稀释：20 μL 人血与 180 μL 无钙镁 PBS 混合）做为替代物。阴性样本可以事先冻存并且在需要的时候融解。但是这些样本的活性和 DNA 损伤需要经常检测因为随冷冻时间延长，DNA 损伤会增加。
11. 胶中残留的裂解液中的盐成分会使电泳时彗星的形态发生变化，因此样本需要适当漂洗。
12. 对某些特殊类型的 DNA 损伤（如 DNA-蛋白质交联和几种氧化碱基损伤）的研究者会加入 DNA 特异内切酶（如核酸内切酶Ⅲ）或蛋白酶进行第二步裂解。这些酶会识别并且试图修复某些类型的 DNA 修饰。然而，这些修复复合物不稳定，当胶暴露在碱性环境中这些修复位点会降解产生 DNA 单链断裂。在这些酶存在的条件下 DNA 损伤的程度会比阴性对照增加，表示有能被所加的酶识别的 DNA 特异性损伤存在（10）。
13. 由于可用不同模型的水平电泳仪，而这些仪器的尺寸又不尽相同，因此需要调节合适的电泳缓冲液体积。通常电泳液需漫过胶面 1 cm。保证电泳仪内电泳液体积的一致性和准确性非常重要，因为不同体积会导致引起 DNA 迁移的电场力强度不同从而导致结果的不一致。这在使用一台以上的电泳仪的情况下，对于实验中匹配的样本更加重要。
14. 当使用哺乳动物和鸟类的白细胞及哺乳动物的精细胞时，染色 10～15min。两栖类全血细胞需染色约 30min。

（章　晨　杨　军）

参考文献

1. Tice, R. R., Agurell, E., Anderson, D., Burlinson, B., Hartmann, A., Kobayashi, H., Miyamae, Y., Rojas, E., Ryu, J.-C., and Sasaki, Y.F. (2000) Single cell gel/comet assay: guidelines for the in vitro and in vivo genetic toxicity testing. *Environ. Mol. Mutagen.* **35**, 206–221.
2. Krause, G., Wolz, L., and Scherer, G. (2001) Performing the "comet assay" for genetic toxicology applications. *Life Sci. News.* 7:1–3.
3. McNamee, J. P., McLean, J. R. N., Ferrarotto, C., and Bellier, P. V. (2000) Comet assay: rapid processing of multiple samples. *Mutat. Res.* **466**, 63–69.
4. Hartmann, A., Agurell, E., Beevers, C., Brendler-Schwaab, S., Burlinson, B., Clay, P., Collins, A. R., Smith, A., Speit, G., Thybaud, V., and Tice, R. R. (2003) Recommendations for conducting the in vivo alkaline comet assay. *Mutagenesis* **118**, 45–51.
5. Singh, N. P., Muller, C. H., and Berger, R. E. (2003) Effects of age on DNA double-strand breaks and apoptosis in human sperm. *Fertil. Steril.* **80**, 1420–1430.
6. Strauss, G. H. (1991) Non-random cell killing in cryopreservation: implications for performance of the battery of leukocyte tests (BLT), I. Toxic and immunotoxic effects. *Mutat. Res.* **252**, 1–15.
7. Collins, A. R., Dobson, V. L., Dusinská, M., Kennedy, G., and Stetina, R. (1997) The comet assay: what can it really tell us? *Mutat. Res.* **375**, 183–193.
8. Schnurstein, A., and Braunbeck, T. (2001) Tail moment versus tail length-application of an in vitro version of the comet assay in biomonitoring for genotoxicity in native surface waters using primary hepatocytes and gill cells from zebrafish (*Danio rerio*). *Ecotoxicol. Environ. Safe.* **49**, 187–196.
9. Fairbairn, D. W., Olive, P. L., and O'Neil, K. L. (1995) The comet assay: a comprehensive review. *Mutat. Res.* **339**, 37–59.
10. Collins, A. R. (2004) The comet assay for DNA damage and repair: principles, applications, and limitations. *Mol. Biotechnol.* **26**, 249–261.
11. Anderson, D., Yu, T.-W., Dobrzynska, M. M., Ribas, G., and Marcos, R. (1997) Effects in the comet assay of storage conditions on human blood. *Teratogen., Carcinogen. Mutat.* **17**, 115–125.
12. Tice, R. R., and Vasquez, M. (1999) Protocol for the application of the pH>13 alkaline single cell gel (SCG) assay to the detection of DNA damage in mammalian cells, in *Integrated Laboratory Systems*. Research Triangle Park, NC. http://www.cometassay.com/Files/raytice.doc
13. Duty, S. M., Singh, N. P., Ryan, L., Chen, Z., Lewis, C., Huang, T., and Hauser, R. (2002) Reliability of the comet assay in crypopreserved human sperm. *Hum. Reprod.* **17**, 1274–1280.
14. McKelvey-Martin, V. J., Ho, E. T., McKeown, S. R., Johnston, S. R., McCarthy, P. J., Rajab, N. F., and Downes, C. S. (1998) Emerging applications of the single cell gel electrophoresis (Comet) assay. I. Management of invasive transitional cell human bladder carcinoma. II. Fluorescent in situ hybridization Comets for the identification of damaged and repaired DNA sequences in individual cells. *Mutagenesis* **13**, 1–8.

15. Horváthová, E., Dušinská, M., Shaposhnikov, S., and Collins, A. R. (2004) DNA damage and repair measured in different genomic regions using the comet assay with fluorescent in situ hybridization. *Mutagenesis* **19**, 269–276.
16. Singh, N. P. (2000) A simple method for accurate estimation of apoptotic Cells. *Exp. Cell Res.* **256**, 328–337.
17. Olive, P. L., Wlodek, D., and Banáth, J. P. (1991) DNA double-strand breaks measured in individual cells subjected to gel electrophoresis. *Cancer Res.* **51**, 4671–4676.
18. Singh, N. P., Danner, D. B., Tice, R. R., McCoy, M. T., Collins, G. D., and Schneider, E. L. (1989) Abundant alkali-sensitive sites in DNA of human and mouse sperm. *Exp. Cell Res.* **184**, 461–470.
19. Haines, G. A., Hendry, J. H., Daniel, C. P., and Morris, I. D. (2001) Increased levels of comet-detected spermatozoa DNA damage following in vivo isotopic- or X-irradiation of spermatogonia. *Mutat. Res.* **495**, 21–32.
20. Duty, S. M., Singh, N. P., Silva, M., Barr, D. B., Brock, J. W., Ryan, L., Herrick, R. F., Christiani, D. C., and Hauser, R. (2003) The relationship between environmental exposures to phthalates and DNA damage in human sperm using the neutral comet assay. *Environ. Health Persp.* **111**, 1164–1169.
21. Migliore, L., Naccarati, A., Zanello, A., Scarpato, R., Bramanti, L., and Mariani, M. (2002) Assessment of sperm DNA integrity in workers exposed to styrene. *Hum. Reprod.* **17**, 2912–2918.
22. Knopper, L. D., Mineau, P., McNamee, J. P., and Lean, D. R. S. (2005) Use of comet and micronucleus assays to measure genotoxicity in meadow voles (*Microtus pennsylvanicus*) living in golf course ecosystems exposed to pesticides. *Ecotoxicology* **14**, 323–335.

第十二章　微核实验在染色体水平检测DNA损伤

Michael Fenech

概论

研究染色体水平的DNA损伤是遗传毒理学的重要组成部分，因为染色体突变是癌症发生过程中重要的一环。微核实验（micronucleus assay）因为能准确检测染色体丢失和染色体断裂而被认为是评价染色体损伤的最佳方法之一。由于微核只出现在完成细胞核分裂的细胞中，可使用一种微丝聚合抑制剂松胞菌素B（cytochalasin B）阻止胞质分裂（cytokinesis）的方法从而根据其双核现象鉴定这类细胞。这种胞质分裂阻滞微核实验（cytokinesis-blocked micronucleus，CBMN）有较好的精确性，因为获得的数据不会被由细胞毒性试剂或者非理想的细胞培养条件引起的细胞分裂动力学改变所混淆。这种方法现在已被用于多种细胞以检测群体中的遗传损伤，筛检化学物的潜在遗传毒性和其他特殊目的如预测肿瘤对放射的敏感性和个体间对放射的敏感性差异。应用目前的基本研究方法，通过简单的形态学标准，CBMN实验能够用于以下检测：染色体断裂、染色体丢失、染色体重组（nucleoplasmic bridge，核质桥）、基因扩增（nuclear bud，核芽）、细胞分裂阻滞、坏死和凋亡。用阿糖胞苷改良的CBMN实验能够检测切除修复损伤。通过分子探针的使用可将染色体断裂和染色体缺失区分，更重要的是能探测到非微核双核细胞中的不分离（nondisjunction）染色体。因此CBMN技术可在一种相对简单的体系中完成多重和互为补充的遗传毒性和细胞毒性的测量。本章将阐述CBMN实验的基本原理和方法（包括详细的所有的遗传毒性和细胞毒性指标的评分标准）以及发展应用前景。

关键词： 染色体断裂；染色体丢失；胞质分裂阻滞；微核；核质桥。

1. 引言

电离辐射或致癌物暴露引起染色体损伤的观察是理化因素能引起真核细胞遗传物质发生改变的第一可靠证据（1）。虽然我们对染色体结构的认识有限，但证据提示染色体异常是DNA水平上损伤的直接结果和表现——例如未修复的DNA双链断裂可导致染色体断裂，DNA链断裂的错误修补能导致染色体重排（2）。此外，染色体丢失和染色体错误分离（非断裂）被认为是在癌症和衰老过程中的重要事件，而它们极可能因纺锤丝或着丝点缺陷或分裂中期前染色体结构浓缩不充分而引起（3-5）。

经典细胞遗传学技术是用直接观察和计数中期细胞异常情况来研究染色体的（6）。这种方法分析详尽但是复杂并且需耗费精力计数中期异常情况，同时在中期细胞制备过程中人为因素造成的染色体丢失会影响分析，这些原因促使了一种更为简便的检测染色体损伤的方法产生。

Schmid 和 Heddle 分别独立提出了一种较为简便的体内评价染色体损伤的方法，即测量微核（MNi，又被血液学家称为 Howell-Jolly 小体，在分裂旺盛细胞群中如骨髓等常见）。骨髓和外周红细胞的微核实验（MN）是遗传毒理学领域建立的最好的体内细胞遗传学方法，但是，它不能运用到其他细胞的体内或体外实验；因此以后逐步发展了许多其他体外衡量 MNi 的方法。

MNi 在含有缺少着丝点的染色体断裂（无中心片段）和（或）在有丝分裂中不能整体迁移到纺锤体两极的染色体的分裂细胞中出现。在分裂末期，核膜包裹滞后的染色体和断片，这些染色体和断片随后解开，逐渐在细胞内形成一个类似中期细胞核但又比主要细胞核小的结构，被称为“微核”（图 1）。因此 MNi 成为染色体断裂和染色体缺失简便而可靠的标志。由于 MNi 在完成核分裂的细胞中表达，它们在细胞周期中的双核时期很容易被发现（9，10）。偶尔能在双核细胞中观察到两核之间的核质桥。这可能是含有双着丝点的染色体被拉向细胞的两极而形成的桥中的 DNA 被核膜覆盖而成（图 1）。由此双核细胞中的核质桥成为另一种可与 MN 计数协同参考的、衡量染色体重排的补充方法。

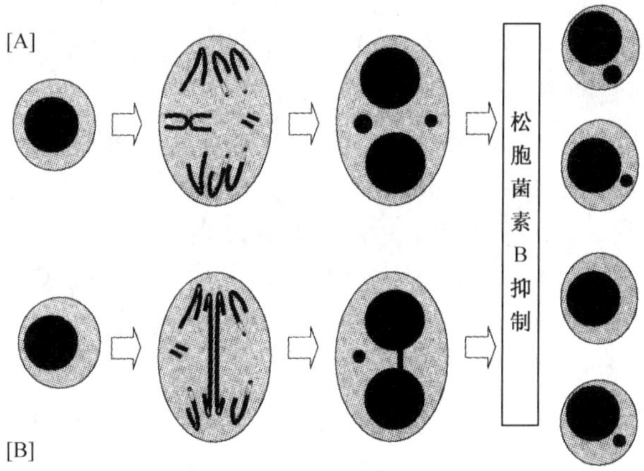

图 1　（A）源于后期滞后的整个染色体和无着丝点的染色体片段的微核。（B）含有两个着丝点的染色体，着丝粒分别被拉向细胞的两极而形成核质桥；相应的无着丝点染色体片段则形成 MN。图中也显示了 Cyt B 在双核时期阻止细胞分裂中起到重要的作用。此例显示的是假定的二倍体细胞的情况。

上述现象表明 MNi 只能在真核分裂细胞中出现。换言之，微核实验不能有效用于不分裂的细胞群、细胞分裂动力学尚不清楚或者细胞分裂不能被控制的细胞群。因此，需要建立一种能区分不分裂的细胞和在细胞群中正经历有丝分裂的细胞的方法。此外，由于不确定在一次分裂后 MNi 的结局会怎样，因此发现那些只完成了一次核分裂的细胞是很重要的。这些要求都是必需的，因为细胞在体内体外的分裂速度受多种生理、基因和微营养物质情况的影响。

已经在有丝分裂抑制（stathmokinetic）、流式计数和 DNA 标记等基础上提出了一些方法，但是细胞分裂阻滞微核（cytokinesis-block micronucleus，CBMN）方法以其简便性和确定性以及能更有效地检测遗传损伤，从而更受欢迎（9-11）。

在 CBMN 实验中，完成了一次核分裂的细胞用松胞菌素 B（cytochalasin B，Cyt B）阻滞进入胞质分裂，然后根据它们的双核现象就可很容易地被鉴定（图 1）。Cyt B 是肌动蛋白聚合的抑制剂，而肌动蛋白聚合是形成在胞质分裂中分隔子核间细胞质的微丝环所必需的（12）。Cyt B 几乎可以将所有分裂细胞积聚在双核期，而不管它们同步化的程度和分裂细胞所占的比例。然后只在双核细胞中计数 MNi，这就能够更可靠地比较具有不同细胞分裂动力学的细胞群之间的染色体损伤。这种方法最初被用于培养的人淋巴细胞（9，10），但现在已用于多种细胞包括实体瘤和骨髓细胞（13，14）。此外，新技术的发展使人们能够（a）区分来自整体染色体的 MNi 和来自染色体片段的 MNi（15-20），（b）在一个细胞分裂内从切除修复位点到 MNi 的转变（21），（c）用分子探针辨认双核细胞内的不分离情况（22-24）以及（d）在 CBMN 实验中坏死和凋亡的总和（25，26）。

近来提出用 MN 实验替代中期分析来检测新化学物质的遗传毒性。*Mutation Research* 最近一期特刊就这个观点发表了专题（27）。目前体外 MN 实验的方法和数据在 1999 年由华盛顿国际遗传毒性实验流程工作站进行了评估（28）。

下文将详尽阐述 CBMN 实验以及各种衍生方法。此种方法主要适用于培养的人淋巴细胞，然而，衍生的方法可用于其他细胞类型。

2. 材料

2.1 胞质分裂阻滞微核试验

1. 松胞菌素 B 储液，2 mg/mL 溶于 DMSO。
2. Ficoll Paque。
3. Hank's 平衡盐溶液（HBSS）：0.137 mol/L NaCl，5.4 mmol/L KCl，0.25 mmol/L Na_2HPO_4，0.44 mmol/L KH_2PO_4，1.3 mmol/L $CaCl_2$，1.0 mmol/L $MgSO_4$，4.2 mmol/L $NaHCO_3$。
4. RPMI 1640 培养基 ＋ 10％～15％灭活胎牛血清。
5. 植物血球凝集素（PHA）（Glaxo Wellcome）储液：2.25 mg/mL 水溶液（对于转化细胞系或肿瘤细胞的培养不需要）。
6. Diff Quik（Lab-Aids，澳大利亚）或吉姆萨染色。
7. Depex（DPX）显微镜油镜液（Electron Microsopy Sciences）。
8. Sorensen's 磷酸缓冲液：10 mmol/L $NaH_2PO_4 \cdot H_2O$/ $Na_2HPO_4 \cdot 2H_2O$，pH 6.9。
9. 吖啶橙：40 μg/mL 溶于 Sorensen's 磷酸缓冲液，pH 6.9。

2.2 微核的着丝点检测

1. 从硬皮病 CREST 亚型的患者中取得的血清样本。
2. FITC 标记的兔抗人 IgG 二抗。
3. 过氧化物酶标记的兔抗人 IgG。

4. 二胺基联苯溶液（DAB）：1 mg/mL 溶于 0.5 mol/L Tris 碱缓冲溶液，pH 7.6。
5. $NiCl_2$溶液：8%溶液溶于 0.5 mol/L Tris 碱缓冲溶液，pH 7.6，使用前配制。
6. DAB 反应混合物：1 mL DAB 溶液，3 mL Tris 碱缓冲溶液，pH 7.6，25 μL $NiCl_2$ 溶液，40 μL 0.1 mol/L 咪唑水溶液和 10 μL 30%过氧化氢。使用前配制。
7. 中性红溶液：0.1 % 溶于双蒸水。

3. 方法

3.1 用于分离的人淋巴细胞的标准 CBMN 试验

在这个实验中只有出现在用 PHA 刺激后完成一次核分裂的细胞中的 MNi 才用于分析。这些细胞可通过由在第一次有丝分裂之前加入 Cyt B 使细胞不再进行后续细胞分裂而导致的双核形态来辨认。在优化条件下 PHA 刺激后 72h 在所有活细胞中（除去坏死和凋亡外的所有细胞）双核细胞比例可达 35%～60%或更多。所有实验设备都必须达到生物安全要求以保护操作者，并且所有在此程序中使用的溶液需经过滤灭菌。

3.1.1 淋巴细胞的分离、细胞培养和细胞收集

1. 用含有抗凝剂肝素的管子收集新鲜静脉血，置于 22℃，4 h 内分离。
2. 用已灭菌的 0.85% NaCl 按 1∶1 稀释血液，轻轻颠倒混匀。
3. 将稀释后的血液轻轻覆盖在 Ficoll Paque（Pharmacia）密度梯度上，所用比例大约 1∶3（例如 2 mL Ficoll Paque 加入 6 mL 稀释的血液），小心不要扰动两相界面。
4. 在 22℃下 400 *g* 离心 25～40min。
5. 淋巴细胞位于 Ficoll Paque 和稀释的血浆之间。收集后在 22℃加入 3～5 倍体积的 HBSS。根据体积的不同情况，将所得细胞悬液在 280～400 *g* 下离心 5～10min。
6. 弃上清，用 2～5 倍体积 HBSS 重悬细胞，并根据不同体积用 180～400*g* 离心 5min。
7. 弃上清，用 1 mL RPMI1640 培养液重悬细胞。
8. 细胞计数计算细胞浓度，根据台盼蓝实验得到的活细胞比例调整细胞浓度。
9. 用含有 10%～15%灭活胎牛血清的 RPMI1640 培养液调整细胞浓度至 0.5×10^6～1.0×10^6 细胞/mL，并在圆底的培养管中（10 mm 宽）用 0.75～1.0 mL 培养液进行培养。
10. 每个培养管中加入 10 μL/mL PHA（Glaxo Wellcome HA15）刺激淋巴细胞分裂。将盖拧松，37℃，5%CO_2，湿润条件下培养。PHA 的浓度需根据产品的纯度和来源进行优化，以保证细胞在用 Cyt B 阻滞后产生最大数量的双核细胞。
11. PHA 刺激 44h 后，每毫升培养液加入 4.5 μg Cyt B（戴手套和通风橱内操作）：溶解 100 μL Cyt B 储液，加入 900 μL 培养液，混合。将 75 μL 混合液加入 1 mL 培养液使终浓度为 4.5 μg Cyt B/mL（一些实验室也成功地使用了 6.0 μg

Cyt B/mL 的浓度）。继续培养。

12. 加入 Cyt B 28h 后用血细胞分离器（cytocentrifuge，Shandon Elliot）收集细胞。弃去 100 μL 培养液，将细胞轻轻重悬于管中。将 100～120 μL 细胞悬液转移至血细胞离心杯（Shandon Elliot），离心至每玻片产生两个小点（见注释 1）。（如下设置细胞离心程序，时间：5min，转速：100 *g*）将玻片从血细胞分离器中移开，空气干燥 10～20min，用 100%甲醇固定 10min。
13. 用不同的可区分细胞核与胞质界限的方法染色。在我们的实验中使用的是"Diff Quik"，它是一种商业成品，能迅速、优化地给出结果（见注释 1）。
14. 染色后将玻片晾干并用 DPX 液盖上盖玻片。这一步骤需在通风橱内完成，将片子放在通风橱内储存，直到需要使用。

对照和经遗传毒物处理的细胞培养需有重复样本，每个样本都制备玻片。这对实验数据标准差的获取来说是必需的，例如变异系数（标准差），对于每组重复数据都需要标明（见注释 2 和 3）。这一实验设计见图 2。

对于荧光显微镜，推荐使用吖啶橙（40 μg/mL 溶于 Sorensen's 磷酸缓冲液，pH 6.9）进行染色。如果没有细胞离心机，可使用下面介绍的用于全血培养的方法准备玻片。

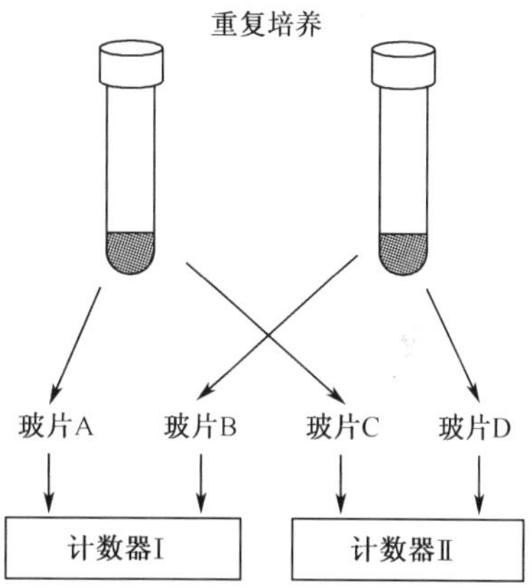

图 2　一个能估测实验变异值（A+C 与 B+D 的结果比对）以及测量者偏倚（A+B 与 C+D 的结果比对）的体外 MN 实验的最合理的样本处理流程。

3.1.2　玻片的检查以及 MN 频率的评价

最好用放大 1000 倍的光学显微镜或荧光显微镜观察玻片。玻片最好在分析前用代号标记，这样分析人员不会知道玻片的含义（盲法）。分析数据需经两位不同的分析者用相同显微镜对每个重复实验组进行评判（见注释 4 和 5）。进行统计的细胞数（见注释 6）需根据实验预期检测 MN 指数的变化值和预期的标准差确定。每张玻片需获得以下信息：

1. 计算至少 1000 个双核（BN）细胞内的微核（MNi）数量以及 MNi 在 1000 个 BN 细胞内的频率。在 BN 细胞中计数 MNi 的标准如下。
2. 含有 0、1 或更多微核（MNi）的 BN 细胞的分布；一个双核细胞中的 MNi 数在正常人体淋巴细胞中约为 0～3 个，但根据毒物暴露和年龄的不同有时可能大于 3 个。
3. 在至少 1000 个 BN 细胞中出现微核的 BN 细胞频率。
4. 统计 1000 个 BN 细胞中细胞核质桥的频率。在 BN 细胞中计数核质桥的标准如下。
5. 每 500 个细胞中单核、双核、三核和四核细胞的比例。从此信息可以得出核分裂指数（nuclear division index，稍后解释）。
6. 在统计活的单核、双核或多核细胞频率的同时，统计在同张玻片上每 500 个细胞中由凋亡或坏死引起的已死或将死的细胞比例（评判标准稍后列出）（见注释7）。

需要注意的是当无法判断如何对某一细胞进行分类时最好忽略该细胞。一张统计表中应包含的基本信息见表1。

表1　在CBMN实验的评分表中应包含的信息

1.	每张玻片的标号
2.	统计双核细胞的数目
3.	至少1000个BN细胞内含0、1、2、3或更多MNi双核细胞的分布
4.	在双核细胞中MNi的总数
5.	在1000个BN细胞中MNi的频率
6.	在1000个BN细胞中出现微核的BN细胞的频率
7.	含有细胞核质桥的双核细胞的比例
8.	含有核芽的BN细胞的比例
9.	500个活细胞中单核、双核、三核和四核细胞所占的比例
10.	在每500个活细胞中BN细胞的出现频率
11.	核分裂指数
12.	每500个细胞中出现凋亡或坏死的细胞比例
13.	核分裂细胞毒性指数
14.	重复计算上述参数的变异系数

BN，双核；MNi，微核。

3.1.3　分选双核细胞的标准及微核、细胞核质桥、核芽、凋亡和坏死的细胞的计数

1. 双核细胞的分选标准：用于MN频率计算的胞质分裂阻滞的细胞须符合以下特征：
   a. 细胞须为双核。
   b. 在一个双核细胞的两个细胞核须有完整的核膜，并须在一个细胞质内。
   c. 双核细胞中的两个核的大小、染色形状和密度应相似。
   d. 在BN细胞中的两个核可能由不超过1/4核直径的细胞核质桥连接。
   e. 在BN细胞中的两个核可能相互接触，但是不该重叠。只有在这两个核的界限非常清晰时才能将此种重叠的双核细胞计算在内。
   f. 双核细胞的胞质界限或细胞膜必须完整，并能与附近细胞清晰区分。

可以或不可以用于计数的双核细胞的类型如图3所示。在计算微核细胞频率时不应被包括的细胞种类包括单核、三核、四核和多核细胞，以及凋亡或坏死细胞（图4）。

2. 微核计数的标准：MNi在形态上和核相似，只是比核小。它们还有以下一些特点：
   a. 人淋巴细胞MNi直径的大小通常占双核细胞中主核直径的1/16～1/3，其面积相当于主核的1/256～1/9。

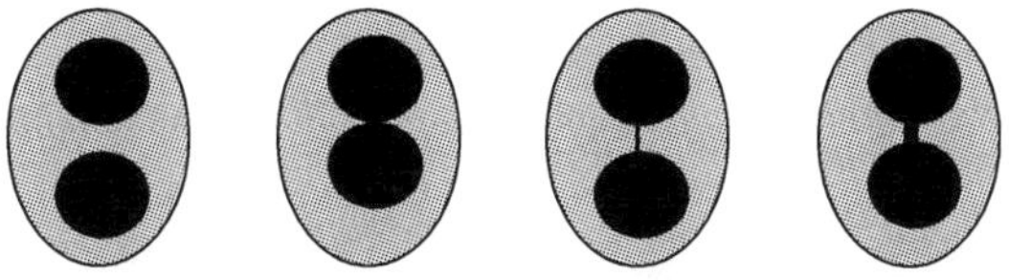

图 3　在 CBMN 试验中筛选双核细胞的标准。(A) 理想的双核细胞。(B) 核接触的双核细胞。(C) 由较窄的细胞核质桥相连的双核细胞。(D) 由相对较宽的细胞核质桥相连的双核细胞。含有两个核边界可清晰区分的重合细胞核的细胞可算作双核细胞。有时候偶尔能见到含有一个以上的核质桥的双核细胞。

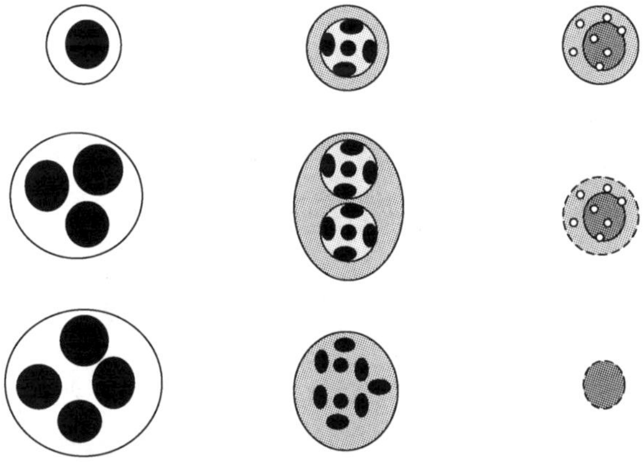

图 4　除双核细胞外在体外 CBMN 实验中还可能观察到其他不同类型的细胞。这些细胞不能用来计算 MN 频率。(A) 活的单核、三核和四核细胞。(B) 在凋亡早期染色质浓缩已发生但核膜完整时的单核和三核细胞，以及在晚期凋亡时具有完整细胞质的细胞，无细胞核但有凋亡小体。(C) 在坏死各期的细胞包括早期空泡形成、细胞膜降解、细胞核完整而细胞质丢失，在晚期细胞质部分或完全丢失，可见核膜损伤并且核内物质开始从剩下的细胞核中漏出。

b. MNi 是不反光的，所以它们能与人为现象如染色颗粒相区分。

c. MNi 不与主核相连或紧贴。

d. MNi 可能与主核相接触但不会和主核重叠，并且微核的边界能与细胞核的边界清晰区分。

e. MNi 通常与细胞核的染色密度相当，但偶尔其染色程度会更深一些。

图 5 显示了符合上述标准 MNi 的典型例子。图 6 显示类似 MNi 的细胞结构，这些

结构在分类时不能归入 MNi，因为 MNi 来源于染色质断裂或丢失。

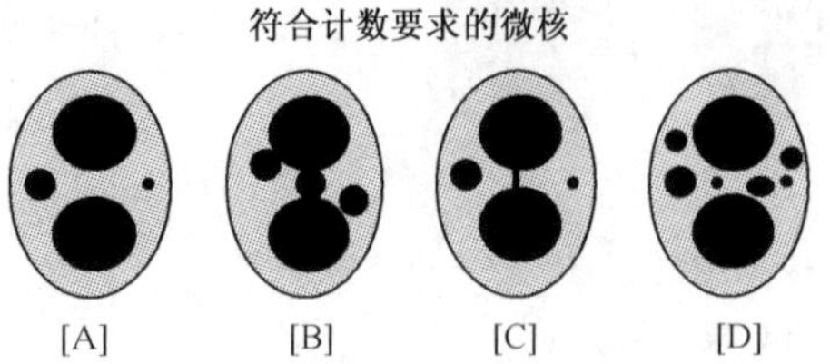

图 5 双核细胞内典型的微核形状及相对大小。(A) 双核细胞含有两个微核，一个直径为主核的 1/3，另一个直径为主核的 1/9。(B) 微核与主核相接触但不重叠。(C) 含有微核且在主核间有核质桥的双核细胞。(D) 含有 6 个不同大小的微核的双核细胞，这种细胞比较少见。

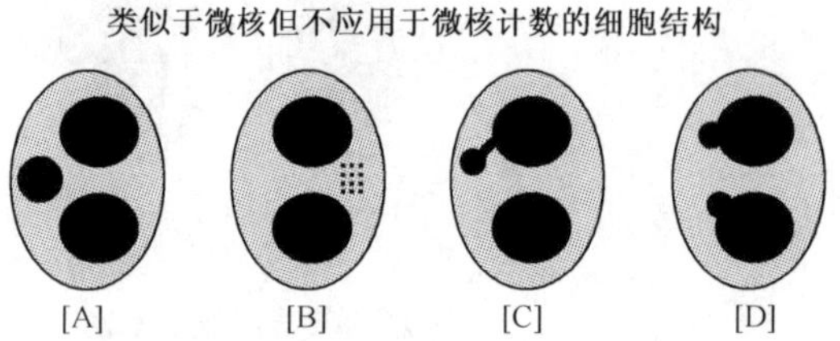

图 6 有时双核细胞（或类似双核细胞的细胞）可能会含有类似微核但不能算作由染色质丢失或染色体断裂形成的微核的结构。这些情况包括：(A) 三核细胞，其中一个核较小，但是直径大于其他核直径的 1/3。(B) 在细胞核内某一区域的高密度点。(C) 凸出的核物质，形态类似 MN 但有狭窄的核质连接至主核。(D) 与主核有明显核质连接的核泡。

3. 核芽计数的标准：S 期时基因增殖可能导致增殖的基因向外挤形成核芽（图 6 C 和图 6 D），最终与核分离形成一个微核（Shimizu et al.，1998）；如果怀疑有基因增殖，则需要计算有核芽形成的细胞核频率（见注释 8）。核芽在形态上与微核相类似，只是在细胞核和核芽之间有连接，二者明显地连接在一起。
4. 核质桥计数的标准：细胞暴露于断裂剂（clastogen）后有时可以观察到双核细胞中的核质桥。
   a. 在双核细胞中它们连接两个核，被认为是有双着丝点的染色体在分裂后期由于着丝点被拉向两极而形成的。
   b. 核质桥的宽度可能会有较大的变动范围，但通常不会超过细胞核直径的 1/4。
   c. 核质桥应和主核具有相同的染色特征。
   d. 在一些非常特殊的情况下，可以观察到双核细胞内有不止一条核质桥。有核质桥的双核细胞常有一个或以上微核。含有核质桥的双核细胞的示意图见图 1 和图 5（见注释 9）。
5. 凋亡以及坏死细胞计数的标准：培养的淋巴细胞暴露于毒性物质后可能发生的多种通路变化和事件如图 7 所示。那些需要用低渗处理来制备间期细胞（全血 MN 实验）或者观察中期染色体的细胞遗传毒性试验不适用于细胞毒性试验，因为低渗处理会破坏坏死细胞和凋亡细胞使其不适于进行分析。计算坏死和凋亡细胞对准确描述机制和衡量细胞对于化学及辐射的敏感性很重要。分离的淋巴细胞培养实验或者培养细胞在玻片制备中不需要低渗处理，因而可以保留凋亡和坏死细胞的形态。松胞菌素 B（Cyt B）的使用使得凋亡细胞计数更为容易，因为它能阻止瓦解的凋亡细胞变为凋亡小体。这一过程所需的微管聚集（29）可被 Cyt B 阻止（12）。

   以下是坏死和凋亡细胞计数的推荐指南：
   a. 出现染色质浓缩但具有完整细胞质和细胞核界限，或者具有完整细胞质/细胞膜但出现核碎片转变为凋亡小体的细胞都可归为凋亡。

b. 细胞胞质变薄且含有较多空泡，胞膜破坏但核完整，或者胞质丢失且核膜损伤或不完整，仅有部分细胞核结构完整的细胞为坏死。用过氧化氢处理得到的这些标准和衡量结果已有报道（26）。

图 4 和图 7 显示了典型的坏死和凋亡细胞。

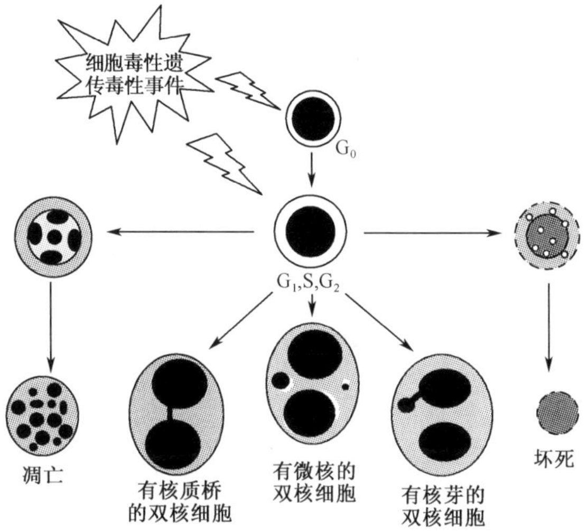

图 7　在完整的 CBMN 实验中可以检测的基因损伤及细胞死亡生物标志。CBMN 可以检测发生在基因损伤后所有可能的结果。基因损伤的细胞可能经由凋亡或坏死途径走向死亡或者可能存活并进一步进行核分裂。对于后一种情况，分裂的细胞可以通过用 Cyt B 阻滞胞质分裂观察双核细胞（BNC）来分辨。BNC 的检测可用于分析以下基因损伤事件：（A）由整体染色体阻滞或染色体片段断裂形成的微核，可作为染色体断裂和染色体丢失的标志，后者是由于中心粒或纺锤体结构缺陷造成，（B）由染色体断裂错误修复形成的双着丝点染色体导致的核质桥（NPB），因此可作为染色体重排的标记，（C）由 NPB 形成的断裂-融合-桥接循环导致细胞核消除扩增的 DNA 从而形成核芽（NBUD）。NBUC 由此可用于衡量基因扩增。MNi、NPB 和 NBUD 的增多意味着基因的不稳定性增加，这在肿瘤中比较常见。

3.1.4　核分离指数计算（NDI）以及核分离细胞毒性指数（NDCI）

1. 根据 Eastmond 和 Tucker 的方法（30）计算 NDI。计数 500 个活细胞，计算含有一个、两个、三个或四个核的细胞频率，NDI 计算公式如下：

$$NDI=(M1+2\times M2+3\times M3+4\times M4)/N$$

M1～M4 指含有 1～4 个细胞核的细胞，N 表示总活细胞数。NDI 指数以及双核细胞的比例是比较淋巴细胞的有丝分裂反应以及测试药物的细胞抑制作用的有效参数。

2. 用于评价核分裂状态的更为准确的方法是将坏死和凋亡的细胞数包含在细胞总数内，因为在高剂量的毒性物质作用下死细胞可能占了很大的比例。所以需要注意的是如果不包括坏死和凋亡的细胞，双核细胞比例和 NDI 指数会偏高。

3. 下面经修正的公式可用于较为准确地估算核分裂状态以及细胞分裂动力学的情况，这个公式考虑了坏死和凋亡的细胞。

$$NDCI=(AP+Nec+M1+2\times M2+3\times M3+4\times M4)/N^*$$

NDCI：核分裂细胞毒性指数（nuclear division cytotoxicity index）；Ap：凋亡的细胞；Nec：坏死的细胞数；M1～M4 指含有 1～4 个细胞核的细胞；N^* 表示总细胞数（活细胞和死细胞）。

3.2 用阿糖胞苷微核实验检测人淋巴细胞 G_0/G_1 期 DNA 剪切修复损伤的方法

在对暴露于各种遗传毒物的人 G_0 期淋巴细胞的 MN 进行检测后发现，对于主要引起碱基损伤和 DNA 加合物而不是 DNA 链断裂或者纺锤体损伤的化学物质和紫外辐射而言，MN 的形成与细胞毒性相比明显程度较低（21）。我们猜测这可能是由于对损伤的有效修复，或者未修复的损伤位点在一轮 DNA 合成后不会形成 DNA 双键断裂。因此，我们推测用阿糖胞苷（ARA）抑制剪切修复会使碱基损伤转化为单链断裂继而在 DNA 合成后变成双键断裂，导致无着丝点片段的产生并将在一个分裂周期内以 MN 的形式出现（21，31）。

1. 根据这一概念（图 8），我们在淋巴细胞培养的第一个 16h 内（DNA 合成前）加入 ARA（1 μg/mL 培养液）的确可增高紫外照射或 MNU 处理后 MN 的形成（10 倍或更高）。而在 X 射线暴露后加入 ARA 引起的 MN 数量变化仅为 1.8 倍，因为 X 射线引起的 DNA 加合物或碱基损伤与 DNA 链的断裂相比较少。这种方法已用于判定可引起剪切修复的杀虫剂，来区分诱导或者不诱导剪切修复的遗传毒物。

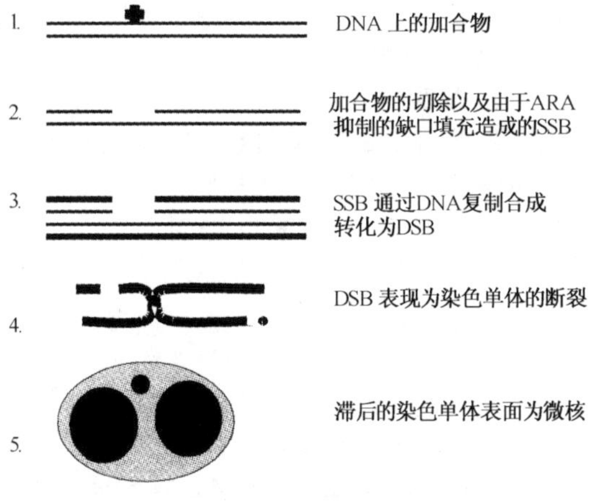

图 8　在一个分裂周期内 ARA 将可剪切修复的 DNA 损伤转变为 MN 的示意图。

2. ARA 实验是对 CBMN 实验重要的补充，特别是当观察到强烈的细胞毒性作用和较弱的 MN 产生时更需要做 ARA。
3. 只有经过 CBMN 实验才能用 ARA 方法准确检测 DNA 剪切修复损伤，这是因为（a）只有在核分裂完成的情况下才发生 DNA 剪切修复损伤向 MN 转变；

(b) ARA 的加入可能引起细胞分裂动力学的改变，若没有 Cyt B 则可能在 MN 实验中产生干扰结果。

4. ARA 抑制 DNA 聚合酶，因此可能导致细胞在进行 DNA 复制合成时产生 DNA 双链断裂。因此，这种方法仅在 PHA 刺激的 G_0 期淋巴细胞，在 G_1 期、S 期前暴露于 ARA 才可以，因为剪切修复通常在 G_1 期被激活。
5. 实际操作中这意味着细胞在 PHA 刺激后的 16～20h 内加入 ARA，之后洗细胞去除 ARA，在含有脱氧胞嘧啶的培养液中培养，逆转 ARA 对 DNA 聚合酶的抑制。
6. 以上步骤后进行标准的 CBMN（如前所述）。更详细的流程和典型结果可在 Fenech 和 Nexille（21）及 Surrales 等（32）的文章中找到。

3.3 其他细胞培养体系的 CBMN 实验

3.3.1 淋巴细胞的全血细胞培养

1. 用全血培养也可以进行人淋巴细胞的 CBMN 实验。
2. 一般 0.4～0.5 mL 的全血加入 4.5 mL 的培养液（如 RPMI1640），含有胎牛血清、谷氨酸、抗生素和 PHA。
3. 在 PHA 刺激后 44h 加入 Cyt B。全血细胞培养中推荐的 Cyt B 最优浓度为 6 μg/mL（33）。
4. 加入 Cyt B 后 28h 收集双核淋巴细胞，过程如下：
   a. 300 *g* 离心 5min 收集细胞，弃上清。
   b. 用 7 mL 4℃ 预冷的 0.075 mol/L KCl 低渗处理以裂解红细胞，300 *g* 离心 8min。
   c. 弃上清，加入 5 mL 甲醇-乙酸（3∶1）固定液（必须一边摇晃一边加入固定液以防止块状物形成。）
   d. 然后以 300 *g* 离心 8min，用固定液继续洗两遍。
   e. 轻轻重悬细胞，将重悬液滴在玻片上晾干。

此外也可以用 Ficoll 梯度液从全血细胞培养中直接分离双核淋巴细胞，然后在固定和染色前通过离心转移细胞至玻片，这种方法会避免低渗处理，以更好保留细胞质。

5. 用内含 10% 吉姆萨染液的 0.1 mol/L 磷酸钾缓冲溶液（pH 7.3）染色，用于光镜下使用。或者用吖啶橙（含 10 μg/mL 的 0.1 mol/L 磷酸缓冲溶液，pH 6.9，用于荧光显微镜下使用）。

3.3.2 鼠淋巴细胞培养

1. 从脾脏或外周血中分离淋巴细胞，根据 Fenech 等的描述培养（34）。
2. 因为鼠的淋巴细胞比人淋巴细胞的分裂周期短，因此需要在分裂素刺激后 18h 内加入 Cyt B，并在 20h 后收集细胞。根据培养条件的不同，甚至可以在分裂素刺激后 72h 后得到较好的双核细胞比例。

3.3.3 其他原代细胞培养包括肿瘤细胞培养

CBMN 实验可用于其他细胞类型来检测 DNA 损伤，包括体外、体内或者来自体内的体外实验。最重要的是记住以下几点：(1) 确保计数的 MNi 是在遗传毒物作用后的第一次核分裂中产生的；(2) 做预实验以确定 Cyt B 的浓度和孵育时间，以获得最多的阻滞在双核期的分裂细胞（见注释 10）。此外需要记住的是 Cyt B 可能需要 6h 才能发挥阻滞胞质分裂的作用（未发表的数据）。

1. 用建立的细胞系或者从分裂细胞群中得到的原代培养细胞系时，通常在遗传毒物作用后立即加入 Cyt B 以得到所有进行第一次核分裂的双核细胞——收集细胞前通常需要 24～48h 的孵育时间，取决于细胞周期的时间。
2. 贴壁细胞先要消化，再经如前处理人淋巴细胞所述的血细胞分离离心。具体方法已在核骨髓细胞 (14)、肺纤维细胞 (15)，皮肤角蛋白细胞 (36) 和原代肿瘤细胞培养 (13) 中有介绍。
3. 为了分析体内诱导的 MN，更具操作性的方法是在将细胞从动物体内分离后置于含有 Cyt B 的细胞培养液中来阻滞分裂细胞的胞质分裂。这种方法已在多种细胞包括纤维细胞、角蛋白细胞、有核骨髓细胞等中得到成功应用。

3.4 胞质分裂阻滞或不阻滞的细胞系或培养肿瘤细胞中的微核实验

1. 关于用于积聚双核细胞的 Cyt B 是否会影响 MN 的表达还有争议 (28)。正常细胞的研究没有发现 Cyt B 可诱导 MNi；在通常用于阻滞胞质分裂的浓度下，Cyt B 也未显示有引起 MN 出现频率增多的剂量效应 (10，37-39)。最近研究表明在胞质分裂阻滞的 BN 细胞中由纺锤丝毒物引起的 MN 表达可能比预期的少。因为两极之间缩短的距离会增加滞后的染色体片段或者整个染色体回到核内的几率。但是，这并不影响 CBMN 实验的有效性 (40)。
2. 越来越多的人将眼光投入到开发不使用 Cyt B 的体外 MN 实验中，以减小 Cyt B 的影响，但是由于缺乏细胞分裂动力学对照很可能产生假阴性（如抑制核分裂会妨碍 MN 的表达）。
3. 虽然缺少普通细胞 CBMN 实验可造成假阳性结果的证据，但已有很多证据表明不考虑核分裂阻滞的 MN 实验会引起假阴性结果，或者低估人淋巴细胞中的 MN (10，11，41)，不用 Cyt B 的 MN 实验的缺陷在图 9 中举例说明。
4. 尽管如此，近期研究比较了用 Cyt B 或不用 Cyt B 的 MN 实验后，认为如果细胞生长状态很好且培养和核分裂合适的情况下，在检测强断裂剂时，无 Cyt B 的条件下可得到相似的 CBMN 和 MN 结果 (42，43)。
5. MN 表达的数学模型预测 (1) 在双核细胞中 MN 计数是计算 MN 频率最可靠的方式 (2) 当核分裂被测试的化学试剂显著阻滞或培养条件下无法得到理想的分裂细胞时，在不用胞质分裂阻滞的单核细胞中 MN 计数会引起假阴性结果 (44)。
6. 因此，用不经 Cyt B 处理的单核细胞得到的 MN 频率不能用作实验的结论性结果，需通过 CBMN 实验的阴性结果来进一步证实。

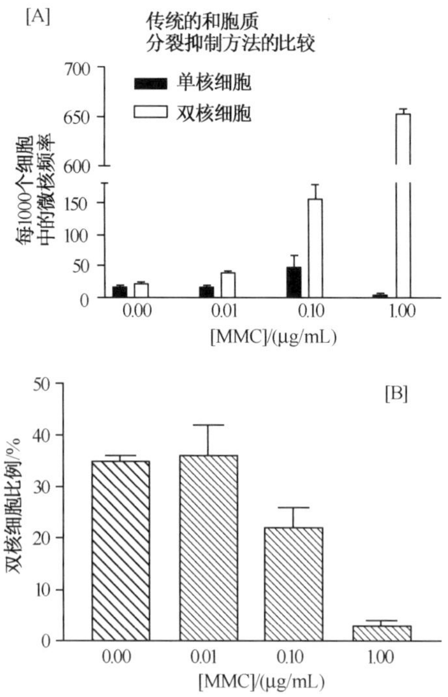

图 9 (A) 比较体外暴露于 MMC、处于 $G_1/S/G_2$ 期人淋巴细胞的 MN 剂量-效应图，测量选用不经 Cyt B 培养的单核细胞（实线黑色柱状条）和经 Cyt B 培养的双核细胞（白色柱状条）。(B) 通过测量胞质分裂阻滞情况下双核细胞的比例计算分裂细胞的水平。很明显，在没有 Cyt B 时，实验会低估 MMC 引起的遗传毒性，特别是当毒物作用的剂量阻止核分裂时。数据以三次实验后的均值±SE 显示。

3.5 测量微核和不分裂中的染色体丢失的分子技术

要充分利用 CBMN 实验的优势就需要区分来源于整个染色体的 MNi，以及来源于无着丝点片段的 MNi。这能通过针对着丝点 DNA 的特异性探针或者针对聚集在活跃的染色体着丝点区域的着丝点蛋白的特异性抗体来实现。对于人类细胞或其他染色体大小为异质的细胞用 MN 的大小来做判断并不合适，因为小 MN 可能包含大染色体的片段，或者一整个小染色体。最简单且经济的方法是用抗着丝点抗体（45），但这种方法不能区分特定染色体，并且可能无法探测由不活跃中心粒的着丝点蛋白缺失而发生的染色体丢失（46）。用原位杂交（ISH）确定中心粒区域虽然费钱费力但它有更好的特异性；例如，可以利用针对特定染色体的着丝点探针探测在双核细胞中的不分裂事件（在子核中同源染色体的不平等分离）（17）。本章只介绍着丝点蛋白抗体法。对于用 ISH 探测中心粒区域请参考 Farooqi（17），以及 Hando（18）、Ehajouji（23、47）、Schuler（25）等的文献。用不同的技术预期可检测到的各种结果如图 10 所示。

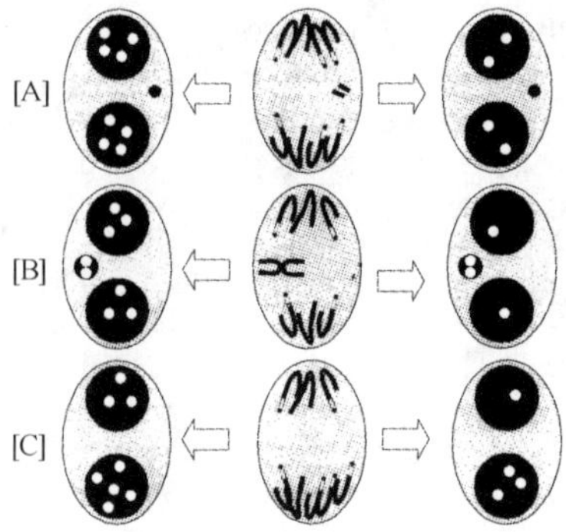

图 10　用分子技术辨认（A）滞后的无着丝点染色体片段来源的 MN；（B）整个染色体滞后产生的 MN；（C）非断裂染色体导致非整倍体子核。左侧核内以及双核细胞中微核的白色点显示在使用中心粒探针或抗着丝点蛋白抗体时，中心粒或着丝点蛋白染色的分布格局。右侧核内以及双核细胞中的微核的白色点显示为使用针对参与 MN 形成或不分裂事件的染色体的特异性中心粒探针时，中心粒染色的分布。以上是假设的二倍体细胞示意图。

3.5.1　CBMN 实验中 MNi 的着丝点检测

3.5.1.1　玻片准备

1. 用同标准 CBMN 实验方法收集 BN 细胞，用血细胞离心器转移至玻片，空气干燥 5min，用甲醛固定 10min，再次空气干燥。
2. 在此步骤，玻片可以立即使用或者放在密封的干燥盒子里储藏在液氮的气相部分，最长储存期限为 3 个月。
3. 要检测储藏的玻片上的着丝点蛋白时将玻片从液氮中移出，放在密封的盒内室温下平衡。

3.5.1.2　着丝点蛋白检测

1. 抗着丝点蛋白血清可以商业购买或者从有硬皮病 CREST 亚型病人血清的免疫诊所获得（48）。用后者血清需要获得人类伦理方面的认可并且得到捐献病人的同意。
2. 血清需要在培养细胞的中期分裂细胞涂片上，用 FITC 标记的兔抗人二抗在荧光显微镜下观察检测。只有特异地与中期染色体着丝点反应的血清才能用于后期实验。
3. 用 FITC 标记的二抗检测着丝点蛋白虽然较为直接但需要荧光显微镜，并且为非永久制备的玻片。这一荧光技术在它处已有详细描述（45）。另一种可选方法是用免疫过氧化物酶染色，这可获得永久保存的玻片（49），这种方法作为常规检测更实用，将在下一段中详细描述。
4. 在荧光过氧化物方法中，将固定好的玻片置于装有用 Tris 盐缓冲液（pH7.6，6.0 g Tris 碱/L 盐溶液）按 1∶40 比例稀释的抗着丝点蛋白一抗的潮湿小室内，20℃ 孵育过夜。
5. 用稀释的正常人血清制备阴性对照。
6. 第二天用同样的稀释抗体的 Tris 盐缓冲液浸没玻片 30 s 以冲洗玻片。

7. 不用干燥，沥干玻片，用过氧物酶标记的兔抗人 IgG 抗体孵育 3h。
8. 再次沥干玻片，准备过氧物酶组化反应。
9. 免疫组化法中可给出最好对比的是能产生黑色沉淀的咪唑氯化镍改进的标准 DAB 反应（50，51）。
10. 在使用前配制 DAB 反应物，然后用 0.22 μm 的滤纸过滤，以防止非特异的沉淀物出现在玻片上。
11. 玻片需要成批染色，包括阴性对照。
12. 在 20℃反应 1min，然后停止染色，将玻片放在水里漂洗。
13. 然后风干玻片，用核染料中性红（0.1%水溶液）染色约 30s，用水漂洗，风干，以制备永久玻片。

3.5.1.3 计数流程

1. 只限于在每个核内至少含有 20 个着丝点的双核细胞中计数 MNi 着丝点的情况。
2. 按照是否含有着丝点将至少 100 个 MNi 进行分类，并且要注明每个 MN 含有的着丝点数。
3. 用以下公式计算含着丝点的 MNi 的最终比值：$(Ps-Pc)/(1-Pc)$，Pc 指玻片上正常血清处理后过氧化物酶反应为阳性的 MNi 的比例，Ps 指玻片上抗着丝点蛋白血清处理后过氧化物酶反应为阳性的 MNi 的比例。

3.6 体外化学敏感性测试的处理流程

1. 理想状态下每一种化学物质都需在细胞周期的各种时期测试其潜在的遗传毒性。因为在收集时人外周血淋巴细胞都处于 G_0 期，对于评价此阶段的损伤而言较为理想。
2. 然而，由于在 S 期、G_2 期和 M 期的细胞对于遗传毒性的作用更敏感，因此最好在大多数细胞分裂时将它们暴露于毒物中。因为 MN 表达需要一次核分裂的完成，所以在处理细胞和收集细胞之间需要有充足时间保证分裂的完成。
3. G_0 期处理的人外周血细胞需要尽早收集双核细胞，并且在尽量长的时间内收集以确保甚至是减数分裂延迟的细胞也能被观察到。经典做法是在 44h 后加入 Cyt B，在 72h 后收集细胞，间隔的时间应该足够满足上述条件。但是也可用下述方法使分裂较晚的细胞能被观察到：24h 后加入 Cyt B，96h 后收集细胞。
4. 如果需要在 S、G_2 和 M 期进行处理，比如肿瘤细胞，需在细胞呈指数增长时加入化学物质，之后较短时间内加入 Cyt B 积累分裂细胞，再根据要检测的细胞周期在 6～24h 后收集细胞。
5. 早期收集的双核细胞多是处于 G_2 期或者 S 期暴露的细胞，而在晚些时候收集的双核细胞包括在各期暴露的细胞。因此相对于 Cyt B 加入时间而言，收集细胞的时间会影响观察到的细胞类型。
6. 表 2 是 CBMN 实验检测遗传毒性的常规步骤。
7. 在测试新化学物质时可选择像 S9 混合物这样的代谢激活系统。但这可能会缩短暴露的时间，因为 S9 对靶细胞可能有细胞毒性作用。较好的方法是选择有代谢活性的细胞，例如基因修饰的 MCL-5 细胞（52）。

表 2　用于检测化学或辐射所导致微核的常规方案

	人类外周血淋巴细胞				对数期[b] 细胞系
培养时间/h	CBMN 实验 G_0 期暴露	CMBN 实验 G_1/S 期暴露	CBMN 实验 $G_1/S/G_2/M$ 期暴露	CBMN/ARA 实验 G_0 期暴露	CBMN 实验 $G_1/S/G_2/M$ 期暴露
−4	加检测试剂		加检测试剂	加检测试剂	
0	加 PHA	加 PHA	加 PHA	(1) 加 PHA (2) 加 ARA	加 Cyt B
16		(1) 洗脱 ARA (2) 新鲜含 IL-2 和 DC 的培养基			
20	加检测试剂				
24			收集细胞		
44	加 Cyt B[a]	加 Cyt B[a]	加检测试剂	加 Cyt B[a]	收集细胞
48		加 Cyt B			
72	收集细胞	收集细胞	收集细胞	收集细胞	
96	收集细胞	收集细胞	收集细胞	收集细胞	

此处提及的方案假定即使加过 Cyt B 后检测试剂仍然留在培养基中。然而，最理想的是（1）在短暂的检测化学品暴露后或（2）就在加入 Cyt B 之前，用更换培养基的方式去除检测化学品。在后者情况下 IL-2 应该被加入淋巴细胞培养的新鲜培养基中。ARA，阿糖胞苷；Cyt B，松胞菌素 B；DC，脱氧胞苷酸；IL-2，白介素-2；PHA，植物血凝素。

a Cyt B 可选择在 24h 加入。

b 此处理流程最适于检测肿瘤细胞培养中的化学敏感性。

3.7　展望

证据表明 MN 实验是研究遗传损伤的一种强有力的方法，可应用在生态毒理学（53）、营养（54）、对肿瘤危险度评价和优化放射治疗的放射敏感性实验（13，56）、人群的生物监控（57）以及新药和农药的测试等（27，28）。毫无疑问需要建立一个同样也是基于肉眼检测的玻片的可更为迅速和可靠地获取数据的自动分析系统，这样能提供一致性高的数据，而免受个人因素的影响。为达到此目的，需要有完善的分选标准以及较好的玻片制备方案制备永久玻片，以便于需要时肉眼重复检测。现在已有自动计数哺乳动物细胞内的微核的图像分析系统（58-62），但是这些系统对于对正确解释所测结果相当重要的一些现象，例如核质桥、核芽、坏死、凋亡以及细胞阻滞等都没有考虑进去（26）。我们期待着可检测本章总结的 CBMN 实验各种指标的自动化系统的出现。

最后，需要注意的是最近我们对于 MN 形成和可能改变这一事件的理解的进展。例如：（1）微核的形成可以是基因扩增的结果，在这一过程中细胞在 S 期时直接从胞核中消除扩增的 DNA，从而以核出芽的方式形成一个微核（63，64）。（2）用 CBMN 实验检测断裂-融合-桥循环这一在癌变前细胞和叶酸缺乏细胞中遗传不稳定性的特征表现（64，65）；（3）用特异的有丝分裂纺锤丝抑制剂造成的有丝分裂异常从而引起核多倍体以及微核的观察表明，不仅应在双核细胞中计算 MNi，也应在胞质分裂阻滞的单核细胞中计算 MNi（47）；以及（4）凋亡可消除微核细胞和微核（66，67）。此外，HUMN 项目（www.humn.org）会经常更新关于 CBMN 实验的评分标准，最近一个更为全面的显微镜照片评分标准已发表（68）。

上述各项说明了一个事实：如果所有毒理学、细胞抑制、DNA 损伤的形态学终末事件能被整合在一个系统内，就可以发挥 CBMN 实验作为一种“细胞组”（cytome）分析方法的全部潜能。最后，需要指出人们也能在体内其他组织来源的分裂旺盛的细胞中直接计数微核，例如红细胞、干细胞、口腔黏膜细胞等，并且 MN 实验也被成功应用于确定对于保持基因组健康最优的饮食标准（69，70）。

4. 注释

1. 在我们进行 CBMN 实验过程中，最容易产生问题的是在玻片的制备和染色环节，因为计数结果的好坏依赖于制片的质量。主要注意事项：(a) 在将细胞置于玻片前应轻轻吹打，避免细胞结块；(b) 细胞密度适中，这样才容易辨认细胞质边界；(c) 在染色所有玻片前先试染一张，以确定染色合适。
2. 要做重复以确保结果可信，同时也可计算组内重复标准差数据。细胞遗传毒性实验需要满足严格的数据分析标准，如果 CV 值大于 10%就应剔出。由于是肉眼计数观察实验，较大的标准差是可以接受的。根据我们的经验和国际实验室间计数比较的结果，基线数据 CVs 大于 40%，则不能接受；对于暴露于放射条件下培养，每 1000 个 BN 细胞中有大于 100 个 MN 时，CVs 应小于 20%。
3. 不熟练操作者（如学生和新技术员）的计数不可靠，除非他们在计数标准对照玻片时 CV 值达到可被接受的程度（不大于 40%）。
4. 不同计数人员间的差异是造成 MN 实验差异的主要原因之一（71）。因此，在一项研究中使用同一个技术员是很有必要的，最好有两名技术员，用如图 2 所示的同样方法对重复组进行计数。另一方法是用有“低”、“中”、“高”MN 频率的标准片对计数员进行校正。每一个计数员对标准玻片的计数可被用来计算一个校正值。这种方法虽然仍在完善中，但由于它考虑了在同一个实验室或实验室之间计数员的视觉差异，从而也是值得重视的。
5. 另一造成计数员和实验室间差异的重要影响因素是显微镜的质量和镜头。根据我们的经验，统计核质桥受到显微镜的影响，因为细小的核质桥会被质量较差的镜头忽略。需要注意的是计数员应避免在实验中变换显微镜，并且实验室负责人应统一显微镜的镜头，并将其升级至一个较高的水平。我们推荐使用可以提供优质清晰度、图像对比度和平整度的系统。系统应有放大 1000 倍的能力。
6. 常见问题之一是确定在 CBMN 实验中 BN 细胞的数量。虽然记数从 500 到 2000 个 BN 细胞都有过报道，被认可的做法是每次处理或时间点计数不少于 1000 个 BN 细胞。另一种方法是计算 BN 细胞数直到出现固定数量的微核（例如 45 个微核）。后者的优点是当 MNi 数量较少时需要较多的 BN 细胞，这样能在不同处理之间保持统计效力。缺点是当 MN 频率较低时可能需要计数超过 2000 个细胞。我们的实验显示每个重复统计 1000 个 BN 细胞可以得到可信结果。
7. 在观察玻片时首先计数单核细胞、双核、多核、凋亡和坏死细胞频率来确定 NDI 和 NDCI。然后计算双核细胞中的微核、核质桥和核芽数量以确定遗传损伤的比例。
8. 值得注意的是计算核芽数在 CBMN 实验中越来越多，因为作为基因扩增的生物标志，核芽与核质桥以及微核有显著相关性（64）。因此推荐计算核芽数。在我们的实验中，这种生物标志的表达在细胞长时间（>3 天）暴露于遗传毒物后尤为普遍，这和需要 3 次或更多的核分裂才能使断裂-融合-桥循环产生足够的扩增 DNA 通过核出芽消除这一理解一致。

9. 在双核细胞内计算核质桥的时候，需要注意数量可能会受双核细胞内核接触或重合的影响。这是因为在核与核之间清晰分离的时候，核质桥在双核细胞中容易被看到。
10. 增加 Cyt B 的暴露时间可以增加胞质分裂阻滞的双核细胞数，但这也增加了多核细胞的比例，这些多核细胞是由双核细胞在胞质分裂阻滞的情况下试图进入又一轮核分裂而产生的。理想情况下，双核细胞占胞质分裂阻滞细胞的数量应大于 80%。细胞中双核细胞的数量依赖于培养中分裂的细胞数。而细胞分裂又受到细胞系、肿瘤细胞和培养条件的影响。

致谢

CBMN 实验的建立是我在南澳大利亚 Flinders 大学医学院的 Alec Morley 教授实验室及 CSIRO 健康科学与营养（CSIRO Health Sciences and Nutrition），在南澳大利亚大学联盟抗癌基金会资助下进行研究的结果。还要感谢 J. Rinaldi，C. Aitken，S. Neville，J. Turner，F. Bulman，C. Salisbury，S. Brown 女士，P. Thomas，J. Crott，W. Greenrod 先生对最近研究进展的重要作用。感谢 M. Kirsch-Volders 和 Wushou P. Chang 教授阅读本章并提出建设性意见。

（章　晨　杨　军）

参考文献

1. Evans, H. J. (1977) Molecular mechanisms in the induction of chromosome aberrations, in: *Progress in Genetic Toxicology* (Scott, D., Bridges, B. A., and Sobels, F. H., eds.), Elsevier North Holland Biomedical Press, Amsterdam, pp.57–74.
2. Savage, J. R. K. (1993) Update on target theory as applied to chromosomal aberrations. *Environ. Mol. Mutagen.* **22,** 198–207.
3. Evans, H. J. (1990) Cytogenetics: overview. *Prog. Clin Biol. Res.* **340B,** 301–323.
4. Dellarco, V. L., Mavournin, K. H., and Tice, R. R. (1985) Aneuploidy and health risk assessment: current status and future directions. *Environ. Mutagen.* **7,** 405–424.
5. Guttenbach, M., and Schmid, M. (1994) Exclusion of specific human chromosomes into micronuclei by 5-azacytidine treatment of lymphocyte cultures. *Exp. Cell Res.* **211,** 127–132.
6. Natarajan, A. T., and Obe, G. (1982) Mutagenicity testing with cultured mammalian cells: cytogenetic assays, in *Mutagenicity: New Horizons in Genetic Toxicology* (Heddle J. A. ed.), Academic Press, New York, pp.17–213.
7. Schmid, W. (1975) The micronucleus test. *Mutat. Res.* **31,** 9–15.
8. Heddle, J. A. (1973) A rapid in vivo test for chromosome damage. *Mutat. Res.* **18,** 187–192.

9. Fenech, M., and Morley, A. A. (1985) Solutions to the kinetic problem in the micronucleus assay. *Cytobios* **43,** 233–246.
10. Fenech, M., and Morley, A. A. (1985) Measurement of micronuclei in lymphocytes. *Mutat. Res.* **147,** 29–36.
11. Fenech, M., and Morley, A. A. (1986) Cytokinesis-block micronucleus method in human lymphocytes: effect of in vivo ageing and low-dose x-irradiation. *Mutat. Res.* **161,** 193–198.
12. Carter, S. B. (1967) Effects of cytochalasins on mammalian cells. *Nature* **213,** 261–264.
13. Masunaga, S., Ono, K., and Abe, M. (1991) A method for the selective measurement of the radiosensitivity of quiescent cells in solid tumours—combination of immunofluorescence staining to BrdU and micronucleus assay. *Radiat. Res.* **125,**243–247.
14. Odagiri, Y., Takemoto, K., and Fenech, M. (1994) Micronucleus induction in cytokinesis-blocked mouse bone-marrow cells in vitro following in vivo exposure to X-irradiation and cyclophosphamide. *Environ. Mol. Mutagen.* **24,** 61–67.
15. Degrassi, F., and Tanzarella, C. (1988) Immunofluorescent staining of kinetochores in micronuclei: a new assay for the detection of aneuploidy. *Mutat. Res.* **203,** 339–345.
16. Thompson, E. J., and Perry, P. (1988) The identification of micronucleated chromosomes: a possible assay for aneuploidy. *Mutagenesis* **3,** 415–418.
17. Farooqi, Z., Darroudi, F., and Natarajan, A. T. (1993) Use of fluorescence in situ hybridisation for the detection of aneugens in cytokinesis-blocked mouse splenocytes. *Mutagenesis* **8,** 329–334.
18. Hando, J. C., Nath, J., and Tucker, J. D. (1994) Sex chromosomes, micronuclei and aging in women. *Chromosoma* **103,** 186–92.
19. Parry, E. M., Henderson, L., and Mackay, J. M. (1995) Guidelines for testing of chemicals. Procedures for the detection of chemically induced aneuploidy: recommendations of a UK Environmental Mutagen Society working group. *Mutagenesis* **10,** 1–14.
20. Elhajouji, A., Van Hummellen, P., and Kirsch-Volders, M. (1995) Indications for a threshold of chemically induced aneuploidy in vitro in human lymphocytes. *Environ. Mol. Mutagen.* **26,** 292–304.
21. Fenech, M., and Neville, S. (1992) Conversion of excision-repairable DNA lesions to micronuclei within one cell cycle in human lymphocytes. *Environ. Mol. Mutagen.* **19,** 27–36.
22. Zijno, A., Marcon, F., Leopardi, P., and Crebelli, R. (1994) Simultaneous detection of X-chromosome loss and non-disjunction in cytokinesis-blocked human lymphocytes by in situ hybridisation with a centromeric DNA probe; implications for the human lymphocyte in vitro micronucleus assay using cytochalasin-B. *Mutagenesis* **9,** 225–232.
23. Elhajouji, A., Tibaldi, F., and Kirsch-Volders, M. (1997) Indication for thresholds of chromosome non-disjunction versus chromosome lagging induced by spindle inhibitors in vitro in human lymphocytes. *Mutagenesis* **12,** 133–140.
24. Schuler, M., Rupa, D. S., and Eastmond, D. A. (1997) A critical evaluation of centromeric labelling to distinguish micronuclei induced by chromosomal loss and breakage in vitro. *Mutat. Res.* **392,** 81–95.
25. Kirsch-Volders, M., Elhajouji, A., Cundari, E., and Van Hummelen, P. (1997) The in vitro micronucleus test: a multi-end-point assay to detect simultaneously mitotic delay, apoptosis, chromosome breakage, chromosome loss and non-disjunction.

Mutat. Res. **392,** 19–30.
26. Fenech, M., Crott, J., Turner, J., and Brown, S. (1999) Necrosis, apoptosis, cytostasis and DNA damage in human lymphocytes measured simultaneously within the cytokinesis-block micronucleus assay: description of the method and results for hydrogen peroxide. *Mutagenesis* **14,** 605–612.
27. Kirsch-Volders, M., ed. (1997) The CB in vitro micronucleus assay in human lymphocytes. Special Issue. *Mutat. Res.* **392** (1, 2).
28. Kirsch-Volders, M., Sofuni, T., Aardema, M., Albertinin, S., Eastmond, D., Fenech, M., Ishidate, M., Lorge, E., Norppa, H., Surrales, J., von der Hude, W., and Wakata, A. (2000) Report from the in vitro micronucleus assay working group. Washington International Workshop on Genotoxicity Test Procedures (March 25–26, 1999).
29. Atencia, R., Garciasanz, M., Perezyarza, G., Asumendi, A., Hilario, E., and Arechaga, J. (1997) A structural analysis of cytoskeletal components during the execution phase of apoptosis. *Protoplasma* **198,** 163–169.
30. Eastmond, D. A., and Tucker, J. D. (1989) Identification of aneuploidy-inducing agents using cytokinesis-blocked human lymphocytes and an antikinetochore antibody. *Environ. Mol. Mutagen.* **13,** 34–43.
31. Fenech, M., Rinaldi, J., and Surrales, J. (1994) The origin of micronuclei induced by cytosine arabinoside and its synergistic interaction with hydroxyurea in human lymphocytes. *Mutagenesis* **9,** 273–277.
32. Surrales, J., Xamena, N., Creus, A., and Morcos, R. (1995) The suitability of the micronucleus assay in human lymphocytes as a new biomarker of excision repair. *Mutat. Res.* **341,** 43–59.
33. Surralles, J., Carbonell, E., Marcos, R., Degrassi, F., Antoccia, A., and Tanzarella, C. (1992) A collaborative study on the improvement of the micronucleus test in cultured human lymphocytes. *Mutagenesis* **7,** 407–410.
34. Fenech, M. F., Dunaiski, V., Osborne, Y., and Morley, A. A. (1991) The cytokinesis-block micronucleus assay as a biological dosimeter in spleen and peripheral blood lymphocytes in the mouse following acute whole body irradiation. *Mutat. Res.* **263,** 119–126.
35. Heddle, J. A., Bouch, A., Khan, M. A., and Gingerich, J. D. (1990) Concurrent detection of gene mutations and chromosomal aberrations induced in vivo in somatic cells. *Mutagenesis* **5,** 179–184.
36. He, S., and Baker, R. S. U. (1989) Initiating carcinogen, triethylenemelamine, induces micronuclei in skin target cells. *Environ. Mol. Mutagen.* **14,** 1–5.
37. Wakata, A., and Sasaki, M. S. (1987) Measurement of micronuclei by cytokinesis-block method in cultured Chinese hamster cells : comparison with types and rates of chromosome aberrations. *Mutat. Res.* **190,** 51–57.
38. Prosser, J. S., Moquet, J. E., Lloyd, D. C., and Edwards, A. A. (1988) Radiation induction of micronuclei in human lymphocytes. *Mutat. Res.* **199,** 37–45.
39. Lindholm, C., Norrpa, H., Hayashi, M., and Sorsa, M. (1991) Induction of micronuclei and anaphase aberrations by cytochalasin-B in human lymphocyte cultures. *Mutat. Res.* **260,** 369–375.
40. Minissi, S., Gustavino, B., Degrassi, F., Tanzarella, C., and Rizzoni, M. (1999) Effect of cytochalasin-B on the induction of chromosome missegregation by colchicine at low concentrations in human lymphocytes. *Mutagenesis* **14,** 43–49.
41. Fenech, M. (1997) The advantages and disadvantages of the cytokinesis-block micronucleus method. *Mutat. Res.* **392,** 11–18.
42. Kalweit, S., Utesch, D., von der Hude, W., and Madle, S. (1999) Chemically

induced micronucleus formation in V79 cells—comparison of three different test procedures. *Mutat. Res.* **439,** 183–190.

43. Matsushima, T., Hayashi, M., Matsuoka, A., Ishidate, M., Jr., Miura, K. F., Shimizu, H., Suzuki, Y., Morimoto, K., Ogura, H., Mure, K., Koshi, K., and Sofuni, T. (1999) Validation study of the in vitro micronucleus test in a Chinese hamster lung cell line (CHL/IU) *Mutagenesis* **14,** 569–580.
44. Fenech, M. (2000) A mathematical model of the in vitro micronucleus assay predicts false negative results if micronuclei are not specifically scored in binucleated cells or in cells that have completed one nuclear division. *Mutagenesis* **15,** 329–336.
45. Vig, B. K., and Swearngin, S. E. (1986) Sequence of centromere separation: kinetochore formation in induced laggards and micronuclei. *Mutagenesis* **1**, 464–465.
46. Earnshaw, W. C., and Migeon, B. R. (1985) Three related centromere proteins are absent from the inactive centromere of a stable dicentric chromosome. *Chromosoma* **92**, 290–296.
47. Elhajouji, A., Cunha, M., and Kirsch-Volders, M. (1998) Spindle poisons can induce polyploidy by mitotic slippage and micronucleate mononucleates in the cytokinesis-block assay. *Mutagenesis* **13,** 193–198.
48. Moroi, Y., Hartman, A. L., Nakane, P. K., and Tan, E. M. (1981) Distribution of kinetochore antigen in mammalian cell nuclei. *J. Cell Biol.* **90**, 254–259.
49. Fenech, M., and Morley, A. A. (1989) Kinetochore detection in micronuclei: an alternative method for measuring chromosome loss. *Mutagenesis* **4,** 98–104.
50. Straus, W. (1982) Imidazole increases the sensitivity of the cytochemical reaction for peroxidase with diaminobenzidine at neutral pH. J. *Histochem. Cytochem.* **30**, 491–493.
51. Scopsi, I., and Larsson, L. I. (1986) Increased sensitivity in peroxidase immunochemistry. A comparative study of a number of peroxidase visualisation methods employing a model system. *Histochemistry* **84**, 221–230.
52. White, N. H., de Matteis, F., Davies, A., Smith, L. L., Crofton-Sleigh, C., Venitt, S., Hewer, A., and Phillips, D. H. (1992) Genotoxic potential of tamoxifen and analogues in female Fischer F344/n rats, DBA/2 and C57BL/6 mice and in human MCL-5 cells. *Carcinogenesis* **13,** 2197–2203.
53. Gauthier, J. M., Dubeau, H., Rassart, E., Jarman, W. M., and Wells, R. S. (1999) Biomarkers of DNA damage in marine mammals. *Mutat. Res.* **444**, 427–439.
54. Fenech, M., and Rinaldi, J. (1995) A comparison of lymphocyte micronuclei and plasma micronutrients in vegetarians and non-vegetarians. *Carcinogenesis* **16,** 223–230
55. Scott, D., Barber, J. P. B., Levine, E. L., Burrill, W., and Roberts, S. A. (1998) Radiation-induced micronucleus induction in lymphocytes identifies a high frequency of radiosensitive cases among breast cancer patients: a test for predisposition? *Br. J. Cancer* **77,** 614–620.
56. Shibamoto, Y., Streffer, C., Fuhrmann, C., and Budach, V. (1991) Tumour radiosensitivity prediction by the cytokinesis-block micronucleus assay. *Radiat. Res.* **128**, 293–300.
57. Fenech, M., Holland, N., Chang, W. P., Zeiger, E., and Bonassi, S. (1999) The HUman MicroNucleus Project- An international collaborative study on the use of the micronucleus technique for measuring DNA damage in humans. *Mutat. Res.* **428**, 271–283.
58. Tates, A. N., van Welie, M. T., and Ploem, J. S. (1990) The present state of the

automated micronucleus test for lymphocytes. *Int. J. Radiat. Biol.* **58**, 813–825.
59. Castelain, P., Van Hummelen, P., Deleneer, A., and Kirsch-Volders, M. (1993) Automated detection of cytochalasin-B blocked binucleated lymphocytes for scoring micronuclei. *Mutagenesis* **8,** 285–293.
60. Bocker, W., Muller, W. U., and Streffer, C. (1995) Image processing algorithms for the automated micronucleus assay in binucleated human lymphocytes. *Cytometry* **19,** 283–294.
61. Frieauff, W., Potterlocher, F., Cordier, A., and Suter, W. (1998) Automatic analysis of the *in vitro* micronucleus test on V79 cells. *Mutat. Res.* **413,** 57–68.
62. Verhaegen, F., Vral, A., Seuntjens, J., Schipper, N. W., de Ridder L., and Thierens, H. (1994) Scoring of radiation-induced micronuclei in cytokinesis-blocked human lymphocytes by automated image analysis. *Cytometry* **17**, 119–127.
63. Shimizu, N., Itoh, N., Utiyama, H., and Wahl, G. M. (1998) Selective entrapment of extrachromosomally amplified DNA by nuclear budding and micronucleation during S phase. *J. Cell Biol.* **140**, 1307–1320.
64. Fenech, M., and Crott, J. W. (2002) Micronuclei, nucleoplasmic bridges and nuclear buds induced in folic acid deficient human lymphocytes—evidence for breakage-fusion-bridge cycles in the cytokinesis-block micronucleus assay. *Mutat. Res.* **504,** 131–136.
65. Fenech, M. (2002) Chromosomal biomarkers of genomic instability relevant to cancer. *Drug Discov. Today* **7,** 1128–1137.
66. Unger, C., Kress, S., Buchmann, A., and Schwarz, M. (1994) Gamma-irradiation-induced micronuclei from mouse hepatoma cells accumulate high levels of the tumour suppressor protein p53. *Cancer Res.* **54,** 3651–3655.
67. Sablina, A. A., Ilyinskaya, G. V., Rubtsova, S. N., Agapova, L. S., Chumakov, P. M., and Kopnin, B. P. (1998) Activation of p53-mediated cell cycle checkpoint in reponse to micronuclei formation. *J. Cell Sci.* **111**, 977–984.
68. Fenech, M.; Chang, W. P., Kirsch-Volders, M., Holland, N., Bonassi, S., and Zeiger, E. (2003) HUMN Project: Detailed description of the scoring criteria for the cytokinesis-block micronucleus assay using isolated human lymphocyte cultures. *Mutat. Res.* **534,** 65–75.
69. Fenech, M., Baghurst, P., Luderer, W., Turner, J., Record, S., Ceppi, M., and Bonassi, S. (2005) Low intake of calcium, folate, nicotinic acid, vitamin E, retinol, β-carotene and high intake of pantothenic acid, biotin and riboflavin are significantly associated with increased genome instability – results from a dietary intake and micronucleus index survey in South Australia. *Carcinogenesis* **26,** 991–999.
70. Fenech, M. (2005) The Genome Health Clinic and Genome Health Nutrigenomics concepts: diagnosis and nutritional treatment of genome and epigenome damage on an individual basis. *Mutagenesis* **20,** 255–269.
71. Fenech, M., Bonassi, S., Turner, J., Lando, C., Ceppi, M., Chang, W. P., Holland, N., Kirsch-Volders, M., Zeiger, E., Bigatti, M. P., Bolognesi, C., Cao, J., De Luca, G., Di Giorgio, M., Ferguson, L. R., Fucic, A., Garcia Lima, O., Hadjidekova, V. V., Hrelia, P., Jaworska, A., Joksic, G., Krishnaja, A. P., Lee, T.-K., Martelli, A., McKay, M. J., Migliore, L., Mirkova, E., Müller, W.-U., Odagiri, Y., Orsiere, T., Scarfì, M. R., Silva, M. J., Sofuni, T., Suralles, J., Trenta, G., Vorobtsova, I., Vral, A., and Zijno, A. (2003) Intra- and inter-laboratory variation in the scoring of micronuclei and nucleoplasmic bridges in binucleated human lymphocytes. Results of an international slide-scoring exercise by the HUMN project. *Mutat. Res.* **534,** 45–64.

第十三章　荧光素原位杂交探测环境毒物导致的染色体畸变和非整倍体

Francesca Pacchierotti，Antonella Sgura

概论

很多化学试剂和不同性质的离子辐射能导致染色体完整性的损伤，造成染色体在有丝分裂和减数分裂中的分布异常。配以多种与不同 DNA 序列互补的探针，荧光素原位杂交技术已经用于探测和定量有丝分裂中期和间期细胞中的特定结构和数目畸变。针对特异性染色体完整序列的探针，可探测与细胞转化和肿瘤发展密切相关的分裂中期细胞中稳定的排列改变；能识别一个物种所有染色体着丝粒周边序列的探针，已用于区别有着丝粒的微核和不含着丝粒的微核，并在此基础上，进一步推断它们是否由染色体丢失或断裂造成。反过来，识别特定染色体着丝粒周边序列的探针，可以通过计数分裂间期核中染色体的数目，发现可能由于染色体不分裂产生的超倍体细胞。最终，与所有染色体共有端粒序列杂交的探针，可被用于标记端粒并量化它们的个数和平均长度，而这些细胞参数近来被认为与基因不稳定性相关。所有这些技术都是基于荧光素杂交的基本原理，加上一些特定的调整。本章提供可用于以上各种应用的总的实验方案，并对一些特殊的需要和变化加以讨论。

关键词： 非整倍体；电荷耦合器照相机；染色体彩绘；环境诱变剂；荧光素原位杂交；端粒；易位

1. 引言

今天，越来越多的具有基因毒性的合成化学试剂和工业副产品正出现在我们周围的环境中。这些化学试剂或是它们在大多数真核生物中通过生物转化反应产生的代谢产物，可以与 DNA 相互作用，形成共价加合物，扭曲双螺旋结构，并最终活化修复机制导致螺旋骨架的单链或双链断裂。我们知道，电离辐射将自身能量传送到活的有机体，通过一种能直接造成 DNA 链断裂的自由基团介导的机制导致基因突变和染色体畸变（1）。那些不与 DNA 作用的化学试剂，却可能结合到微管蛋白上，包括那些在有丝分裂和减数分裂中组织染色体分离的中期纺锤体蛋白。这些化学试剂，包括抗肿瘤药和广泛使用的杀虫剂，它们可以导致染色体分离错误，产生染色体缺失或染色体过剩的细胞（2）。

定性化学和物理试剂的基因毒性，是环境诱变学研究的主要领域之一。环境诱变学还包括确定量-效关系，确定影响特定细胞或组织对特定突变暴露发生反应的多种可变因素。环境诱变学的终极目标是防止体细胞和胚芽细胞中遗传变异的发生，但这不包括由于内源性机制产生的遗传变异。这些内源性突变往往导致不仅原发于人的，也发生在野生和家养动物以及植物中的严重的退化性或遗传性疾病。环境诱变学的另一个重要贡献，是为科学地设定居民的声化学和辐射暴露界限，以及规范商品的标注和分类提供必要知识。

环境诱变学的研究实施是利用体内和体外实验室模型，即所谓的生物监测研究来完成的。生物监测研究主要在人群，少数情况下也在其他自然生物中进行。所有这些研究，都是通过在暴露的细胞和个体中测量表明基因毒性效果的生物标记物的出现频率，并与未暴露的对照组进行对比。基因突变、染色体畸变和非整倍性都是与癌症发生相关的原因性基因改变。回顾性研究表明，人类血液淋巴细胞的高频率染色体畸变与增高的癌症风险密切相关（3）。

结构性畸变本质上包含破裂的染色体碎片化和各种形式的非同源染色体重组。非整倍性包含丢失或获得完整的染色体。大多数情况下，这些畸变并不持续很长时间，其原因或者是因为它们在细胞分裂中实质上不稳定，比如为无着丝粒片段或为双着丝粒片段，或者是因为产生基因剂量影响而导致细胞死亡。尽管如此，这些畸变代表了早期的基因毒性暴露或基因不稳定性的生物标记。而有一些结构上和序列上的染色体改变可以在细胞分裂中保持稳定，并且伴随细胞存活而存在下来，例如交互易位以及特殊的非整倍体；这些基因改变可能直接参与细胞转化的过程以及肿瘤的发生（4）。

结构上和数值上的染色体畸变可以在有丝分裂中期用光学显微镜观察到，并且在近来，也越来越多地可在分裂间期细胞中发现。传统上，结构上和数值上的染色体改变是通过用特殊的DNA染料标记有丝分裂中期的染色体来检测的。染色体显带技术可以用来帮助探测畸变，比如小鼠近端着丝粒染色体的着丝粒的C-显带。交互易位不能用这种途径进行鉴别，除非它们产生了严重的核型改变。

很多基于荧光素原位杂交（FISH）原理的技术在最近几年内发展起来，提高了染色体畸变显带的成本收益性、速度和敏感度。

染色体彩绘代表了基于带有全染色体特殊探针的分裂中期染色体FISH的技术方法。一些染色体是与荧光探针杂交过的染色体，它们都可被诸如4，6-二脒基-2-苯吲哚盐酸（DAPI）的DNA特殊荧光染料复染。当颜色在染色和未染色过的序列之间转换的时候，染色体重排的序列就可以被探测出来。染色体彩绘技术最初是为了探测作为人类辐射暴露史长时程生物探针的稳定畸变而被开发出来（5），之后又被用于畸变诱导机制的实验性研究，并且随着小鼠染色体探针的开发，进一步应用于量化和特性化辐射和化学诱变剂实验性诱导的恒定畸变（6）。染色体彩绘技术的进一步发展基于鸡尾酒探针。鸡尾酒探针是针对每一个染色体的特异性探针，经与不同的荧光染料相结合并由计算机进行图像分析，它能够识别24个人类染色体或21个小鼠染色体中的每一个。运用这一技术，可以检测到两个以上染色体的复杂重组（7）。

目标序列的检测不仅可以在有丝分裂中期的染色体，也可以在分裂间期的核中实现。在分裂间期检测到特异序列对于那些在染色体难以制备的情况具有特别的意义，例如精子（见Marchetti，本书）微核或低增长组织。

有丝分裂间期FISH的一个有效应用是与全着丝粒探针结合，这种全着丝粒探针几乎可与所有人类或小鼠染色体功能性着丝粒序列杂交（8）。这种FISH技术已被广泛应用于定性微核细胞的组成，以及被核膜包围的包含染色体小体的组成，这些小体是在有丝分裂后期由于染色体断裂或染色体丢失形成的（见 Fenech，本书）。事实上，着丝粒 FISH 阳性的微核被认为包含分裂后期因为纺锤体损坏或其他有丝分裂缺陷而丢失的全部染色体，而着丝粒 FISH 阴性微核代表了染色体断裂产生的无着丝粒染色体片段（9）。包含全染色体的微核还可以通过另一种方法，即利用 CREST 抗体免疫荧光检测动粒蛋白而得以鉴别（10）。微核标记时 CREST 抗体免疫荧光和 FISH 法的同时使用，可以发现动粒蛋白从着丝粒 DNA 序列的可能分离（11）。

人类染色体的主要特征是染色体特异性的着丝粒周边序列，针对这些序列的探针可以用来标记核分裂间期中的特异染色体。这些探针可以被用于追踪双核细胞核中核的不分离现象。比如，当化学物质损伤有丝分裂的过程时常常影响到染色体分离，造成两条姐妹染色单体进入到同一个子核中，这样，会引起一个子细胞缺失一条染色体，而另一个子细胞存在一条多余染色体，通过计数每个细胞核中特异性探针信号就可以探测出这种情况（12）。

总之，端粒是真核染色体维持稳定性必需的功能性成分（13）。端粒由重复的 DNA 序列和特殊的蛋白质组成。所有的脊椎动物都有同样的基本端粒 DNA 序列。当端粒长度改变至小于或超过物种特异性的范围时，端粒的功能就会受损。无功能性的端粒导致端对端的染色体融合，产生各种稳定或不稳定的结构畸变（14）。定量 FISH（Q-FISH）是基于 FISH 原理发展出来用于在单染色体上测量端粒长度的具高分辨率的测量方法（15）。

2. FISH 的基本原理

FISH 是一种在形态保存良好的组织切片或制备细胞上，利用互补的核苷酸链（探针）与目的 DNA 序列（也称为靶）杂交，从而定位和探测特异性核苷酸序列的方法。目前有 5 类基本的可用于原位杂交的探针（16）。

1. 寡核苷酸探针。是用一种自动的化学合成法合成产生的探针。这种探针具有可抵抗小的，一般来说在 40～50 碱基对（bp）长度的核糖核酸酶的优点。他们较小的长度使它们容易进入目标组织和细胞，其单链又排除了可能的复性。这种探针可用于杂交短序列，特别是单拷贝基因。
2. 单链 DNA 探针。这种探针与寡核苷酸探针有着相似的优点，只是它们相对较大，大概在 200～500bp 范围内。
3. 双链 DNA 探针。这种是目前常用的商品化探针。它们比寡核苷酸探针和单链探针要长，允许重复性序列或完整染色体的杂交。因为探针是双链的，意味着杂交前必须进行变性，从而使一条链可以和靶基因杂交。
4. RNA 探针（cRNA 探针或核糖探针）。RNA 探针具有如下优点：RNA-DNA 杂交极具热稳定性而且能够对抗核糖核酸酶的降解。这样保证了可以用核糖核酸酶进行杂交后降解来除去未杂交 RNA，从而减少了背景染色的可能。
5. PNA 探针。基于它们类似多肽的骨架，多肽链核酸探针（PNA）构成一类显著的新的合成核酸类似物。这种结构赋予了 PNA 对互补 RNA 和 DNA 序列的高亲和力和高特异性，以及对核酸酶和蛋白酶的高度耐受性（17）。

各种探针是应用不同的现有方案合成的。基本上说，当与修饰过的核苷酸结合时，一个探针重合成双链 DNA 分子的一条链。一个 DNA 探针可以用一种荧光染料标记（直接标记）或一种半抗原标记（间接标记）。通常以荧光素-dUTP 或半抗原-dUTP 的形式，使用切口平移、随机引物或多聚酶链反应（PCR）等酶反应结合到 DNA 中。如果探针是间接标记的，还需要一个额外的步骤，用酶或免疫探测系统使非荧光半抗原可视化。直接标记探针的 FISH 更快一些，相比之下，间接标记因使用多层抗体具有信号放大的优点，也因此可产生相对于背景水平更明亮的信号。目前，很多种商业化的探针可供使用，因而使杂交即使是在非最佳条件下也能完成。同样，进行原位杂交的方法也很多。原位杂交的基本原理都是相同的，这里我们介绍一种简要的、细胞遗传学共用的程序方案。

2.1 玻片制备及固定

恰当的玻片制备技术对于经典的细胞遗传学（显带）程序和分子细胞遗传学程序（FISH）都是必不可少的。对不同类型的生物材料或细胞有不同的特殊设计方案，对应用于不同目的，如结构畸变、数目畸变或序列扩增的探测也有不同的方案。为保持形态学特征，生物材料一定要进行固定。对于中期染色体涂片，甲醇-乙酸固定通常来说足以满足需要。在基本的方案中，细胞重悬在 3∶1 的甲醇-乙酸固定液中，滴到或者涂到已经商业化预清洁，并在不同温度下烘干的玻片上。对于石蜡包埋的组织切片，使用福尔马林固定。恒冷切割的切片，4%甲醛固定 30min 的方法已被成功使用。遗憾的是，能够应用于所有基质的固定方法尚未面世。对不同的应用必须选择其最佳固定方案。

2.2 老化

玻片要置于干热或乙醇中来脱去制片过程中带来的水分和固定液，并且增强材料对玻璃的黏附。

2.3 核糖核酸酶处理

核糖核酸酶处理可去除内源性的 RNA，并且可以改善 DNA-DNA 杂交的信噪比。

2.4 透化作用和预处理

固定会导致蛋白质交联，可能成为探针良好进入的阻碍。预处理消化掉围绕在目标核酸周围的蛋白质，增强了靶的可及性。透化有很多不同的方案。三种常用的试剂是 HCl、洗涤剂［Triton 或十二烷基硫酸钠（SDS）］和酶，如蛋白酶 K、胰蛋白酶或胃蛋白酶。最常用的酶是胃蛋白酶，因它具有改变 pH 即可容易使其失活的优点，并且其反应易于控制。

2.5 变性

分离双链的 DNA 变性，是通过碱或热处理实现的。热变性因其实验简易性和高效性得以流行。玻片和探针变性可一起进行（称为“同时或直接变性”）或者独立进行（称为“独立或间接变性”）。很多既使用商业化又使用传统制备的探针的实验表明，两种步骤的结果是相似的。可通过改变时间和温度来寻找变性的最佳条件。

2.6 杂交

简单地说，杂交的步骤包括单链探针与变性靶 DNA 的混合。DNA 的变性使得单链探针可分别与其互补的单链 DNA 结合。利用不同的探针与多种无重叠发射波长的荧光染料结合，就可实现多探针与多个靶 DNA 在一个细胞中的同时杂交。

2.7 杂交后漂洗

标记的探针可以非特异性地与具有部分探针互补序列但非完全同源的序列杂交。相比之下，这种杂交比完全相配的杂交稳定性差，多种不同程度的漂洗可以使其分离。漂洗的程度可以通过改变甲酰胺浓度、盐浓度和温度来操控。通常在含 50%甲酰胺的 2×枸橼酸钠盐（SSC）中漂洗即可。某些应用中，漂洗的严格度应更高。

2.8 FISH 信号的探测与放大

探针的检测是 FISH 的最后步骤。当 DNA 探针用荧光素-dUTP 标记时，探针-靶杂交体可立即在杂交反应后在显微镜下观察到。如果探针是用半抗原-dUTP 标记，荧光信号通常是由高度结合于半抗原的荧光标记分子（初级探测反应物）所发出。为了放大信号，需使用另外一种可以识别初级反应物的荧光标记分子（次级探测反应物）。尽管有的时候这些探测反应并不是基于抗原-抗体识别的免疫原理，而是强亲和力（生物素-卵白素）的蛋白质结合，通常仍沿用抗体一词表示探测反应物。

当 DNA 探针用荧光素-dUTP 标记时，其信号通常比用抗体探测同一探针得到的信号弱，原因是一个抗体分子携带 3 或 4 个连接其上的荧光素。荧光标记探针的弱信号有时可通过使用抗荧光分子的抗体进行放大。已有商品化的抗荧光素、罗丹明、得克萨斯红、卡斯卡特蓝，以及其他荧光素的抗体可供使用。这些一次抗体分别与荧光素结合，标有相同荧光素的二次抗体和这些一次抗体的结合就可放大信号。

2.9 复染

荧光 DNA 复染通常使用红色荧光的碘化丙啶（PI）或蓝色荧光的 DAPI。抗褪色试剂应混合于复染染料溶液中以延缓褪色。

2.10 显微镜观察

最终信号用荧光显微镜进行检测。一台荧光显微镜含有一个可以激发荧光染料的光源和一个可以高度透过荧光染料发射光的特殊滤光片。用于 FISH 图像分析的硬件和软件都已取得长足进步。冷却电荷耦合器件（CCD）照相机和用于更加特异和有效显微镜的荧光滤光片，提高了成像的敏感度和分辨率，成熟的软件简化了图像的获得和处理。FISH 的一般程序如图 1 所示。

在接下来的内容里，描述了 FISH 应用中常见的材料和方法。这些应用包括发现中期细胞染色体畸变、检测间期核中着丝粒序列和微核，以及估测端粒序列的长度。必要的地方还提出了这些技术所需的特殊要求。最后，分别阐述了玻片分析的标准。

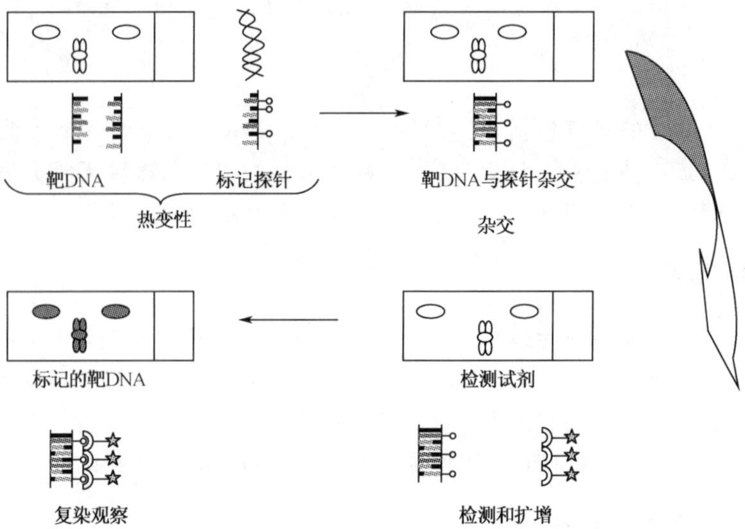

图 1　荧光原位杂交的基本原理。

3. 材料

3.1　玻片制备及材料固定

1. 干净的玻片。
2. 甲醇-乙酸溶液（3∶1）。

3.2　玻片上材料的预处理

1. 20× SSC：900mL 水中溶解 175.3g NaCl 和 88.23g 枸橼酸钠。用少许几滴浓缩的 HCl 调节 pH 至 7.0。室温保存可达一年。用水稀释配制本方案适宜溶液。
2. 无 DNA 酶 RNA 酶 A 母液：10mg/mL，保存于－20℃。加 10mg/mL RNA 酶溶液 10μL 至 890μL 水中，再加入 100μL 20× SSC 预制 100μg/mL RNA 酶工作液 1mL。每次使用时新鲜配制。
3. 胃蛋白酶（Sigma-Aldrich）母液：100mg/mL 水溶液，－20℃保存。
4. 1× PBS＋50mmol/L $MgCl_2$溶液：加 50mL 1mol/L $MgCl_2$溶液至 950mL 1× 磷酸盐缓冲盐溶液（PBS）中。
5. 1％甲醛：将 2.7mL 37％甲醛加至 100mL 1× PBS＋50mmol/L $MgCl_2$溶液中。
6. 1× PBS 溶液：溶解 8gNaCl，0.2gKCl，1.44g Na_2HPO_4 和 0.24g KH_2PO_4 至 800mL 水中。调节 pH 至 7.4，容积调节至 1L。高压灭菌后保存于室温。
7. 乙醇系列：制备新鲜的 70％、85％和 100％乙醇溶液，－20℃保存。
8. 塑料盖玻片（见注释 1）。

3.3　靶和探针的变性

1. 变性溶液（70％甲酰胺-2× SSC）：按配制 50mL 溶液，加入 35mL 去离子甲酰胺（Kodak，Rochester，NY），5mL 蒸馏水，5mL 20× SSC 的比例。用 HCl 调节 pH 至 7.0。

2. 热盘子。

3.4 原位杂交

1. 探针。
2. 湿盒。湿盒可用一个干净的有盖塑料盒制备。将几张纸巾在水中浸透，铺在盒子底部。盖好盖子将盒子放进 37℃ 培养箱。
3. 玻璃盖玻片。
4. 玻璃盖玻片密封胶（橡皮胶水）。

3.5 杂交后漂洗

1. 漂洗液：50%甲酰胺（Fluka，Buchs，SG，Switzerland）溶于 2× SSC。按配制 100mL 溶液，加 50mL 甲酰胺，10mL 20× SSC 和 40mL 蒸馏水的比例。调节 pH 至 7.0。
2. 4× SSC+0.1% Tween-20 溶液：加 100mL 20× SSC 和 0.5mLTween-20 至总体积 500mL 蒸馏水中，在磁力搅拌器上混匀，室温（RT）保存，可至一个月。

3.6 探测和放大

1. 塑料盖玻片（见注释 1）。
2. 封闭液：3%牛血清白蛋白（BSA）溶于 4× SSC+0.1%Tween-20 溶液中。每配制 5mL 溶液，加入 150mg BSA，1mL 20× SSC，3.95mL 水，50μL 10% Tween-20。
3. 探测液：1%BSA 溶于 4× SSC+0.1%Tween-20 溶液中。每配制 5mL 溶液，加入 50mg BSA，1mL 20× SSC，3.95mL 水，50μL 10%Tween-20。
4. 抗体：初级、次级，有时候三级探测反应物（Roche，Mannheim，Germany）被用于半抗原-dUTP 探针探测或荧光探针微弱信号放大。地高辛标记探针或生物素标记探针可用多种标记抗体（使用不同荧光素），如表 1 所示。例如，抗体组合方案可以允许三重颜色的探测，以及两种或两种以上不同半抗原-dUTP 标记探针的信号放大。

表 1 标记靶和放大初级荧光信号的不同策略

半抗原	初级探测反应物	次级探测反应物	三级探测反应物
地高辛	（荧光素）小鼠抗-DIG	抗小鼠 DIG 抗体	（荧光素）抗-DIG
	FITC Cy3 得克萨斯红 罗丹明		FITC Cy3 得克萨斯红 罗丹明
生物素	（荧光素）卵白素	生物素化的抗卵白素	（荧光素）卵白素

3.7 复染

3.7.1 用碘化丙啶（对于 FITC 标记的探针）

1. 碘化丙啶（Sigma-Aldrich）融合。母液，10μg/mL 溶于蒸馏水或 PBS，可在 4℃保存数月。工作液（PI/抗褪色剂）：在 microfuge 管中加入 6μL 碘化丙啶和 24μL 封片剂/抗褪色剂（Vector Laboratories，Burlingame，CA）配制成 30μL 溶液，混匀（终浓度 2μg/mL），每片玻片放入一管中预制。
2. 指甲油。

3.7.2 用 DAPI（对于 Cy3、得克萨斯红和罗丹明标记的探针）

1. DAPI（Sigma-Aldrich）溶液。母液：100μg/mL 溶于 PBS 或 2× SSC，可在 4℃保存数月。工作液：用 100μL DAPI 母液溶于 2× SSC 中定容至 50mL（终浓度 0.2mg/mL）。将 DAPI 溶液放入玻片染色缸中。缸及溶液用铝箔或黑带包裹（避光）。
2. Vectashield 封片剂/抗褪色剂（Vector Laboratories）。
3. 指甲油。

4. 方法

4.1 玻片制备及材料固定

制备中期染色体涂片或间期核玻璃显微镜载玻片，依照实验室现用的标准细胞遗传学程序（见注释 2 和 3）。更多关于用于 FISH 的中期和间期细胞制备的细节可以在参考文献 18 和 19 中找到。

4.2 玻片老化

老化的目的是将生物材料固定于玻璃表面和使染色体结构对其后的 DNA 变性步骤具抵抗性。过于新鲜的制片，如果未经老化，会导致变性过程中大部分核/染色体的丢失或染色体形状的扭曲变形。太长时间的老化则会降低杂交的效率（见注释 4）。

老化玻片可在室温保持玻片 2～3 天，或 65℃过夜，或 90℃加热 30min。

4.3 玻片上材料的预处理（见注释 5）

1. 将 100～200μL RNA 酶保存液（详见 3.2.2）加在玻片上，用塑料盖玻片盖好。湿盒中 37℃孵育 1h。用镊子小心地揭开盖玻片。
2. 室温下用 2× SSC 冲洗玻片 3 次，每次 5min。
3. 将 0.01mol/L HCl 置于染色缸中 37℃水浴预热。每 50mL 0.01mol/L HCl 中加 25μL 100mg/mL 胃蛋白酶（终浓度 50μg/mL）。将玻片放入染色缸中 10min。
4. 在玻璃染色缸中漂洗玻片 2 次，每次用 50mL PBS 室温下 5min。
5. 室温下 50mL 1× PBS+50mmol/L $MgCl_2$溶液中漂洗 5min。

6. 将玻片放入用 PBS+$MgCl_2$溶液溶解的 1%甲醛中，室温下孵育 10min。
7. 室温下用 PBS 漂洗玻片 5min。
8. 将玻片在 70%、85%和 100%的冷乙醇系列溶液中漂洗脱水。所有漂洗都在染色缸中进行，每次 2min，从 70%浓度开始（见注释 6）。
9. 将玻片在空气中或空气喷嘴下风干。

4.4 靶和探针的变性

1. 预热盘子至 70℃。
2. 在 1.5mL microfuge 管中准备每玻片 100μL 变性液。变性液必须预热至 70℃。
3. 每个玻片上加 100μL 变性液，盖好玻璃盖玻片（见注释 8）。
4. 将玻片放在 70℃盘中变性 2min（每次不超过 3 张玻片）（见注释 9）。
5. 立即将玻片浸入含 70%冷乙醇的染色缸中以除去盖玻片，冲洗 2min。用镊子将盖玻片从染色缸中取出，用 85%和 100%的冷乙醇溶液重复冲洗。
6. 将玻片在空气中或空气喷嘴下风干。
7. 37℃预热探针 5min（见注释 10）。
8. 柔和地漩涡混合并离心 2～3s 收集管子底部的内容物。
9. 每张玻片用 30μL 商品化探针，或者每 22mm×22mm 面积用 10μL 探针（见注释 11）。将探针置于 0.5mL microfuge 管中（见注释 12），70℃水浴变性 5min。
10. 立即将管子置于冰上直至使用。

4.5 原位杂交

1. 每个玻片用 30μL 探针，盖上 20mm×50mm 玻璃盖玻片（见注释 8 和 11）。
2. 用玻璃盖玻片密封胶围绕盖玻片周边密封盖玻片。
3. 置于湿盒中 37℃孵育 12～16h。

4.6 杂交后漂洗

1. 用镊子小心地将密封胶除掉，不要移去盖玻片。盖玻片会在漂洗过程中脱落，用镊子取出染色缸中的盖玻片。依照探针数据说明书（见注释 14），不同的探针需要不同程度的杂交和漂洗条件。因此，有两种杂交后漂洗方案：低严格度方案和高严格度方案。

低严格度杂交后漂洗（以下所有溶液均要水浴预热）

2. 37℃下，在含有 50mL 漂洗液的玻璃染色缸中漂洗玻片 3 次，每次 5min，断续振荡。
3. 42℃下，在 50mL pH 为 7 的 2× SSC 中漂洗玻片 3 次，每次 5min，断续振荡。
4. 室温下，在染色缸中用 4× SSC+0.1% Tween-20 溶液冲洗玻片。不要让玻片干掉（见注释 16）。

高严格度杂交后漂洗（以下所有溶液均要水浴预热）

2'. 42℃下，在含有 50mL 漂洗液的玻璃染色缸中漂洗玻片 3 次，每次 5min，断续搅拌。

3'. 60℃下，在 50mL pH 为 7 的 0.1× SSC 中漂洗玻片 3 次，每次 5min，断续振荡。

4'. 室温下，在染色缸中用 4× SSC+0.1% Tween-20 溶液冲洗玻片。不要让玻片干掉（见注释 16）。

如果 DNA 探针是用荧光素-dUTP 标记的，立即进行复染（见 4.9）。如果探针是用半抗原-dUTP 标记的，继续下面的步骤（探测）。

4.7 探测（见注释 12）

1. 将玻片从 4× SSC+0.1% Tween-20 溶液中取出，快速吸干边缘的多余液体。
2. 每张玻片加 100μL 封闭液（见注释 17 和 18），盖上塑料盖玻片，湿盒中 37℃孵育 30min。
3. 用镊子小心地揭开盖玻片，倾斜玻片让液体短暂流下。
   可以用单一抗体或联合抗体探测探针。联合抗体可允许两种或两种以上不同半抗原-dUTP标记的探针探测。
4. 每张玻片加 100μL 初级（一次）抗体［荧光素标记的卵白素和（或）荧光素-小鼠地高辛抗体（anti-DIG）］重新盖上塑料盖玻片（见注释 19 和 20）。湿盒中 37℃孵育 30～60min。
5. 37℃，50mL 4× SSC+0.1% Tween-20 溶液漂洗玻片 3 次，每次 5min，断续振荡。

4.8 放大

1. 每张玻片加 100μL 次级（二次）抗体［生物素化的卵白素和（或）荧光素-小鼠地高辛抗体（anti-DIG）］重新盖上塑料盖玻片（见注释 19 和 20）。湿盒中 37℃孵育 30～60min。
2. 37℃在 50mL 4× SSC+0.1% Tween-20 溶液漂洗玻片 3 次，每次 5min，断续振荡。
3. 每张玻片加 100μL 三级（三次）抗体［荧光素标记的卵白素和（或）荧光素标记的小鼠地高辛抗体］，重新盖上塑料盖玻片（见注释 19 和 20）。湿盒中 37℃孵育 30～60min。
4. 37℃在 50mL 4× SSC+0.1% Tween-20 溶液中漂洗玻片 3 次，每次 5min，振荡搅拌（见注释 21）。

4.9 复染

4.9.1 用碘化丙啶

1. 每张玻片加 30μL PI/抗褪色剂（2μg/mL），盖上玻璃盖玻片。
2. 用指甲油封闭盖玻片边缘（见注释 22）。4℃保存，可数月保持信号良好。

4.9.2 用 DAPI

1. 染色液中孵育玻片 10min。

2. 2× SSC 中冲洗玻片 10min 以洗脱残余染料。
3. 蒸馏水中漂洗玻片数秒以除去盐迹。
4. 室温下空气风干玻片，加 30μL 抗褪色液。
5. 盖好玻璃盖玻片，用指甲油封闭玻片边缘（见注释 22）。4℃保存，可数月保持信号良好。

4.10 玻片分析

4.10.1 染色体彩绘

染色体彩绘（图 2a，见图版）主要以生物放射量测定为目的，开发用于探测稳定的交换型畸变，如交互易位（5）。事实上，在固体染色染色体制片上的双着丝粒（非稳定畸变）的分析，对近期急性的辐射暴露的评估是非常可靠的，但是由于辐射后双着丝粒染色体的产生量随时间下降，所以不适用于慢性或过去暴露的评估（20）。

对彩绘（固体染色也一样）的有丝分裂中期畸变的正确分析来说，着丝粒的发现可

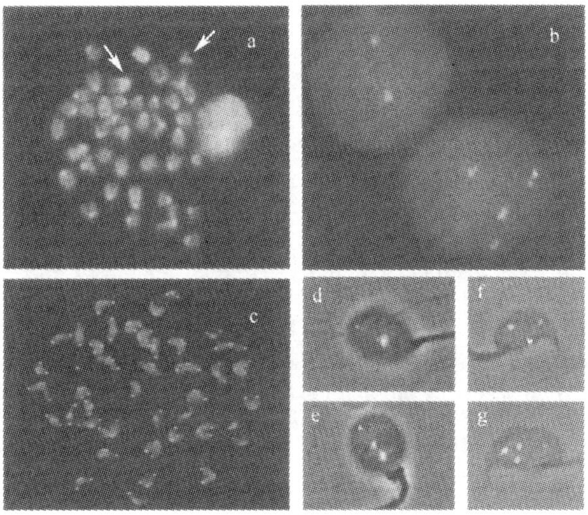

图 2　(a) 用 2 号和 7 号染色体特异性探针杂交的小鼠骨髓分裂中期染色体。交互易位的产物用箭头表示。(b) 一个胞质分裂阻滞的男性淋巴细胞内的两个姐妹核，用针对 X 染色体（绿色）和 8 号染色体（红色）的着丝粒探针杂交。X 染色体不分离表现为 2+0 形式的绿色信号（A. Zijno 博士友情提供）。(c) 小鼠骨髓中期的端粒特异性 PNA 探针杂交，用于 Q-FISH 分析。(d～g) 正常和异常精子核的光显微照片（d，e：人 ACM 测定；f，g：小鼠 CT8 测定）。1000 倍的放大倍数下，荧光显微镜观察探针，相差图像观察精子头部和尾部；(d) 正常人单倍体精子显示为一个红色（1cen）、一个蓝色（1q12）和一个绿色（1p36.3）荧光区域。1cen 和 1q12 是 1 号染色体上的连续区域，在正常精子中，它们的荧光区域是相邻的；(e) 1q12 区域有断裂的人类精子，显示两个 1q12（蓝色）区域、一个 1den 区域和一个 1p36.3（绿色）区域；(f) 正常小鼠精子显示一个红色（2cen）、一个绿色（2tel）和一个黄色（8 号染色体）荧光区域；(g) 有 2ter 复制的小鼠精子。有两个绿色信号，但只有一个红色和一个黄色信号。

能是关键，特别是在小鼠近端着丝粒染色体案例中：或者通过用DAPI复染，其自身在碱性/热变性后产生明亮的着丝粒异染色质信号；或者通过着丝粒FISH染色。

在固体染色的有丝分裂中期，传统的命名法将每一个简单易位分类为一个单独的事件（例如一个双着丝粒加一个无着丝粒片段），并且区分完全（如果没有发现非重新结合断裂）和不完全交换（例如一个双着丝粒染色体没有无着丝粒片段）。彩绘技术的应用导致了新的命名系统的建立。这些新的命名系统主要基于荧光素结合探针和复染染料间颜色开关的识别。根据畸变鉴别和命名术语学草案（PAINT）（21），每个非正常染色的染色体或片段都用字母“A”或“a”分别描述，来表明复染的染色体材料。字母“B”和“b”用来表明彩绘的材料，大写字母表示含着丝粒的区域，小写字母表示无着丝粒的区域。因此，典型的PAINT分类的畸变是t（Ab）、dic（AB）或ace（ab），这里t代表转位，dic代表双着丝粒，ace代表无着丝粒片段。另一个独立发展的命名系统是Savage和Simpson（S&S）系统（22），这种方法选择从畸变形成的机械学角度来诠释。

当FISH技术用于化学诱变剂（6，23）导致畸变的分析时——在辐射研究中未有过的一种新型的畸变，在正确判定化学诱变剂所导致的影响时，必须纳入考虑范围：即一个或多个额外的全染色染色体出现在中期细胞，并伴随特定物种的整倍体染色体数目。这些额外的染色体来源于着丝粒周边区域的染色单体型交换，只出现在遭受辐射的G_2期细胞。

除非所有的染色体都与它们特异性地结合有不同荧光染料的探针杂交，并且用计算机化的图像分析系统来给它们中的每一个分配不同的颜色，通常整个核型只有一部分被染色，涉及着色染色体的畸变因而仅代表全部所致畸变的一部分。通过评估畸变的全部数量，来预测暴露的细胞或个体的命运也许就很重要。假定畸变在不同染色体上随机分布，为了将观测到的畸变数转换为总的畸变数对全部基因组的比值，就必须知道被每种颜色探针（或鸡尾酒探针）所覆盖的染色体占全部基因组的比例。如果p代表基因组中被给定颜色所染色的比例，q为基因组被第二种颜色染色的比例，而r为基因组中未染色的部分，可探测的交换部分则计算为：$S=2pq+2pr+2qr$。将测得的中期相的数目乘以S，就可以得到每个细胞（基因组）中的平均值。观测到的畸变总数和每个细胞中的平均数的比率给出畸变/基因组的估计频率。同样，假定n是当全基因组可以用来进行畸变扫描时已知的可测中期相数目，n/S则表示着色中期相占全部可测中期相的比例，其所得的信息等价于n全分析中期相能够提供的信息（24）。

4.10.2 着丝粒FISH染色

着丝粒FISH染色通过测量染色体丢失和染色体不分离的发生频率，可以探测潜在的非整倍体诱变剂。

为了评估染色体丢失，特异性针对所有染色体着丝粒序列的探针被用于探测微核中着丝粒的存在。探针标记的微核定为着丝粒阳性（C+），假定其含有一个或多个染色体，归其原因为前一个有丝分裂后期染色体的丢失。

为了评估染色体不分离，用于探测特定染色体着丝粒（周边）区域的探针被用于评定一个双核细胞中，每个姐妹间期核中存在的染色体数目。实验中使用的是松胞菌素B

阻断的细胞，因而保留了一次有丝分裂的两个姐妹核在同一个细胞质中。在整倍体核中，对任何常染色体，每种探针都应有两个斑点。发生于上一次有丝分裂中的未分离，可以通过探测异于姐妹核中应有的 2+2 形式的信号，如 3+1 或 4+0 组合的出现；男性细胞的 X 和 Y 染色体不分离则产生 2+0 形式的信号（图 2b，见图版）。只有拥有正确杂交信号总数和相似荧光强度的细胞才被纳入分析。

已有研究显示，染色体不分离可能是比染色体丢失更加敏感的非整倍体活性指标(25)。这表明，作为一种快速可靠的评定自发和诱发染色体不分离的方法，分裂间期细胞的分子细胞遗传学分析极具重要性。

4.10.3 用于端粒长度估测的定量 FISH

4.10.3.1 定量的图像分析

端粒保护染色体的末端不发生端对端融合。端粒长度缩短超过临界长度会驱使细胞进入复制老化，或是染色体不稳定的原因。因此，端粒长度的测量是评定细胞寿命，或是研究物理或化学因素导致的染色体不稳定的有效途径。近来，一种新的原位技术：定量荧光原位杂交（Q-FISH）已经发展起来。这种可应用于有丝分裂中期和间期核的技术基于一种多肽核酸（PNA）端粒寡核酸探针的使用，该探针可比标准的 DNA 寡核酸探针产生更强更多的特异性信号（17）。目前，Q-FISH 能够探测小于 1kb（26）的端粒个体长度差异。已有假定认为，端粒长度与其整合荧光强度值（IFI）直接相关，因为使用的荧光探针可能与端粒重复序列定量杂交，从而能够探测很小的端粒长度差异。

数字图像由装备有多滤光片轮的荧光显微镜上的照相机所记录。图像获得必须使用专用的软件才能完成。数字图像获自 DAPI 染色的染色体和 Cy3 染色的端粒（图 2c，见图版）。一种专用的计算机程序（TFL-Telo 程序）被开发用于图像分析（27）。简言之，染色体和端粒分别通过 DAPI 图像和 Cy3 图像分段鉴别，两个图像需结合起来进行像素移位校正。为了避免可能的选择偏移，中期相只在制备良好的染色体涂片上加以选择。

TFL-Telo 程序允许从单独的染色体和单独的端粒斑点制作轮廓线，两幅图像还可以成功结合。最终，每个染色体上端粒的荧光强度可表达为荧光的任意单位（a. u. f.）。

4.10.3.2 校正

为了确保对不同样本端粒长度可靠的定量评定，两个级别的校准必须被应用。首先，要校正日间灯光强度和排列的差异，荧光珠（橘黄珠，尺寸 0.2μm；Molecular Probes，Eugene，OR）的图像是平行于细胞样本由计算机程序获得并分析的。其次，为找出荧光强度与 T_2AG_3 重复数目的关系，只有具有 10 和 80kb（分别是 LY-S 和 LY-R 淋巴瘤细胞系）（28）确定 $(T_2AG_3)_n$ 长度的哺乳动物细胞可以进行杂交和分析。以 IFI 值和 LY-S 与 LY-R 细胞端粒长度线性关系的斜率为基础，细胞样本的端粒长度可在相同条件下获得它们的 IFI 值后进行评估。除了具有确定端粒长度的细胞系外，也可以选择使用插入了端粒序列、大小已知的质粒（27）。

4.11 显微术滤光片设置

FISH 的一个非常重要的部分是使用荧光显微镜和照相机系统对结果的显像和记

录。一个荧光显微镜含有一个激发荧光染料的光源和一个可以高度透过荧光染料发射光的特殊滤光片。滤光片允许特定波长的光通过而阻断其他的光。因此，滤光片是为特定荧光素单独设计的，必须适当选择。碘化丙啶或 DAPI 滤光片应被用于扫描细胞或中期相涂片，而探针结合的荧光素的特异性滤光片则用于兴趣靶像的观察。

表 2 给出了从显微镜制造商处选择滤光片的总的指导原则。

表 2　某些用于探测染色体结构和数目畸变的最常见荧光染料

荧光染料	颜色	激发光波长/nm	发射光波长/nm
碘化丙啶	红	535	605
DAPI	蓝	359	441
罗丹明	红	560	590
CY3	红	552	565
荧光素钠	绿	494	523

5. 注释

1. 塑料盖玻片可以剪取一片 parafilm 膜制备。它们比玻璃盖玻片更容易从玻片上除去，因而除了那些需高温或密封设备不适于塑料的步骤外，parafilm 膜应被优先使用。
2. 为了制备中期染色体涂片，培养的细胞应用秋水仙酰胺（10μg/mL Invitrogen，Paisley，UK）处理 3h。这个方案适用于很多细胞培养。对于细胞周期较短的细胞，比如小鼠细胞，2h 的秋水仙酰胺处理就已足够。对于生长缓慢的细胞，秋水仙酰胺处理时间应从 3h 到过夜。秋水仙酰胺的浓度应与处理时间相适应：长时间处理需用较低的秋水仙酰胺浓度。为了在活体试验中得到中期相，对每只小鼠使用 0.3mL 10^{-3} mol/L 秋水仙碱。制备双核细胞时，加入松胞菌素 B（3μg/mL，Sigma-Aldrich）到培养液中持续一个细胞周期。
3. 此方案推荐用于从实验性动物或人类获得的培养细胞和细胞悬液，用甲醇-乙酸（3∶1）固定。
4. 玻片老化的条件始终与所使用的探针相关。因此，我们推荐按照探针数据说明书进行玻片老化处理。
5. 很多孵育都是在 50mL 玻璃染色缸中进行的。为获得最佳结果，将干净的温度计直接放入染色缸中来核对溶液温度。
6. 乙醇溶液用前应保存在－20℃。
7. 同时处理多张玻片时，每一张玻片都会导致热盘子的温度降低 1℃。因此，对每一个需变性处理的玻片，热盘子的温度都必须设高 1℃。
8. 应小心避免产生气泡。
9. 时间和温度对保持染色体和核的形态非常重要。靶 DNA 的不完全变性会导致信号的缺失。推荐的方案已被证实对中期和间期的人细胞均有效，小鼠细胞需要高达 80℃的更高的变性温度。

10. 探针通常是用丙三醇或甲酰胺稀释的，且溶液非常黏稠。因此我们推荐将商品化探针在 37℃预热来降低溶液的黏稠度。
11. 为节约起见，只有玻片上含有良好质量和数量的中期涂片或间期核的靶区域才被杂交。选择的区域可用钻石划线笔在背面做标记。
12. 我们推荐用铝箔包裹装有荧光素标记探针或荧光素标记抗体的管子，以避免光照。
13. 如果在同一次杂交中，两个或多个探针要同时使用，最终的容量可能会超过适于标准 22mm×22mm 盖玻片的 10～12μL。为解决这个问题，将混合探针的总容量在 8400*g* 下离心 10min，弃上清，将沉淀在空气喷嘴下或用速度真空离心风干，用 10～12μL 杂交缓冲液（Hybrisol Ⅵ，Roche）重悬，将混合液加在玻片上。
14. 温度、时间和杂交及杂交后漂洗溶液的缓冲液浓度很重要，低严格度会导致探针对其他序列的非特异性结合，而高严格度会导致信号缺失。
15. 此步骤最初是用于除去与细胞和染色体杂交的非特异性和（或）重复性的 DNA。没有标准程序可参考，但有一些指导原则可以提供帮助。盐溶液的浓度越低，漂洗持续得越长，温度越高，严格度就越高，就能除去更多的未结合或非特异性结合的探针。对于非常短的 DNA 探针（0.5～3 kb）或非常复杂的探针（染色体彩绘探针），漂洗的温度应该低一些（最高 45℃），严格度也低一些（1～2× SSC）。对于重复性探针（比如 α-卫星重复），温度和严格度应该最高。
16. 如果需要，玻片在探测前可 4℃保存于 50mL 4× SSC＋0.1% Tween-20 溶液中达 2 周。
17. 除非特殊说明，探测溶液的容积是供 22mm×50mm 的整个玻片区域使用。如果只有 22mm×22mm 的区域被杂交，则将容积减到 1/3。
18. BSA 能阻挡某些抗体对玻璃的非特异性结合，这对降低背景很重要，但也可能部分阻挡抗体与标记 DNA 的接触。
19. 对于购买的荧光标记抗体，原位杂交的抗体浓度应按照操作手册的指导。作为总的指导原则，1mg/mL 的抗体母液 1∶100 稀释为探测液，37℃孵育 30min 应该没问题。每次购买新抗体后都应该在不同稀释度下进行测试，以找到最佳的作用范围。从经验上讲，我们发现下列抗体在以下浓度进行原位杂交效果较好：
    a. 对生物素标记的探针：探测液中荧光卵白素 DCS（Vector Laboratories）和罗丹明卵白素 DCS（Vector Laboratories）为 1∶300。探测液中生物素化的抗卵白素 D（Vector Laboratories）为 1∶100。
    b. 对DIG 标记的探针：探测液中小鼠抗-DIG（Roche）为 1∶100～1∶200。探测液中抗小鼠 DIG 抗体（Roche）为 1∶100。探测液中抗 DIG 罗丹明和抗 DIG 荧光素（Roche）为 1∶50。
20. 如果使用联合抗体，准备双重浓度的抗体溶液，在玻片上混合每种溶液 50μL。
21. 漂洗可在 37℃或 42℃下进行。应据经验决定最佳温度，除去过剩的和未结合的探测反应物。

22. 指甲油可以提高 FISH 玻片的存放时限。

致谢

作者感谢 Andrea Zijno 博士（Rome，Italy）允许我们复制他的一幅双核细胞中染色体不分离的图片。

（邵正萍　刘　伟）

参考文献

1. Friedberg, E. C., Walker, G. C., Siede, W., Wood, R. D., Schultz, R. A., and Ellenferger, T. (2005) *DNA Repair and Mutagenesis*, ASM Press, Washington, DC.
2. Parry, E. M., Parry, J. M., Corso, C., Doherty, A., Haddad, F., Hermine, T. F., Johnson, G., Kayani, M., Quick, E., Warr, T., and Williamson, J. (2002) Detection and characterization of mechanisms of action of aneugenic chemicals. *Mutagenesis* **17**, 509–521.
3. Rossner, P., Boffetta, P., Ceppi, M., Bonassi, S., Smerhovsky, Z., Landa, K., Juzova, D., and Sram, R. J. (2005) Chromosomal aberrations in lymphocytes of healthy subjects and risk of cancer. *Environ. Health Perspect.* **113**, 517–520.
4. Albertson, D. G., Collins, C., McCormick, F., and Gray, J. W. (2003) Chromosome aberrations in solid tumors. *Nat. Genet.* **34**, 369–376.
5. Tucker, J. D. (2001) FISH cytogenetics and the future of radiation biodosimetry. *Radiat. Prot. Dosimetry* **97**, 55–60.
6. Stronati, L., Farris, A., and Pacchierotti, F. (2004) Evaluation of chromosome painting to assess the induction and persistence of chromosome aberrations in bone marrow cells of mice treated with benzene. *Mutat. Res.* **545**, 1–9.
7. Dorritie, K., Montagna, C., Difilippantonio, M. J., and Ried, T. (2004) Advanced molecular cytogenetics in human and mouse. *Expert. Rev. Mol. Diagn.* **4**, 663–676.
8. Mitchell, A. R. (1996) The mammalian centromere: its molecular architecture. *Mutat. Res.* **372**, 153–162.
9. Huber, R., Salassidis, K., Kulka, U., Braselmann, H., and Bauchinger, M. (1996) Detection of centromeres in vinblastine- and radiation-induced micronuclei of human lymphocytes using FISH with an alpha satellite pancentromeric DNA probe. *Environ. Mol. Mutagen.* **27**, 105–109.
10. Degrassi, F., and Tanzarella, C. (1988) Immunofluorescent staining of kinetochores in micronuclei: a new assay for the detection of aneuploidy. *Mutat. Res.* **203**, 339–345.
11. Sgura, A., Antoccia, A., Cherubini, R., and Tanzarella, C. (2001) Chromosome nondisjunction and loss induced by protons and X rays in primary human fibroblasts: role of centromeres in aneuploidy. *Radiat. Res.* **156**, 225–231.
12. Zijno, A., Marcon, F., Leopardi, P., and Crebelli, R. (1996) Analysis of chromosome segregation in cytokinesis-blocked human lymphocytes: non-disjunction is the prevalent damage resulting from low dose exposure to spindle poisons. *Mutagenesis* **11**, 335–340.
13. de Lange, T. (2002) Protection of mammalian telomeres. *Oncogene* **21**, 532–540.
14. Blasco, M. A., Lee, H. W., Hande, M. P., Samper, E., Lansdorp, P. M., DePinho, R. A., and Greider, C.W. (1997) Telomere shortening and tumor formation by mouse cells lacking telomerase RNA. *Cell* **91**, 25–34.

15. Slijepcevic, P. (2001) Telomere length measurement by Q-FISH. *Methods Cell Sci.* **23**, 17–22.
16. Read, A., and Strachan, T. (2003) *Human Molecular Genetics*, Garland, New York.
17. Nielsen, P. E., Egholm, M., Berg, R. H., and Buchardt, O. (1991) Sequence-selective recognition of DNA by strand displacement with a thymine-substituted polyamide. *Science* **254**, 1497–1500.
18. Adler, I. D. (1984) Cytogenetic Tests in Mammals, in *Mutagenicity Testing. A Practical Approach* (Venitt, S. and Parry J. M., eds.), IRL Press, Oxford, pp. 275–306.
19. Fenech, M. (2000) The in vitro micronucleus technique. *Mutat. Res.* **455**, 81–95.
20. Bauchinger, M. (1995) Quantification of low-level radiation exposure by conventional chromosome aberration analysis. *Mutat. Res.* **339**, 177–189.
21. Tucker, J. D., Morgan, W. F., Awa, A. A., Bauchinger, M., Blakey, D., Cornforth, M. N., Littlefield, L. G., Natarajan, A. T., and Shasserre, C. (1995) A proposed system for scoring structural aberrations detected by chromosome painting. *Cytogenet. Cell Genet.* **68**, 211–221.
22. Savage, J. R., and Simpson, P. J. (1994) FISH "painting" patterns resulting from complex exchanges. *Mutat. Res.* **312**, 51–60.
23. Sgura, A., Stronati, L., Gullotta, F., Pecis, A., Cinelli, S., Lascialfari, A., Tanzarella, C.., and Pacchierotti, F. (2005) Use of chromosome painting for detecting stable chromosome aberrations induced by melphalan in mice. *Environ. Mol. Mutagen.* **45**, 419–426.
24. Tucker, J. D., Breneman, J. W., Briner, J. F., Eveleth, G. G., Langlois, R. G., and Moore, D. H. 2nd. (1997) Persistence of radiation-induced translocations in rat peripheral blood determined by chromosome painting. *Environ. Mol. Mutagen.* **30**, 264–272.
25. Kirsch-Volders, M., Tallon, I., Tanzarella, C., Sgura, A., Hermine, T., Parry, E. M., and Parry, J. M. (1996) Mitotic non-disjunction as a mechanism for in vitro aneuploidy induction by X-rays in primary human cells. *Mutagenesis* **11**, 307–313.
26. Slijepcevic, P. (1998) Telomere length and telomere-centromere reltionships? *Mutat. Res.* **404**, 215–220.
27. Poon, S. S. S., Martens, U. M., Ward, R. K., and Lansdorp, P. M. (1999) Telomere length measurements using digital fluorescence microscopy. *Cytometry* **36,** 267–278.
28. McIlrath, J., Bouffler, S., Samper, E., Cuthbert, A., Wojcik, A., Szumiel, I., Bryant, P. E., Riches, A. C., Thompson, A., Blasco, M. A., Newbold, R. F., and Slijepcevic, P. (2001) Telomere length abnormalities in mammalian radiosentive cells. *Cancer Res.* ***61,*** 912–915.

第十四章　使用荧光原位杂交技术对人类和小鼠精子中染色体结构畸变探测的实验室方法

Francesco Marchetti，Debby Cabreros，Andrew J. Wyrobek

概论

父亲，就像母亲一样可以把对发育和遗传健康有害的遗传缺陷传给他的孩子们，但是父系介导的异常生殖缺陷的机理依然鲜为人知。一系列敏感的方法已开发出来，以直接在精子中探测与不育、自发性流产，以及儿童继承性缺陷相关的遗传损伤，诸如非整倍体综合征、移位携带者和特定遗传疾病等。在这中间，为了测量基于精子数目异常和染色体结构畸变的荧光素原位杂交测定法已经可在广泛物种中使用，包括人类、啮齿动物和许多家养动物。这种新一代的精子 FISH 方法已经鉴定出了多种父系风险因子，比如年龄、多种药品、生活方式，以及环境方面和职业方面暴露的问题。这些精子 FISH 测定法提供了新的机会，来鉴定和特征化与遗传、生活方式和黄精因素相关的男性生殖风险。本章概述了用来探测有染色体结构畸变的人类（ACM 测定法）和小鼠（CT8 测定法）精子的实验室方法，这些方法已被证实能有效地探测干细胞环境诱变剂。

关键词： 断裂；染色体损伤；复制；探测；荧光素原位杂交

1. 引言

父系传递的染色体异常可能会导致后代出生时的缺陷和遗传疾病（1-3）。然而，人们仍不清楚精子中数目和染色体缺陷的病因学及它们与继发的异常生殖结果的关系。啮齿动物广泛的测验中，当在交配前后施加多种环境毒物于雄性或雌性动物时，可对生殖产生长久的毒害效果，比如不育、发育中致死、畸形，以及后代中的癌症（4，5）。这就让人开始考虑：特定的环境、职业或医学暴露可能对人类男性干细胞基因的完整性产生有害影响。特别要考虑的是对影响较多个体的环境诱变剂诸如烟雾和空气的长期、慢性低剂量的暴露，或者是对一定的人口起到很高剂量诱变作用的癌症化疗的短期暴露（1）。

父系介导的异常生殖产生可能是异常的生殖性物理、素因性遗传因子（6）、男性过去或现在的环境暴露（7，8），或精子发生中随机产生的错误的结果（9）。因为带有特定缺陷的后代的样本数量通常太小，并且针对缺陷胚胎的产前选择根据遗传和染色体缺陷而不同，所以从患病后代的流行病学的调查来阐述这些因素相对应的影响是非常困难的。这就激励了发展直接探测精子中基因组缺陷的有效生物探针，因通过精子探测，只需探测少量具有特征的个体中缺陷精子频率的改变，就可得到有力的统计学结果。

荧光素原位杂交（FISH）是在包括精子的间期细胞中标记染色体 DNA 的有效途径。随着针对人类每条染色体的特异性 DNA 探针投入使用，并且随着记录标准重要性的提高，FISH 的效果也进一步地提高了（10）。自从引进以来，FISH 测定法从单条进化到两条、三条以及四条染色体的测定，使用了特异性针对每条染色体的多重探针（11，12）。实验重点也从使用任何有效 DNA 探针的染色体转移到使用与人类非整倍体综合征具有临床相关性的染色体（13）。人类精子 FISH 已经鉴定出了很多产生异常染色体精子的潜在风险因子，包括特定生活方式因子和环境/职业暴露（8，14，15）。精子 FISH 还有可广泛应用于任何实验室和家养物种的内在优点，这些物种有可用的染色体区域特异性探针，并且很多探测实验室动物数目异常的多重颜色 FISH 测定法已经发展起来（16-18）。用于实验室动物的精子 FISH 测定法可以提供一个平台，用于测试环境中出现的无数化学试剂对干细胞遗传损害的系统，并且用于给父系介导的异常生殖结果的人类流行病学研究排定优先级。

精子 FISH 方法目前一个很重要的延伸是探测携带染色体结构畸变的人类（ACM 测定法）和啮齿类动物（CT8 测定法）精子的测定法（19，20）。不像主要来源于卵子发生中减数分裂不分离的可传递胚胎非整倍体（6），可传递的新生结构畸变倾向于在精子中发生（9，21，22）。在精子中探测染色体畸变的方法有如下共同点：同一条靶染色体上的两个或多个位点，使用两个或多个荧光 DNA 探针同时探测。如图 1A 中所示：使用针对染色体特定区域 1：1cen（α 卫星结构域或 A）、1q.12（经典卫星结构域或 C）和 1p36.3（中卫星结构域或 M）三种探针的 ACM 测定，允许了同时探测与异常生殖结果相关的三类染色体缺陷：（1）数目异常，（2）节段重复和删除和（3）染色体断裂。CT8 测定法（图 1B）使用了 2 号染色体的着丝粒（C）和端粒（T）区域联合探针以及针对 8 号染色体的亚端粒区探针来探测三种类型的损伤：（1）涉及 2 号染色体的重复和删除，（2）涉及 2 号和 8 号染色体的非整倍体和（3）精子二倍体。ACM 和 CT8 测定中特殊类型的染色体畸变和它们相关的精子 FISH 表型分别在表 1 和表 2 中展示。

本章描述了这两种探测人类和小鼠精子中染色体结构畸变 FISH 方法的实验方案，同时给出数据收集规则的详细描述。FISH 基本原理的描述可以在 Pacchierotti 和 Sgura 撰写的章节（本书）中找到。

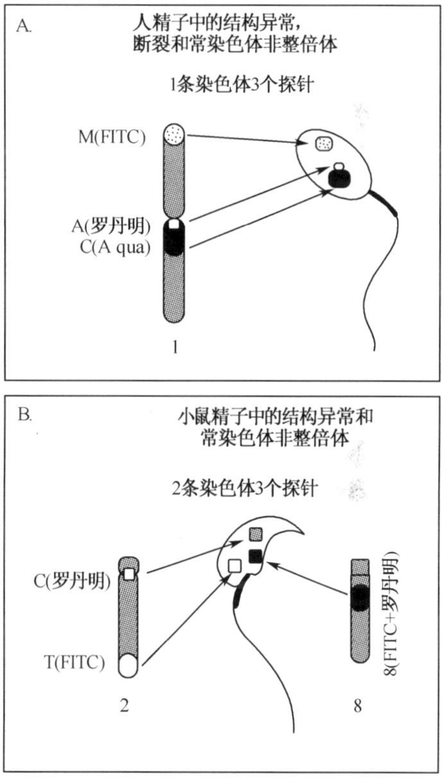

图 1　探测人类和小鼠精子染色体结构畸变的精子 FISH 标记策略。表明了两个测定每个探针的大略定位。（A）ACM 测定探测 1p 染色体的删除和复制，1q 经典卫星区域的断裂和人类精子的数目异常。（B）CT8 测定探测 2 号染色体的删除和复制和 2 号及 8 号染色体的数目异常。

2. 人类精子 ACM 测定

ACM 方法提供了测量染色体断裂媒介物暴露和评估此种损伤遗传缺陷的一条重要途径。如表 1 所示，对健康男性精子的分析表明：(1) 染色体结构异常的自发频率要高于数目畸变；(2) 染色体断裂比重复和删除更加普遍；1q36.3 染色体上的重复和删除明显高于（5 倍）1cen 染色体上的重复和删除；(3) 在同一个染色体区域内，重复和删除趋向于以同样几率出现（19）。近来使用的 ACM 测定显示，精子缺少的男性染色体结构畸变的精子频率比精子正常的男性要高（23），并且随着男性年龄的增高，精子染色体结构畸变发生的频率也逐渐上升（24）。下面的内容描述了进行 ACM 测定的材料、试剂和方案。

表 1　人类精子 ACM 测定探测到的染色体异常精子

精子染色体缺陷	FISH 表型[a]	基线频率[b]
片段非整倍体		
1pter 重复	ACMM	1.0±0.3
1pter 删除	ACO	0.5±0.2
1cen-1q12 重复	ACACM	2.2±0.4
1cen-1q12 删除	OOM	1.6±0.3
染色体断裂		
1cen 和 1q12 之间断裂	A. CM	5.4±0.7
1q12 内断裂	AC. CM	5.5±0.9
总体结构畸变		16.2±1.3
数目异常		
1 号染色体二体性或二倍性	ACACMM	12.9±2.1
1 号染色体缺失	OOO	0.3±0.2

a 每个染色体区域都用字母代码表示；A 表示 alpha 卫星序列典型的红色信号；C 表示经典卫星序列典型的蓝色信号；M 表示 Midi 探针典型的绿色信号；O 表示染色体区域信号缺失；A.C 表示 a 和经典区域之间的断裂；C.C 表示经典区域之内的断裂。

b 每 10 000 个精子的频率±标准差。数据来自 Sloter et al.（2006）。

2.1　材料和试剂

2.1.1　精液涂片的制备

1. 3～9μL 新鲜或冷冻的精液（见注释 1）。
2. 有磨砂末端的玻璃载玻片。
3. 100％乙醇。

2.1.2　精子的去浓缩

1. 染色缸中加入 40mL 二硫苏糖醇（DTT，Sigma-Aldrich，St. Louis，MO）置于

冰上。

2. 染色缸中加入 40mL 3，5-二碘水杨酸锂（LIS，Sigma-Aldrich）置于室温（RT）。
3. Tris（羟甲基）氨基甲烷盐酸（Tris-HCl，Sigma）；调节 pH 至 7.8。
4. 高压灭菌过的蒸馏水（dH_2O）。
5. 循环水浴设置到 77～78℃。
6. 70%甲酰胺/2×SSC：315mL 甲酰胺（Shelton Scientific，Peosta，IA），45mL 20×SSC(87.65g NaCl，44.1g 枸橼酸钠，400mL 蒸馏水，用 HCl 或 NaOH 调节 pH 至 7.0；用蒸馏水定容至 500mL)，60mL 高压灭菌蒸馏水，用 2mol/L HCl 调节 pH 至 7.0 并用多余高压灭菌蒸馏水定容至 450mL。
7. 70%、85%、100%乙醇溶液分别置于染色缸中。

2.1.3 探针随机引物

1. 模板 DNA：人类 1cen 染色体未标记 pSDZ1-1；人类 1 号染色体经典卫星序列 pUC1.77；1 号染色体 midi DIZ2。
2. 2.5×随机引物（Invitrogen）。
3. 10×缓冲液：10μL Tris-HCl，pH7.5，5μL Na_2EDTA（终止缓冲液），485μL 灭菌水。
4. Bioprime 公司的 Klenow 标记试剂盒，灭菌水，dNTP 混合物（Invitrogen）。

2.1.4 探针混合物制备

1. 主要混合物：5.5mL 甲酰胺，0.5mL 20×SSC，硫酸化葡聚糖，加热到 72℃直至完全溶解，调节 pH 至 7.0，用蒸馏水定容至 7mL。用 1.5mL Eppendorf 瓶分装，−20℃保存。
2. 鲱鱼精子（Invitrogen）。
3. 随机引物化反应产生的标记探针。

2.1.5 杂交

1. 玻片加热器设定于 37～42℃。
2. 玻璃盖玻片 22mm×22mm，2 号（Corning）。
3. 橡皮胶水（Starkey，La Grange，IL）。
4. 预热的湿盒。
5. 温度设置到 37℃的培养箱。

2.1.6 杂交后漂洗

1. 设定为 77～78℃的循环水浴。
2. 60%甲酰胺/2×SSC：30mL 甲酰胺，5mL 20×SSC，10mL 高压灭菌蒸馏水，用 2mol/L HCl 调节 pH 至 7.0，并用蒸馏水定容至 50mL。
3. 2×SSC：用 800mL 高压灭菌蒸馏水稀释 100mL 20×SSC。用 2mol/L HCl 调节

pH 至 7.0。继续加入水直至体积达到 1000mL。过滤除菌，室温保存。

2.1.7 抗体染色（每张玻片）

1. 40μL PNM：加 5g 脱脂奶粉至约 100mL PN 缓冲液中，并加入 20μL 0.02%叠氮化钠（Siga-Aldrich）。37℃孵育 60min。置于工作台过夜。移出上清液至两根 50mL 离心管中并用 1.5mL Eppendorf 管分装。4℃保存。
2. 1μL Pacific Blue-抗生物素蛋白链菌素（母液浓度 2.5μg/mL；Molecular Probe，Eugene，OR）。
3. 0.5μL 的抗地高辛（DIG）-异硫氰酸荧光素（FITC）（母液浓度 0.2mg/mL；Boehringer Mannheim，Indianapolis，IN）。

2.1.8 复染

1. 封片剂（Vector，Burlingame，CA）。
2. 盖玻片 22mm×22mm，1 号（Goldseal）。

2.2 人类 ACM 测定的实验室方法

2.2.1 精液涂片制备

1. 将玻片在 100%乙醇中浸泡至少 2 天。将玻片呈十字形分层放入有盖的缸或容器中，以将尽可能多的玻片暴露于酒精中。向缸中注入酒精直至覆盖所有玻片。当移出玻片时，穿着适当的个人防护设备（PPE），用 Kimwipe 无尘室抹布用力擦所有玻片，然后放入玻片盒中。
2. 用一支钻石笔，从另一张干净玻片中切下一片，宽度要略小于玻片宽度（用另外一张玻片来测量）；标记完表面后，向内掰玻片，小心地使玻片裂开。小心不要碰到将与样品接触的边缘。除此之外，也可以使用盖玻片代替；然而，盖玻片在涂片过程中更容易断裂。操作过程中需穿着合适的个人防护设备。
3. 用移液管吸取 7μL 精液样本于一张干净玻璃玻片上。体积可以根据样本精子浓度调整（比如 3～9μL）（对于低精子量捐献者见注释 2）。
4. 使用一张预制切割的玻片来涂样本。将磨砂末端持于一手中以使玻片略微倾斜，另一端静止于工作台上，直接将切好的玻片（或盖玻片）置于样本滴上方；干净的未触碰过的预制边缘只允许在这一点上与玻片接触。慢慢移动切割玻片/盖玻片的边缘使其进入与样本接触；样本会自动顺边缘分布。当样本顺边缘分布后，将边缘向磨砂末端拖动，涂抹样本 2.5～4cm。
5. 将涂好的玻片平放在干净纸巾上。样本晾干时，将涂片放入玻片盒中，盖子略打开，让其空气风干至少 24h。我们强烈推荐将玻片留置数日（见注释 3）。

2.2.2 ACM 探针制备

这个程序使用随机引物法来为杂交产生标记探针。随机的八聚体与变性的 DNA 模板聚合，并用 Klenow 片段进行延伸。过程中，荧光标记的 11-dUTP 在 10～40 倍的放大中被掺入来生产FISH中使用的探针（见注释4）。

2.2.2.1 α-罗丹明

1. 制备罗丹明dNTP混合物（对5个反应，制备以下物质：2μL 25mmol/L dCTP，2μL 25mmol/L dGTP，2μL 25mmol/L dATP，1.4μL 25mmol/L dTTP，15μL 1mmol/L 罗丹明-6-dUTP）。
2. 混合20μL随机引物，0.2μL模板DNA（pSDZ1-1 1cen罗丹明）和23.8μL灭菌水于PCR管中。
3. 编程循环变温加热器在99.9℃变性10min，移出管子，立即置入冰上5min。
4. 从Bioprime试剂盒中取5μL 10×缓冲液、5μL dNTP混合物，以及1μL Klenow（见注释5）来变性模板。总容量为55μL。
5. 柔和混匀，离心30s。
6. 编程循环变温加热器在37℃孵育3h，70℃ 10min，4℃保持。
7. 将探针转移到1.5mL Eppendorf管中，标记，存于－20℃冰箱中。

2.2.2.2 经典生物素

1. 混合20μL随机引物，0.3μL模板DNA（pUC1.77-经典生物素）和23.7μL灭菌水于PCR管中。
2. 编程循环变温加热器在99.9℃变性10min，移出管子，立即置入冰上5min。
3. 从Bioprime试剂盒中取5μL 10×缓冲液、5μL dNTP混合物，以及1μL Klenow（见注释5）来变性模板。总容量为55μL。
4. 柔和混匀，离心30s。
5. 编程循环变温加热器在37℃孵育3h，70℃ 10min，4℃保持。
6. 将探针转移到1.5mL Eppendorf管中，标记，存于－20℃冰箱中。

2.2.2.3 中等地高辛

1. 制备DIG dNTP混合物（对5个反应，制备以下物质：2μL 25mmol/L dCTP，2μL 25mmol/L dGTP，2μL 25mmol/L dATP，1.4μL 25mmol/L dTTP，15μL 1mmol/L DIG-11-dUTP）。
2. 混合20μL随机引物，0.1μL模板DNA（DIZ2中等地高辛）和23.9μL灭菌水于PCR管中。
3. 编程循环变温加热器在99.9℃变性10min，移出管子，立即置入冰上5min。
4. 从Bioprime试剂盒中取5μL 10×缓冲液、5μL dNTP混合物，以及1μL Klenow（见注释5）来变性模板。总容量为55μL。
5. 柔和混匀，离心30s。
6. 编程循环变温加热器在37℃孵育3h，70℃ 10min，4℃保持。
7. 将探针转移到1.5mL Eppendorf管中，标记，存于－20℃冰箱中。

2.2.3 探针混合物

1. 每张玻片用以下物质制备探针：10.5μL主要混合物；1.0μL鲱鱼精子DNA；1.5μL DIZ5A.罗丹明；1.0μL pUC1.77-C.生物素；1.0μL DIZ2中等地高辛。
2. 柔和地吹打并用台面离心机简单离心（2s）混匀。

3. 将探针混合物保存于−20℃直到用于变性。

2.2.4 精子核和探针去浓缩

1. 将样品涂片放入 DTT（4mL 1mol/L Tris-HCl 中，pH 7.8，+36mL 蒸馏水+0.0617g DTT）中，放于冰上 30min。DTT 每次需新鲜配制。每个染色缸不要一次变性多于 4 张玻片。DTT 打断鱼精蛋白分子之间的二硫键。
2. 将玻片转移到 LIS（4mL 1mol/L Tris-HCl 中，pH 7.8，+36mL 蒸馏水+0.0633g LIS）中室温保持 75～90min。LIS 穿过精子细胞膜并且使核膨胀。如果玻片在 LIS 中保存的时间短于 75min，会产生衰减信号；如果玻片在 LIS 中保存的时间长于 90min，会产生漫散信号。
3. 将玻片室温直立于吸水纸上干燥 2～3h。过分干燥（+3h）可能导致二硫键的自发重形成以及精子的再浓缩。
4. 为杂交作准备，温热的变性溶液（70％甲酰胺/2×SSC）放入设为 77～78℃的循环水浴中（使用前 20～30min）。
5. 在 77～78℃的循环水浴中的 70％甲酰胺/2×SSC 中变性玻片 2min（见注释 6）。
6. 将玻片在冰冷却的分别为 70％、85％和 100％的乙醇溶液系列中各保持 2min（见注释 7）。
7. 室温下，将玻片直立于吸水纸上空气风干 30min。
8. 干燥后，在显微镜下用相差方式检查精子浓度，刻划一块精子浓度恒定的区域用于杂交。选择一块足够盖玻片大小的区域。仅当细胞足够的时候再进行杂交。
9. 将盖玻片进入乙醇溶液中几秒并用 Kimwipe 无尘室抹布擦干。
10. 将玻片预热到 37℃。
11. 从冰箱中回收探针，轻敲并用台面离心机离心几秒（见注释 9）。
12. 在 77～78℃的循环水浴中变性探针混合物 6min（时间可长至 10min）并立即插入冰上放置 5min。

2.2.5 杂交

1. 将玻片加入玻片加热器中并立即将变性的探针混合液滴到刻划的区域上并盖上盖玻片。避免产生气泡（见注释 10）。
2. 用橡皮胶水密封盖玻片。
3. 将玻片放入预热过的湿盒中。一个底部注入 0.5in 高水的塑料吸头盒非常适合这个任务。
4. 让玻片在 37℃孵育过两夜。

2.2.6 杂交后漂洗和探测（见注释 12）

1. 用镊子小心地揭去橡皮胶水。不要让盖玻片到处移动。
2. 将玻片放入室温下含 2×SSC 的染色缸中，让盖玻片脱落。
3. 室温下用新鲜的 2×SSC 漂洗两次玻片，每次 3min。
4. 让玻片上的水流下但不要让它们完全干掉。

5. 加 1μL Pacific Blue-抗生物素蛋白链菌素到 40μL PNM 中。混匀然后转移到玻片上。
6. 使用塑料盖玻片盖好，室温下黑暗中孵育 30min。
7. 让多余的液体流下，室温下在含有 2×SSC 的染色缸中漂洗两次，每次 3min。
8. 将循环水浴和漂洗溶液加热到 45℃（60%甲酰胺-2×SSC）。30min 已足够让溶液加热到所需温度（见注释 15）。
9. 45℃下在 60%甲酰胺-2×SSC 溶液中漂洗玻片（一次不要超过 2 片）4min。
10. 室温下在含 2×SSC 的染色缸中漂洗玻片两次，每次 5min。
11. 加 0.25μL 的 Pacific Blue-抗生物素蛋白链菌素和 0.5μL 的抗-DIG FITC 到 100μL PNM 中。混匀并分滴 40μL 混合液到每张玻片上。
12. 用塑料盖玻片盖好并用湿盒在室温下黑暗中孵育 30min。
13. 让多余液体流下，再在含 2×SSC 的染色缸中漂洗两次，每次 3min。

2.2.7 复染

1. 让玻片上液体流下但不要完全干掉。加 10μL Vectashield 抗褪色剂到刻划的区域上，并将 No.1 厚度的 22mm×22mm 盖玻片置于玻片上。
2. 保存于 4℃直到用于分析（见 4）。

3. 小鼠精子 CT8 测定

小鼠 CT8 测定法是第一种有效的啮齿动物潜在雄性干细胞非整倍体毒剂和染色体断裂剂的筛查法，该测定法被用来显示（20）：（1）精子携带与 2 号染色体有关的结构畸变的基线频率，比 2 号染色体和 8 号染色体结合的精子非整倍体更加常见；（2）二倍体精子是小鼠精子中最常见的异常形式；以及（3）精子 2 号染色体着丝粒和端粒区域的重复或删除以相似频率出现（表 2）。人类和小鼠染色体结构异常精子自发频率的对比显示，健康的人类男性表现为产生大概 6 倍于小鼠的染色体畸变精子（2）。近来，CT8 测定的使用显示：雄性小鼠依托泊苷化疗剂量的暴露，导致了减数分裂粗线期（27～578 倍）和精原干细胞（8～16 倍）中染色体畸变携带精子频率的显著升高，而非整倍体精子只会在减数分裂细胞（27 倍）的处理后诱导，在干细胞中无持久效应（25）。下面的内容描述了进行 CT8 测定的材料、试剂和方案。

表 2 小鼠 CT8 测定检测到的染色体异常精子

精子染色体缺陷	FISH 表型[a]	基线频率[b]
片段非整倍体		
2pter 重复	CTT8	0.1±0.3
2pter 删除	CO8	0.1±0.3
2cen 重复	CCT8	0.1±0.3
2cen 删除	OT8	0.3±0.5

（续表）

精子染色体缺陷	FISH 表型[a]	基线频率[b]
数目异常		
2 号染色体二体性	CCTT8	0.3±0.7
2 号染色体缺失	OO8	0.1±0.3
8 号染色体二体性	CT88	0.2±0.4
8 号染色体二体性	CTO	0.6±0.8
二倍体	CCTT88	2.4±1.8

a 每个染色体区域都用字母代码表示："C" 表示 2cen 区域典型的红色信号；"T" 表示 2tel 区域典型的绿色信号；"8" 表示 8 探针典型的黄色信号；"O" 表示染色体区域信号缺失。

b 每 5000 个精子的频率±标准差。数据来自 Marchetti et al.（2006）。

3.1 材料和试剂

3.1.1 附睾精子涂片制备

1. 2.2%枸橼酸钠（等张溶液）。
2. 1.5mL 微量离心管。
3. 培养箱。
4. 乙醇清洗的玻璃显微玻片。

3.1.2 小鼠精液的去浓缩

1. 40mL DTT(Sigma-Aldrich，St. Louis，MO）溶液放入染色缸中置于冰上。
2. 40mL Tris-HCl(Sigmal-Aldrich)；调节 pH 至 7.8。
3. 高压灭菌蒸馏水。
4. 设定为 77～78℃的循环水浴。
5. 70%甲酰胺/2×SSC：315mL 甲酰胺（Shelton Scientific，Peosta，IA），45mL 20×SSC，60mL 高压灭菌蒸馏水，用 2mol/L HCl 调节 pH 至 7.0 并用多余高压灭菌蒸馏水定容至 450mL。
6. 70%、85%、100%乙醇溶液分别置于染色缸中。

3.1.3 探针随机引物

1. 模板 DNA：小鼠 2 号染色体着丝粒探针（Research Genetics，460-H-4），小鼠 2 号染色体端粒探针（Research Genetics，121-E-1），小鼠 8 号染色体 4a 和 5e 克隆形式（26）。
2. 2.5×随机引物（Gibco，Bethesda，MD）。
3. 10×缓冲液。
4. Bioprime 公司的 Klenow 标记试剂盒，灭菌水，dNTP 混合物（Invitrogen）。

3.1.4 探针混合物制备

下面的量是为 4 张玻片杂交所需制备的探针。探针的用量可能需要根据每批探针的质量进行调整（见 3.2.3）。

1. 30μL 小鼠 Cot-1 DNA(Invitrogen)。
2. 4μL 小鼠 2cent-DIG。
3. 2μL 小鼠 2tel-bio。
4. 1μL 小鼠 8-bio（克隆 4a）。
5. 1μL 小鼠 8-bio（克隆 5e）。
6. 0.5μL 小鼠 8-DIG（克隆 4a）。
7. 0.5μL 小鼠 8-DIG（克隆 5e）。
8. 2μL 鲱鱼精子 DNA(Invitrogen)。
9. 4.1μL 3mol/L 乙酸钠。
10. 112.75μL 冰冻的 100%乙醇。

3.1.5 杂交

与 2.1.5 相同。

3.1.6 杂交后漂洗和抗体染色

1. 循环水浴设定到 45℃。
2. 50%甲酰胺/2×SSC：25mL 甲酰胺（Shelton Scientific），5mL 20×SSC，10mL 高压灭菌的蒸馏水，然后用 2mol/L HCL 调节 pH 至 7.0，并用蒸馏水定容到 50mL。
3. 2×SSC：将 10mL 20×SSC 用 800mL 灭菌蒸馏水稀释。用 2mol/L HCl 调节 pH 至 7.0。再加水至 1000mL。过滤除菌，室温保存。
4. 100mL PN 缓冲液。
5. 二重探测反应物（1μL 荧光素卵白素 DCS；1μL 抗地高辛罗丹明，498μL PN，保存于 4℃）。

3.1.7 复染

与 2.1.8 相同。

3.2 小鼠 CT8 测定的实验室方法

3.2.1 附睾精子涂片制备

1. 设定培养箱温度为 32℃。
2. 在 1.5mL 的微量离心管中装入 300μL 2.2%枸橼酸钠，预热到 32℃。
3. 根据关怀和使用实验室动物进行研究的纲要，用 CO_2 对小鼠进行安乐死。分离两个睾丸的附睾尾部。用镊子夹持每个尾部，用虹膜剪在尾部剪一个小孔。小心保持附睾尾为一片。

4. 将两个附睾尾放入含 300μL 2.2%枸橼酸钠的微量离心管。
5. 在 32℃孵育 10min 让精子游出附睾尾。
6. 移出附睾尾部。精子悬浮液可立即用于涂片或保存于－20℃。吸取 5μL 精子悬液于干净的玻璃盖玻片上。并用移液管尖端边缘轻柔地把精子悬液涂在玻璃盖玻片上大约 22mm×22mm 的区域上。除此之外，玻片可被用来涂片直到达到足够的细胞数量（见 2.2.1）。让涂片在室温下风干至少 24h 并保存于－20℃的氮气中。

3.2.2 小鼠精子的去浓缩

1. 制作 1mol/L Tris-HCl 母液：157.6g Tris-HCl 溶于大约 800mL 蒸馏水中；用 NaOH 调节 pH 至 7.8。定容至 1L。使用前高压灭菌。
2. 制备 10mmol/L DTT（每次使用新鲜配置）。
   a. 制备 0.1mol/L Tris-HCl：量取 36mL 蒸馏水，倒进染色缸中，置于冰上。加 4mL 1mol/L Tris-HCl 母液（来自第一步）。混匀。
   b. 制备 10mmol/L DTT：0.0617g 来自 Sigma 的 DTT 混于染色缸中 0.1mol/L Tris-HCl 溶液中，用小匙搅拌直到粉末完全溶解。将染色缸置于冰上。
3. 将玻片置入含冰冷的 10mmol/L DTT（第二步）的染色缸中 30min。
4. 将玻片从染色缸中移出并让液体流下。室温下简单地将玻片浸入蒸馏水中然后让液体流下。室温下干燥玻片至少 30min。玻片完全干透后可用于杂交。

3.2.3 探针随机引物

3.2.3.1 带地高辛改良核苷酸的随机引物

1. 在微量离心管中将 25～500ng DNA 模板与稀释缓冲液或水混合，终体积为 19μL。加 20μL 2.5×随机引物溶液，混匀并在 100℃变性 5～10min。立即置于冰上冷却。
2. 加 5μL 反应缓冲液，5μL DIG/dNTP 混合物，混匀并稍微离心。
3. 加 1μL Klenow 片段。柔和但要完全地混匀，离心 30s。
4. 37℃孵育 3h。
5. 加热到 70℃，使酶灭活（不必加入停止缓冲液）。保存于－20℃直至使用。

3.2.3.2 带生物素改良核苷酸的随机引物

1. 在微量离心管中将 25～500ng DNA 模板与稀释缓冲液或水混合，终体积为 19μL。加 20μL 2.5×随机引物溶液，混匀并在 100℃变性 5～10min。立即置于冰上冷却。
2. 加 5μL 试剂盒 10×dNTP 混合物，混匀并稍微离心。
3. 加 1μL Klenow 片段。柔和但要完全地混匀，离心 30s。
4. 37℃孵育 3h。
5. 加热到 70℃，使酶灭活（不必加入停止缓冲液）。保存于－20℃直至使用。

3.2.4 探针混合物

1. 如 3.1.4 所示试剂的量制备探针混合物。这些量（每张杂交玻片）可能需要依据每批探针的质量进行调整。
2. 保存于－80℃ 1h 至过夜。
3. 180*g* 离心 30min，弃上清，干燥沉淀。
4. 用 3μL 水和 7μL CEP 杂交缓冲液重配探针混合液。
5. 78℃变性探针混合物 10min，37℃预复性 30min。

3.2.5 玻片预处理和变性（见注释 15）

1. 用 3∶1 的甲醇-乙酸浸没玻片并风干。
2. 将玻片放入 DTT(4mL 1mol/L Tris-HCl，pH7.8，＋36mL 蒸馏水＋0.0617g DTT）中置于冰上 30min。
3. 浸入蒸馏水中并在室温下完全干燥（至少 30min）。
4. 78℃下在 70％甲酰胺/2×SSC 中变性涂片 6min（见注释 6）。
5. 使用冰冷却的 70％、85％、100％的乙醇溶液系列脱水玻片。
6. 室温下完全干燥；显微镜下检查精子密度并标记杂交区域。

3.2.6 杂交

1. 用 100％乙醇洗净玻片。
2. 将玻片加热器设定到 42℃预热玻片 1min。
3. 加 10μL 的探针混合物并用 22mm×22mm 的玻璃盖玻片盖好。
4. 将玻片留在玻片加热器上几分钟并用橡皮胶水覆盖边缘。确定所有的边缘都用橡皮胶水盖住。如果需要，加更多的橡皮胶水。
5. 在预热的湿盒中 37℃孵育过两夜。

3.2.7 漂洗和探测

1. 小心地用镊子除去橡皮胶水。
2. 45℃下在 50％甲酰胺/2×SSC 中漂洗 5min。另外再重复两次。
3. 45℃下在 2×SSC 中漂洗 5min。
4. 45℃下在 PN 中漂洗 5min。
5. 室温下在 PN 中漂洗 5min。
6. 让玻片上的水流下但不要让其干掉，加 30μL 二重探测试剂，用塑料盖玻片盖上，室温下保存于湿盒中 40min。
7. 最终在室温下用 PN 漂洗玻片 3min（两次）。

3.2.8 复染

1. 封闭液中加 10μL DAPI(0.01μg/mL）加在标记区域上并盖上盖玻片。
2. 保存于 4℃直到记录（见 4）。

4. 精子 FISH 测定显微数据收集方案

之前的内容已经描述了 ACM 和 CT8 测定中制作良好杂交质量玻片的实验室方案。杂交质量，即高度明亮且紧凑的 FISH 信号和低背景是影响精子 FISH 研究成功与否的最关键因素。然而，FISH 信号的显像和为减少技术因素对实验结果最小影响而开发的数据收集方案也同样重要（见 Pacchierotti 和 Sgura，本书，有关荧光显微镜和滤光片设定的信息）。接下来的内容中，我们将会着眼于几个精子 FISH 测定可靠性的关键技术因素，如：(1) 决定精子是否含有异常斑点数目的严格记录标准的发展；(2) 记录员盲态和数据收集的过程；以及 (3) 不同记录员间记录标准的协调（见注释 16）。

4.1 ACM 和 CT8 精子 FISH 测定的记录标准

FISH 信号的主观评估性是会导致不同实验员和实验室间记录结果的较大差异的问题。我们研究组投入了大量的努力来发展严格的记录标准，以减少实验员之间的差异。严格执行这些记录标准是产生可重复性数据所必需的。记录标准的第一步是决定一个精子是否应该被记录。被记录下的精子必须满足以下条件（这些条件对人类和小鼠精子都适用）：

1. 整个细胞必须可见。只计数整个细胞边缘可见的细胞。不要计数部分被其他细胞遮挡的细胞。例如不要计数成大团的细胞，重叠的细胞可能会遮盖荧光信号。
2. 细胞必须看来完整。细胞的内容物必须保留在细胞边缘之内。有时候过于去浓缩的细胞会移出核容物或荧光区域，并不适于记录。例如不要计数荧光区域在精子头部主体之外的细胞。
3. 细胞应在玻片上良好杂交的区域。通常在杂交玻片上，存在有效杂交的整个区域以及非良好杂交的区域。忽略某些杂交不好的区域很必要。
4. 细胞的大小应该不小于 5μm 且不大于 15μm。一个有分度线的目镜可用于这个工作。未去浓缩的细胞不能可靠地杂交，为了避免偏倚的数据，分度线上小于 5μm 的细胞不包括在分母中。这种细胞的分数保留，但它们的荧光区域不被记录。过于去浓缩的细胞表现非常弥散的杂交信号，也不能可靠地记录。
5. 细胞应该没有背景。玻片上可能会有一些背景信号。一个区域有过高的背景使其真正的信号很难区分，不应该被记录。

只有满足所有条件的精子才可记录它们的 FISH 表型。下面，我们描述 ACM 测定的决策树和 CT8 测定的决策树。

4.2 ACM 测定的决策树

在分析 FISH 信号之前，记录者应该用相差显微镜来评价细胞的轮廓（完整的或溢出的），一个或多个尾部的出现，来决定记录的细胞是否合格。同样，也必须确定是一个细胞而不是两个重叠的细胞。记录时必须满足以下标准：

1. 整个细胞可见，无隐藏于视野外部分。
2. 细胞边缘看起来完整。

3. 细胞有尾部或尾部附着区（见注释 17）。

4. 所有的杂交信号都在细胞内。

5. 用分度线衡量，细胞大小不小于 5 个且不大于 15 个刻度。

6. 细胞处在玻片上大部分细胞良好杂交的区域上。

如果有任何条件未符合，则细胞不适于被记录。如果内容物溢出或细胞过小或过大，此信息应该被计数，但杂交信号不被记录。如果细胞适于记录，下面决策树中的步骤用于决定 FISH 表型。

4.2.1 Alpha(A) 和经典（C）探针之间是否有间断？

若要定义为 A 和 C 探针之间的间断必须满足以下条件：

1. A 和 C 信号必须至少相隔一个 A 信号区域的宽度。
2. 玻片的同一区域上，根据这些探针所要显示的杂交信号，两种信号大小必须都正常。
3. 这些信号必须完全分离，不能有任何线相连。
4. 细胞有尾部或尾部附着区。
5. 细胞的周围或细胞内没有杂交信号提示其可能为假象。

如果所有条件都符合，细胞可被记录为 A 和 C 区域中间有间断；否则细胞不被记录。

4.2.2 经典（C）探针内部是否有间断？

若要定义为 C 信号之内有间断，必须满足以下条件：

1. 只有一个 C 信号与 A 信号相连。
2. 如果两个 C 信号同等大小，则其必须相隔一个独立信号的宽度；如果大小不等，则其必须相隔较大的 C 信号宽度。
3. 两个信号必须有大概一致的强度。
4. 信号必须完全分离，不能有任何线相连。
5. 细胞有尾部或尾部附着区。
6. 细胞的周围或细胞内没有杂交信号提示其可能为假象。

如果所有条件都符合，细胞可被记录为 C 区域中间有间断；否则细胞不被记录。

4.2.3 任何信号是否有重复或删除？

若要定义为 C 区域的重复，必须满足以下条件：

1. 细胞内的两个 C 信号必须有大概相同的大小。
2. 两个信号必须强度大概一致。
3. 玻片的同一区域上，根据这些探针所要显示的杂交信号，两个信号大小必须都正常。
4. 信号必须相隔至少一个全区域宽度。
5. 信号必须完全分离，不能有任何线相连。
6. 细胞有尾部或尾部附着区。

7. 细胞的周围或细胞内没有杂交信号提示其可能为假象。

如果所有条件都符合，细胞可被记录为C区域中有重复；否则细胞不被记录。

若要定义为C区域的删除，必须满足以下条件：

1. C信号的缺失必须用特异性针对此种信号的滤光片来确定。
2. 细胞附近或周围没有碎屑。
3. 细胞未被损伤。
4. 细胞有尾部或尾部附着区。

如果所有条件都符合，细胞可被记录为C区域中有删除；否则细胞不被记录。一个相似的程序用于决定A和M区域是否有重复或删除。

若要定义为AC探针的重复，必须满足以下条件：

1. 每个探针的两个信号必须大概大小相同。
2. 每个探针的两个信号强度必须大概一致。
3. 玻片的同一区域上，根据这些探针所要显示的杂交信号，每个探针的两个信号大小必须都正常。
4. 信号必须相隔至少一个全区域宽度。
5. 信号必须完全分离，不能有任何线相连。
6. 细胞有尾部或尾部附着区。
7. 细胞的周围或细胞内没有杂交信号提示其可能为假象。

如果所有条件都符合，细胞可被记录为A和C区域中有重复；否则细胞不被记录。

若要定义为AC区域的删除，必须满足以下条件：

1. A和C信号的缺失必须用三重、单重和DAPI滤光片来确定。
2. 细胞附近或周围没有碎屑。
3. 细胞未被损伤。
4. 细胞有尾部或尾部附着区。

如果所有条件都符合，细胞可被记录为AC区域中有删除；否则细胞不被记录。

4.2.4 细胞是否为二倍体精子？

若要定义为二倍体精子，必须满足以下条件：

1. 有两个A信号、两个C信号，以及两个M信号。
2. 每个探针的两个信号必须大概大小相同。
3. 每个探针的两个信号强度必须大概一致。
4. 玻片的同一区域上，根据这些探针所要显示的杂交信号，每个探针的两个信号大小必须都正常。
5. 每个探针的两个信号必须相隔至少一个全区域宽度。
6. 信号必须完全分离，不能有任何线相连。
7. 细胞的周围或细胞内没有杂交信号提示其可能为假象。
8. 细胞确实是一个细胞而不是两个重叠的细胞（这点需用相差显微镜仔细检查）。

如果所有条件都符合，细胞可被记录为二倍体；否则细胞不被记录。

4.2.5 细胞内是否无信号？

偶尔的，无杂交信号的精子可被看到。在这些情况下，信号的缺失应该用所有的滤光片来确认。另外，还需在相差显微镜下查实，细胞为所要求大小，没有碎屑重叠于镜子上，也没有细胞重叠。以上标准检查通过后，细胞被记录为 OOO（表 1）。

4.3 CT8 测定的决策树

在分析 FISH 信号之前，记录者应该用相差显微镜来评价细胞的轮廓（完整的或溢出的），头部的钩形，以及一个或多个尾部的出现，来决定记录的细胞是否合格。同样，也必须确定是一个细胞而不是两个重叠的细胞。记录时，必须满足以下标准：

1. 整个细胞可见，无隐藏于视野外部分。
2. 细胞边缘看起来完整。
3. 细胞有钩。
4. 所有的杂交信号都在细胞内。
5. 细胞处在玻片上大部分细胞良好杂交的区域上。

如果有任何条件未符合，则细胞不适于被记录。如果内容物溢出或细胞过小或过大，此信息应该被计数，但杂交信号不被记录。如果细胞适于记录，下面决策树中的步骤用于决定 FISH 表型。

4.3.1 2号染色体的着丝粒区域是否有重复或删除？

若要定义为 C 区域的重复，必须满足以下条件：

1. 细胞内的两个 C 信号必须有大概相同的大小。
2. 两个信号必须强度大概一致。
3. 玻片的同一区域上，根据这些探针所要显示的杂交信号，两个信号大小必须都正常。
4. 信号必须相隔至少一个全区域宽度。
5. 信号必须完全分离，不能有任何线相连。
6. 细胞有钩形。
7. 细胞的周围或细胞内没有杂交信号提示其可能为假象。

如果所有条件都符合，细胞可被记录为 C 区域中有重复；否则细胞不被记录。

若要定义为 C 区域的删除，必须满足以下条件：

1. C 信号的缺失必须用特异性针对此种信号的滤光片来确定。
2. 细胞附近或周围没有碎屑。
3. 细胞未被损伤。
4. 细胞有钩形或尾部。

如果所有条件都符合，细胞可被记录为 C 区域中有删除；否则细胞不被记录。

4.3.2 2号染色体的端粒区域是否有重复或删除？

若要定义为 T 区域的重复，必须满足以下条件：

1. 细胞内的两个 T 信号必须有大概相同的大小。
2. 两个信号必须强度大概一致。
3. 玻片的同一区域上，根据这些探针所要显示的杂交信号，两个信号大小必须都正常。
4. 信号必须相隔至少一个全区域宽度。
5. 信号必须完全分离，不能有任何线相连。
6. 细胞有钩形。
7. 细胞的周围或细胞内没有杂交信号提示其可能为假象。

如果所有条件都符合，细胞可被记录为 T 区域中有重复；否则细胞不被记录。

若要定义为 T 区域的删除，必须满足以下条件：

1. T 信号的缺失必须用特异性针对此种信号的滤光片来确定。
2. 细胞附近或周围没有碎屑。
3. 细胞未被损伤。
4. 细胞有钩形或尾部。

如果所有条件都符合，细胞可被记录为 T 区域中有删除；否则细胞不被记录。

4.3.3 这个细胞的 2 号染色体是否为非整倍体?

若要定义为 2 号染色体的二体化，必须满足以下条件：

1. 细胞内两个 C 信号和两个 T 信号必须大概大小相同。
2. 每个探针的两个信号强度必须大概一致。
3. 玻片的同一区域上，根据这些探针所要显示的杂交信号，每个探针的两个信号大小必须都正常。
4. 每个探针的两个信号必须相隔至少一个全区域宽度。
5. 每个探针的两个信号必须完全分离，不能有任何线相连。
6. 细胞必须是钩形。
7. 细胞的周围或细胞内没有杂交信号提示其可能为假象。

如果所有条件都符合，细胞可被记录为 2 号染色体的二体化；否则细胞不被记录。

若要定义为 2 号染色体的缺失，必须满足以下条件：

1. C 和 T 信号的缺失必须用特异性针对每种信号的滤光片来确定。
2. 细胞附近或周围没有碎屑。
3. 细胞未被损伤。
4. 细胞有钩形或尾部。

如果所有条件都符合，细胞可被记录为 2 号染色体的缺失；否则细胞不被记录。

4.3.4 这个细胞的 8 号染色体是否为非整倍体?

若要定义为 8 号染色体的二体化，必须满足以下条件：

1. 细胞内两个 8 信号必须大概大小相同。
2. 两个信号强度必须大概一致。
3. 玻片的同一区域上，根据这些探针所要显示的杂交信号，两个信号大小必须都正常。

4. 两个信号必须相隔至少一个全区域宽度。

5. 两个信号必须完全分离，不能有任何线相连。

6. 细胞必须是钩形。

7. 细胞的周围或细胞内没有杂交信号提示其可能为假象。

如果所有条件都符合，细胞可被记录为 8 号染色体的二体化；否则细胞不被记录。

若要定义为 8 号染色体的缺失，必须满足以下条件：

1. 8 信号的缺失必须用特异性针对每种信号的滤光片来确定。

2. 细胞附近或周围没有碎屑。

3. 细胞未被损伤。

4. 细胞有钩形或尾部。

如果所有条件都符合，细胞可被记录为 8 号染色体的缺失；否则细胞不被记录。

4.4 细胞是否为二倍体精子？

若要定义为二倍体精子，必须满足以下条件：

1. 有两个 C 信号、两个 T 信号，以及两个 8 信号。

2. 每个探针的两个信号必须大概大小相同。

3. 每个探针的两个信号强度必须大概一致。

4. 玻片的同一区域上，根据这些探针所要显示的杂交信号，每个探针的两个信号大小必须都正常。

5. 每个探针的两个信号必须相隔至少一个全区域宽度。

6. 信号必须完全分离，不能有任何线相连。

7. 细胞的周围或细胞内没有杂交信号提示其可能为假象。

8. 细胞确实是一个细胞而不是两个重叠的细胞（这点需用相差显微镜仔细检查）。

如果所有条件都符合，细胞可被记录为二倍体；否则细胞不被记录。

4.5 细胞内是否无信号？

偶尔的，无杂交信号的精子可被看到。在这些情况下，信号的缺失应该用所有的滤光片来确认。另外，还需在相差显微镜下查实，细胞为所要求大小，没有碎屑重叠于镜子上，也没有细胞重叠。以上标准检查通过后，细胞被记录为 OOO（表 2）。

4.6 数据收集

4.6.1 记录员盲态及编码过程

尽管有前面描述的严格记录标准的执行，精子 FISH 信号的记录仍然是种主观的分析，因此仍有记录偏倚。应该特别保证记录员对所记录原始样本的盲态。很多步骤可以达到这个目标。首先很重要的是，记录员不能单独从精子浓度鉴别出玻片的来源。化学暴露可能会导致精液中精子数量明显减少。在这种形势下，需有一个第三者来特别用心确定玻片上具有最高精子浓度的部分被选用来杂交，这样来自对照和暴露组的样本，其精子浓度不会差别太大。其次，编码需记录玻片的人应该确保所有的实验组和对照组都以一套 5 或 6 张玻片为代表提供给记录者。任何玻片上的标记都应该被擦除，然后将有编码的黏性贴纸贴于玻片的磨砂部分。第三，计数所记录精子数目的方法应该只向记录者提供所记录精子数目的信息，而不应提供已发现了多少 FISH 表型异常的精子。

我们常规对每个样本记录 10 000 个精子（两次记录，每次 5000 个精子）。相对短的时间内用精子 FISH 分析大量精子的优点是，对比而言这些测定法有相对高水平的敏感度和统计效能，因此微量的升高可通过分析每个实验组少数几个捐献者的精子被探测出来。如前所述，5 或 6 张玻片为一套提供给记录者（见注释 18）。一旦记录者完成了对每个编码玻片上 5000 个精子的分析，玻片就返回给编码者，编码者除去贴纸，用一张新贴纸来编第二个号码。每当玻片被重新编码后，就再提供给记录者，其再编码第二套的 5000 个精子。第一套 5000 个精子的记录通常从盖玻片左边开始，而第二套 5000 个精子的记录从右边开始。为了确定玻片上两个独立的部分被记录，用永久性标记笔在玻片边上作标记来指示在哪里停止记录。另外，可以登记下记录停止的定位坐标。如果在第二套 5000 个精子的记录过程中记录者到达太靠近标记处，记录就应该被终止，用来自同一个捐献者/动物的另一张玻片来完成第二套 5000 个精子的记录。

4.6.2 用于数据记录的计算机软件 Cytoscore©

数据的收集是用 Lawrence Livermore 国家实验室开发的用于追踪记录精子数目和其 FISH 表型的 Cytoscore© 程序完成的。这种 Cytoscore© 程序允许用户输入除 FISH 表型以外的其他信息，如精子头部的大小和形状、是否提供第二种意见，以及记录者感觉必要的附加信息（图 2）。对每一套数据，Cytoscore© 创建三个文档：（1）总计，显示总的记录数据。在文档的开头收集了关于数据的信息，汇报了记录者、使用的显微镜、科研项目，以及附加的显微镜设定。随后是分析的精子数目以及异常细胞的数目和类型；（2）分述概要，报告总计所包含的同样的信息；然而，这里的数据报告的是每套 5000 个精子的。用这样的方式报告数据可以提供杂交质量的信息。在同质杂交的情况下，异常的细胞应被平均分配于不同的分部中。如果情况并非如此，表明玻片上有些区域比其他的要好（或差）。（3）异常数据，总和报告所有称为异常的细胞及其在玻片上的定位，加上一组附加信息，包括记录者或第二种意见提供者插入的注释。Cytoscore© 软件产生的文档可以输出为 Excel 表格以用于数据分析。此过程的第一步是解码样本，并用 χ^2 检验来对比来自同一张玻片的两套 5000 个精子。如果对比结果良好，数据计入研究结果；如果对比不好，例如两套存在较大差异，数据需弃用，玻片必须被重新记录。

4.7 记录员、实验，以及合作实验室间的记录协调

记录协调的目的是建立记录员、研究、实验室间标准的记录规范标准，以使分析的一致性达到最大程度，并使技术差异达到最小。协调程序的途径是：（1）帮助新的记录员在记录标准（见 4.2 及 4.3）描述的条件下建立可视化图像，以及（2）用确定的异常精子频率的样本进行记录协调试验。

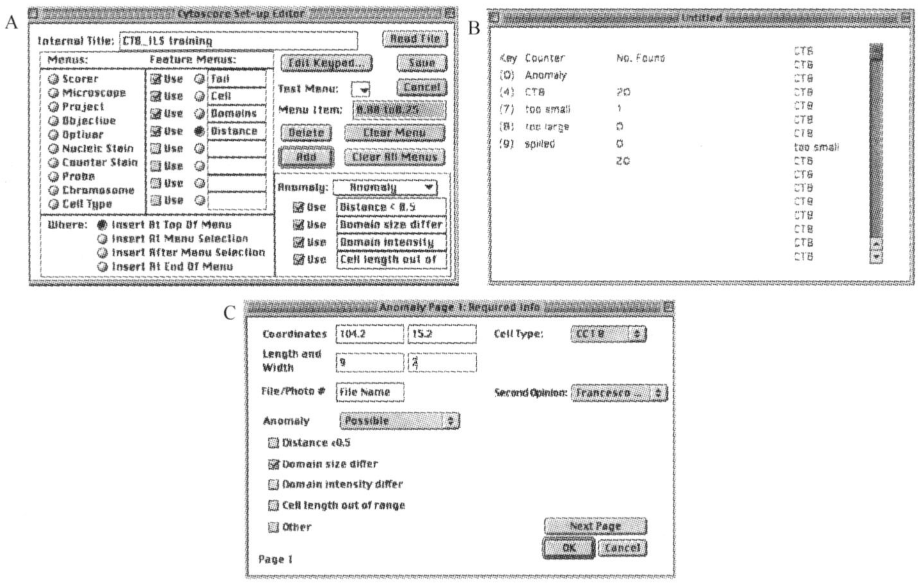

图 2　Cytoscore© 截屏示例：（A）Cytoscore© 设定编辑器显示菜单，列出了为每个记录的精子所保存的特征。（B）Cytoscore© 数据记录窗口，显示了设定 Cytoscore© 发生器（左栏）时选择的激活按键、记录精子的总数（中间栏），以及所记录的最后 16 个精子，最新的在上部（右栏）。按“4”键加一个 CT8 精子到总数中。注意，发现的异常精子未被列入。（C）Cytoscore© 异常数据页。每次按动“0”键，窗口弹出并且要求记录者提供异常精子的信息。在代表例子中，我们有一个 CCT8 的精子分类为可能的异常，因为两个 CC 信号大小不一致。

4.7.1　记录标准训练

训练的目的是让新的记录员熟悉在观察玻片前熟悉记录标准的所有组成，强调连贯性使用多重滤光片，包括相差显微镜的要求。另外，新的记录员需要与有经验的记录员并肩工作，后者可以提供精子 FISH 表型的样例，尤其是会带来判断困难的细胞，如背景干扰、分裂信号、有信号丝相连的成簇的斑点，以及细胞外的信号。训练中需要学习的重要方面是：

1. 识别杂交假象和异常细胞的区别。
2. 学习识别不适于记录的范围，包括：
   a. 未杂交细胞或不均衡杂交。
   b. 过度抱团和细胞重叠。
   c. 碎屑遮盖欲记录的细胞。
3. 记录开始和结束时的坐标来追踪已记录的区域以避免重复。

记录员间活跃的讨论也是记录训练的一个重要方面。当观察到不典型的细胞时，两个记录员都要检查鉴定为有异常表型的精子，并讨论就确定的记录标准而言，怀疑为异常的任何理由。出示绝对正常细胞与有各种阻碍杂交信号探测的假象的正常细胞的对比是有益的，包括背景干扰、溢出细胞和分裂信号。最终，对比玻片并观察其他观察者描述的细胞，帮助建立记录标准所列各种情况的视觉印象。

4.7.2 记录协调计划

记录协调练习的目的是检验新记录员用确定的记录标准记录精子 FISH 样本的能力，并能重复更有经验的记录员的观察结果。这通常是用三个阶段完成的。

在第一阶段，新的记录员和至少一个经验丰富的记录员记录两个参考样本的 10 000 个细胞。记录是并列完成的，每个记录员向另一个展示遇到的每一个异常细胞。讨论每个异常细胞如此分类的原因是训练的一个重要方面，应该持续到意见一致。达到计数 5000 个精子后，记录员交换玻片，并记录已经记录过同样区域的 5000 个精子，同时继续讨论遇到的每个异常细胞。每次第二套 5000 个精子分析完后，每个记录员计数的两套 10 000 个精子用 χ^2 分析法对比。如果没有明显的统计学差异，记录员进入第二步，如果发现了明显的统计学差异，记录员复习记录标准并重复第一阶段。

第二阶段会以与第一阶段一样的方式进行，只是这次每个记录员只向对方展示其相信有疑问的细胞。记录的最后，将在新的记录员和经验丰富的记录员之间进行对比。如果没有明显差异，记录员将进入阶段三。如果存在明显差异，记录员回到阶段一略述的并列记录，并使用新的玻片。

记录协调计划的最后一个阶段，两个记录员会记录一个常见的一套 4 编码的玻片。每一张玻片的一套 5000 个精子记录后，玻片被重编码，再记录另外 5000 个细胞。最终，每个记录员的第一和第二套 5000 个细胞会被对比。同时也会在受训员数据和先前数据间做对比。如果有明显的差异，记录员回到第二步。如果无明显差异，记录协调练习成功，受训员的数据会列入有经验的记录员从样本中得到的历史数据中，并且准备从新的样本中得出新的数据。

5. 注释

1. 适当保存的样本在收集数年后仍可用于 FISH。我们已从－80℃下保存了 15 年的样本中得到了良好的杂交结果。新鲜的样本应尽快被冷冻，以防止精子在管底贴壁。
2. 对于低密度精子的捐献者，可用移液吸头做螺旋涂片。根据涂片后显微镜观察的密度，理想的体积在 8～10μL。吸取适当的体积，然后将吸头放在玻片的中间。从这里开始，一边吹出少量液体，一边将吸头呈圆形移动。涂好后，涂片会呈蜗牛壳样的螺旋形。推荐在杂交前让玻片风干至少 48h，或者在冰箱中保存。如果低密度仍是问题，精液样本分装可于涂片前在冰箱里放 1～2 天，让精子沉积在管底。
3. 如果玻片未立即杂交，将玻片盒放在塑料袋里，然后将袋子用氮气充满。尽量将氧气排出袋子。封好袋子，将其保存于－20℃冰箱。为杂交做准备时，在打开袋子拿出玻片前让袋子在室温保持 30min。
4. 任何时候标记新探针前，都应检查其效应和总质量。低质量的探针在研究中很难进行探测，而且只有在记录了若干玻片之后才会被注意到。

a. 使用一个对照玻片来检验探针。单独杂交探针或伴随其他良好的探针杂交。有些探针与其他探针结合会表现不同。

b. 记录玻片上至少 500 个细胞，只看新探针，且只在杂交良好的区域上记录。探针应该能显示 99%以上的细胞。

c. 记录探针的质量。探针信号应该明亮，信号分裂最小，而且噪音很少或没有噪音。

如果探针是有效、干净、明亮和紧密的，则可用于 FISH。

5. 直到使用前不要把 Klenow 从冰箱中拿出。使用完毕后，立即把 Klenow 放回冰箱里。
6. 一次在 70%甲酰胺-2×SSC 溶液中变性不多于两张玻片。每张玻片会让溶液降温 1～1.5℃。
7. 每次新鲜配制。使用前在－4℃保存至少 30min。
8. 在潮湿的天气里，1h 的干燥时间能够提供较好的结果。
9. 此步可在玻片干燥的时候进行。
10. 因染料对白光敏感，此步应该在黄灯或部分黑暗下进行。同样，在加入变性探针之前在热盘子上预热玻片几分钟，可以帮助在杂交的最初几分钟内保持温度在 37℃。
11. 将一个空的吸头盒底部装 0.5in 水，一直放在培养箱中，以便有任何需要时可做湿盒使用。定期加入水补充蒸发部分。
12. ACM 测定的探针混合物是直接标记（A）和间接标记（C 和 M）探针的结合。因此需要 C 和 M 探针的标记步骤。C 信号的放大是通过两步完成的，间隔一步甲酰胺漂洗。这一步对于减少探针的非特异性染色是必需的。
13. 如果盖玻片未在 5min 内脱落，那么盖玻片没有充分密封，或者湿盒中水量不够。把盖玻片留在 2×SSC 里直到盖玻片脱落，即使时间超过 5min。
14. 如果信号不够明亮，此步可延长至 45min。
15. 在变性和漂洗过程中，少量精子可能从玻片上移出，并留在溶液里。因此若频繁使用，变性和漂洗溶液应每周更换。当对不同的处理组进行杂交时，上述溶液也应更换。
16. 同样重要的是装备了荧光染料发射光适当探测滤光片组的荧光显微镜的使用。见 Pacchierotti 和 Sgura（本书）的表 2。
17. 因为精液中偶然会出现体细胞，这在记录人类样本时尤其关键。小鼠精子的钩形是将精子与体细胞区分的主要辨别因素。
18. 在记录大样本时，鼓励记录者在编码玻片组周期性时再包括一个已记录的玻片。这将会有助于延续所用记录标准的一致性。

致谢

我们感谢 Eddie Sloter，Thomas Schmid，Xiu lowe，Francsca Pearson，以及其他在 ACM 和 CT8 测定的发展和确认中有所帮助的过去和现在的实验室成员。这项工作是在 California 大学的 LLNL 所提供的美国能源部的赞助下进行的，合同号为 W-7405-

ENG-48。基金支持来自国家环境卫生科学研究所的 NIEHS IAG Y01-ES-8016-5 和 Superfund P42ES04705。

（邵正萍　刘　伟）

参考文献

1. Wyrobek, A. J., Schmid, T. E., and Marchetti, F. (2005) Relative susceptibilities of germ cells to genetic defects induced by cancer chemotherapies. *J. Natl. Cancer Inst. Monogr.* **34**, 31–35.
2. Wyrobek, A. J., Schmid, T. S., and Marchetti, F. (2005) Cross-species sperm-FISH assays for chemical testing and assessing paternal risk for chromosomally abnormal pregnancies. *Environ. Mol. Mutagen.* **45**, 271–283.
3. Marchetti, F., and Wyrobek, A. J. (2005) Mechanisms and consequences of paternally-transmitted chromosomal abnormalities. *Birth Defects Res. C Embryo Today* **75**, 112–129.
4. Shelby, M. D. (1996) Selecting chemicals and assays for assessing mammalian germ cell mutagenicity. *Mutat. Res.* **325**, 159–167.
5. Witt, K. L., and Bishop, J. B. (1996) Mutagenicity of anticancer drugs in mammalian germ cells. *Mutat. Res.* **355**, 209–234.
6. Hassold, T., and Hunt, P. (2001) To err (meiotically) is human: the genesis of human aneuploidy. *Nat. Rev. Genet.* **2**, 280–291.
7. Olshan, A. F., and van Wijngaarden, E. (2003) Paternal occupation and childhood cancer. *Adv. Exp. Med. Biol.* **518**, 147–161.
8. Harkonen, K. (2005) Pesticides and the induction of aneuploidy in human sperm. *Cytogenet. Genome Res.* **111**, 378–383.
9. Crow, J. F. (2001) The origins, patterns and implication of human spontaneous mutations. *Nat. Rev. Genet.* **1**, 40–47.
10. Robbins, W. A., Segraves, R., Pinkel, D., and Wyrobekm, A. J. (1993) Detection of aneuploid human sperm by fluorescence in situ hybridization: evidence for a donor difference in frequency of sperm disomic for chromosomes 1 and Y. *Am. J. Hum. Genet.* **52**, 799–807.
11. Wyrobek, A. J., Alhborn, T., Balhorn, R., Stanker, L., and Pinkel, D. (1990) Fluorescence in situ hybridization to Y chromosomes in decondensed human sperm nuclei. *Mol. Reprod. Dev.* **27**, 200–208.
12. Wyrobek, A. J., and Adler, I. D. (1996) Detection of aneuploidy in human and rodent sperm using FISH and applications of sperm assays of genetic damage in heritable risk evaluation. *Mutat. Res.* **352**, 173–179.
13. Frias, S., Van Hummelen, P., Meistrich, M. L., Lowe, X. R., Hagemeister, F. B., Shelby, M. D., Bishop, J. B., and Wyrobek, A. J. (2003) NOVP chemotherapy for Hodgkin's disease transiently induces sperm aneuploidies associated with the major clinical aneuploidy syndromes involving chromosomes X, Y, 18, and 21. *Cancer Res.* **63**, 44–51.
14. Rubes, J., Lowe, X., Moore, D., Perreault, S., Slott, V., Everson, D., Selevan, S., and Wyrobek, A. J. (1998) Smoking cigarettes is associated with increased sperm disomy in teenage men. *Fertil. Steril.* **70**, 715–723.
15. Robbins, W. A., Vine, M. F., Truong, K. Y., and Everson, R. B. (1997) Use of fluorescence in situ hybridization (FISH) to assess effects of smoking, caffeine, and alcohol on aneuploidy load in sperm of healthy men. *Environ. Mol. Mutagen.* **30**, 175–183.

16. Lowe, X., O'Hogan, S., Moore, D., Bishop, J., and Wyrobek, A. (1996) Aneuploid epididymal sperm detected in chromosomally normal and Robertsonian translocation-bearing mice using a new three-chromosome FISH method. *Chromosoma* **105**, 204–210.
17. Lowe, X., de Stoppelaar, J. M., Bishop, J., Cassel, M., Hoebee, B., Moore, D., and Wyrobek, A. J. (1998) Epididymal sperm aneuploidies in three strains of rats detected by multicolor fluorescence in situ hybridization. *Environ. Mol. Mutagen.* **31**, 125–132.
18. Rubes, J., Vozdova, M., and Kubickova, S. (1999) Aneuploidy in pig sperm: multicolor fluorescence in situ hybridization using probes for chromosomes 1, 10, and Y. *Cytogenet. Cell Genet.* 85, 200–204.
19. Sloter, E., Lowe, X., Moore, D., Nath, J., and Wyrobek, A. J. (2000) Multicolor FISH analysis of chromosomal breaks, duplications, deletions, and numerical abnormalities in the sperm of healthy men. *Am. J. Hum. Genet.* **67**, 862–872.
20. Hill, F. S., Marchetti, F., Liechty, M., Bishop, J., Hozier, J., and Wyrobek, A. J. (2003) A new FISH assay to simultaneously detect structural and numerical chromosomal abnormalities in mouse sperm. *Mol. Reprod. Dev.* **66**, 172–180.
21. Shelby, M. D., Bishop, J. B., Mason, J. M., and Tindall, K. R. (1993) Fertility, reproduction, and genetic disease: studies on the mutagenic effects of environmental agents on mammalian germ cells. *Environ. Health Persp.* **100**, 283–291.
22. Estop, A. M., Marquez, C., Munne, S., Navarro, J., Cieply, K., Van Kirk, V., Martorell, M. R., Benet, J., and Templado, C. (1995) An analysis of human sperm chromosome breakpoints. *Am. J. Hum. Genet.* **56**, 4524–4560.
23. Schmid, T. E., Brinkworth, M. H., Hill, F., Sloter, E., Kamischke, A., Marchetti, F., Nieschlag, E., and Wyrobek, A. J. (2004) Detection of structural and numerical chromosomal abnormalities by ACM-FISH analysis in sperm of oligozoospermic infertility patients. *Hum. Reprod.* **19**, 1395–1400.
24. Sloter, E., Marchetti, F., Eskenazi, B., Weldon, R. H., Nath, J., Cabreros, D., and Wyrobek, A. J. (2006) The frequencies of human sperm carrying chromosomal breaks and segmental duplications and deletions increases with advancing age. *Fertil. Steril.* **85**, 1077–1086.
25. Marchetti, F., Pearson, F. S., Bishop, J. B., and Wyrobek, A. J. (2006) Etoposide induces chromosomal abnormalities in mouse spermatocytes and stem cell spermatogonia. *Hum. Reprod.* **21**, 888–895.
26. Boyle, A. L., and Ward, D. (1992) Isolation and initial characterization of a large repeat sequence element specific to mouse chromosome 8. *Genomics* **12**, 517–525.

Ⅲ　物种多样性的鉴定

第十五章　DNA 条形码的收集——分析方案

Jeremy R. deWaard，Natalia V. Ivanova，Mehrdad Hajibabaei，Paul D. N. Hebert

概论

生物条形码的兴起表明了人类正积极探索建立一种基于对短的标准化基因区序列多样性的分析来鉴别真核生物的系统。此项工作在动物界研究中发展最快。这里，一个目标基因区域得到了选择（cytochrome C oxidase I，COI，细胞色素 C 氧化酶 I），初步研究证实其可有效地发现和鉴别物种。根据这些有意义的结果，有更多的工作正试图在更大规模上收集此界生物的条形码记录，并发现其他真核生物界的目标条形码区域。在本章，我们将详细描述收集动物界物种 DNA 条形码记录的方案，但是其中很多方法有更广泛的应用。

关键词： 生物多样性；COI；细胞色素 C 氧化酶 I；DNA 条形码；DNA 测序；线粒体；物种鉴别；分类学

1. 引言

DNA 条形码研究旨在通过建立辅助物种鉴定和发现的以 DNA 为基础的系统来推动生物多样性科学的发展（1-4）。尤其希望在可能的情况下，以某个短的标准化区域的序列多样性为基础建立一个简洁的系统。DNA 条形码是初步的尝试，它的利用可追溯到 2003 年发表的一篇文章，讲述的是在细胞色素 C 氧化酶 I（COI）的一段 648 bp 变异序列的基础上，发展一种鉴别动物界物种的有效系统的可能性。许多在不同的分类单元和地理背景中进行的研究已对这一方法进行了验证。关于北美鸟类的研究已达到了该大陆上超过 95％的种类具有条形码记录的程度（5，6）。此研究表明了 DNA 条形码的有效性，它可对所分析的 693 个种中的 94％提供种水平的鉴定，而极个别的分辨率降低的情况往往发生在已知存在杂交现象的物种对中。此研究也证明了 DNA 条形码在物种发现上的价值，尽管原来已做了大量的对此大陆鸟类的分类工作，利用条形码仍然发现了 15 个被忽略的鸟类新种。此外在鱼类的分类上，已有超过 1000 个物种的条形码记录，其中最详细的对澳大利亚 250 个鱼类物种的研究鉴定成功率达到 100％(7)。也有大量关于无脊椎动物的研究。后鳃目软体动物的研究主要局限于其中某一个科，可达到 94％的鉴定率（8）。节肢动物的研究更广泛，主要集中在甲壳动物（9）、蜘蛛（10）、弹尾虫（11），以及多种昆虫谱系包括蚂蚁（12）、蜉蝣（13）、蚊子（14）、寄蝇（15）等。在鳞翅目昆虫上的研究也揭示了条形码在超级多样化的热带生物区系物种的发现和鉴定中的有效性（16，17）。同样的，对北美 1000 个鳞翅目物种的广泛研究得出条形码序列的区域性变异对于建立以 DNA 为基础的有效的鉴别系统没有多大影响（18）。

DNA 条形码的最终目的在于建立真核生物所有谱系的综合的条形码库。以往的工作主要集中在动物上，现在的研究正着手于建立原生生物、植物和真菌的方案。有证据表明适用于动物的 COI 区域可能同样适用于藻类（19）和真菌（20）。在植物中，可能需要不同的基因靶标，但是相关的探索工作已在进行中（21，22）。在其他真核生物界中方案的建立是首要的工作内容，而在动物方面的研究主要是扩大规模（23）。其中有些是侧重分类，如收集所有鸟和鱼物种条形码记录。其他的则旨在建立特定区域生物区系综合的条形码库。例如，有的工作就是准备在 5 年内收集加拿大 10 000 个动物物种（10%动物区系）的条形码记录。关于生物条形码的大规模启动计划由总部设在华盛顿的 Smithsonian's 自然历史国家博物馆的生物条形码协会协调，代表了 100 多个对生物多样性科学感兴趣的国际组织。

随着条形码研究的深入，急需有种简单、便宜的条形码分析方法（24）。本章介绍了一个每年分析约 100 000 个物种的被 DNA 条形码中心采用的方法。然而，因为这个中心方案的采用主要考虑简易性、成本最低和速度，这些分析方案代表了条形码获取的普遍解决办法。在本章中，我们探讨了在从生物体的收集到序列记录输入生物条形码数据系统或者主要的基因组数据库过程中涉及的八个主要步骤。

2. 材料

2.1 标本和组织处理

1. 96 孔形式的 2-D 条形码保存管（TrakMates，Matrix Technologies）。
2. 99.9%乙醇（商业化酒精）。保存于可燃液体药品橱中。
3. 镊子和（或）解剖刀（FineScience Tools）。

2.1.1 基因组 DNA 提取/纯化——新鲜或冰冻的组织

1. Dry Release 提取缓冲液：5～6 g Chelex-100（Bio-Rad Laboratories，Hercules，CA），10 mL 1%叠氮钠（Sigma-Aldrich，St. Louis，MO），1 mL Tris-HCl，pH 8.3，超纯 H_2O 定容至 100 mL。10 mL 分装保存于 4℃。
2. 20 mg/mL 蛋白酶 K（proteinase K，Invitrogen，Carlsbad，CA）：100 mg 蛋白酶 K，5 mL 超纯 H_2O。0.1～1 mL 分装，保存于－20℃。
3. DryRelease 工作液：10 μL 蛋白酶 K，100 μL DryRelease 提取缓冲液。
4. 微量培养板（Eppendorf，NewYork，NY）。
5. 封盖胶条（ABgene，Rochester，NY）。
6. PCR 仪（Mastercycler EP Gradient，Eppendorf）。

2.1.2 基因组 DNA 提取/纯化——档案标本

1. NucleoSpin 96 组织试剂盒（Macherey-Nagel）。
2. 99.9%乙醇（商业化酒精）。保存于可燃液体药品橱中。
3. 微量培养板（Eppendorf）。
4. 封盖胶条（ABgene）。

5. Matrix Impact Ⅱ P1250 移液器（Matrix Technologies）。
6. 有深孔板转子的离心机（25R，Beckman Coulter）。
7. 培养箱（Fisher Scientific）。

2.2 条形码区域的 PCR 扩增

1. 10%海藻糖：5 g D-(＋)-海藻糖脱水粉末（Sigma-Aldrich），超纯 H_2O 定容至 50 mL。1～2 mL 分装保存于－20℃。
2. 10×PCR 缓冲液（New England Biolabs）。保存于－20℃。
3. 50 mmol/L $MgCl_2$：2 mL 1mol/L $MgCl_2$（Sigma-Aldrich），38 mL 超纯 H_2O。1 mL分装保存于－20℃。
4. 10 mmol/L dNTP 混合物（New England Biolabs）。100 μL 分装保存于－20℃。
5. 100 μmol/L 引物储液：按制造商说明将干燥的引物（Invitrogen）溶解到超纯 H_2O 中，配置终浓度为 100 μmol/L。保存于－20℃。
6. 10 μmol/L 引物工作液：20 μL 100 μmol/L 引物储液，180 μL 超纯 H_2O。保存于－20℃。
7. *Taq* 聚合酶（New England Biolabs）。50 μL 每份分装保存于－20℃。
8. 微量培养板（Eppendorf）。
9. 封盖胶条（ABgene）。
10. PCR 仪（Mastercycler EP Gradient，Eppendorf）。

2.3 PCR 产物检测

1. Mother E-base(Invitrogen)。
2. 2% E-gel 96 凝胶（Invitrogen）。开封前可保存于室温，启封后存于 4℃。琼脂糖包装于玻璃内，但因含有溴化乙锭，废液应按地方法规处置。
3. 凝胶成像系统（AlphaImager 3400，Alpha Innotech Corp.）。

2.4 测序

1. BigDye v3.1. 循环测序试剂盒（Applied Biosystems）。保存于－20℃。
2. 5×测序缓冲液（Applied Biosystems）。保存于 4℃。
3. 10%海藻糖：5 g D-(＋)-海藻糖脱水粉末（Sigma-Aldrich），超纯 H_2O 定容至 50 mL。1～2mL 分装保存于－20℃。
4. 100 μmol/L 引物储液：按制造商说明将干燥的引物（Invitrogen）溶解到超纯 H_2O 中，配置终浓度为 100 μmol/L。保存于－20℃。
5. 10 μmol/L 引物工作液：20 μL 100 μmol/L 引物母液，180 μL 超纯 H_2O。保存于－20℃。
6. 微量培养板（Eppendorf）。
7. 封盖胶条（ABgene）。
8. PCR 仪（Mastercycler EP Gradient，Eppendorf）。

2.5 测序反应纯化

1. 葡聚糖凝胶 G-50（Sigma-Aldrich）。皮肤接触或吸入有害，处理时推荐戴口罩和手套。
2. AcroPrep 96 0.45 μmol/L GHP 过滤板（Pall Corp）。
3. 甲酰胺（Applied Biosystems）。保存于－20℃。试剂有毒，尽量将暴露降到最小，废品处置应遵循地方法规。
4. 装柱器（Millipore）。
5. 离心连接框（Millipore）。
6. 96 孔反应板（Applied Biosystems）。

2.6 序列分析

1. 96 孔隔板（Applied Biosystems）。
2. 96 孔板基底（Applied Biosystems）。
3. 96 孔板固定器（Applied Biosystems）。
4. 含 EDTA 的 3730 缓冲液（10×）(Applied Biosystems)。保存于 4℃。
5. POP-7 聚合体（Applied Biosystems）。室温可保持稳定 7～10 天。此试剂有毒；应尽量减小暴露，并按地方法规处置废品。
6. 48 毛细管（50 cm）阵列（Applied Biosystems）。
7. 3730 DNA 分析毛细管测序仪（Applied Biosystems）。

2.7 序列编辑/排列

1. 序列编辑软件：Sequencher(Gene Codes，Amm Arbor，MI)，SeqScape(Applied Biosystems）或 Lasergene(DNASTAR，Madison，WI)。

3. 方法

3.1 标本和组织处理

大多数标本的条形码分析是直截了当的，但高度依赖于 DNA 的初始条件。因此，必须小心确保样本是在不损伤 DNA 的方式下处死的，收集后尽快进行分析（见注释 1)，且应采取预防措施来防止被其他种类 DNA 污染（见注释 2)。有六个关键步骤来确保每一个标本的正确处理和编档。

1. 将标本安排为 94 个一批（见注释 3)。为 94 个标本中的每一份激光打印一个标有单独登记号的小标签。如果一个凭证标本需要保存，在其上或其容器上贴一个标有其登记号的标签。
2. 用乙醇或清洁剂清洁工作表面，除去 DNA 和 DNA 酶污染。
3. 对每个标本，用酸或火焰除菌的镊子和（或）手术刀取下一小块组织样本。将样本放入 TrakMates 盒里一个独立的保存管中，并贴好相应的标本登记标签。
4. 室温保存时，将管中充满乙醇。对于干燥的组织（例如昆虫腿）或要冰冻保存的组织，可不必额外加乙醇。

5. 在电子表格程序上记录标本登记号及相关数据（关于表格程序和归档，见 www.barcodeoflife.org）。
6. 给每个标本拍照。

3.2 基因组 DNA 提取/纯化

基因组 DNA 的提取和（或）纯化有很多可供选择的方法（见注释 4）。其中很多方法在高通量动物 DNA 条形码中的效率已经过了全面的检测（24）；两个针对新鲜/冰冻组织或存档组织的非常有效的操作方法在下面内容中分别加以说明。

3.2.1 新鲜或冰冻的组织基因组 DNA 的提取/纯化

基于 Chelex 的 DryRelease 方法（24）（见注释 5）是一种快速及经济的 DNA 分离方法，对于新鲜及冰冻的组织尤其适用。

1. 用多通道移液器，宽口吸头分装 30～110 μL DryRelease 工作液（见注释 6）到微量培养板的每孔中。分装前和分装时不断混匀以确保每孔间树脂分散均匀。把每一排用封盖胶条盖住。
2. 将少量的组织（例如 1～2 mm 的昆虫腿或 1～2 mm^3 的乙醇保存的组织）放入板中的每一孔。为了避免交叉污染，每一次只对一排孔操作。盖上盖子，避免晃动以确保组织碎片保持在溶液中。
3. 55℃孵育 12～24h。
4. 1000 *g* 离心 5min，在 PCR 仪中 95℃孵育样本 20min 使蛋白酶 K 变性。
5. 将提取物保存于－20℃。
6. 开始 PCR 前，1000 *g* 离心 5min。
7. 用 1～2 μL DNA 样品做 PCR。确保 Chelex 树脂不被转移到 PCR 反应中。

3.2.2 档案标本基因组 DNA 的提取/纯化

NucleoSpin 96 组织试剂盒（Machery-Nagel）是一种基于二氧化硅膜的方法，对于新鲜和档案（5 年以上）（见注释 7）组织都适用。洗脱的 DNA 是高度纯化的，使其成为分离长期保存标本 DNA 的理想方法。

1. 将少量组织（例如 2～4 mm 的昆虫腿或 1～3mm^3的乙醇保存的组织）（见图 1）加到试剂盒提供的圆孔模块的每孔中。是否浸软组织可自由选择，但把组织分割成小块有助于提高最终的 DNA 产率。
2. 制备裂解工作液，将 18 mL 缓冲液 T1 与 2.5 mL 蛋白酶 K 混合，用多通道移液器，转移 200 μL 工作液到圆孔模块的每孔中

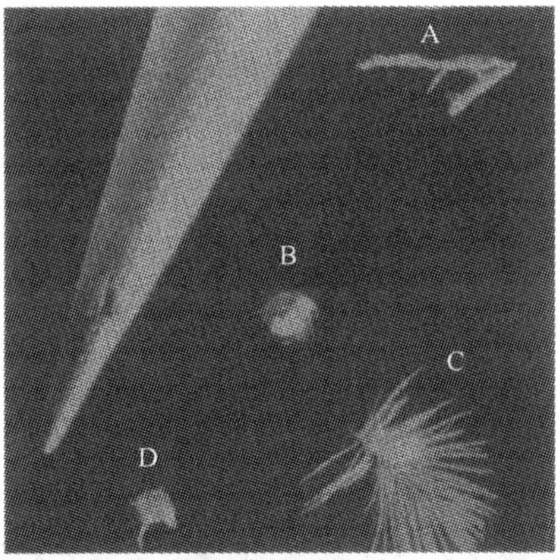

图 1　DNA 提取典型的标本大小与铅笔头大小对比。(A) 蛾的腿，(B) 小甲壳虫 (*Daphnia*)， (C) 鸟的羽毛和 (D) 肌肉组织（复制自参考文献 24）。

（见注释 8）。

3. 用提供的封盖胶条封闭孔，剧烈摇动 10～15 s 混匀。1500 *g* 离心 15 s，使样品收集在孔底部。
4. 56℃孵育至少 6h（最好 8～24h）以消化。盖上封盖胶条防止爆出。
5. 消化后，1500 *g* 离心 15 s 从封盖胶条上去除冷凝物。
6. 预混合乙醇和缓冲液 BQ1：混合 20 mL 乙醇和 20 mL 缓冲液 BQ1。用多通道移液器，转移 400 μL 混合液到圆孔模块的每孔中。用封盖胶条封闭孔。剧烈摇晃 10～15 s 并 1500 *g* 离心 10 s 以从封盖胶条上去除样品。
7. 揭开封盖胶条，从圆孔模块的孔中转移裂解产物（大约 600 μL）到组织接合板的孔中，并将板放在方孔模块上。用试剂盒提供的自黏性 PE 箔密封板。
8. 5600 *g* 离心 10min 将 DNA 结合在二氧化硅膜上。
9. 进行第一步漂洗：使用多通道移液器加 500 μL 缓冲液 BW 到组织结合板的每孔上。用一片新的自黏性 PE 箔密封板并 5600 *g* 离心 2min。
10. 为了调节流出容量，将现在的方孔模块换为一个新的方孔模块，将其放在组织结合板下面。
11. 第二步清洗：用多通道移液器在组织结合板的每孔加 700 μL B5 缓冲液，用一片新的自黏性 PE 锡箔纸封板，然后 5600 *g* 离心 4min。
12. 移去自黏性 PE 箔，将组织结合板放在无菌的微孔板上，70℃孵育 10min 以蒸发残留的乙醇。
13. 在组织结合板的每孔膜上直接加入 30～100 μL ddH_2O（见注释 9），室温孵育 1min 并封板。
14. 将组织结合板和微孔板置于敞开的 MN 离心管条支架上（见注释 10），5600 *g* 离心 2min，将结合板/微孔板/支架翻转 180°，再次离心，小心移去组织结合板和支架，密封微孔板。
15. 短暂存放置于 4℃，长时间储存置于－20℃，PCR 扩增时用 1～2 μL DNA 样本。

3.3 条形码区的 PCR 扩增

条形码标记选择的一部分原因是因为其易于分离、拷贝数高、保守的侧翼区便于设计引物等。因此，使用合适的样本和引物就可以对这些区域进行常规的 PCR 扩增。对于特别的情况，只需要靶向更小的目的片段或者对引物序列做小的改动即可。

1. 解冻试剂并放置于冷板上。
2. 按表 1 配方在 1.5mL 离心管中混合试剂。添加剂（见注释 15）或者其他的酶（见注释 16）可能增加 PCR 的成功率、产量和准确性。表 2 给出了用于扩增不同分类群 COI 条形码区的一系列引物。
3. 轻轻振荡混合，每孔微孔板分装 10.5 μL PCR 混合物。为节省时间，将总混合物分成 8 份（约 138μL）加到 8 孔 PCR 管条，用多通道移液器分装至微孔板。

表 1　条形码区 PCR 扩增的主混合物配方（μL）

试剂	一个反应	一块板
10%海藻糖	6.25	650
ddH_2O	2	208
10×PCR 缓冲液	1.25	130
50 mmol/L $MgCl_2$	0.625	65
10 mmol/L dNTP	0.0625	6.5
10μmol/L 引物 1	0.125	13
10μmol/L 引物 2	0.125	13
Taq 聚合酶	0.0625	6.5
混合物体积	10.5	—
DNA 模板	2	—
总体积	12.5	—

表 2　不同分类群 COI 的 PCR 扩增所用引物

引物名称	序列(5′-3′)	分类群	参考文献
LCO1490	GGTCAACAAATCATAAAGATATTGG	Misc. Phyla	32
HCO2198	TAAACTTCAGGGTGACCAAAAAATCA		
BirdF1	TTCTCCAACCACAAAGACATTGGCAC	鸟类	5
BirdR1	ACGTGGGAGATAATTCCAAATCCTGG		
FishF1	TCAACCAACCACAAAGACATTGGCAC	鱼类	7
FishR1	TAGACTTCTGGGTGGCCAAAGAATCA		
FishF2	TCGACTAATCATAAAGATATCGGCAC		
FishR2	ACTTCAGGGTGACCGAAGAATCAGAA		
VF1	TTCTCAACCAACCACAAAGACATTGG	哺乳动物、爬行动物	7,33
VF1d	TTCTCAACCAACCACAARGAYATYGG	两栖动物	
VF1i	TTCTCAACCAACCAIAAIGAIATIGG		
VR1	TAGACTTCTGGGTGGCCAAAGAATCA		
VR1d	TAGACTTCTGGGTGGCCRAARAAYCA		
VR1i	TAGACTTCTGGGTGICCIAAIAAICA		
LepF1	ATTCAACCAATCATAAAGATATTGG	昆虫	17
LepR1	TAAACTTCTGGATGTCCAAAAAATCA		
CrustF1	TTTTCTACAAATCATAAAGACATTGG	甲壳动物	9,32
CrustF2	GGTTCTTCTCCACCAACCACAARGAYATHGG		
HCO2198	TAAACTTCAGGGTGACCAAAAAATCA		
Chel F1	TACTCTACTAATCATAAAGACATTGG	铗角动物	10
Chel R1	CCTCCTCCTGAAGGGTCAAAAAATGA		
Chel R2	GGATGGCCAAAAAATCAAAATAAATG		

4. 用多通道移液器在每孔中加 0.5～2 μL DNA 提取物（见注释 17 和 19）。
5. 密封微孔板。
6. 1000 *g* 离心 10 s。
7. 放入热循环仪（见注释 19）并选择程序（见注释 20）；图 2 是一个程序举例。

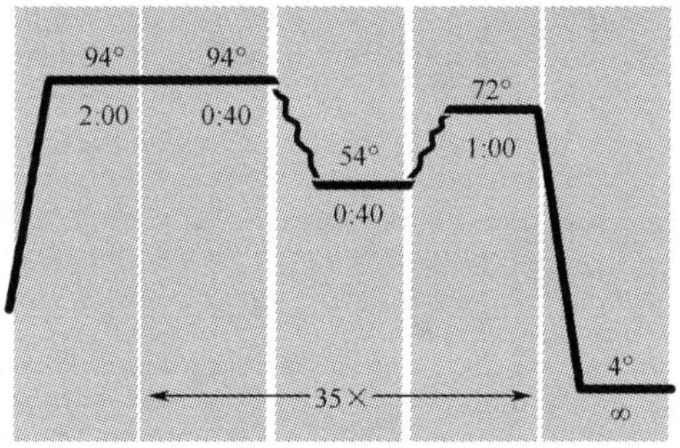

图 2　COI 条形码区 PCR 扩增的热循环仪程序示意图。

3.4　PCR 产物检测

对于符合要求的样本的检测，可直接从条形码 PCR 进入到测序反应。然而，对于比较古老的样本或者一个新的分类群样本，通常需要对 PCR 反应进行筛选以发现成功的扩增产物。这项工作以前是比较费时费力的，其中包括凝胶灌注和每个反应产物的上样。然而，无缓冲液预制琼脂糖凝胶的引入就解决了这一系列问题。

1. 将 Mother E-Base 接入电源。按下“pwg/prg”（power/program）按钮，选择 EG 程序。按下“time”按钮设置时间（见注释 22）。
2. 从包装中取出凝胶，并拔出梳子。将凝胶滑入 Mother E-Base 的两个电极连接处。
3. 用多通道移液器加 16 μL ddH_2O。
4. 必要时加适量的 DNA 分子质量标准。
5. 用多通道移液器加 4 μL 样品。
6. 按一下“pwg/prg”按钮开始电泳，此时红灯变成绿灯。
7. 电泳结束时（此时红灯闪烁，并伴随蜂鸣声），按下“pwg/prg”按钮。
8. 拿出凝胶，并用凝胶拍摄系统拍摄凝胶的数字图像。
9. 可以用 Invitrogen E-Editor 软件（从 www.invitrogen.com/egels 下载）排列泳道和处理图像。
10. 将 E-gel 图片拷到“电子实验记录本”电子表格中用于选择（见注释 23）（见 www.barcodeoflife.org 的实验室电子表格和文献）。
11. 凝胶保存于 4°至少可以重复利用一次。

3.5　测序

为了降低成本（见注释 25），PCR 产物直接用于测序反应（见注释 24），并可以提前混合反应物冷冻储存，这样方便且利于保证质量控制（见注释 26）。

1. 解冻试剂并放置于冷板上。
2. 在 1.5 mL 离心管中混合表 3 中的各种试剂（见注释 27）。每个样本准备正向和反向的测序反应混合物。

表 3　测序反应的主混合物配方（μL）

试剂	一个反应	一块板
Dye 终止混合物 V3.1	0.25	26
5×测序缓冲液	1.875	195
10%海藻糖	1.25	520
10μmol/L 引物	1	104
ddH_2O	0.875	91
混合物体积	9	—
PCR 产物	1	—
总体积	10	—

3. 轻轻涡旋混匀，微孔板每孔加入 9 μL 测序反应混合物。将总混合物分成 8 份（约 117μL）加到 8 孔 PCR 管条，用多通道移液器分装至微孔板。
4. 用多通道移液器在每孔加 0.2～5 μL PCR 产物（见注释 28）。
5. 密封微孔板。
6. 1000 *g* 离心 10 s。
7. 放入热循环仪并选择程序（见注释 29）；图 3 是一个程序举例。

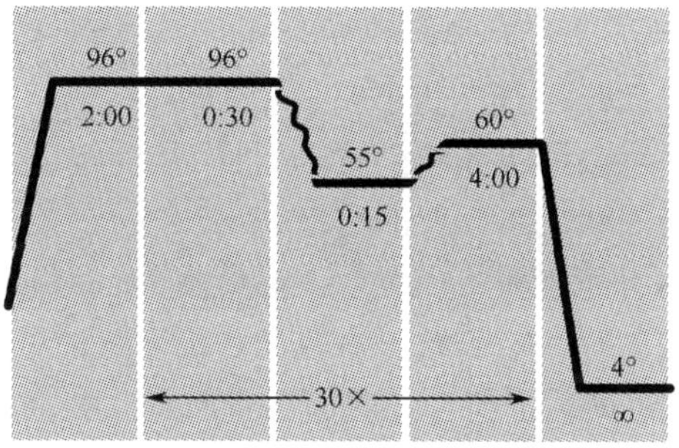

图 3　热循环仪测序反应的程序。

3.6　测序反应纯化

相比传统的和更新的纯化方法，葡聚糖凝胶柱纯化法是快速、可靠和性价比高的方法（见注释 30）。

1. 用柱上样器将滤板的每孔填入葡聚糖凝胶。
2. 用 300 μL 超纯水润湿每孔。
3. 使用前，在冰箱中过夜或者室温放置 3～4h，让葡聚糖凝胶充分吸涨。
4. 通过离心固定装置将葡聚糖凝胶滤板和一块空的微孔板叠在一起，可用橡胶带加固。750*g* 离心 3min，去除多余的水分。

5. 用多通道移液器在每孔的葡聚糖凝胶中央加入测序反应物（约 10 μL）。
6. 用多通道移液器和一个 8 孔 PCR 管条，在无菌的 96 孔反应板的每孔中加入 10 μL甲酰胺。
7. 洗脱纯化的测序反应物到甲酰胺中，将反应板放到葡聚糖凝胶滤板下方，用橡胶带固定，750 *g* 离心 3min。

3.7 测序分析

DNA 条形码设备要求高通量测序。Applied Biosystem 和 Amersham 公司拥有几种可靠的且具备不同测序能力的设备。以下方案采用的是 Applied Biosystem 3730 毛细管测序仪。

1. 在反应板上盖上胶垫。
2. 将反应板放入基座，装上定位器。
3. 在装配好的板上，打印并粘贴一个条形码。
4. 装配好的板放入 3730 仪器中。
5. 需要时进行常规的 3730 检修。
6. 使用数据收集系统的板管理器，输入板号。
7. 在运行调度程序中开始运行。

3.8 测序编辑/比对

分析高通量条形码的序列编辑和比对软件包的基本功能包括收集双向数据和编辑跟踪文件。Sequencher、SeqScape 和 Lasergene 等软件都具有这样的功能，也具备其他功能。

1. 使用选用的程序或软件，打开测序完成后的跟踪文件。如果选择的软件功能强大的话，所用样本可以一次分析完成。
2. 收集每个样本的正向和反向读取的数据。
3. 去除每组数据中的引物序列。
4. 仔细校对每个碱基名称，对于错误命名或者未命名的碱基做适当的调整。
5. 用 Fasta 格式保存序列，上传至合适的项目或者其他在线序列库。

4. 注释

1. 不损伤 DNA 的处理方法指的是冷冻、氰化物处理或者乙醇浸泡，尽量避免用乙酸乙酯或者福尔马林这些可损伤 DNA 的方法处理。DNA 在脱水的样本中通常可以保存至少一年，之后会慢慢发生降解。冷冻样本（特别是保存在低温状态）的 DNA 会保持长时间的稳定。但是在乙醇保存的样本中的 DNA 会因为酸化作用常发生降解。因此，条形码分析最好在样本收集好之后立即进行。
2. 所用样本应该在干净的表面操作，所用组织处理仪器在处理每个样本之后都要用酸或火焰灭菌。
3. 在任何想要高产率的实验室，所有条形码的分析步骤须在 96 孔板中进行。操作过程中留两个空白孔用于阳性对照和阴性对照，其余 94 孔用于样品，小心避免加样时孔间的交叉污染。

4. 除了这里讨论的基于 chelex 和膜的方法之外，还有许多其他可供选择的试剂盒用于 DNA 的分离和释放。磁珠的运用越来越普遍，主要因为其操作便于自动化。在时间紧急的情况下，有几种试剂盒可保证在几分钟之内完成 DNA 抽提，例如 Extract-N-Amp PCR Kit（Sigma-Aldrich）和 FTA cards（Waterman-Florham Park，NJ）。这些方法现正被评估用于高通量 DNA 条形码方法的可行性。
5. DryRelease 是基于 chelex 的分离 DNA 的方法，可迅速释放 DNA 于溶液中，以进行下游的应用操作（24）。它只需要极少的组织样本并缩短操作时间，但不适于含有高水平 PCR 抑制剂的样本（如血红蛋白）和 DNA 已降解的样本，以及需长期保存的纯化 DNA。
6. 反应体积取决于样本的体积，可从 30～100 μL。例如，小型甲壳类动物或小型昆虫的腿等器官组织只需要 30 μL 抽提液。而脊椎动物的小块组织则可用100～110 μL 裂解提取液。
7. Nucleospin 96 Tissue 试剂盒是基于膜的 DNA 抽提方法，取决于高盐浓度下 DNA 与二氧化硅膜的亲和力。这种方法非常敏感并可获得高纯度的 DNA，可用于研究有降解的 DNA 样品。高昂的成本和需花费大量的时间限制了它的应用。
8. 使用该方法和其他的大部分试剂盒一样，需用手动或电动的多道移液器来高效地进行 96 孔板上 DNA 的抽提操作。类似的，几乎所有的用于 96 孔板的试剂盒和操作步骤均可以用自动分液装置工作站进行。
9. 在用 DryRelease 方法时，少量标本（或 DNA 有可能降解的样本）用少量蒸馏水洗脱即可，而当用新鲜或大块样本时需用大量水洗脱。
10. 离心 96 孔板时需放在正方形离心模块上，或者放置于开放的 MN 试管离心架上以免离心力的作用使其碎裂。
11. 引物设计至关重要，微小的改变将会对条形码的合成产生极大的影响。研究一个新的种群所要做的第一步是鉴别出一个最优化的引物。为了解决引物和模板 DNA 之间的错配，建议使用简并引物或含次黄嘌呤的引物（26）。通过含有 2～4 个简并碱基或次黄嘌呤碱基引物的运用，可从复杂的模板中得到较好的条形码扩增，并且防止核内假基因的扩增（27）。
12. 所有的 PCR 试剂的相关操作推荐使用灭菌的含塞子的吸头以避免不必要的污染。在开始实验操作前用酒精或去垢剂清洁操作台面。在建立反应前，DNA 模板（DNA 抽提物或 PCR 产物）应远离 PCR 试剂。所有试剂取用完毕并重新放回冰箱后，再加入 DNA 模板。
13. 添加海藻糖是可选的，但加入海藻糖后可能会增加 PCR 反应成功的机会（28）（图 4），并可促进冻结分装好的主混合液。该混合液可贮存于－20℃ 1～3 个月或直接分装于 96 孔板于－20℃保存 1 个月。
14. 为节约成本，反应体系可显著缩小。为了精确分装微量的试剂，准备足够多的可用于几块板的主混合液是必要的。注意必须备有额外的反应液，用予弥补多

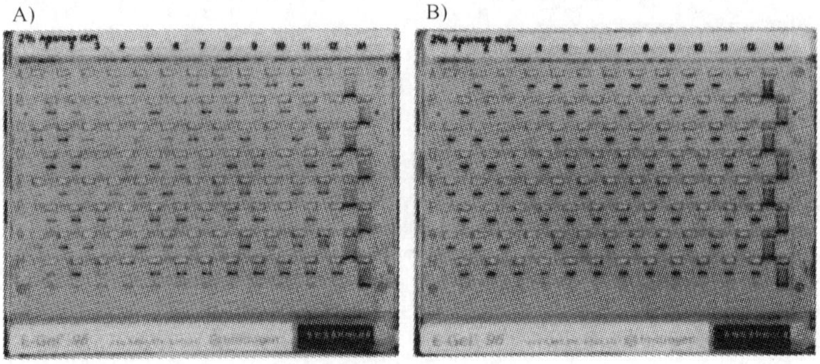

图 4　添加海藻糖可提高 PCR 的效率。E-gel 上的黑色条带代表样本成功的 PRC 扩增，透亮的孔为上样孔。A12 和 B12 为阴性对照，M 栏为分子质量标准。(A) 没有海藻糖的常规 PCR 主混合液，(B) 含 5%海藻糖的 PCR 主混合液。

通道移液器吸液液量误差（例如进行 10 块 96 孔板的 12.5 μL 反应体系实验，须备有多余的 40 个反应体系的反应液）。

15. 通过加入扩增反应的促进剂如海藻糖、牛血清白蛋白、甜菜碱、二甲基亚砜可消除 PCR 反应抑制剂的影响（28，30，31）。
16. 现已有越来越多不同种类的 PCR 聚合酶及其反应预混合液产品。一些可让 PCR 反应更迅速（如 Z Taq，Takara Bio，Otsu，Japan）；其他一些则有助于扩增有损坏的模板或提高扩增反应的保真性。
17. DNA 的使用量依赖于标本的类型和抽提方法。虽然使用量可能会有差异，但是对基因组 DNA 的定量通常不是必需的。因为低至几个拷贝的靶基因对 PCR 扩增来说已足够。加入 DNA 模板量越少越好，以避免有可能存在于 DNA 样品中的反应抑制剂及非特异的扩增。
18. 通常反应应包含无扩增模板的阴性对照，测试试剂有无污染。同时还需包括用已扩增过的 DNA 样品作阳性对照用于测试 PCR 试剂的有效性。
19. 最新一代的热循环仪（如 Eppendorf 的 MasterCycler EP Silver）具有更快的升降温速度可使 PCR 反应更迅速（1～2h 相对于 3～4 h）。
20. 当使用新的引物时，一般只需要改变 PCR 反应的复性温度。一般的原则是将复性温度设置为低于引物熔链温度 2～6℃。
21. Invitrogen 的 E-gel 96 系统具有快速、灵敏、均一的特点并缩短了暴露于 EB 的时间。资金消耗较少，胶的价格适中，操作耗时较少。Bio-Rad 和 Amersham Bioscience 有相似的产品。
22. 对于 700 bp 的扩增子，只需花 6 min 就可充分分辨该条带。
23. 合并有 E-gel 图像的实验室电子记录本利于筛选成功的 PCR 反应。这是一项耗时的工作；如有可能使用自动分液系统。
24. 通常通过除去游离的核苷酸和剩余的引物来纯化 PCR 产物。如果省略掉纯化步骤，则在测序时导致开始的 20～50 bp 测序结果不好。当 PCR 产物进行双向测序时这种影响不大。而当产物仅仅单向测序时，可选用多种操作方法（如乙醇沉淀）和大量的试剂盒如 Multiscreen Filter technology(Millipore)。

25. 为降低成本，测序反应可缩减至 10 μL 进行，其中 BigDye 染料仅用 0.25 μL（原有浓度的 1/16）。因为 BigDye 染料是条形码实验操作中最昂贵的试剂，减少它的使用量对降低成本至关重要。
26. 测序反应试剂可以混合于 96 孔板中，也可以预先混合于大容量试管中，可冻存于－20℃ 3 个月。加入海藻糖确保酶在反复冻融过程中的稳定性。
27. BigDye v. 3. 1. cycle sequencing chemistry 提供了强大的测序平台，可高质量测序至 750 bp，甚至可准确测定高 GC 含量的模板。Amersham Bioscience 提供了另一种高可信度的方法，其 DYEnamic ET Terminator cycle sequencing 试剂盒可完全兼容于 Applied Biosystem 的仪器。
28. PCR 模板的加入体积应根据 PCR 产物检测胶上的条带亮度来调整。
29. 复性温度根据引物的特异性而不同，但是对大部分的 COI 条形码测序反应来说，55℃都较为合适。
30. 许多高通量的基因组学研究装置使用乙醇沉淀或磁珠分离纯化测序反应。基于固相可逆的固定方法（solid-phase reversible immobilization，SPRI）特别适用于进行高通量条形码实验的实验室。
31. Applied Biosystem 多通道毛细管电泳测序仪包括 3100、3130、3730 和 3730XL，分别对应于 4、16、48、96 个通道。同样，Amersham Bioscience 的测序仪产品包括 MegaBASE500、1000 和 4000，对应于 48、96、384 个毛细管电泳通道。

致谢

我们感谢 Alex Borisenko，Rob Dooh，Teresa Crease，Robert Hanner，Angela Holliss，Stephanie Kirk，Paula Mackie，Pia Marquart，Erin Penton，Keith Pickthorn，Cadhla Ramsden，Sujeevan Ratnasingham，Alex Smith，Janet Topan，Taika von Konigslow，Adam Yule 和 Tyler Zemlak，感谢他们对这些操作方法所提供的帮助。本章的写作得到了 Gordon and Betty Moore 基金、NSERC、加拿大创新基金和安大略创新基金的资助。

（陈璋辉　张广林　邵正萍　杨　军）

参考文献

1. Hebert, P. D. N., Cywinska, A., Ball, S. L., and deWaard, J. R. (2003) Biological identifications through DNA barcodes. *Proc. R. Soc. B* **270,** 313–322.
2. Blaxter, M. (2003) Counting angels with DNA. *Nature* **421,** 122–124.
3. Hebert, P. D. N., and Gregory, T. R. (2005) The promise of DNA barcoding for taxonomy. *Syst. Biol.* **54,** 852–859.
4. Savolainen V., Cowan, R. S., Vogler, A. P., Roderick, G. K., and Lane, R. (2005) Towards writing the encyclopaedia of life: an introduction to DNA barcoding. *Philos. Trans. R. Soc. B* **360,** 1805–1811.

5. Hebert, P. D. N., Stoeckle, M. Y., Zemlak, T. S., and Francis, C.M. (2004) Identification of birds through DNA barcodes. *PLoS Biol.* **2,** 1657–1663.
6. Kerr, K. A. , Stoeckle, M. Y. , Dove, C, Weigt, L. A. , Francis, C. M., and Hebert, P. D. N. (2007) Comprehensive DNA barcode coverage of North American birds. *Mol. Ecol. Notes.* **7,** 535–543.
7. Ward, R. D., Zemlak, T. S., Innes, B. H., Last, P. R., and Hebert, P. D. N. (2005) DNA barcoding Australia's fish species. *Philos. Trans. R. Soc. B* **360,** 1847–1857.
8. Meyer C. P., and Paulay, G. (2005) DNA barcoding: Error rates based on comprehensive sampling. *PLoS Biol.* **3,** 2229–2238.
9. Costa, F. O., deWaard, J. R., Boutillier, J., Ratnasingham, S., Dooh, R. T., Hajibabaei, M., and Hebert, P. D. N. (2006) Biological identifications through DNA barcodes: the case of the Crustacea. *Can. J. Fish. Aquat. Sci.* **64,** 272–295.
10. Barrett, R. D. H., and Hebert, P. D. N. (2005) Identifying arachnids through DNA sequences. *Can. J. Zool.* **83,** 481–491.
11. Hogg, I. D., and Hebert, P. D. N. (2004) Biological identification of springtails (Collembola: Hexapoda) from the Canadian Arctic, using mitochondrial DNA. *Can. J. Zool.* **82,** 749–754.
12. Smith, M. A., Fisher, B. L., and Hebert, P. D. N. (2005) DNA barcoding for effective biodiversity assessment of a hyperdiverse arthropod group: the ants of Madagascar. *Philos. Trans. R. Soc. B* **360,** 1825–1834.
13. Ball, S. L., Hebert, P. D. N., Burian, S. K., and Webb, J. M. (2005) Biological identifications of mayflies (Ephemeroptera) using DNA barcodes. *JNABS* **24,** 508–524.
14. Cywinska, A., Hunter, F., and Hebert, P. D. N. (2006) Identifying Canadian mosquito species through DNA barcodes. *Med. Vet. Entomal.* **20,** 413–424.
15. Smith, M. A., Woodley, N. E., Janzen, D. H., Hallwachs, W., and Hebert, P. D. N. (2006) DNA barcodes reveal cryptic host-specificity within the presumed polyphagous members of a genus of parasitoid flies (Diptera: Tachinidae). *Proc. Natl. Acad. Sci. USA* **103,** 3657–3662.
16. Hebert, P. D. N., Penton, E. H., Burns, J. M., Janzen, D. H., and Hallwachs, W. (2004) Ten species in one: DNA barcoding reveals cryptic species in the neotropical skipper butterfly *Astraptes fulgerator. Proc. Natl. Acad. Sci. USA* **101,** 14812–14817.
17. Hajibabaei, M., Janzen, D. H., Burns, J. M., Hallwachs, W., and Hebert, P. D. N. (2006) DNA barcodes distinguish species of tropical Lepidoptera. *Proc. Natl. Acad. Sci. USA* **103,** 968–971.
18. Hebert, P. D. N., deWaard, J. R., and Landry, J-F. (2007) DNA barcodes deliver: species identifications and revelations for 1/1000 of the Animal Kingdom. In preparation.
19. Saunders, G. W. (2005) Applying DNA barcoding to red macroalgae: a preliminary appraisal holds promise for future applications. *Philos. Trans. R. Soc. B* **360,** 1879–1888.
20. Seifert, K. A., Sampson, R. A., deWaard, J. R., Houbracken, J. A., Levesque, C. A., Montcalvo, J.-M., Louis-Seize, G. and Hebert, P. D. N. (2007) Prospects for fungus identification using CO1 DNA barcodes, with *Penicillium* as a test case. *Proc. Natl. Acad. Sci. USA* **104,** 3901–3906.
21. Kress, J. W., Wurdack, K. J., Zimmer, E. A., Weigt, L. A., and Janzen, D. H. (2005) Use of DNA barcodes to identify flowering plants. *Proc. Natl. Acad. Sci. USA* **102,** 8369–8374.

22. Chase, M. W., Salamin, N., Wilkinson, M., Dunwell, J. M., Kesanakurthi, R. P., Haidar, N., and Savolainen, V. (2005) Land plants and DNA barcodes: short-term and long-term goals. *Philos. Trans. R. Soc. B* **360,** 1889–1895.
23. Marshall, E. (2005) Will DNA barcodes breathe life into classification? *Science* **307,** 1037.
24. Hajibabaei, M., de Waard, J. R., Ivanova, N. V., Ratnasingham, S., Dooh, R. T., Kirk, S. L., Mackie, P. M., and Hebert, P. D. N. (2005) Critical factors for assembling a high volume of DNA barcodes. *Philos. Trans. R. Soc. B* **360,** 1959–1967.
25. Hoss, M., and Paabo, S. (1993) DNA extraction from Pleistocene bones by a silica-based purification method. *Nucleic Acids Res.* **21,** 3913–3914.
26. Batzer, M. A., Carlton, J. E., and Deininger, P. L. (1991) Enhanced evolutionary PCR using oligonucleotides with inosine at the 3?-terminus. *Nucleic Acids Res.* **19,** 5081.
27. Sorenson, M. D., Ast, J. C., Dimcheff, D. E., Yuri, T., and Mindell, D. P. (1999) Primers for a PCR-based approach to mitochondrial genome sequencing in birds and other vertebrates. *Mol. Phylogenet. Evol.* **12,** 105–114.
28. Spiess, A. N., Mueller, N., and Ivell, R. (2004) Trehalose is a potent PCR enhancer: lowering of DNA melting temperature and thermal stabilization of *Taq* polymerase by the disaccharide trehalose. *Clin. Chem.* **50,** 1256–1259.
29. Franks, F. (1990) Freeze drying: from empiricism to predictability. *Cryoletters* **11,** 93–110.
30. Al-Soud, W. A., and Rådström, P. (2000) Effects of amplification facilitators on diagnostic PCR in the presence of blood, feces, and meat. *J. Clin. Microbiol.* **38,** 4463–4470.
31. Frankman S., Kobs G., Simpson D., and Storts D. (1998) Betaine and DMSO: enhancing agents for PCR. *Promega Notes* **65,** 27.
32. Folmer, O., Black, M., Hoeh, W., Lutz, R., and Vrijenhoek, R. (1994) DNA primers for amplification of mitochondrial cytochrome c oxidase subunit I from diverse metazoan invertebrates. *Mol. Mar. Biol. Biotechnol.* **3,** 294–299.
33. Ivanova, N. V., deWaard, J. R., and Hebert, P. D. N. (2006) An inexpensive, automation-friendly protocol for recovering high-quality DNA. *Mol. Ecol. Notes.* **6,** 998–1002.

第十六章　应用抑制性消减杂交检测环境样品中元基因组多样性

Elizabeth A. Galbraith，Dionysios A. Antonopoulos，Bryan A. White

概论

元基因组学（metagenomics）可提供无倾向性的微生物环境样品的总的遗传结构和功能组成信息，而不需要对群落中的微生物进行培养。元基因组学目前充分利用了当前已知的多种全基因序列（1，2）及相关方法，如细菌人工染色体和 fosmid 载体，以发现新基因和研究微生物群落的结构和功能。在比较基因组研究中，一些互补的且费用更低廉的方法可用来比较不同微生物的基因组。抑制性消减杂交技术（suppressive subtractive hybridization，SSH）就是这样的方法，可用于比较近缘种微生物的基因组组成（3-6）。最近，SSH 也作为一种比较方法，研究了两种不同瘤胃微生物群落基因组成的微生物多样性和功能差别（7）。经过一系列的杂交和聚合酶链反应（PCR）扩增后，两种环境样品的元基因组差异能够通过 SSH 方法分离。最终通过序列 DNA 测定和生物信息学分析对这些差异进行鉴定。

关键词： 元基因组学；消减杂交

1. 引言

元基因组学（metagenomics）可提供无倾向性的微生物环境样品的总的遗传结构和功能组成信息，而不需要对群落中的微生物进行培养。过去十几年中，分子生物学方法的发展使得对免培微生物的研究成为可能，也是使用已广泛应用于研究微生物多样性、群落结构和微生态中的微生物相互作用的核糖体小亚基 RNA（SSU rRNA）靶标的直接结果（8-10）。这些方法尽管提供了大量有关微生物群落结构的信息，但仅局限于已知序列。因此，元基因组学充分利用了当前已知的多种全基因序列（1，2）及相关方法，如细菌人工染色体和 fosmid 载体（与质粒不同，一个细菌只能含有一个拷贝的 fosmid），以发现新基因和研究微生物群落的结构和功能。分析环境样品中基因组 DNA 的重新组合，可以估计群落基因组的复杂性和大小（11，12）。然而，用细菌人工染色体（BAC）和 fosmid 载体建立元基因组文库（13，14）是了解混合微生物样品的功能属性的更加直接的方法。对这些大型插入文库的序列分析和组装也很可能得到完整的微生物基因组（15）。在比较基因组研究中一些互补的且费用更低廉的方法可用来比较不同微生物的基因组。抑制性消减杂交技术（suppressive subtractive hybridization，SSH）就是这样的方法，可用于比较近缘种微生物的基因组组成（3-6）。最近，SSH 也作为一种比较方法，研究了两种不同瘤胃微生物群落基因组成的微生物多样性（如种类组成）和功能差别（如基因构成）（7）。

消减杂交的核心概念由 Bautz 和 Reilly 首次提出（1966）（16）。我们发现，一个通过表型鉴定出来的噬菌体 T4 缺失突变体可以在不知道基因和周围序列的情况下从野生型中分离出特定的缺失基因。缺失突变体的变性（单链）DNA 结合到硝酸纤维素柱上后，作为模板与野生型 mRNA 结合。野生型与缺失突变体的相同 mRNA 与 DNA 模板结合，黏附到柱上，而与缺失 DNA 靶标相对应的 mRNA 种类则从柱中洗脱出来，从而得到有效的消减。

大约 20 年后，这种基本思想被系统地应用于分离真核生物基因组 DNA 的差异，而其基因组比噬菌体的要大几个数量级。三篇系列文章（17-19）运用 Bautz 和 Reilly 的修改方案，鉴定了特殊的基因组 DNA 区域，并引入了“基因组消减”（或“差异克隆”）这一术语来描述该过程。1990 年，结合三个重要概念后，这一技术正式形成：（1）引入“测试子”（tester）和“驱动子”（driver）的命名；（2）过量使用“驱动子”DNA“驱动”消减；和（3）在消减后应用聚合酶链反应（PCR）扩增剩余的“测试子”特异片段。两篇文章运用了这一操作流程（20，21）。Straus 和 Ausubel（1990）应用“基因组消减”分离了一个酵母缺失突变体中缺失的野生型 DNA，而 Wieland 等（1990）运用类似的“消减杂交”过程来对比 λ 噬菌体 DNA 和胎盘 DNA，以及胎盘 DNA 与 Epstein-Barr 病毒永生化淋巴细胞 DNA。两篇文章都运用亲和素-生物素方法来分离 DNA 片段。Southern 印迹分析表明两种途径的有效性，以及在时间和经费投入上的优势。

然而，当时消减杂交最广泛的用途是把 cDNA 文库标准化（22，23）。由于 cDNA 文库是基于特定真核组织提取的 mRNA 而来，一种组织类型中某些 mRNA 种类表达与其他组织类型中相比可能过低。消减杂交能够揭示出这部分低表达的 mRNA 种类，从而得到所有可能的 mRNA 种类（24-26）。

运用计算机建模描述消减杂交过程也得到快速发展（27-29）。这种水平的研究不仅运用计算机得到成功的试验所需的理想参数，而且使消减杂交过程更加精细——也就是后来所称的抑制性消减杂交技术（26）。抑制性消减杂交（SSH；有些文献中也称为 suppression subtractive hybridization，“抑制消减杂交”）引入了特异设计的接头的使用（双链 DNA 短片段）。如果这些接头与自身或者小 DNA 片段连接，由它们的序列引发的二级结构（panhandle-like structure）将有效抑制最后阶段的 PCR 扩增（图 1）。这将有效降低本底片段的检测，而发现那些有足够“信息”长度的大的差异 DNA 片段。这一改良的消减杂交方法已用来对比两种幽门螺旋杆菌菌株的基因组（3）。根据这一方法 Clontech 生产的专利试剂盒提供了一系列的接头和酶来成功构建 SSH 文库。

各种版本的用于比较微生物基因组学的消减杂交方法已被用来描述许多微生物种类的种间差异（6，30-40）。基因组测序方法学的流水化及经济成本的降低使得该技术可用来筛选出与已知全序列菌株的相关特殊菌株。Nesbo 等在研究 *Thermotoga* 菌株（41）过程中对这一方法进行了最详细的描述。最近 Antonopoulos 等（2004）描述了在对 *R. flavefaciens* FD-1 基因组进行测序的同时应用该技术，再次证明该技术并不需要全序列数据才有效（42）。从漂移基因组序列（2×范围）组装而成的重叠群提供大的序列支架将 SSH 产物组装在其中，表明 SSH 产物聚集到特异基因组区域。消减杂交也能有效地指导漂移基因组序列的完成，如对 *Xylella fastidiosa* 的研究——也是这一技术

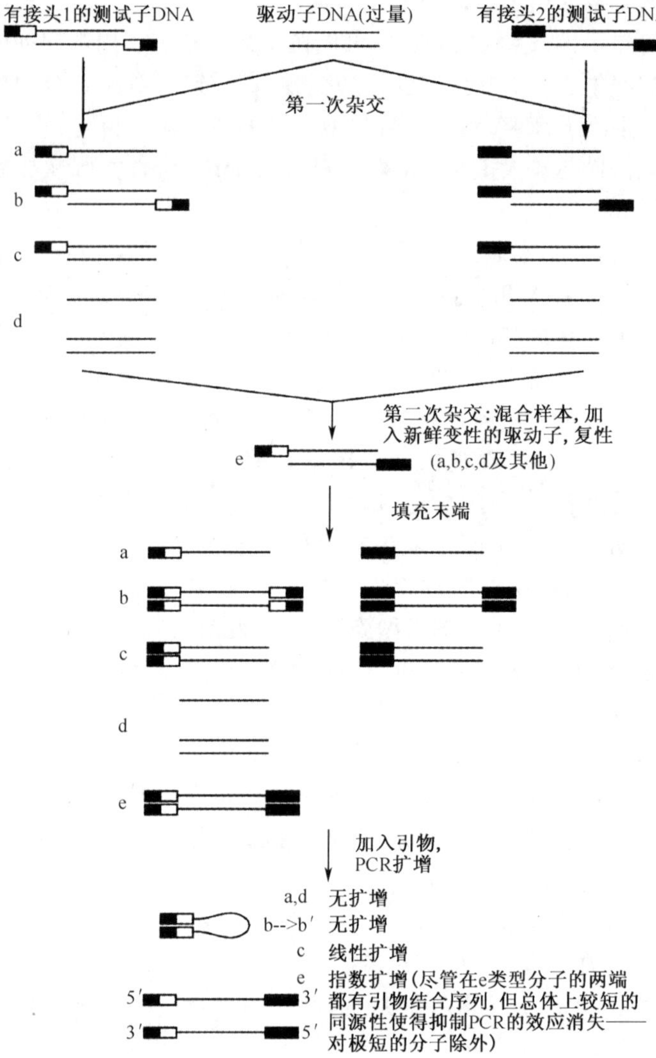

图 1 抑制消减杂交的流程图。注意在最终的 PCR 扩增时形成的抑制性的“锅柄”二级结构可极大地降低“背景噪音”(短的非特异序列)。

的延伸(43)。近来,我们首先应用该技术比较了瘤胃样品中微生物群落的元基因组(7)。

这一研究使用了已通过变性梯度胶电泳和从 SSU rDNA 文库中获得大量系统发育数据的特殊瘤胃样品(44)。此外,选择瘤胃样品是因为瘤胃中的微生物群落细菌、古细菌的多样性和功能性是瘤胃微生物学家长期以来的研究焦点(45,46),并且通过经典的培养方法和现代分子生物学方法已获得了大量知识(47,48)。所以,本研究应用 SSH 分离存在于某一瘤胃样品中而不存在于其他样品中的 DNA 片段。这些消减出的 DNA 被克隆、测序,并通过计算机辅助进行 DNA 和氨基酸对比。抑制消减片段的细菌或古细菌来源可得到鉴定,说明 SSH 是对现有的复杂微生物环境的元基因组分析方法的有力补充。在对所构建的 SSH 文库进行样品质量控制评估基础上,该技术能够在两个复杂微生物群落中区分辨认出某一群落特有的 DNA 片段。本章描述了对环境微生物群落进行 SSH 的详细方法，包括决定消减效率的质量控制试验。

2. 材料

2.1 从环境样品中提取总基因组 DNA

1. 磷酸盐缓冲液 0.1 mol/L，pH 8.0：把 5.3 mL A 液［27.6 g $NaHPO_4 \cdot H_2O$/L (0.2mol/L)］和 94.7 mL B 液［53.65g$Na2HPO_4 \cdot 7H_2O$/L (0.2mol/L)］混合，并用 H_2O 定容到 200 mL。
2. 裂解液：0.15 mol/L NaCl，0.1 mol/L EDTA，pH 8.0。高温灭菌后加入 15 mg/mL 溶菌酶溶液，贮存于 4℃。
3. SDS 溶液：0.1 mol/L NaCl，0.5 mol/L Tris-HCl，pH 8.0，10%十二烷基硫酸钠。
4. 蛋白酶 K（Sigma-Aldrich）。
5. 缓冲苯酚，pH 8.0，贮存于 4℃棕色玻璃瓶。
6. 苯酚∶氯仿∶异戊醇（25∶24∶1）。
7. 氯仿∶异戊醇（24∶1）。
8. 乙酸铵 10.5 mol/L：每 100 mL ddH_2O 溶解 80.93 g 乙酸铵。0.22 μm 孔径滤膜过滤灭菌。
9. 冷的异丙醇（4℃）。
10. 70% 乙醇。
11. TE 缓冲液，pH 8.0：10 mmol/L Tris-HCl，pH 8.0，1 mmol/L EDTA，pH 8.0。
12. RNase One™核糖核酸酶（Promega）。贮存于－20℃。

2.2 抑制消减杂交法（SSH）

消减杂交法用 CLONTECH PCR-Select™细菌基因组消减试剂盒（Clontech Laboratories Inc.，cat. no. 637404）。下列材料是由试剂盒提供的。4× 杂交缓冲液在室温下贮存。其他试剂都贮存于－20℃。

2.2.1 核酸内切酶消化

1. 10×*Rsa* Ⅰ限制缓冲液：100 mmol/L bis-tris-propane-HCl（2，3-丙烷盐酸），pH 7.0，100 mmol/L $MgCl_2$，10 mmol/L 二硫苏糖醇（DTT）。
2. 12 μL *Rsa* Ⅰ(10 U/μL)。

2.2.2 接头连接

1. 21 μL T4 DNA 连接酶（400 U/μL；含有 3 mmol/L ATP）。
2. 5×DNA 连接缓冲液：250 mmol/L Tris-HCl，50 mmol/L $MgCl_2$，10 mmol/L DTT，0.25 mg/mL 牛血清白蛋白（BSA）。

3. 30 μL 接头 1(10 mmol/L)。
4. 30 μL 接头 2R(10 mmol/L)。

2.2.3 杂交

1. 4×杂交缓冲液：200 mmol/L *N*-2-羟乙基哌嗪-*N*′-2-乙磺酸（HEPES-HCl），pH 8.0，2 mol/L NaCl，0.8 mmol/L EDTA，pH 8.0。室温贮存。
2. 稀释缓冲液：20 mmol/L HEPES-HCl，pH 8.3，50 mmol/L NaCl，0.2 mmol/L EDTA，pH 8.0。

2.2.4 PCR 扩增

1. 50 μL PCR 引物 1（10 mmol/L）。
2. 100 μL 巢式引物 1（10 mmol/L）。
3. 100 μL 巢式引物 2R（10 mmol/L）。
4. 10 μL pf PCR 对照消减 cDNA。

2.2.5 对照试剂

1. 5 μL 大肠杆菌基因组 DNA（1 mg/mL）。
2. 10 μL DNA 对照（3 ng/μL；øX174/*Hae*Ⅲ消化）。
3. 50 μL 10 μmol/L 23S RNA 正向引物*。
4. 50 μL 10 μmol/L 23S RNA 反向引物*。

2.3 克隆和文库测序

这个过程利用 TOPO TA 克隆测序试剂盒（含 PCR® 4-TOPO® 载体）与 One Shot® TOP10 Electrocomp™ *E. coli*（Invitrogen 公司，cat. no. K4580-01）。下列材料由试剂盒提供。除非特别说明，所有试剂都贮存在－20℃。

2.3.1 TOPO TA 克隆测序试剂盒（含 PCR® 4-TOPO® 载体）

1. 25 μL pCR® 4-TOPO® ［50％甘油中含 10 ng /μL 质粒 DNA，50 mmol/L Tris-HCl，pH 7.4（25℃），1 mmol/L EDTA，2 mmol/L DTT，0.1％ Triton X-100，100 μg/mL BSA，30 μmol/L 酚红］。
2. 100 μL 10× PCR 缓冲液［100 mmol/L Tris-HCl，pH 8.3(42℃)，500 mmol/L KCl，25 mmol/L $MgCl_2$，0.01％ 明胶］。
3. 10 μL dNTP 混合液(12.5 mmol/L dATP，12.5 mmol/L dCTP，12.5 mmol/L dGTP，12.5 mmol/L dTTP，水中中和 pH 至 8.0)。
4. 50 μL 盐溶液（1.2 mol/L NaCl，0.06 mol/L $MgCl_2$）。
5. 1 mL 无菌水。
6. 20 μL M13 正向（－20）引物［0.1 μg/μL，TE 缓冲液，pH 8.0(407 pmol)］。
7. 20 μL M13 反向引物［0.1 μg/μL，TE 缓冲液，pH 8.0(385 pmol)］。

---

* 这对引物将扩增 *E. coli* 的 23S rRNA 基因 374bp 的片段。

8. 20 μL T3 引物 [0.1 μg/μL，TE 缓冲液，pH 8.0(329 pmol)]。
9. 20 μL T7 引物 [0.1 μg/μL，TE 缓冲液，pH 8.0(328 pmol)]。
10. 10μL 对照 PCR 模板（0.1 μg/μL，TE 缓冲液，pH 8.0）。
11. 10μL 对照 PCR 引物（各 0.1 μg/μL 溶于 TE 缓冲液，pH 8.0）。

M13 正向引物（－20）	5'-GTAAAACGACGGCCAG-3'
M13 反向引物	5'-CAGGAAACAGCTATGAC-3'
T3	5'-ATTAACCCTACTAAAGGGA-3'
T7	5'-TAATACGACTCACTATAGGG-3'

2.3.2 One Shot® TOP10 Electrocomp™ 大肠杆菌及试剂

1. S.O.C. 培养基 [2% 胰蛋白胨，0.5% 酵母提取物，10 mmol/L NaCl，2.5 mmol/L KCl，10 mmol/L $MgCl_2$，10 mmol/L $MgSO_4$，20mmol/L 葡萄糖(6mL)]。贮存于 4℃或室温。
2. 21×50 μL TOP10 细胞 Electrocomp™。贮存于－80℃。
3. 50 μL pUC19 DNA 对照（10 pg/μL 在 5 mmol/L Tris-HCl，0.5 mmol/L EDTA，pH 8.0 中）。贮存于－80℃。

2.3.3 其他辅助材料和试剂

1. *Alu* Ⅰ 限制性内切酶（包括来自 New England Biolabs 的 NEBuffer2）。
2. 1 kb DNA 分子质量标准（Invitrogen）。
3. 1.5mL 管（Fisher Scientific 硅化处理或低保留微量离心机管）。
4. 0.2mL 薄壁的 PCR 反应管（Fisher Scientific Costar PCR 导管）。
5. 无菌去离子水。
6. 5×TBE 电泳缓冲液：溶解 54 g Tris 碱，27.5 g 硼酸，20 mL 0.5mol/L EDTA 在 1 L 双蒸水中，pH 8.0。琼脂糖凝胶电泳工作液是 0.5×(45 mmol/L Tris-硼酸盐，1 mmol/L EDTA)。
7. 0.2 mol/L EDTA，pH 8.0。
8. 酚∶氯仿∶异戊醇（25∶24∶1)(Sigma-Aldrich)。
9. 氯仿∶异戊醇（24∶1)(Fluka via Sigma-Aldrich)。
10. 3 mol/L 乙酸钠，pH 5.2。
11. 20 mg/mL 糖原（Sigma-Aldrich)。
12. 100%冰乙醇。
13. 80%冰乙醇。
14. TaKaRa Ex *Taq* DNA 聚合酶（包括 dNTPs 和缓冲液)(Fisher Scientific)。
15. 电穿孔试管 0.1 cm(Bio-Rad)。
16. LB 琼脂平板（1.0% 胰蛋白胨，0.5% 酵母提取液，1.0% NaCl，pH 7.0，1.5%琼脂)，加入氨苄西林（50～100 μg/mL)。
17. LB(Luria-Bertani) 培养基（1.0%胰蛋白胨，0.5%酵母提取液，1.0% NaCl，pH 7.0)。

18. 96 孔细胞培养板，平底，带有低蒸发盖（Corning）。
19. 甘油。

2.4 通过斑点印迹和 Southern 印迹来确认 Tester 特异 DNA 片段

2.4.1 斑点印迹膜的制备

1. 快速 QIA PCR 提纯试剂盒（QIAGEN）。
2. 无菌双蒸水。
3. Whatman 3 MM 滤纸。
4. 1 mol/L NaOH。
5. 0.4 mol/L NaOH。
6. 200 mmol/L EDTA，pH 8.2。
7. Hybond N^+ 尼龙膜（Amersham）。
8. 斑点杂交歧管，如 Bio-Dot 微量过滤装置（Bio-Rad）。
9. 干净的玻璃托盘。
10. 2×SSC。
11. 紫外透明的塑料薄膜。

2.4.2 Southern 印迹膜的制备

1. QIAquick PCR 提纯试剂盒（QIAGEN）。
2. 无菌双蒸水。
3. Whatman 3 MM 滤纸。
4. 琼脂糖和溴化乙锭染色。
5. 0.25 mol/L HCl。
6. 变性溶液：1.5 mol/L NaCl，0.5 mol/L NaOH。贮存于室温。
7. 中和溶液：1.5 mol/L NaCl，0.5 mol/L Tris-Cl，pH 7.0。贮存于室温。
8. 干净的玻璃托盘 2 个。
9. 20×SSC：3 mol/L NaCl，0.3mol/L Na_3citrate · $2H_2O$，用 1 mol/L HCl 调节 pH 至 7.0，贮存于室温。
10. 2×SSC。贮存于室温。

2.4.3 用于斑点印迹和 Southern 印迹的放射性标记 DNA 探针

1. 无菌双蒸水。
2. 随机引物 DNA 标记系统（Invitrogen）提供的材料：dATP 溶液，dGTP 溶液，dTTP 溶液，随机引物混合缓冲液，Klenow 片段，终止（缓冲）液，贮存于 −20℃。
3. [α-^{32}]dCTP，3000 Ci/mmol，10 μCi/μL. 贮存于−20℃。

2.4.4 放射标记 DNA 探针的提纯

1. Nensorb™ 20 核酸纯化柱（NEN Life Science Products，Boston，MA）。

2. 一次性 5 mL 注射器。
3. 100%甲醇。
4. 试剂 A：0.1 mol/L Tris-HCl，10 mmol/L 三乙胺（TEA），1 mmol/L EDTA 二钾盐或二钠盐，pH 7.7，贮存于 4℃，保质期一个月。
5. 50%甲醇。
6. 分子生物学等级水。
7. 1.5mL 微量离心管。

2.4.5 斑点印迹和 Southern 印迹膜与放射性 DNA 探针的杂交

1. 杂交瓶。
2. PerfectHyb Plus 杂交缓冲液（Sigma-Aldrich）。
3. 低严紧度洗液：2×SSC，0.1% SDS。贮存于室温。
4. 中严紧度洗液：0.2×SSC，0.1% SDS。贮存于室温。
5. 2×SSC。
6. 磷屏或 X 光片。
7. 磷屏成像系统，如 BAS-1800 Ⅱ(Fujifilm) 或 X 光片机。

2.4.6 斑点印迹和 Southern 印迹膜的洗脱

1. 0.1%SDS。
2. 玻璃皿。

2.5 总 RNA 的提取和 16S rRNA 斑点印迹

2.5.1 总 RNA 的提取

1. 0.1mol/L 磷酸钠缓冲液，pH 6.0：混合 87.7 mL 溶液 A[27.6 g $NaHPO_4 \cdot H_2O$/L(0.2 mol/L)] 和 12.3 mL 溶液 B[53.65 g $Na_2HPO_4 \cdot 7H_2O$/L(0.2mol/L)]，再加水定容到 200 mL。
2. 乙酸缓冲液，pH 5.1(50 mmol/L 乙酸钠，10 mmol/L EDTA)。
3. 20 % SDS(*W*/*V*)。
4. 苯酚，pH 5.1，棕色玻璃瓶 4℃保存。
5. 0.1 mm 锆珠，高温灭菌。
6. 2mL 微量离心管。
7. 苯酚∶氯仿∶异戊醇（25∶24∶1）。
8. 氯仿∶异戊醇（24∶1）。
9. 3 mol/L 乙酸钠。
10. 无水乙醇。
11. 80%乙醇。
12. 无 RNase 水。
13. RQ1 无 RNase DNase(Promega)。

14. 琼脂糖和溴化乙锭染色。

2.5.2 作为 RNA 斑点印迹的 DNA 探针放射性标记

1. 多核苷酸激酶（polynucleotide kinase，Invitrogen）。
2. 10×激酶缓冲液（Invitrogen）。
3. [γ-^{32}P]ATP。
4. 1% IGEPAL CA-630(Sigma-Aldrich)。
5. 无 RNase 水。
6. Nensorb™20 核酸纯化柱（NEN Life Science Products，Boston，MA）。
7. 一次性 5 mL 注射器。
8. 100%甲醇。
9. 试剂 A：0.1 mol/L Tris-HCl，10 mmol/L 三乙胺（TEA），1 mmol/L 二钾或二钠 EDTA，pH 7.7。在 4℃下可保存一个月。
10. 50%甲醇。
11. 1.5mL 微量离心管。

2.5.3 RNA 斑点印迹膜的制备及其与放射性标记 DNA 探针的杂交

1. 2%戊二醛。
2. Hybond N$^+$ 尼龙膜（Amersham）。
3. Whatman 3 MM 滤纸。
4. 斑点印迹歧管，如 Bio-Dot 微量过滤法仪器（Bio-Rad）。
5. 干净的玻璃托盘。
6. 无 RNase 水。
7. 紫外透明塑料薄膜。
8. 杂交瓶。
9. PerfectHyb Plus 杂交缓冲液（Sigma-Aldrich）。
10. RNA 斑点印迹法洗液（1×SSC，1% SDS）。
11. 磷屏或 X 光片。
12. 磷屏成像系统如 BAS-1800Ⅱ(Fujifilm）或 X 光片机。
13. ImageQuant(Fujifilm）或其他密度测定软件。

3. 方法

3.1 从环境样品中提取总基因组 DNA

这个过程改良自从沉积物中提取 DNA 的方法（49），并被优化用于瘤胃样本。DNA 分离前，新鲜的瘤胃样本可以通过两层粗棉布过滤大颗粒物。其他环境样品可选用相应的 DNA 分离方法。

1. 清洗样品：混合 2 g 环境样品和 10 mL 0.1mol/L 磷酸钠缓冲液，pH 8.0，振荡片刻。样本在 4℃ 6000 *g* 离心 10 min，摒弃上清液。

2. 样本悬浮于 10 mL pH 8.0 磷酸钠缓冲液，并重复步骤 1。
3. 每克样本沉淀加入 2 mL 裂解液，37℃轻轻摇动 30 min（摇床上 75 r/min）。
4. 加入同体积 SDS 溶液到样本中，37℃轻轻摇动 30 min（摇床上 75 r/min）。
5. −80℃/室温反复冻融 3 次。
6. 加蛋白酶 K，终浓度 50 μg/mL，37℃孵育 30 min。
7. 加等体积苯酚，轻轻上下倒置样品管 4 min。4℃，10 000 *g* 离心 30 min。用移液器把上清液移到干净的管内。
8. 加等体积酚：氯仿：异戊醇，轻轻上下倒置样品管 4 min。4℃，10 000 *g* 离心 30 min。用移液器把上清液移到干净的管内。
9. 加等体积氯仿，轻轻上下倒置样品管 4 min。4℃，10 000 *g* 离心 15 min。用移液器把上清液移到干净的管内。
10. 加 10.5 mol/L 乙酸铵到样品中，其终浓度为 2.5mol/L。加等体积冰异丙醇。将样品放在−80℃ 30 min，沉淀核酸。
11. 样品 4℃，12 000 *g* 离心 30 min。弃去上清，用 2 mL 70% EtOH 清洗核酸沉淀物。
12. 干燥沉淀物，用 200 μLTE 缓冲液重悬。
13. 加 1 μL RNase One™去除样品中的 RNA。
14. 4℃或−20℃保存 DNA。

3.2 抑制消减杂交

以下描述的操作步骤是基于 CLONTECH 的 PCR-Select™细菌基因组消减试剂盒［Clontech Laboratorie，Inc.，a Takara Bio Co.（2006）Clontech Laboratories，Inc.］的厂家说明书。由于使用的是元基因组 DNA 而非纯培养的基因组 DNA，其中特殊步骤已经修订。进一步的信息可查看 *Methods in Molecular Biology* 丛书“*Gene Expression Profiling*”卷的“*Suppression Subtractive Hybridization*”章节（50）。

3.2.1 元基因组 DNA 限制性酶切消化

用测试子、驱动子元基因组 DNA 和对照 *E. coli* 基因组 DNA 进行下列实验。驱动子 DNA 用来消减与测试子 DNA 共同的片段，从而富集测试子 DNA 特有的片段。该技术成功的关键是测定所使用的限制性内切酶的效价。具体地说，如果消化没有进行，将会影响后续步骤的进行。在本实验中我们用 *Alu* Ⅰ为限制性内切酶。以 *E. coli* 作为对照，必须用 *Rsa* Ⅰ限制性内切酶。如果不用，就不能进行 *E. coli* DNA 作为对照的相关实验。

1. 标记 3 个 0.5mL 微型离心管如下：T（这个管将含有元基因组测试子 DNA），D（这个管将含有元基因组驱动子 DNA）和 C（这个管将含有 *E. coli* 对照 DNA）。这些标记将贯穿整个操作过程。
2. 加入以下试剂到相应标记的 0.5mL 微型离心管中（见注释 1）：

   T 管（元基因组测试子 DNA）：

   元基因组测试子 DNA（X μL 中含 2 μg）　　X μL

10×*Alu* Ⅰ限制性缓冲液	5.0 μL
Alu Ⅰ(10 U/μL)	1.5 μL
灭菌去离子水	X μL
总反应体积：	50 μL
D管（元基因组驱动子DNA)：	
元基因组驱动子DNA（X μL中含2 μg）	X μL
10×*Alu* Ⅰ限制性缓冲液	5.0 μL
Alu Ⅰ(10 U/μL)	1.5 μL
灭菌去离子水	X μL
总反应体积：	50 μL
C管（*E. coli* 对照DNA)：	
E. coli 对照DNA(X μL中含2 μg)	X μL
10×*Rsa* Ⅰ限制性缓冲液	5.0 μL
Rsa Ⅰ(10 U/μL)	1.5 μL
灭菌去离子水	X μL
总反应体积：	50 μL

3. 轻轻拍打管底混匀，短暂离心。漩涡混合可能会出现非特异性限制性内切酶DNA的表面消化现象。
4. 37℃孵育5～16 h。
5. 用5 μL消化过的混合液分析消化效率。0.2 μg没有剪切过的元基因组DNA和5 μL *Alu* Ⅰ消化过的元基因组DNA在1%琼脂糖凝胶0.5×TBE缓冲液中电泳。一起比较电泳结果。未消化的高分子质量基因组DNA条带应该出现在胶的上方高于1 kb DNA分子质量标准的位置（这也将依赖于从环境样品中提取DNA的方法。有些方法更倾向于DNA剪切，如应用珠子）。相反，*Alu* Ⅰ消化过的DNA大小显著降低（如果不是这种情况，请看注释2）。
6. 加2.5 μL 0.2 mol/L EDTA，pH 8.0，终止反应，把液体转移到1.5mL管中。
7. 加450 μL灭菌去离子水，使体积为500 μL。接着加入500 μL苯酚：氯仿：异戊醇（25：24：1)(这会最大限度地减少第10步去除上清液时的原料损失)。
8. 漩涡混匀。
9. 10 000 *g* 离心分离10 min。
10. 转移上层水相到干净的1.5mL管中。
11. 加500 μL氯仿：异戊醇（24：1)，彻底漩涡混匀。
12. 10 000 *g* 离心分离10 min。
13. 转移上层水相到干净的1.5mL管中。
14. 加1 μL糖原（20 mg/mL)，0.1倍体积的5 mol/L乙酸钠，pH 5.2，2倍体积的100%冰乙醇[如果上层水相体积为500 μL，则加1 μL糖原（20 mg/mL)，50 μL 5 mol/L乙酸钠（pH 5.2）和1000 μL 100%冰乙醇]。
15. 彻底涡旋混匀。
16. 室温10 000 *g* 离心15 min。应有白色小DNA沉淀于管的底部（如果没有，请看注释 3)。

17. 小心去除上清液。
18. 加入 200 μL 80%乙醇。
19. 10 000 *g* 离心 5 min。
20. 小心去除上清液。
21. 风干沉淀物 5～10 min。
22. 6.5 μL H_2O 重新溶解沉淀物，储存于－20℃。驱动子 DNA 终浓度应为约 300 ng/μL。

3.2.2 接头连接

对每个元基因组测试子 DNA 和对照测试子 DNA 必须进行 3 个接头连接反应。每份 DNA 分到两个管中：一份与接头 1（测试子 T1 和 C1，根据 3.2.1“T”“C”标记）连接，第二份与接头 2R（测试子 T2 和 C2）连接。在第三个管中，把各成分混合，这样 DNA 就与两个接头（未消减测试子对照 T-c 和 C-c）连接。每个未消减的测试子对照 DNA 作为消减实验的阴性对照。消减实验中的一个阳性对照测试子 DNA 是由*Rsa* Ⅰ消化的对照 *E. coli* 基因组 DNA 与试剂盒提供的对照 DNA（øX 174/*Hae*Ⅲ消化）混合而成。

1. 标记两管分别为“稀释 T”、“稀释 C”。用 1.8 μL 灭菌去离子水稀释 1.2 μL 相应的限制性内切酶消化的实验 DNA。消化过的元基因组测试子 DNA，来自 3.2.1 的管 T，将放到“稀释 T”，而消化过的对照 *E. coli* DNA，来自 3.2.1 的管 C，将放到“稀释 C”。
2. 准备阳性对照测试子 DNA：
   a. 含有对照 DNA（试剂盒提供的，øX 174/*Hae*Ⅲ消化过的）的管短暂离心。
   b. 用 42 μL 灭菌去离子水稀释 3 μL 对照 DNA（稀释到 0.2 ng/μL）。
   c. 把 1.2 μL *Rsa* Ⅰ消化过的对照 *E. coli* 基因组 DNA(300 ng/μL) 与 1.8 μL 稀释的 øX 174/*Hae*Ⅲ DNA 混合。这就是对照测试子 DNA（见注释 4）。
3. 在 0.5mL 微型离心管中混合下列试剂来制备连接主体混合物。为了保证有足够的主体混合物，制备足够所有连接反应外加一个额外反应的体积。

	每个反应
灭菌去离子水	4 μL
5×连接缓冲液	2 μL
T4 DNA 连接酶（400 U/μL）	1 μL

4. 配制元基因组测试子 DNA（标记为 T1 和 T2 的两个管）和对照测试子 DNA（标记为 C1 和 C2 的两个管）时，按下面的顺序加入试剂混合。用移液管彻底混匀。

管号：	T1	T2	C1	C2
成分	(μL)	(μL)	(μL)	(μL)
稀释的测试子 DNA*	1	1	1	1
接头 1(10 mmol/L)	2	—	2	—

接头 2R(10 mmol/L)	—	2	—	2
主体混合物	7	7	7	7
终体积	10	10	10	10

5. 在标记 T-c 的新微型离心管中，混合 1.5 μL 测试子 T1 和 1.5 μL 测试子 T2。这将被作为未消减测试子对照 T-c。同样处理对照测试子 DNA（测试子 C1 和 C2：标记新管为 C-c）。在连接后，每个未消减测试子对照中大概 1/3 的 DNA 分子末端有两个不同的接头。
6. 管短暂离心，16℃孵育过夜。
7. 加 1 μL 0.2 mol/L EDTA 终止连接反应。
8. 72℃加热样品 5 min 使连接酶失活。
9. 快速短暂离心。实验组和对照组接头连接的测试子 DNA(T1、T2、C1 和 C2)现在制备完毕。
10. 1 μL 未消减的对照测试子（T-c 和 C-c）分别稀释到含 1 mL 水的管子中。这些样本将被用于后期 PCR 扩增。
11. －20℃保存样本。

3.2.3 连接分析

这里介绍的是针对 Clontech 试剂盒中的对照组大肠杆菌基因组 DNA 接头连接的质量控制实验。引物将扩增大肠杆菌 23S rRNA 基因中的 374bp 区域，以用来证实至少有 25%的对照组 DNA 片段两端都有接头。扩增片段覆盖测试子 C1 和 C2 DNA 与接头接合处（见注释 5）。

1. 每个大肠杆菌对照连接 DNA（例如测试子 C1 和 C2）1 μL 分别稀释在 200 μL H_2O 中。
2. 用下列模板与引物的混合物设置 4 个 PCR 反应（体积单位 μL）：

	1	2	3	4
测试子 C1（连接到接头 1）	1	1	—	—
测试子 C2（连接到接头 2R）	—	—	1	1
23S RNA 正向引物（10 mmol/L）	1	1	1	1
23S RNA 反向引物（10 mmol/L）	—	1	—	1
PCR 引物 1（10mmol/L）	1	—	1	—
总体积	3	3	3	3

3. 制备所有反应外加一份主体混合物，按下面的顺序混合试剂准备好每个反应：

	反应管各成分的体积（μL）	4 个反应的体积（μL）
无菌 H_2O	18.75	93.75
10×PCR 反应缓冲液	2.5	12.5
dNTP 混合液（10 mmol/L）	0.5	2.5
总体积	21.75	108.75

* 稀释的测试子 DNA 来自上面第 1 步的“稀释 T”或“稀释 C”。

4. 涡旋混合后快速离心。
5. 上面步骤 2 的各个反应管加入 21.75 μL 主体混合物。
6. 涡旋混合后快速离心。
7. 在热循环仪（Applied Biosystems GeneAmp® System 9700）72℃孵育反应混合物。温度一达到 72℃就停止热循环仪，每管加入 0.25 μL TaKaRa Ex *Taq* DNA 聚合酶（1.25 U）（见注释 6）。孵育管 2 min 来延伸接头。这可填补接头的缺失链（图 1），为 PCR 引物 1 建立结合位点。在这阶段，勿从仪器中移出样本。
8. 立即启动热循环（使用 Applied Biosystems GeneAmp® System 9700）：
   - 94℃ 30 s

   23 个循环：
   - 94℃ 10 s
   - 65℃ 30 s
   - 68℃ 1 min

   最终 72℃延伸 7 min，然后在 4℃维持。
9. 通过 2%琼脂糖凝胶电泳（0.5×TBE 缓冲液中）检测产物。如果在 23 个循环后未能见到产物，则可以加 4 个循环后再通过琼脂糖凝胶电泳进行分析（见注释 7）。

3.2.4 第一次杂交

在第一次杂交中，加入过量的驱动子 DNA 到测试子 DNA 中，样本被热变性后再复性。

1. 对每个元基因组（HT）和对照组（HC）消减反应，按以下顺序在 0.2 mL 微离心管中混合试剂：

成分	杂交样本 HT1(μL)	杂交样本 HT2（μL)
Alu Ⅰ 消化的驱动子 DNA	2.0	2.0
接头 1 连接的测试子 T1	1.0	—
接头 2R 连接的测试子 T2	—	1.0
4×杂交缓冲液	1.0	1.0
终体积	4.0	4.0

2. 热循环仪中 98℃孵育样本 1.5 min。
3. 63℃孵育 1.5 h，然后立即进行下一步操作（见注释 8）。

3.2.5 第二次杂交

在第二次杂交中，来源于第一次杂交的两个样本被混合，刚变性的驱动子 DNA 被加入以进一步富集测试子特异的序列。这样，对应于末端带有不同接头的测试子特异的 DNA 的新的杂交分子形成了。

在这一阶段不要将原始杂交样本进行变性，加入新鲜驱动子时也不要长时间从热循环仪中移出杂交样本。对实验组和对照组的测试子 DNA 重复下列步骤。

1. 用等量的去离子水稀释 4×杂交缓冲液成为 2×杂交缓冲液。
2. 在一个无菌的 0.2mL 微离心管中混合下列试剂：

Alu Ⅰ消化的驱动子 DNA* 1μL

2×杂交缓冲液 1μL

3. 在热循环仪中 98℃孵育 1.5 min。
4. 从热循环仪中取出刚变性的驱动子管子。按下列步骤同时将驱动子与杂交样本 1 和 2 混合（HT1 和 HT2 代表元基因组 DNA，HC1 和 HC2 代表对照组大肠杆菌的 DNA）。这将确保两个杂交样本只在驱动子存在的情况下混合。
   a. 将微移液器设置在 15 μL。
   b. 用吸头轻轻触碰杂交样本 2 管子中的样本表面（HT2 代表元基因组样本，HC2 代表对照组大肠杆菌样本）。
   c. 将整个样本小心地吸入到移液器中。
   d. 将移液器移出管子，吸入少量空气使得微量样本下面有少量空气。
   e. 对含有刚变性驱动子的管子重复步骤 b～d。现在移液器中应该含有两个被空气隔开的样本了。
   f. 将整个混合物转移到含有杂交样本 1（HT1 代表元基因组样本，HC1 代表对照组大肠杆菌样本）的管中。
   g. 用移液器混合。
5. 如果需要可以快速离心管子。
6. 63℃孵育过夜。
7. 加入 200 μL 稀释缓冲液并混合。
8. 63℃加热 7 min 消除非特异性杂交。
9. －20℃保存。

3.2.6 PCR 扩增

在下面的 PCR 中，测试子特异的 DNA 片段被选择性扩增。通过一个短暂的 72℃的预处理（这为 PCR 引物 1 创造了结合位点），接头的缺失链可首先被“填补”（filled in）。在这以后，在 PCR 扩增的第一轮循环中，只有在末端带有不同接头序列的dsDNA才被扩增。而在第二轮循环中，利用巢式 PCR 扩增测试子特异的序列从而降低背景。

至少准备 5 个反应：

1. 消减元基因组 DNA(the subtracted megagenomic DNA，HT1/HT2 的混合物)。
2. 未消减元基因组测试子的对照（the unsubtracted metagenomic tester control，T-c)。
3. 消减对照组大肠杆菌 DNA(the subtracted control DNA from *E. coli*，HC1/HC2 的混合物)。
4. 未消减的消减对照组测试子对照（the unsubtracted tester control for the control subtraction，C-c)。
5. PCR 对照消减的 DNA(the PCR control subtracted DNA，试剂盒提供)。

试剂盒提供的 PCR 对照消减的 DNA 作为阳性对照含有 *Hae* Ⅲ 消化的 ϕX174DNA 片段的消减混合物，可直接与来源于大肠杆菌的消减对照 DNA 进行比较。此外，为了

* 对于元基因组 DNA，这对应于 3.2.1 中的 D 管。

确保 *Taq* DNA 聚合酶的催化效率也应该使用一个标准的 PCR 对照。

1. PCR 模板准备如下：
   a. 将 1 μL 各个稀释的 DNA（例如消减的样本和相应的稀释的未消减的测试子对照）加入到标记好的管中：制备好的元基因组消减样本（HT1/HT2），稀释的元基因组未消减样本（T-c），大肠杆菌消减样本（HC1/HC2）和稀释的大肠杆菌未消减样本（C-c）。
   b. 将 1 μL 的 PCR 对照消减 DNA（试剂盒提供）加入到一个标记好的管中。
2. 为所有的 PCR 管准备主体混合物。按以下顺序混合试剂：

成分	每个反应的量（μL）	5 个反应的量（μL）
无菌水	19.75	118.5
10×PCR 反应缓冲液	2.5	15.0
dNTP 混合液（10 mmol/L）	0.5	3.0
PCR 引物 1（10 mmol/L）	1.0	6.0
总体积	23.75	142.5

3. 涡旋振荡混匀，短暂离心。
4. 将 23.75 μL 主体混合物加入第 1 步的每个管中。
5. 在热循环仪（ABI GeneAmp® System 9700）中 72℃孵育反应混合物。温度一达到 72℃就停止热循环仪，每管加入 0.25 μL TaKaRa Ex *Taq* DNA 聚合酶（1.25 U）（见注释 6）。孵育 2 min 来延长接头。在这个阶段，不要把样品从热循环仪中移出。
6. 立即启动热循环（应用生物系统 GeneAmp® System 9700）：
   开始启动保持在 94 ℃ 5 min
   25 个循环：
   - 94℃ 10 s
   - 66℃ 30 s
   - 72℃ 1.5 min

   最终在 72℃ 延伸 7 min，保持在 4℃。
7. 根据所用的 *Taq* DNA 聚合酶，可能另外要多加 3～5 个循环。在我们的实验中，用的是 TaKaRa Ex *Taq* DNA 聚合酶，我们通过额外的 5 个循环得到最佳结果。
8. 每管吸出 7 μL 用 2%琼脂糖凝胶在 0.5×TBE 缓冲液中进行分析。你可以先把这些 7 μL 样本放在一边，与二次 PCR 产物一起电泳（下面的第 16 步）分析。
9. 取 1 μL 每个初级 PCR 产物稀释到 39 μLH_2O 中。
10. 取 1μL 来自上一步的每个稀释的初级 PCR 产物移到相应标记的管中。
11. 按下面的顺序加入试剂混合，制备二级 PCR 的主体混合物。

试剂	每个反应的量（μL）	5 个反应的量（μL）
灭菌水	18.75	112.5
10×PCR 反应缓冲液	2.5	15.0
巢式引物 1（10 mmol/L）	1.0	6.0
巢式引物 2R（10 mmol/L）	1.0	6.0

dNTP 混合物（10 mmol/L）	0.5	3.0
总体积	23.75	142.5

12. 充分涡旋混合并短暂离心。
13. 每个反应管加入 23.75 μL 主体混合物，在热循环仪（Applied Biosystems GeneAmp® System 9700）94℃孵育反应混合物 5 min。温度一达到 94℃就停止热循环仪，每管加入 0.25 μL TaKaRa Ex *Taq* DNA 聚合酶（1.25 U）（见注释 6）。
14. 立即启动热循环（Applied Biosystems GeneAmp® System 9700）：

    10～12 个循环：

    - 94℃ 10 s
    - 68℃ 30 s
    - 72℃ 1.5 min

    最终在 72℃延伸 7 min，保持在 4℃。
15. 根据所用的 *Taq* DNA 聚合酶可能另外要多加 3～5 个循环。在我们的实验中，用的是 TaKaRa Ex *Taq* DNA 聚合酶，不需要额外的循环（一共 12 个循环）。
16. 每管吸出 7 μL 用 2.0 %琼脂糖凝胶在 0.5×TBE 缓冲液中进行分析。
17. 反应产物储存于－20℃（见注释 9）。

3.2.7 PCR 产物分析

1. 琼脂糖凝胶电泳分析初级 PCR 产物。对于 PCR 对照消减 DNA，25 个循环后显现的主要条带应对应于 øX 174/*Hae*Ⅲ片段。这结果应该与对照消减的结果类似。øX 174/*Hae*Ⅲ条带可能仅在二级 PCR 后出现——这是正常现象。在这个阶段，对照反应成功是元基因组 DNA 消减起作用的唯一指征。元基因组 DNA 试验消减得到的初级 PCR 产物应该呈现为 0.2～2 kb 范围内的模糊条带。元基因组 DNA 的成功消减需通过随后的 Southern 印迹来进一步确认。接下来的是有关如何解释此时的结果的指导方针以及一些基本问题的解决方法。
   a. 如果在 25 个循环之后不能看到任何产物，那就接着多进行 3～5 个循环，并通过凝胶电泳分析产物（正如 3.2.6 中注释，我们的试验要求总共 30 个循环）。
   b. 如果 PCR 产物不能在消减［*E. coli* 消减样品（HC1/HC2）］或未消减（未消减测试子对照 C-c）样品或 PCR 对照消减 DNA 中检测到，那就确认一下 *Taq* DNA 酶是否起作用。如果 *Taq* DNA 酶正常，那么试一下优化 PCR 循环参数。可逐步降低复性或延伸温度。降低这些温度明显增加本底值。开始，试一下将复性温度从 66℃降到 64℃。延伸温度应在更小程度上降低（如从 72℃降到 71℃）。
   c. 如果 PCR 产物在未消减（未消减测试子对照 C-c）样品中检测到，而不是在消减样品中检测到，那就稀释初级 PCR 产物，增加二级 PCR 循环数。
2. 琼脂糖凝胶电泳分析二级 PCR 产物。来自 PCR 对照消减 DNA 和 *E. coli* 对照消减的二级 PCR 产物条带应该类似（可能出现少量背景条带）。由于元基因组的高度复杂性，与纯培养不同，实验消减样品的条带很模糊。反之，纯培养DNA消减实验样本除了模糊条带外，还应有几条清晰的条带出现。

a. 如果预期的øX 174/*Hae*Ⅲ条带出现在PCR对照消减DNA样品中，而没有出现在对照消减样品（如模糊条带或任意大小的条带出现）中，那么这可能是消减中出现问题。连接效率非常低可能是一个原因。如果连接效率不存在问题，那么要检查一下操作步骤是否正确。

b. 在12个循环后没有看到产物，再多进行3个循环，并再一次用凝胶电泳确认产物。增加循环要慎重：循环次数太多会增加背景。

c. 如果在PCR对照消减DNA样品中没有看到øX 174/*Hae*Ⅲ条带，需优化PCR参数。由于*Taq* DNA酶和PCR仪型号不同，所以很多PCR参数需要实际摸索。

d. 在一个成功的消减中，与两个接头同时结合的未消减DNA（未消减测试子对照T-c）条带类型应该与实验消减DNA样品的不同。对于元基因组DNA，这有时候可表现为扩增产物模糊条带的位移而被检测到。

3.2.8 消减后富集片段的克隆文库

在接下来的步骤中，来自元基因组消减（3.2.6 HT1/HT2）的4 μL二级PCR产物将克隆到pCR® 4-TOPO®载体（Invigrogen）并通过电穿孔法转移到*E. coli* TOP10细胞（Invigrogen）中。所描述的操作步骤基于于TOPO TA Cloning®测序试剂盒（Invitrogen）的厂家说明书。

1. 设置以下反应体系：

二级PCR产物	4 μL
稀释盐溶液	1 μL
TOPO®载体	1 μL
终体积：	6 μL

在TOPO®克隆反应体系中加入稀释盐溶液，使体系中的NaCl和$MgCl_2$的终浓度分别为50 mmol/L和2.5 mmol/L。

2. 轻轻混合，在室温（22～23℃）孵育5 min。
3. 把反应体系放到冰上。2 μL TOPO®克隆反应体系加到One Shot® Electrocompetent *E. coli*管中并轻轻混匀。不要用移液管吹打混匀，而是轻轻搅拌。把剩下的克隆反应体系放到−20℃保存。
4. 小心转移液体到0.1cm电穿孔皿，避免形成气泡。
5. 电穿孔样品。条件为：2.5 kV，25 μF，200 Ω，使用Bio-Rad的GenePulser™（见注释10）。
6. 立刻加入250 μL室温的SOC培养基。
7. 立即把转化子平铺到含有100 μg/mL氨苄青霉素的LB琼脂平板上，37℃温育过夜。平铺两块不同浓度的转化子，确保至少一块平板有分隔很好的克隆。一个有效的TOPO®克隆反应体系应该产生几百个克隆。
8. 任意挑取96个转化子，在200 μL含有氨苄青霉素的LB培养基中37℃温育

2 h。

9. 利用初级 PCR 的循环条件，但来自二级 PCR 的引物确认已经克隆插入，并用于斑点印迹和 Southern 印迹（见 3.2.6）。用 1 μL 细胞培养作为 PCR 筛选的模板。

10. 转化子培养物在含有 LB 培养液与甘油（1∶1 比例）的 96 孔板中，−80℃保存。

3.3 通过斑点印迹和 Southern 印迹确认测试子特异 DNA 片段

SSH 的效率可以通过斑点印迹和 Southern 印迹来测定。在斑点印迹过程中，克隆的消减片段点到膜上，与测试子元基因组 DNA 探针杂交，再与驱动子元基因组 DNA 探针杂交（图 2A）。Southern 印迹的方法也类似，只是用克隆的消减片段作为探针检测含有测试中和驱动子元基因组 DNA 的限制消化片段的膜（图 2B）。如果 SSH 过程成功，在两种印迹检测中消减片段与驱动子元基因组 DNA 应没有或极少有杂交。这里所描述的方法用的是放射标记的 DNA 探针，但其他标记方法也适用。所有膜操作应该用无菌钳操作。[有关 Southern 印迹更详细的资料请参考 *Current Protocols in Molecular Biology* 丛书（51）]。

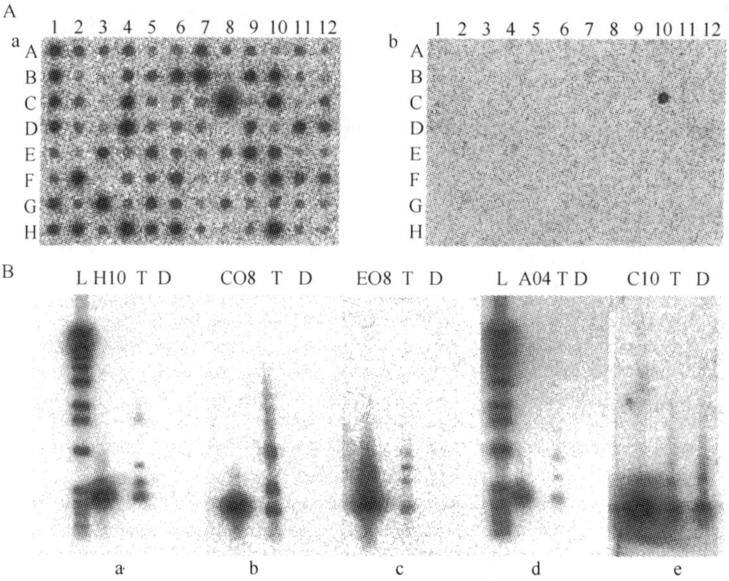

图 2 来自测试子瘤胃元基因组样品的消减文库随机选择克隆的杂交分析。(A) 96 个随机选择的克隆的 PCR 扩增子用斑点印迹歧管转移到尼龙膜上，与来自测试子元基因组（a）或驱动子元基因组（b）的 ^{32}P 标记的基因组 DNA 杂交。(B) 5 个克隆的 Southern 印迹。分别来自测试子（T）和驱动子（D）的消减克隆和 *Alu* Ⅰ 消化的基因组 DNA 在琼脂糖凝胶电泳后，转到尼龙膜上，分别与对应的 ^{32}P 标记的消减克隆杂交。（L）为 1 kb DNA ladder (Invitrogen)。克隆 H10(a)、C08(b)、E08(c) 和 A04(d) 是随机选择的。克隆 C10(e) 被选为阳性对照探针用来确认斑点印迹的结果［转载自 Galbraith et al. (2004)(7)Blackwell 出版社许可］。

3.3.1 斑点印迹膜的制备

1. 按照 QIAquick PCR 纯化试剂盒（QIAGEN）说明书，纯化随机选定的转化子 PCR 产物。这样所得的纯化 DNA 终体积为每管约 50 μL。
2. 将 10μL PCR 产物稀释于 40 μL 1 mol/L NaOH，5 μL 200 mmol/L EDTA，pH 8.2，45 μL 无菌水。热循环仪中 99.9 ℃，10 min 加热变性 PCR 产物。
3. 按厂家说明制备斑点印迹歧管。裁剪大小合适的带电尼龙膜（Hybond N^+），放置于一托盘蒸馏水水面上，通过毛细现象使膜湿润。淹没浸泡膜 10 min。
4. 裁剪大小合适的滤纸，无菌蒸馏水浸泡后把它装到歧管上。
5. 膜放在滤纸上方，组装歧管，确保没有气泡留在歧管装置里。
6. 每孔加入 500 μL 无菌 ddH_2O 预洗膜。如果需要，可以加入少量的溴酚蓝染料到预洗水中（见注释 11）。
7. 打开真空泵，让水慢慢透过膜。然后，关掉真空泵，慢慢打破真空密封。
8. 把变性 DNA 样本放到膜上（一个样品一个孔）。
9. 再一次打开真空泵，让 DNA 进入膜中，样品中的液体透过膜。
10. 每孔用 500 μL 0.4mol/L NaOH 冲洗，并拆除歧管。
11. 用 2×SSC 短暂冲洗膜并风干 10 min。
12. 将膜包在紫外线透明塑料薄膜中，按厂家说明，使用紫外交联仪（Stratalinker，Stratagene）将 DNA 与膜交联。
13. 干燥的膜在室温下可储存 2～3 个月，在 4 ℃时间更长。

3.3.2 Southern 印迹膜的制备

1. 按照 QIAquick PCR 纯化试剂盒（QIAGEN）说明书，纯化随机选择的转化子的 PCR 产物。这样所得的纯化 DNA 终体积为每管约 50 μL。
2. 把约 50 ng 纯化的消减片段，1 μg 消化的测试子元基因组 DNA（用与用于 SSH 相同的限制性内切酶完全消化）和 1 μg 消化的驱动子元基因组 DNA（也完全消化）分别加到 0.8%琼脂糖凝胶的泳道内，0.5×TBE 缓冲液电泳。电泳凝胶 80 V 3 h，用 0.1 μg/mL EtBr 染色，用紫外透射分析仪观察。
3. 通过一系列室温下清洗来准备凝胶进行 DNA 转移。约 10 倍凝胶体积的清洗液放到玻璃盘里慢慢摇动胶进行清洗。每次清洗之间，凝胶应该用蒸馏水冲洗。用 0.25 mol/L HCl 洗 30 min 一次，变性缓冲液洗 20 min 两次，中和缓冲液洗 20 min两次。
4. 约 1 L 20×SSC 注入玻璃盘。在盘上放能够把胶放置其上的固体支撑物。在支撑物的两边留出空间，让滤纸芯悬挂浸到 20×SSC 中。
5. 裁剪 Whattman 3 MM 滤纸芯，其宽度与凝胶的长度一样，其长度要足以覆盖支撑物并两边都悬挂浸到 20 ×SSC 中。用 20 ×SSC 湿润该芯并把它放到支撑物上。
6. 把凝胶放在滤纸上并挤掉所有气泡。

7. 裁剪和凝胶大小一致的带电尼龙膜（Hybond N+），平铺在一托盘蒸馏水水面上，毛细现象使膜湿润。淹没浸泡膜 10 min。
8. 湿膜放到凝胶表面上。用玻璃管在表面缓慢滚动移除所有气泡。用 20×SSC 淹没膜。
9. 裁剪 5 张与膜一样大小的 Whattman 3 MM 滤纸，叠加在膜上。折叠或裁剪纸巾与膜一般大小，再放在滤纸上面。
10. 铺一固体支撑物在纸巾上，加一重物在支撑物上以固定转移体系。
11. 室温下转移过夜。
12. 拆开转移体系，用铅笔在膜上标记凝胶孔的位置和胶的方向。
13. 用 2×SSC 短暂冲洗膜，并风干 10 min。
14. 将膜包在紫外线透明塑料薄膜中，按厂家说明，使用紫外交联仪（Stratalinker，Stratagene）将 DNA 与膜交联。
15. 干燥的膜在室温下可储存 2～3 个月，在 4 ℃时间更长。

3.3.3 用于斑点印迹和 Southern 印迹杂交的 DNA 探针放射标记

如果标记的探针保存在－20 ℃并且在 1 周内使用，可同时标记几个探针。斑点印迹应首先用限制性内切酶消化的元基因组驱动子 DNA，然后用限制性内切酶消化的元基因组测试子 DNA 检测。按这个顺序杂交可减少洗脱后膜上残余的信号。用于元基因组探针消化的限制性内切酶应该与消减过程使用的相同。对 Southern 印迹而言，一个探针应只含有一个纯化的消减片段。

1. 用蒸馏水稀释纯化的 DNA 探针到 10 ng/μL。在沸水浴中加热 5 min 变性 100 ng 纯化的 DNA 探针，然后立即放冰上冷却。
2. 冰浴加入以下成分到变性探针中：

    2 μL dAPT 溶液
    2 μL dGPT 溶液
    2 μL dTPT 溶液
    15 μL 随机引物缓冲液
    5 μL(～50 μCi)[α-^{32}P]dCTP，3000 Ci/mmol，10 μCi/μL

   蒸馏水加至总量为 49 μL
   短暂混匀。
3. 加入 1 μL Klenow 片段并彻底混匀。短暂离心后收集液体到管底。
4. 25 ℃孵育 3 h。
5. 加入 5 μL 终止液，然后进行探针纯化或保存于－20℃最长 1 周。

3.3.4 用于斑点印迹和 Southern 印迹放射性 DNA 探针的纯化

杂交之前，需将 DNA 探针中未结合的 dNTPs、盐类和其他杂质去除。此处主要介绍 Nensorb ™ 20 核酸纯化分离柱（NEN Life Science Products，Boston，MA）的纯化法；其他纯化方法也可使用。在接下来的实验操作过程中，无论是试剂或是样品，对分离柱的压力要有限度，即溶液的流速不应该超过 1 滴/2s。另外，到最后一步洗脱步骤前应避免分离柱树脂干燥。

1. 将一只 Nensorb 20 分离柱夹到支架上，移除分离柱的保护盖，在分离柱下放置一个废液收集烧杯。
2. 加 2 ml 100％甲醇至分离柱。
3. 将一个转接器牢固地接在分离柱的顶端，形成空气密闭。
4. 在转接器的另一端接上一只 5 mL 的一次性注射器，缓慢推入，使甲醇通过分离柱，直至液柱的弯月面到达分离柱树脂层的上端。
5. 取下注射器和转接器，取 2 mL 试剂 A 至分离柱。
6. 重新接上转接器和注射器，注射器缓慢推入，使试剂 A 通过分离柱，直至液柱的弯月面到达分离柱树脂层的上端。
7. 取下注射器和转接器。
8. 加 200 μL 试剂 A 至标记探针，混匀，将此混合物加到分离柱上。重新接上转接器和注射器，注射器缓慢推入，将样品推至分离柱树脂层中。
9. 取下注射器和转接器。
10. 洗柱：取 3 mL 试剂 A 到分离柱，重新接上转接器和注射器，注射器缓慢推入，使溶液的弯月面到达分离柱树脂层的上端。
11. 取下注射器和转接器，取 3 mL 分子生物学级水清洗分离柱。重新接上转接器和注射器，注射器缓慢推入，使溶液弯月面到达分离柱树脂层的上端。
12. 移开废液杯，取一只无菌的 1.5 mL Eppendorf 管置于分离柱的底端，用以收集纯化的探针。
13. 取下注射器和转接器。
14. 吸取 500 μL 50％甲醇水溶液至分离柱。重新接上转接器和注射器，将纯化的探针洗脱到 Eppendorf 管中（持续洗脱，到没有液体流出分离柱为止）。
15. 纯化后的探针可以立即用于斑点印迹或 Southern 印迹，或者保存于－20℃（可保存一周）。所有探针的特异活性测定值至少为 10^7 cpm/mg。

3.3.5 斑点印迹和 Southren 印迹膜与放射性标记的 DNA 探针的杂交

在探针和杂交溶液的量做适当调整的情况下，多张膜与一种探针的杂交可以在一个杂交瓶中同时进行，多张膜之间可用网丝隔开（见注释 12）。

1. 将膜小心地放入杂交瓶中，加入 7 mL 预热的（68℃）PerfectHyb Plus 杂交缓冲液（Sigma-Aldrich），然后将杂交瓶放入旋转杂交炉，68℃作用 15 min。此步为预杂交过程。
2. 弃去预杂交液。
3. 取 100 ng 放射性标记的探针至 7 mL 预热的（68℃）PerfectHyb Plus 缓冲液，轻轻混匀。
4. 将含有探针的 PerfectHyb Plus 加入到含有膜的杂交瓶中。
5. 将杂交瓶放入旋转杂交炉中，68℃作用 16 h。

6. 倒去杂交液，加入 50 mL 的低严谨度洗涤液。室温下轻轻摇晃杂交瓶洗膜 10 min。吸弃洗涤液，再加入新鲜的低严谨度洗涤液重复洗涤一次。
7. 吸弃低严谨度洗涤液，加 50 mL 的中严谨度洗涤液至杂交瓶中，然后将杂交瓶放入旋转杂交炉，42℃作用 15 min。吸弃中严谨度洗涤液，重复此步。
8. 用 100 mL 2×SSC 漂洗膜。
9. 小心地将膜从杂交瓶中取出，包在透明塑料膜中，然后将膜磷屏曝光 20 min。根据需要可以延长曝光时间。
10. 用成像系统获取磷成像板上的斑点图像。也可以用 X 光片成像，但是曝光时间必须延长至 1～3 h，且必须使用 X 光机洗片。斑点印迹和 Southern 印迹的实例可见图 2。

3.3.6 斑点印迹和 Southern 印迹膜的洗脱

1. 将湿膜置于玻璃盘中，然后在膜上倒入 300～400 mL 煮沸的 0.1% SDS。轻摇膜，直至 0.1% SDS 冷却至室温。
2. 将膜取出，包在塑料薄膜中。此时膜可以用于重复杂交，或者可以在润湿的条件下 4℃保存几天。

3.4 总 RNA 提取和 16S rRNA 斑点杂交

在 SSH 实验后，鉴定特异微生物在环境样品中的存在，并决定它们的 16S rRNA 占测试子和驱动子样品中总 16S rRNA 的比例是非常有用的。为了此目的，需要设计针对目标种群的 DNA 寡核苷酸探针。在这里所例举的研究中，我们想知道测试子和驱动子瘤胃样本中细菌和古生菌的比例，因此需要使用区域特定的 16S rRNA 探针。参照培养物的 rRNA 需作为对照以保证每种探针杂交的正确进行以及辅助定量。应选择适合于要研究的元基因组的参照培养物。每种探针需要一种参照培养物，且使用定量的 RNA 点样。参照 rRNA 的杂交信号强度的测定可用来估计环境样本中 rRNA 的量。下面列出的总 RNA 提取的步骤主要是参考 Stahl 等（1988）和 Lin 等（1997）（52，53）的方法，稍作修改［更多的 Northren 印迹文献信息请参阅 *Current Protocols in Molecular Biology* 丛书(51)］。

3.4.1 总 RNA 提取

1. 于 2.2 mL 的 Eppendorf 管中混合目标环境样本 0.8 g，400 μL 0.1mol/L 磷酸钠缓冲液（pH 6.0），400 μL 乙酸盐缓冲液（pH 5.1），100 μL 20% SDS(*W*/*V*)，500 μL 苯酚(pH 5.1) 和 0.1 g 无菌锆珠（直径 0.1 mm）。
2. 对于参照微生物，离心 40 mL 培养物（以大肠杆菌 BW13711 或 *M. acetivorans* C2A 为例）后得到沉淀。同样取 0.8 g 与 400 μL 0.1 mol/L 磷酸钠缓冲液（pH 6.0），400 μL 乙酸盐缓冲液（pH 5.1），100 μL 20% SDS(*W*/*V*)，500 μL苯酚（pH 5.1）和 0.1 g 无菌锆珠（直径 0.1 mm）在 2.2 mL Eppendorf 管中混合。
3. 所有样本 60℃孵育 2 min。

4. 用小型珠磨式研磨器往复式摇床（Biospec Products，Bartlesville，OK）匀浆所有样品。
5. 重复步骤 3 和步骤 4 两次。
6. 4℃，10 000 *g* 离心样本 5 min，将上清液移至干净的管中。
7. 每个样本分别加入 1 mL 苯酚（pH 5.1），小型珠磨式研磨器振荡 2 min。4℃ 10 000 *g*离心样本 5 min，将水相移至干净的管中。
8. 每个样本分别加入 1 mL 苯酚-氯仿-异戊基乙醇（125∶24∶1），小型珠磨式研磨器振荡 2 min。4℃ 10 000 *g* 离心样本 5 min，将水相移至干净的管中。重复此步一次。
9. 每个样本分别加入 1 mL 氯仿-异戊基乙醇（24∶1），小型珠磨式研磨器振荡 2 min。4℃ 10 000 *g* 离心样本 5 min，将上清移至干净的管中。
10. 加入 50 μL 乙酸钠（3 mol/L）和 1 mL 预冷的甲醇至上清，－80℃冷冻 30 min 沉淀总核酸。
11. 4℃ 10 000 *g* 离心 15 min，使核酸沉淀。
12. 用 100 μL 80％甲醇洗涤沉淀，干燥，用 100 μL 无 RNase 水重悬。
13. 样本用 1 U/μg 的 RQ1 无 RNase DNase（Promega）处理，37℃作用 30 min，然后按照步骤 7～9 进行第二次抽提。
14. 按照步骤 10～12 进行核酸的再次沉淀和洗涤，不同的是最后用 40 μL 无 RNase 水重悬。
15. 260 nm 测定样本 RNA 的 OD 值并估算浓度，用 1％琼脂糖凝胶在 0.5×TBE 缓冲液电泳确定浓度。最后将每个样本的 RNA 浓度调至 100 ng/μL。

3.4.2 RNA 斑点印迹的 DNA 探针放射性标记

DNA 寡核苷酸探针的末端标记可用多核苷酸激酶（Invitrogen）和 [γ-^{32}P]ATP 进行。标记实验过程中多核苷酸激酶的使用量根据探针与 [γ-^{32}P] ATP 分子比 1∶1 进行计算。

1. 在 1.5 mL Eppendorf 管中，将以下试剂混合：

3.0 μL	10×激酶缓冲液
1.5 μL	1％ IGEPAL
计算量	寡核苷酸探针
计算量	[γ-^{32}P]ATP
1.0 μL	多聚核苷酸激酶

再加入无 RNase 水将总体积补足至 30 μL。
2. 探针 37 ℃孵育 30 min。
3. 65 ℃加热探针 2 min，使多聚核苷酸激酶失活。
4. 将探针放置在冰上，按 3.3.4 的方法用 Nensorb 柱纯化探针。
5. 纯化后的探针可立即用于斑点印迹。或可以置于－20℃保存一周。所有探针的特异活性测定值至少为 10^7 cpm/mg。

3.4.3 RNA 斑点印迹膜的制备和膜与放射性标记 DNA 探针的杂交

杂交的温度和最终膜的洗涤温度可由所使用探针的序列和长度确定。探针 Tm、适宜杂交温度，以及膜洗涤温度的计算可参见 *Current Protocols in Molecular Biology* 丛书（51）。多张膜与同一种探针的杂交可参见注释 12。

1. 1 倍体积的 RNA 样本中加入 3 倍体积的 2%戊二醛，室温孵育 10 min，以使参照和环境样本 RNA 变性。将样本放置于冰上，用无 RNase 水把样本稀释至合适浓度。
2. 按照 3.3.2 的方法准备尼龙膜和斑点印迹歧管。每孔加入 500 μL 无菌的无 RNase 水预洗膜一次（见注释 11），真空中将水缓慢地抽过膜。
3. 将变性的 RNA 样本直接点到尼龙膜上，取出膜，然后按照 3.3.2 的方法进行干燥和交联操作。每个样本的 RNA 应做 3 个重复，每个斑点的 RNA 量为 100 ng、50 ng、20 ng、5 ng、2 ng、0.5 ng 和 0.2 ng，每次的点样体积为 100 μL。
4. 小心将膜放到杂交瓶中，加入 7 mL 预热（40℃）的 PerfectHyb Plus 杂交缓冲液（Sigma-Aldrich），然后将瓶放在旋转杂交炉中，40℃作用 2 h。这是预杂交步骤。
5. 在预杂交的最后 10 min，将探针放入水浴或恒温仪，100℃加热 10 min 使探针变性。
6. 弃去预杂交液。
7. 将 100 ng 变性且放射性标记的探针加入到 7 mL 预热（40℃）的 PerfectHyb Plus 杂交缓冲液，轻轻混匀。
8. 将含有探针的 PerfectHyb Plus 缓冲液加入到有膜的杂交瓶内。
9. 将杂交瓶放入旋转杂交炉中，40℃作用 16 h，或者在通过探针序列和长度计算出的合适温度下作用 16 h。
10. 倒去杂交液，加入 50 mL 的预热（40℃）RNA 斑点印迹洗脱液。将杂交瓶放入旋转杂交炉中，40℃作用 1 h。倒去洗脱液并重复此步骤。
11. 倒去洗脱液，加入 50 mL 新鲜的预热（40℃）洗脱液。将杂交瓶放入旋转杂交炉中在由特异探针计算得出的温度下作用 30 min。倒去洗脱液，将膜紧紧地包在透明塑料膜中，按照 3.3.5 的方法曝光。
12. 按照 3.3.5 的方法获取杂交图像（图 3）。
13. 利用 ImageQuant(Fujifilm) 或者其他软件测定斑点的光密度。

3.5 DNA 测序和生物信息学分析

在经 Southern 印迹对一种元基因组相对于另一种元基因组的克隆消减产物独特性的确认后，消减杂交文库需要测序。详细的 DNA 测序和后继的生物信息学分析方法超出本章的内容范围，读者可参见 *Methods in Molecular Biology* 丛书的相应内容。

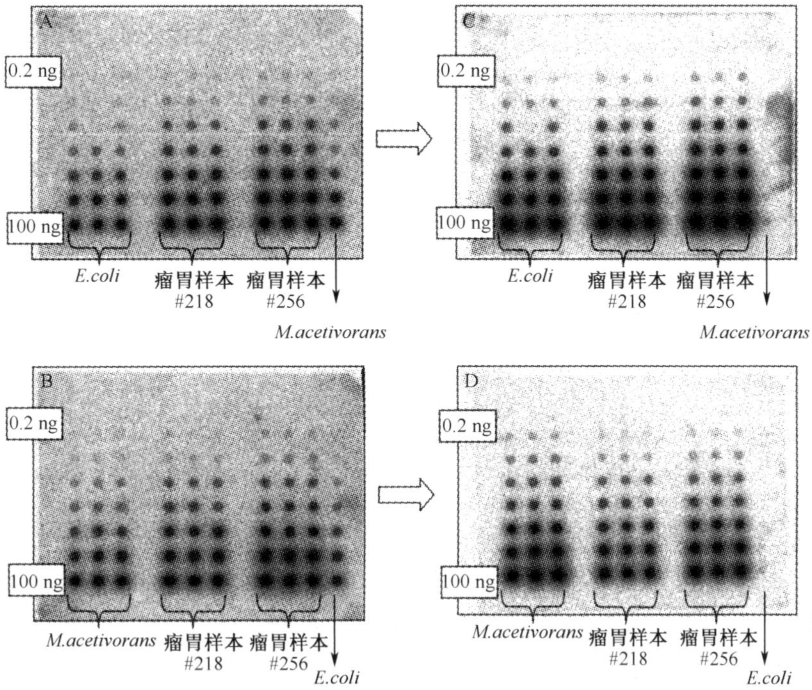

图 3　草食牛 218 和 256 瘤胃样本的 16S rRNA 斑点印迹分析。将 218 和 256 瘤胃样本以及 *E. coli* 和 *Methanosarcina acetivorans* 菌的总 RNA 点样于尼龙膜上，3 个平行样本，浓度分别为 100 ng、50 ng、20 ng、5 ng、2 ng、0.5 ng 和 0.2 ng。图中（A）和（B）显示的是膜与通用型^{32}P 标记全 16S rRNA 特异探针（S-＊-Univ-1392-a-A-15）杂交的图像。细菌和古生菌参照物，*E. coli* 和 *M. acetivorans* 被用来标准化每个瘤胃样本的 rRNA 浓度。然后再分别与细菌特异（S-D-Bact-0338-a-A-18）和古生菌特异（S-D-Arch-0915-a-A-20）的^{32}P 标记的探针杂交，分别见图中（C）和（D）。

4. 注释

1. 为了重悬 DNA 和混合反应物沉淀，可以轻轻吹打沉淀，然后稍离心，使内容物沉淀到底部。对于苯酚-氯仿抽提，旋涡混合反应物，总是最后将酶加入到反应混合物中，轻轻吹打使酶彻底结合。有关试剂的量和浓度已经优化，不需要增加酶的加入量或者反应中 DNA 的浓度。
2. 合适限制性酶的选择依赖于酶消化元基因组 DNA 产生最佳长度产物片段的能力。为了判断样本是否被消化完全，可在消化 1 h 和 3 h 后取少量的 DNA 溶液做琼脂糖凝胶电泳，观察 DNA 片段的大小分布。如果 DNA 大小分布相同（包括与大肠杆菌阳性对照比较），此时就为消化完全。如果大小分布在 *Alu* Ⅰ 消化后没有变小或大于 2 kb，则所选取的目标元基因组 DNA 不能（a）被任何限制性酶有效切割，原因可能是 DNA 样本中含有某些抑制性杂质或（b）被该内切酶切割，原因是 DNA 的核苷酸组成（元基因组 DNA 的情况下可能性很小）。

此处的方法使用了*Alu* Ⅰ，但是还有另外的四碱基、产生平头末端的限制性酶：*Hae*Ⅲ和*Rsa* Ⅰ。几种六碱基、平头切除限制性酶的混合物也可以用于获得合适的DNA片段。这种情况下，可以使用不同的限制性酶进行消化操作：

a. 在每个反应管中加入以下试剂：

元基因组DNA（0.2 g）	X μL
10×限制性酶缓冲液	1.0 μL
限制性酶（1 U）	1.0 μL
无菌去离子水	X μL
总体积	10 μL

b. 涡旋混合，稍离心。

c. 37 ℃孵育3 h。

d. 用琼脂糖凝胶电泳分析消化的效率。在选择了合适的限制性酶后进行基因组DNA消化。如果没有限制性酶可以消化目标DNA，原因可能是样本中含有抑制反应的杂质，需要重复苯酚-氯仿抽提和乙醇沉淀操作。

3. 如果看不到白色沉淀，可以试将反应管放入－80℃ 15 min，然后再离心。或者加入少量的乙醇（每次增加100 μL）也可以帮助沉淀的形成。
4. 测试子对照DNA含有一个拷贝的*Hae*Ⅲ消化过的ϕX174 DNA/大肠杆菌基因组（约5×10^6个碱基对）。在测试子DNA用驱动子DNA消减后，最终PCR产生的主要条带应与ϕX174 DNA/ *Hae*Ⅲ消化对照片段一致。
5. 与对照大肠杆菌基因组DNA成功的接头连接并不能保证与目标元基因组连接的成功；DNA样本中的杂质会抑制连接酶的作用。这个实验只能指示连接反应的基本步骤已成功完成。另外，还应包括一个标准的PCR对照以确认PCR中使用到的*Taq* DNA聚合酶的工作正常。
6. 本方法中的循环参数和孵育是在Applied Biosystems GeneAmp® System 9700上进行的，使用TaKaRa Ex *Taq* DNA聚合酶。使用不同的热循环仪，*Taq* DNA聚合酶和模板则需要进行条件优化。在PCR过程中，必须使用热启动来减少非特异DNA合成（54），其他方法也可以获得期望的效果（如*Taq*Start抗体（55）。我们使用了手动热启动的方法，在起始变性过程中加入*Taq* DNA聚合酶。
7. 用一种基因特异的引物（23S RNA正向引物）和PCR引物1扩增出的PCR产物的光密度值应与使用两种基因特异引物（23S RNA正向和反向引物）扩增出的PCR产物一致。如果这些PCR产物条带的光密度值相差4倍以上，那么连接效率低于25%。这将明显降低消减效率，我们推荐此时重复连接反应。如果23S RNA正向引物和PCR引物1扩增出的PCR产物在预期的374 bp条带之外还有一个574 bp的条带，说明DNA没有被消化完全。如果574 bp产物条带的光密度值较高，建议再进行*Rsa* Ⅰ消化。如果连接效果不佳，应在杂交之前重复进行连接操作。
8. CLONTECHPCR-Select ™细菌基因组消减杂交试剂盒设计为用于微生物纯培养物的基因组DNA的操作。此时纯培养物的相关操作问题就变得比较简单，例如杂交温度优化的问题。在元基因组组成信息已知的情况下这个变量可进行修正。例如，杂交温度依赖于特异基因组的 GC 含量。平均 GC 含量为 40%～51%的基因组 DNA 最佳温度为 63℃。如果基因组 DNA 的 GC 含量非常低［如产气荚膜梭菌（*Clostridium perfringens*）的基因组 GC 含量只有 26.5%］，杂交温度则也需要降低。

9. 此时 PCR 混合物应富含测试子特异的 DNA。这些产物应被克隆并用于建立消减 DNA 文库。扩增产物可以直接插入一个 T/A 克隆载体。
10. 如果遇到电穿孔击穿的情况，可以先沉淀剩余的 TOPO® 克隆反应，用水悬浮，然后再次尝试。样本被击穿的另一原因可能是细胞的体积，应该在 50～80 μL（0.1 cm 电穿孔杯）或者 100～200 μL(0.2 cm)。
11. 0.004%的溴酚蓝水溶液可作为斑点印迹的预洗液。染料会在膜的点样处有很浅的着色。如果歧管调整合适，点样处的蓝色会继续保留。如果颜色在膜上流失则说明歧管没有被调至合适的工作位置。另外，染色斑点可以明确地提示样本点在膜的哪一面。
12. 当多张膜同时杂交时，需要相应的增加探针和杂交溶液的使用量。为了防止膜在杂交瓶内重叠，可以切一张合适大小的网丝（如 Denville Scientific 网丝），放在各膜之间。

致谢

本工作得到 USDA NRI 基金 970-326 和 Illinois 大学农业试验站的支持。作者非常感谢 Melbourne 大学的 Adrian Egan 教授在苏格兰的 RRI-INRA 会议上提出这一想法。

（徐玉英　杨　军）

参考文献

1. Doolittle, R. F. (1997) Microbial genomes opened up. *Nature* **392,** 339–342.
2. Fraser, C. M., Eisen, J. A., and Salzberg, S. L. (2000) Microbial genome sequencing. *Nature* **406,** 799–803.
3. Akopyants, N. S., Fradkov, A., Diatchenko, L., Hill, J. E., Siebert, P. D., Lukyanov, S. A., Sverdlov, E. D., and Berg, D. E. (1998) PCR-based subtractive hybridization and differences in gene content among strains of *Helicobacter pylori*. *Proc. Natl. Acad. Sci. USA* **95,** 13108–13113.
4. Mavrodi, D. V., Mavrodi, O. V., B., M.-G. B., Landa, B. B., Weller, D. M., and Thomashow, L. S. (2002) Identification of differences in genome content among *phl*D-positive *Pseudomonas fluorescens* strains by using PCR-based subtractive hybridization. *Appl. Environ. Microbiol.* **68,** 5170–5176.
5. Nesbø, C. L., Nelson, K. E., and Doolittle, W. F. (2002) Suppressive subtractive hybridization detects extensive genomic diversity in *Thermotoga maritima*. *J. Bacteriol.* **184,** 4475–4488.
6. Smoot, L. M., Franke, D. D., McGillivary, G., and Actis, L. A. (2002) Genomic analysis of the F3031 Brazilian purpuric fever clone of *Haemophilus influenzae*

biogroup *aegyptius* by PCR-based subtractive hybridization. *Infect. Immun.* **70,** 2694–2699.
7. Galbraith, E. A., Antonopoulos, D. A., and White, B. A. (2004) Suppressive subtractive hybridization as a tool for identifying genetic diversity in an environmental metagenome: the rumen as a model. *Environ. Microbiol.* **6,** 928–937.
8. Pace, N. R. (1997) A molecular view of microbial diversity and the biosphere. *Science* **276,** 734–740.
9. Theron, J., and Cloete, T. E. (2000) Molecular techniques for determining microbial diversity and community structure in natural environments. *Crit. Rev. Microbiol.* **26,** 37–57.
10. Torsvik, V., Salte, K., Sorheim, R., and Goksoyr, J. (1990) Comparison of phenotypic diversity and DNA heterogeneity in a population of soil bacteria. *Appl. Environ. Microbiol.* **56,** 776–781.
11. Torsvik, V., Daae, F. L., Sandaa, R.-A., and Ovreas, L. (1998) Novel techniques for analysing microbial diversity in natural and perturbed environments. *J. Biotech.* **64,** 53–62.
12. Gans, J., Wolinsky, M., and Dunbar, J. (2005) Computational improvements reveal great bacterial diversity and high metal toxicity in soil. *Science* **309,** 1387–1390.
13. Rondon, M. R., August, P. R., Betterman, A. D., Brady, S. F., Grossman, T. H., Liles, M. R., Loiacono, K. A., Lynch, B. A., MacNeil, I. A., Minor, C., et al. (2000) Cloning the soil metagenome: a strategy for accessing the genetic and functional diversity of uncultured microorganisms. *Appl. Environ. Microbiol.* **66,** 2541–2547.
14. Béjà, O., Suzuki, M. T., Koonin, E. V., Aravind, L., Hadd, A., Nguyen, L. P., Villacorta, R., Amjadi, M., Garrigues, C., Jovanovich, S. B., Feldman, R. A., and DeLong, E. F. (2000) Construction and analysis of bacterial artificial chromosome libraries from a marine microbial assemblage. *Environ. Microbiol.* **2,** 516–529.
15. DeLong, E. F. (2002) Microbial population genomics and ecology. *Curr. Opin. Microbiol.* **5,** 520–524.
16. Bautz, E. K., and Reilly, E. (1966) Gene-specific messenger RNA: isolation by the deletion method. *Science* **151,** 328–330.
17. Kunkel, L. M., Monaco, A. P., Middlesworth, W., Ochs, H. D., and Latt, S. A. (1985) Specific cloning of DNA fragments absent from the DNA of a male patient with and X chromosome deletion. *Proc. Natl. Acad. Sci. USA* **82,** 4778–4782.
18. Lamar, E. E., and Palmer, E. (1984) Y-encoded, species-specific DNA in mice: evidence that the Y chromosome exists in two polymorphic forms in inbred strains. *Cell* **37,** 171–177.
19. Nussbaum, R. L., Lesko, J. G., Lewis, R. A., Ledbetter, S. A., and Ledbetter, D. H. (1987) Isolation of anonymous DNA sequences from within a submicroscopic X chromosomal deletion in a patient with choroideremia, deafness, and mental retardation. *Proc. Natl. Acad. Sci. USA* **84,** 6521–6525.
20. Straus, D. and Ausubel, F. M. (1990) Genomic subtraction for cloning DNA corresponding to deletion mutations. *Proc. Natl. Acad. Sci. USA* **87,** 1889–1893.
21. Wieland, I., Bolger, G., Asouline, G., and Wigler, M. (1990) A method for difference cloning: gene amplification following subtractive hybridization. *Proc. Natl. Acad. Sci. USA* **87,** 2720–2724.
22. Duguid, J. R., and Dinauer, M. C. (1990) Library subtraction of in vitro cDNA libraries to identify differentially expressed genes in scrapie infection. *Nucleic Acids Res.* **18,** 2789–2792.

23. Cecchini, E., Dominy, P. J., Geri, C., Kaiser, K., Sentry, J., and Milner, J. J. (1993) Identification of genes up-regulated in dedifferentiating *Nicotania glauca* pith tissue, using an improved method for constructing a subtractive cDNA library. *Nucleic Acids Res.* **21,** 5742–5747.
24. Hubank, M., and Schatz, D. G. (1999) cDNA representational difference analysis: a sensitive and flexible method for identification of differentially expressed genes. *Methods Enzymol.* **303,** 325–349.
25. Ji, W., Wright, M. B., Cai, L., Flament, A., and Lindpaintner, K. (2002) Efficacy of SSH PCR in isolating differentially expressed genes. *BMC Genomics* **3,** 12.
26. Diatchenko, L., Lau, Y. F., Campbell, A. P., Chenchik, A., Moqadam, F., Huang, B., Lukyanov, S., Lukyanov, K., Gurskaya, N., Sverdlov, E. D., and Siebert, P. D. (1996) Suppression subtractive hybridization: a method for generating differentially regulated or tissue-specific cDNA probes and libraries. *Proc. Natl. Acad. Sci. USA* **93,** 6025–6030.
27. Ermolaeva, O. D. and Wagner, M. C. (1995) SUBTRACT: a computer program for modeling the process of subtractive hybridization. *CABIOS* **11,** 457–462.
28. Ermolaeva, O. D., Lukyanov, S. A., and Sverdlov, E. D. (1996) The mathematical model of subtractive hybridization and its practical application. *Proc. Int. Conf. Intell. Syst. Mol. Biol.* **4,** 52–58.
29. Ermolaeva, O. D., and Sverdlov, E. D. (1996) Subtractive hybridization, a technique for extraction of DNA sequences distinguishing two closely related genomes: critical analysis. *Genet. Anal.* **13,** 49–58.
30. Emmerth, M., Goebel, W., Miller, S. I., and Hueck, C. J. (1999) Genomic subtraction identifies *Salmonella typhimurium* prophages, F-related plasmid sequences, and a novel fimbrial operon, *stf*, which are absent in *Salmonella typhi. J. Bacteriol.* **181,** 5652–5661.
31. Ferreira, H., Rodrigues Neto, J., Goncalves, E. R., and Rosato, Y. B. (1999) A simplified subtractive hybridization protocol used to isolate DNA sequences specific to *Xylella fastidiosa. Microbiology* **145,** 1967–1975.
32. Sawada, K., Kokeguchi, S., Hongyo, H., Sawada, S., Miyamoto, M., Maeda, H., Nishimura, F., Takashiba, S., and Murayama, Y. (1999) Identification by subtractive hybridization of a novel insertion sequence specific for virulent strains of *Porphyromonas gingivalis. Infect. Immun.* **67,** 5621–5625.
33. Vinnemeier, J., and Hagemann, M. (1999) Identification of salt-regulated genes in the genome of the cyanobacterium *Synechocystis* sp. strain PCC 6803 by subtractive RNA hybridization. *Arch. Microbiol.* **172,** 377–386.
34. Lai, Y. C., Yang, S. L., Peng, H. L., and Chang, H. Y. (2000) Identification of genes present specifically in a virulent strain of *Klebsiella pneumoniae. Infect. Immun.* **68,** 7149–7151.
35. Agron, P. G., Walker, R. L., Kinde, H., Sawyer, S. J., Hayes, D. C., Wollard, J., and Andersen, G. L. (2001) Identification by subtractive hybridization of sequences specific for *Salmonella enterica* serovar *enteritidis. Appl. Environ. Microbiol.* **67,** 4984–4991.
36. Ahmed, I. H., Manning, G., Wassenaar, T. M., Cawthraw, S., and Newell, D. G. (2002) Identification of genetic differences between two *Campylobacter jejuni* strains with different colonization potentials. *Microbiology* **148,** 1203–1212.
37. Herd, M., and Kocks, C. (2001) Gene fragments distinguishing an epidemic-associated strain from a virulent prototype strain of *Listeria monocytogenes* belong to a distinct functional subset of genes and partially cross-hybridize with other *Listeria* species. *Infect Immun* **69,** 3972–3979.

38. Pettigrew, M. M., Foxman, B., Marrs, C. F., and Gilsdorf, J. R. (2002) Identification of the lipooligosaccharide biosynthesis gene *lic2B* as a putative virulence factor in strains of nontypeable *Haemophilus influenzae* that cause otitis media. *Infect. Immun.* **70,** 3551–3556.
39. Pradel, N., Leroy-Setrin, S., Joly, B., and Livrelli, V. (2002) Genomic subtraction to identify and characterize sequences of Shiga toxin-producing *Escherichia coli* O91:H21. *Appl. Environ. Microbiol.* **68,** 2316–2325.
40. Parsons, Y. N., Banasko, R., Detsika, M. G., Duangsonk, K., Rainbow, L., Hart, C. A., and Winstanley, C. (2003) Suppression-subtractive hybridisation reveals variations in gene distribution amongst the *Burkholderia cepacia* complex, including the presence in some strains of a genomic island containing putative polysaccharide production genes. *Arch. Microbiol.* **179,** 214–223.
41. Nesbø, C. L., and Doolittle, W. F. (2003) Targeting clusters of transferred genes in *Thermotoga maritima*. *Environ. Microbiol.* **5,** 1144–1154.
42. Antonopoulos, D. A., Nelson, K. E., Morrison, M., and White, B. A. (2004) Strain specific genomic regions of *Ruminococcus flavefaciens* FD-1 as revealed by combinatorial random-phase genome sequencing and suppressive subtractive hybridization. *Environ. Microbiol.* **6,** 335–346.
43. Frohme, M., Camargo, A. A., Czink, C., Matsukuma, A. Y., Simpson, A. J., Hoheisel, J. D., and Verjovski-Almeida, S. (2001) Directed gap closure in large-scale sequencing projects. *Genome Research* **11,** 901–903.
44. Kocherginskaya, S. A., Aminov, R. I., and White, B. A. (2001) Analysis of the rumen bacterial diversity under two different diet conditions using denaturing gradient gel electrophoresis, random sequencing, and statistical ecology approaches. *Anaerobe* **7,** 119–134.
45. Hungate, R. E. (1966) *The Rumen and its Microbes*. Academic Press, New York and London. pp. 8–11, 32–80, 91–124.
46. Hespell, R. B., Akin, D. E., and Dehority, B. A. (1997) Bacteria, fungi, and protozoa of the rumen, in *Gastrointestinal Microbiology* (Mackie, R. I., White, B. A., and Isaacson, R. E., eds.), Vol. II, Chapman and Hall, New York, pp. 59–141.
47. Raskin, L., Stromley, J. M., Rittmann, B. E., and Stahl, D. A. (1994) Group-specific 16S rRNA hybridization probes to describe natural communities of methanogens. *Appl. Environ. Microbiol.* **60,** 1232–1240.
48. White, B. A., Cann, I. K. O., Kocherginskaya, S. A., Aminov, R. I., Thill, L. A., Mackie, R. I., and Onodera, R. (1999) Molecular analysis of Archaea, Bacteria, and Eucarya communities in the rumen. *Asian-Australasian J. Anim. Sci.* **12,** 129–138.
49. Tsai, Y., and Olson, B. H. (1991) Rapid method for direct extraction of DNA from soil and sediments. *Appl. Environ. Microbiol.* **57,** 1070–1074.
50. 50. Rebrikov, D. V., Desai, S. M., Siebert, P. D., Lukyanov, S. A. (2004) Suppression Subtractive Hybridization, in *Methods in Molecular Biology, Vol. 258 Gene Expression Profiling* (Shimkets, R. A., ed.), Humana Press, Totowa, NJ, pp. 107–134.
51. Ausubel, F. M., Brent, R., Kingston, R. E., Moore, D. D., Seidman, J. G., Smith, J. A., and Struhl, K. E. (2001) *Current Protocols in Molecular Biology*. John Wiley & Sons, Inc., New York.
52. Stahl, D. A., Flesher, B., Mansfield, H. R., and Montgomery, L. (1988) The use of phylogenetically based hybridization probes for studies of ruminal microbial ecology. *Appl. Environ. Microbiol.* **54,** 1079–1084.
53. Lin, C., Raskin, L., and Stahl, D. A. (1997) Microbial community structure in gastrointestinal tracts of domestic animals: comparative analyses using rRNA-

targeted oligonucleotide probes. *FEMS Microbiol. Ecol.* **22,** 281–294.
54. D'Aquila, R. T., Bechtel, L. J., Videler, J. A., Eron, J. J., Gorczyca, P., and Kaplan, J. C. (1991) Maximizing sensitivity and specificity of PCR by pre-amplification heating. *Nucleic Acids Res.* **19,** 3749.
55. Kellogg, D. E., Rybalkin, I., Chen, S., Mukhamedova, N., Vlasik, T., Siebert, P. D., and Chenchik, A. (1994) *Taq*Start Antibody: "hot start" PCR facilitated by a neutralizing monoclonal antibody directed against *Taq* DNA polymerase. *Biotechniques* **16,** 1134–1137.

第十七章　16S RNA 靶向变性梯度凝胶电泳指纹图谱分析微生物菌群

Vesela A. Tzeneva, Hans G. H. J. Heilig, Wilma Akkermans van Vliet, Antoon D. L. Akkermans, Willem M. de Vos, Hauke Smidt

概论

过去几十年中，利用所谓的生物标记物来监测环境样本中的微生物菌群的分子微生物生态学（molecular microbial ecology）得到了快速的发展。许多分子可以作为生物标记物，包括细胞壁成分、蛋白质、脂类、DNA 或 RNA。尤其是核糖体 RNA(rRNA) 小亚基和相应基因的应用在微生物生态学的发展中发挥了重要的作用。目前已经建立了几种应用于环境样本中的微生物群落的指纹特征分析方法。其中最常用的方法是 PCR 扩增片段的变性梯度凝胶电泳（denaturing gradient gel electrophoresis，DGGE）。DGGE 可以根据序列将相同长度的 DNA 片段混合物分开。分离的原理是基于 DNA 片段在含有梯度变性化学物（通常是尿素和甲酰胺的混合）配置的聚丙烯酰胺凝胶中的序列特异性融点不同实现的。DGGE 能对微生物群落进行快速的分析和比较。利用 DGGE 可使组成的多样性一目了然，其中每一条带原则上代表一种细菌系群。染色后，在凝胶中 DNA 分子停止迁移的位置会看到条带。理论上，DGGE 指纹图谱可以区分一个碱基对的差别。

关键词： 食苯芽胞杆菌（*Bacillus benzoevorans*）；DGGE；指纹图谱；16S rRNA 基因；土壤微生物

1. 引言

微生物菌群对于地球上甚至地球外的几乎所有环境的发展和功能是至关重要的，而针对一系列细胞生物标记物的分子微生物生态学方法的长足发展，使得对微生物群落组成和功能的监测可以不依赖于微生物的培养（1，2）。靶向生物标记物可以是在不同的分类水平表明特定微生物种群存在的任何生物成分，包括细胞成分如细胞壁成分、蛋白质、脂类、DNA 或 RNA。即使细胞死亡后这些分子仍可以被检测到。这使得我们可以研究微生物群落并追踪其在不断变化的环境条件下的发展过程，所以包括历史标本、储存的样本（风干保存用于后续分析的样本）甚至考古样本这些不可能用培养的方法获得微生物的材料都可以得到研究（3-5）。微生物生态学可以很方便地应用核糖体 RNA 小亚基（SSU rRNA；细菌和古细菌的 16S rRNA，真核生物的 18S rRNA）和对应的基因作为生物标记物。以这些分子作为靶点，可以利用很多互为补充的分子技术来监测不同环境下总的细菌、古细菌和真核生物群落，以及特定的感兴趣的微生物种类。多以 SSU rRNA 基因检测作为普遍的系统发育标记物的分子指纹图谱方法，常被用于在分子微生物生态学中快速检测不同时间或空间中微生物群落组分的变化。结合数理统计分析，这些技术是研究不断变化的环境因子如何影响微生物群落构成的有力工具（6，7）。

几种类型的梯度凝胶电泳已经被有效地应用于环境样本中微生物群落的观察。最常用的是变性梯度凝胶电泳（DGGE）和温度梯度凝胶电泳（temperature gradient gel electrophoresis，TGGE），而最新出现的是结合了 DGGE 和 TGGE 的主要原理的时间温度梯度凝胶电泳（temporal temperature gradient gel electrophoresis，TTGE）(8)。DGGE 在微生物生态系统中的首次应用是在对海洋生态系统中的细菌多样性分析（9）。凝胶电泳技术在快速比较不同环境中的微生物群落和监测某一特定的群落在不同时间多个成员内的组成变化的研究中非常有效。

DGGE 是一种利用序列差异来分离同样长度 DNA 片段混合物的技术（10）。分离的原理是基于 DNA 片段在含有梯度变性化学物（通常是尿素和甲酰胺的混合物）配置的聚丙烯酰胺凝胶中的序列特异性融点不同实现的。在 5′端引入 GC 夹（GC-clamp）可保护 DNA 片段不会完全变性。这个 GC 夹有 30～50 bp 长，是在进行 DGGE 分析之前加到对靶基因进行 PCR 扩增的一个引物上的。理论上，在不长于 500 bp 的 PCR 扩增产物上的单个碱基对差异都可以被鉴定出来。在变性梯度中，不同序列的片段将停留在不同的位置。

2. 材料

2.1 利用试剂盒（Fast DNA SPIN Kit）分离 DNA

Fast DNA SPIN Kit（用于土壤）（Q BIOgene，Cambs，United Kingdom）是商品化的 DNA 分离试剂盒，在实验室中常用于广泛的环境介质检测，包括土壤、沉积物、排泄物。也可采用其他 DNA 分离方法。

2.2 PCR

PCR 可以用 *Taq* 聚合酶（Invitrogen）在 PCR 仪（Whatman Biometra Thermocycler，Göttingen，Germany）中进行（见注释 1）。

不加模板（DNA），先准备基本成分：

1. 5 μL 10×PCR 缓冲液（10×缓冲液：200 mmol/L Tris-HCl，pH 8.4，500 mmol/L KCl）。
2. 3 μL $MgCl_2$（50 mmol/L）。
3. 1 μL 上游引物（10 μmol/L）。
4. 1 μL 下游引物（10 μmol/L）。
5. 1 μL dNTP（10 mmol/L）。
6. 0.25 μL *Taq* DNA 聚合酶（5 U/μL）。
7. 37.75 μL MilliQ 水。

共 49 μL 的反应体积。

配制时将上面的每一组分乘以需要的反应次数，多加一份。分装在 0.2 mL PCR 管（每管 49 μL）中。最后加入模板 DNA（1 μL）。每一反应中最终模板的量应在 10～

100 ng之间。将离心管放入PCR仪中，开始按设定反应扩增。

2.3 DGGE

2.3.1 DGGE仪器设备部分

1. 大、小玻璃板（20cm系统，Bio-Rad）。
2. Gelbond（胶贴，Tebu-bio，www.tebu-bio.com）。
3. Bio-Rad DGGE设备，包括：
   a. 温度控制模块包括加热器、搅拌器、泵和电泳导线。
   b. 电泳槽——盛电泳缓冲液。
   c. 三明治芯——在每边固定一个胶板，安装后，每块胶板形成上缓冲液槽的一面，里面的玻璃板紧贴于芯上的塑胶垫，形成上槽无油脂的密封环境。
   d. 三明治夹（20cm系统）。
   e. 分隔条。
   f. 梳子。
4. 电源（Bio-Rad）。
5. 泵和混合槽（Bio-Rad）。

2.3.2 DGGE储液

1. 100%变性剂，8% PAG溶液：200 mL 40% 37.5∶1的丙烯基-甲叉双丙烯酰胺，400 mL甲酰胺，10 mL 50×TAE缓冲液，20mL甘油（见注释2），421.6 g尿素。缓慢加热至手温，加入搅拌棒，溶解。软化水（demi-water）加至1 L，室温避光保存。
2. 0%变性剂，8% PAG溶液：200 mL 40% 37.5∶1的丙烯基-甲叉双丙烯酰胺，10 mL 50×TAE缓冲液，20 mL甘油（见注释2），软化水加至1 L，室温避光保存。
3. 50×TAE溶液：242 g Tris，57.1 mL冰乙酸，100 mL 0.5 mol/L EDTA，pH 8.0。

2.3.3 DGGE染色溶液

1. Cairns' 8×定影液：200 mL 96%乙醇，10 mL乙酸，40 mL软化水。将50 mL Cairns' 8×定影液加入350 mL软化水中。
2. 银染溶液：0.4 g $AgNO_3$溶于200 mL 1×Cairns'定影液。
3. 显影液：一小称量勺$NaBH_4$（～10 mg），250 mL 1.5% NaOH，750 μL甲醛。
4. Cairns'保存液：250 mL 96%乙醇，100 mL甘油，650 mL软化水。

3. 方法

DGGE是在分子微生物生态学中建立的较完善的分子指纹图谱技术（11，12）。

DGGE 技术可以迅速地分析微生物群落。复杂的微生物群落可以利用 DGGE 达到可视化，理论上其中每一条带代表一细菌种系型。然而，此技术的缺陷在于只利用了非常有限的遗传信息（16S rRNA）。DGGE 的原理是利用序列特异性将同样长度的 PCR 扩增产物分开。双链 DNA 在变性剂的作用下解离。DNA 在电场中向正极移动，而变性剂在聚丙烯酰胺凝胶中的含量也向同样方向线性增加（图 1）。电泳时 PCR 产物向正极移动，在特异性序列（两条核苷酸链解离）决定的特定位置融解。在扩增过程中，PCR 产物的 5′或者 3′端引入了 GC 夹，以避免完全变性，最终形成的叉状结构实质上发挥了阻止迁移的作用。染色后，可以在 DNA 分子在凝胶中停留迁移的位置观察到条带。理论上，DGGE 指纹图谱可以区分单个碱基对的差异。

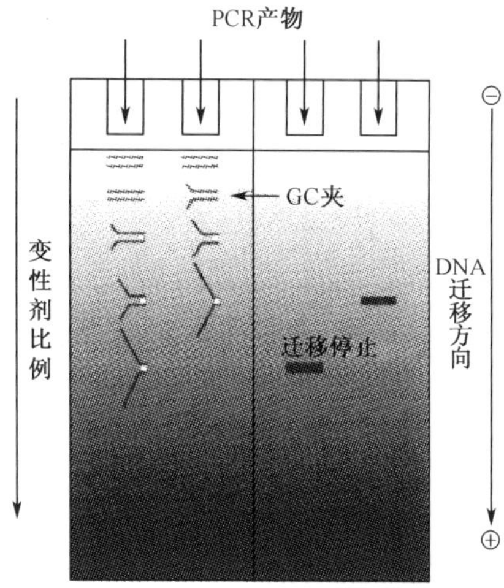

图 1　DGGE 的一般原理。

3.1　DNA 分离

DNA 可用 Fast DNA SPIN Kit（用于土壤）（Q BIOgene，Cambs，UK）直接从土壤中（或其他样本）按照说明书进行分离。这种试剂盒可高效裂解所有的微生物，包括原来比较难处理的如细菌芽孢和内孢子、革兰氏阳性细菌、酵母、藻类、线虫和真菌。

3.2　PCR 程序

下面是针对表 1 的引物优化后的 PCR 循环参数，选择专门对应你处理的物种适合的程序。

1. 细菌群落 DGGE-PCR：

预变性	2 min	95℃	
变性	30 s	95 ℃	35 个循环
杂交	40 s	56 ℃	
延伸	1 min	72 ℃	
后延伸	5 min	72 ℃	

2. 古细菌 DGGE-PCR：

预变性	5 min	94℃	
变性	30 s	94 ℃	35 个循环
杂交	40 s	52 ℃	
延伸	60s	68 ℃	
后延伸	5 min	68 ℃	

3. 原核菌群 DGGE-PCR：

预变性	5 min	94℃	
变性	30 s	94 ℃	
杂交	45 s	56 ℃	35 个循环
延伸	130 s	72 ℃	
后延伸	10 min	72 ℃	

3.3 DGGE-PCR 引物

表 1 提供了一组普遍的和种群特异性的 DGGE-PCR 引物（见注释 3）。

表 1 不同微生物菌群常用的 DGGE-PCR 引物

引物	序列	参考文献
细菌		
Bact-968-GC-F	5′-CGC CCG GGG CGC GCC CCG GGC GGG GCG GGG GCA CGG GGG GAA CGC GAA CCT TAC-3′	(17)
L1401-R	5′-GCG TGT GTA CAA GAC CC-3′	(17)
Bact-0357-F-GC	5′-CCG GGG GCG CGC CCC GGG CGG GGC GGG GGC ACG GGG GGC CTA CGG GAG GCA GCA G-3′	(18)
Bact-0518-R	5′-ATT ACC GCG GCT GCT GG-3′	(18)
Bact-0954-F-GC	5′-CGC CGG GGG CGC GCC CCG GGC GGG GCG GGG GCA CGG GGG GGC ACA AGC GGT GGA GCA TGT GG-3′	(18)
Bact-1369-R	5′-GCC CGG GAA CGT ATT CAC CG-3′	(18)
古细菌		
Arch-109-F	5′-ACT GCT CAG TAA CAC GT-3′	(19)
Uni-515-GC-R	5′-CGC CCG GGG CGC GCC CCG GGC GGG GCG GGG GCA CGG GGG GAT CGT ATT ACC GCG GCT GCT GGC AC-3′	(20)
真核生物		
Euk1A	5′-CTG GTT GAT CCT GCC AG-3′	(21)
Euk516r-GC	5′-CGC CCG GGG CGC GCC CCG GGC GGG GCG GGG GCA CGG GGG GAC CAG ACT TGC CCT CC-3′	(21)

3.4 DGGE

3.4.1 凝胶“三明治”制备（见注释 4）

1. 用肥皂清洗大、小玻璃板各一块，干燥后再用 96%乙醇清洗（见注释 5）。
2. 切出大小和大玻璃胶板一样的胶贴（见注释 6）。
3. 在大玻璃胶板表面上加一些水。
4. 将胶贴的疏水面放在玻璃板上（你可以滴一滴水在胶贴上来方便地检查疏水面，

疏水面的水将滑落)。

5. 用滚筒固定胶贴后移去纸保护层。
6. 用纸巾轻轻吸干胶贴。
7. 用 96%乙醇清洗分隔条，并放于胶贴的左右两侧。
8. 将小玻璃板放在上方。
9. 用夹子夹住玻璃“三明治”，并放入“三明治”支架。
10. 按下衬垫，并拧紧压板的螺丝。
11. 将玻璃“三明治”放在橡胶密封垫上，并按下手柄。
12. 用移液器加入凝胶“塞”。

3.4.2 凝胶“塞”制备

在制备主要的分析梯度凝胶前，需在 DGGE 玻璃板盒底部做一个 0%变性剂 PAG 凝胶“塞”——防止底部泄露。制备凝胶“塞”的主要方法如下：

1. 确保凝胶架处于水平；必要时调节底部的螺丝。
2. 如下制备“塞”溶液（一块凝胶体积）：

1.5 mL	0% 变性剂，8% PAG 溶液
4.5 μL	TEMED
15 μL	10%(*W*/*V*) 过硫酸铵（APS）

3. 通过橡胶密封垫一边加入 1 mL“塞”溶液（见注释 7）。
4. “塞”溶液放置 10min。
5. 灌入梯度凝胶和浓缩胶。

3.4.3 制备凝胶

1. 从低到高浓度梯度凝胶和浓缩胶按表 2 混合配置，操作在冰上进行（见注释 8）。
2. 用软化水清洗梯度制备仪和连接管道，打开泵（流速为 19 mL/min），抽干系统。
3. 关闭梯度制备仪各室之间的开关。
4. 用纸巾吸干各室。
5. 当凝胶溶液冷却后，加入 10% APS 至高浓度和低浓度的变性剂溶液。
6. 在右室加入高浓度溶液，在左室加入低浓度溶液。
7. 开始搅拌，打开开关，并立即启动泵保持流速 4.5 mL/min。
8. 将针头放于两块玻璃板间。
9. 当凝胶灌注结束后，关掉泵，转移至 Erlenmeyer 烧瓶。
10. 用软化水清洗各室，启动泵抽干系统。
11. 加 10% APS 到浓缩胶中。
12. 关掉各室间的开关，在右室加入浓缩胶。
13. 将针头放于两块玻璃板间，启动泵，保持流速为 3 mL/min。
14. 灌完浓缩胶后，插入梳子，让其凝固形成加样孔。避免气泡产生，否则会在条带中出现凹陷。

15. 凝胶放置聚合 1h。

表 2　DGGE 梯度混合比例表

梯度/%	0%(MI)	100%/mL	终体积/mL	TEMED/μL	10%APS/μL
0	9	—	9	13	50
30	9.1	3.9	13	13	50
31	8.97	4.03	13	13	50
32	8.84	4.16	13	13	50
33	8.71	4.29	13	13	50
34	8.58	4.42	13	13	50
35	8.45	4.55	13	13	50
36	8.32	4.68	13	13	50
37	8.19	4.81	13	13	50
38	8.06	4.94	13	13	50
39	7.93	5.07	13	13	50
40	7.8	5.2	13	13	50
41	7.67	5.33	13	13	50
42	7.54	5.46	13	13	50
43	7.41	5.59	13	13	50
44	7.28	5.72	13	13	50
45	7.15	5.85	13	13	50
46	7.02	5.98	13	13	50
47	6.89	6.11	13	13	50
48	6.76	6.24	13	13	50
49	6.63	6.37	13	13	50
50	6.5	6.5	13	13	50
51	6.37	6.63	13	13	50
52	6.24	6.76	13	13	50
53	6.11	6.89	13	13	50
54	5.98	7.02	13	13	50
55	5.85	7.15	13	13	50
56	5.72	7.28	13	13	50
57	5.59	7.41	13	13	50
58	5.46	7.54	13	13	50
59	5.33	7.67	13	13	50
60	5.2	7.8	13	13	50

3.4.4 电泳

1. 在电泳槽中加入 0.5×TAE 缓冲液。
2. 在电泳前至少 90min 打开 Dcode，以便缓冲液在 60℃达到平衡。
3. 在 1h 的聚合后，轻轻拔出梳子。
4. 用软化水清洗孔内和孔上未聚合的凝胶，并轻敲“三明治”。
5. 关掉 Dcode，打开盖子。
6. 拿出“三明治”，放入电泳槽中。
7. 打开 Dcode，直至上缓冲室充满缓冲液。
8. 关掉 Dcode，打开盖子。
9. 用充满缓冲液的注射器和针头清洗所有加样孔。
10. 在加样孔中加入样品（见注释 10）。
11. 盖上盖子，后打开 Dcode。
12. 打开电源，200 V 电泳 10 min 后，调至 85 V 再电泳 16h。

3.5 凝胶染色（见注释 11 和 12）

1. 关闭电源。
2. 从板上移出凝胶，放入不锈钢托盘中。
3. 加入 200 mL 1×Cairns’固定液，摇晃 3min。倒出并回收利用。
4. 向托盘中加入 200 mL 银染溶液（注意戴手套），摇晃 10min。
5. 弃掉溶液（见注释 13）。
6. 用软化水清洗托盘。
7. 加入新鲜的软化水并振荡 2min。
8. 弃掉废水。
9. 用软化水清洗凝胶和胶贴。
10. 将凝胶放入用于盛显影液的不锈钢托盘。
11. 加入少量的显影液并轻轻摇晃，弃除此部分显影液，后加入剩下的显影液。
12. 摇晃至凝胶染色完全。
13. 弃除显影液。
14. 加入前面使用的 200 mL 1×Cairns’固定液至盒中，振荡 5min。
15. 弃除固定液。
16. 加入少许的软化水并振荡 2min。
17. 用 Cairns’保存液换掉软化水，振荡 7min。
18. 胶放在玻璃板上（胶贴面朝下）。
19. 在保存液中将大小合适的玻璃纸预湿，放在凝胶之上（见注释 14）。
20. 60℃干燥凝胶过夜。

为了说明此方法用于复杂微生物群落在不同分类水平上具有的鉴定和比较价值，图 2 和图 3 列举了在新鲜和风干的土壤中总的细菌和 *Bacillus benzoevorans* 相关群落的 DGGE 图谱。

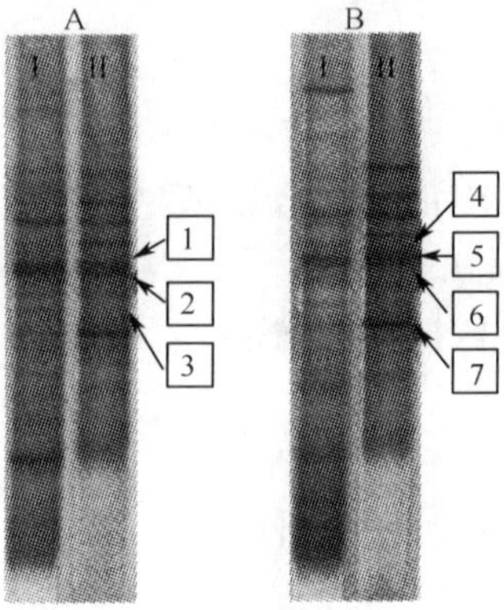

No	亲缘最近的种	长度/bp	同一性/%	GenBank 登录号
1	*Bacillus benzoevorans*	891	97	AY289513
2	*Bacillus benzoevorans*	916	98	AY289515
3	Uncultured bacterium DA001	884	97	AY289514
4	*Bacillus benzoevorans*	889	97	AY289511
5	Uncultured bacterium DA001	916	98	AY289509
6	Uncultured bacterium DA001	891	98	AY289510
7	Uncultured bacterium DA036	962	99	AY289512

图 2 在 Drentse A（A）和 Friesian（B）土壤样本中的总细菌和 *Bacillus benzoevorans* 的 DGGE 图谱。条带通过克隆和序列分析，结果见表格。泳道Ⅰ，总细菌指纹图谱（通用 DGGE 引物 GC-0968f/1401r）；泳道Ⅱ，*B. benzoevorans* 相关的 DGGE 图谱（特异性引物 REX460f/REX1466r 和 REX576f/REX1446r，通用 DGGE 引物 GC-0968f/1401r）（得到美国微生物学会许可，从参考文献 3 复制）。

3.6 DGGE 凝胶的统计分析

DGGE 凝胶经过染色和过夜干燥后用 400 DPI 分辨率扫描，并用软件如 Bionumerics4.0（Applied Maths BVBA，比利时）进行分析。有很多方法用于评价 DGGE 图谱之间的相似性，主要是通过计算条带的有无或者用 Pearson 积差相关法比较图谱的光密度曲线等方法得到相似性指标（13，14）。UPGMA 算法可以在绘制聚类树状图（图 3b）分析软件中应用。多变量数据分析（如 CANOCO 软件）也可用于 DGGE 图谱分析，关于其他用于分析微生物群落指纹图谱的数据分析方法在 Fromin 等的文章（15）中有所讨论。

4. 注释

1. 其他公司的聚合酶和 PCR 仪也可以选用。
2. 只有在银染的时候才加甘油。其他染色无需加入。
3. GC 夹可以连到上游和下游引物，但是通常连到 5′端。
4. 注意：在 DGGE 凝胶的电泳和显影过程中所用的是高毒和致癌物质。使用时佩

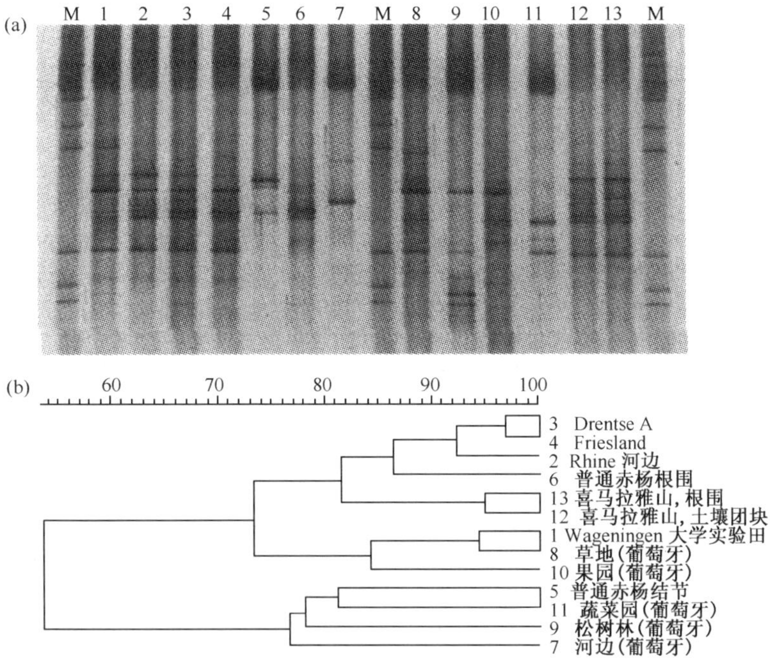

图 3 不同地点土壤中 *B. benzoevorans* 相关群落的 DGGE 图谱（a）和对应的类树状图（UPGMA 聚类）（b）。M，分子质量标准；1，Wageningen 大学试验田（荷兰）；2，Rhine 河边（荷兰）；3，Drentse A（荷兰）；4，Friesland（荷兰）；5，普通赤杨（*Alnus glutinosa*）结节（荷兰）；6，普通赤杨根围（荷兰）；7，河边（葡萄牙）；8，草地（葡萄牙）；9，松树林（葡萄牙）；10，果园（葡萄牙）；11，蔬菜园（葡萄牙）；12，喜马拉雅山，土壤团块；13，喜马拉雅山，马桑（*Coriaria nepalensis*）根围土壤（得到美国微生物学会许可，从参考文献 3 复制）。

戴手套，而且当被污染时，及时更换。

5. 玻璃板的仔细清洗对凝胶配制非常关键，油脂点会导致聚丙烯酰胺凝胶表面扭曲。
6. 胶贴如果比大玻璃板还大则无法制备凝胶。
7. 避免出现气泡。
8. 使用通风柜。
9. 将空的三明治（没有分隔条）放在盒架的另一边，构成一个封闭上缓冲室。
10. 记住上样是按照镜面方向。
11. 按照 Sanguinetti 等（16）稍作修改。
12. 凝胶也可以用 SYBR GOLD 或 EB 染色。
13. 步骤 5～8 的溶液按化学废弃物处理。
14. 避免气泡；将凝胶边缘按到玻璃板上。

致谢

本研究得到了欧盟“一种新的土壤细菌群的基因和代谢多样性”项目的支持（BA-

CREX 项目 QLK3-2000-01678)。

（张广林　杨　军）

参考文献

1. Head, I. M., Saunders, J. R. and Pickup, R. W. (1998). Microbial evolution, diversity, and ecology: a decade of ribosomal RNA analysis of uncultivated microorganisms. *Microbiol. Ecol.* **35,** 1.
2. La Duc, M. T., Kern, R. and Venkateswaran, K. (2004). Microbial monitoring of spacecraft and associated environments. *Microbiol. Ecol.* **47,** 150.
3. Tzeneva, V. A., Li, Y., Felske, A. D. M., de Vos, W. M., Akkermans, A. D. L., Vaughan, E. E. and Smidt, H. (2004). Development and application of a selective PCR-denaturing gradient gel electrophoresis approach to detect a recently cultivated *Bacillus* group predominant in soil. *Appl. Environ. Microbiol.* **70,** 5801–5809.
4. Dolfing, J., Vos, A., Bloem, J., Ehlert, P. A. I., Naumova, N. B. and Kuikman, P. J. (2004). Microbial diversity in archived soils. *Science* **306,** 813.
5. Inagaki, F., Okada, H., Tsapin, A. I. and Nealson, K. H. (2005). Microbial survival: the paleome: a sedimentary genetic record of past microbial communities. *Astrobiology* **5,** 141–153.
6. Noll, M., Matthies, D., Frenzel, P., Derakshani, M. and Liesack, W. (2005). Succession of bacterial community structure and diversity in a paddy soil oxygen gradient. *Environ. Microbiol.* **7,** 382–395.
7. Egert, M., Marhan, S., Wagner, B., Scheu, S. and Friedrich, M. W. (2004). Molecular profiling of 16S rRNA genes reveals diet-related differences of microbial communities in soil, gut, and casts of *Lumbricus terrestris* L. (Oligochaeta: *Lumbricidae*). *FEMS Microbiol. Ecol.* **48,** 187–197.
8. Yoshino, K., Nishigaki, K. and Husimi, Y. (1991). Temperature sweep gel electrophoresis: a simple method to detect point mutations. *Nucleic Acids Res.* **19,** 31–53.
9. Muyzer, G., de Waal, E. C. and Uitterlinden, A. G. (1993). Profiling of complex microbial populations by denaturing gradient gel electrophoresis analysis of polymerase chain reaction-amplified genes coding for 16S rRNA. *Appl. Environ. Microbiol.* **59,** 695–700.
10. Muyzer, G. and Smalla, K. (1998). Application of denaturing gradient gel electrophoresis (DGGE) and temperature gradient gel electrophoresis (TGGE) in microbial ecology. *Antonie Leeuwenhoek* **73,** 127–141.
11. Kowalchuk, G. A., Stephen, J. R., De Boer, W., Prosser, J. I., Embley, T. M. and Woldendorp, J. W. (1997). Analysis of ammonia-oxidizing bacteria of the beta subdivision of the class Proteobacteria in coastal sand dunes by denaturing gradient gel electrophoresis and sequencing of PCR-amplified 16S ribosomal DNA fragments. *Appl. Environ. Microbiol.* **63,** 1489–1497.
12. Zoetendal, E. G., Akkermans, A. D. L., and De Vos, W. M. (1998). Temperature gradient gel electrophoresis analysis of 16S rRNA from human fecal samples reveals stable and host-specific communities of active bacteria. *Appl. Environ. Microbiol.* **64,** 3854–3859.
13. Häne, B. G., Jäger, K., and Drexler, H. (1993). The pearson product-moment correlation coefficient is better suited for identification of DNA fingerprint profiles than band matching algorithms. *Electrophoresis* **14,** 967–972.

14. Zoetendal, E. G., Akkermans, A. D. L., Akkermans - van Vliet, W. M., de Visser, J. A. G. M., and de Vos, W. M. (2001). The host genotype affects the bacterial community in the human gastrointestinal tract. *Microbial Ecol. Health Dis.* **13,** 129–134.
15. Fromin, N., Hamelin, J., Tarnawski, S., Roesti, D., Jourdain-Miserez, K., Forestier, N., Teyssier-Cuvelle, S., Gillet, F., Aragno, M. and Rossi, P. (2002). Statistical analysis of denaturing gel electrophoresis (DGE) fingerprinting patterns. *Environ. Microbiol.* **4,** 634–643.
16. Sanguinetti, C. J., Neto, D., and Simpson, A. J. G. (1994). Rapid silver staining and recovery of PCR products separated on polyacrylamide gels. *Biotechniques* **17,** 915–919.
17. Nübel, U., Engelen, B., Felske, A., Snaidr, J., Wieshuber, A., Amann, R. I., Ludwig, W., and Backhaus, H. (1996). Sequence hetereogeneities of genes encoding 16S rRNAs in *Paenibacillus polymyxa* detected by temperature gradient gel electrophoresis of 16S rDNA fragments. *J. Bacteriol.* **178,** 5636–5643.
18. Yu, Z. and Morrison, M. (2004). Comparisons of different hypervariable regions of rrs genes for use in fingerprinting of microbial communities by PCR-denaturing gradient gel electrophoresis. *Appl. Environ. Microbiol.* **70,** 4800–4806.
19. Grosskopf, R., Janssen, P. H. and Liesack, W. (1998). Diversity and structure of the methanogenic community in anoxic rice paddy soil microcosms as examined by cultivation and direct 16S rRNA gene sequence retrieval. *Appl. Environ. Microbiol.* **64,** 960–969.
20. Lane, D. J. (1991) *16S/23S rRNA Sequencing.* John Wiley & Sons, UK.
21. Diez, B., Pedros-Alio, C., Marsh, T. L. and Massana, R. (2001). Application of denaturing gradient gel electrophoresis (DGGE) to study the diversity of marine picoeukaryotic assemblages and comparison of DGGE with other molecular techniques. *Appl. Environ. Microbiol.* **67,** 2942–2951.

第十八章　基于乳剂多聚酶链反应的分子单倍型分析方法

James G. Wetmur，Jia Chen

概论

基因型可以通过多种实验方法进行检测，但是针对单倍型分析的检测方法，例如分子单倍型分析却很有限。依赖于标志之间连锁不平衡（linkage-disequilibrium，LD）的程度，单倍型可在一定置信区间范围内由基因型数据中推断出来。我们已建立了一种分子单倍型分析的方法，连接-乳剂聚合酶链反应（linking-emulsion PCR，LE-PCR）可在 LD 有限，特别是所研究的多态性影响单个基因产物功能时得到运用。我们已用这一技术研究了人类 *paraoxonase 1* 基因（*PON1*），在这个基因上，多态性影响了转录和酶活性，表现出不完全的 LD。PON1 是有多种活性的酶，包括对有机磷酸盐的解毒活性。

关键词： 乳剂 PCR；基因型；单倍型；连接 PCR；有机磷酸盐；*paraoxonase 1*；杀虫剂；表型

1. 引言

连接-乳剂聚合酶链反应（LE-PCR）（1）是在油-水乳状环境中进行的实验，用两对设计的引物扩增两个相连的多态性位点。DNA 被稀释到在一滴水中不多于一个模板分子的程度。设计的引物利于在液滴内两个扩增子的连接。这样形成微染色体（mini-chromosome），保留多态性位点。在下面讨论的方法中，微染色体单倍型分析由定量等位基因特异 PCR（quantitative allele-specific PCR，qASPCR）决定。

其他分子单倍型分析的方法从总体上而言相当复杂并不适用于关联研究。因为在优化等位基因特异性和优化长范围（long-range）PCR 之间的内在矛盾使得长范围 qASPCR（2，3）仅限于紧密连锁的标志。精子是单倍型的，但不适于或不可进行相关性研究（4）。单倍型 fosmid/cosmid 库（5）要求克隆，单倍型分析体细胞杂交需要进行更多操作。最后，有基于单个独立模板分子的 PCR。最早发现的方法基于有限稀释（7）并仍在使用（8）。限制性稀释单倍型分析，像精子单倍型分析，需要相对有效地从单个模板的两个位点扩增，要高度小心防止污染。多态性单倍型分析（polony haplotyping）（9）是非常适用的，但它用胶而不是 LE-PCR 中的乳剂来分离模板分子，需要非常规的仪器。LE-PCR 只需要一台实时 PCR 仪来进行 qASPCR 单倍型分析。我们证明 LE-PCR 是可以应用于人群学研究的有效的分子单倍型分析技术（1）。

2. 方法

2.1 人类基因组 DNA

任何来源的质量良好且完整的人类 DNA 都可用于此实验。在我们的实验中，研究的人群来自 Mount Sinai 儿童环境健康中心正在进行的一项评判婴儿成长和神经发育与纽约市城区杀虫剂暴露相关性的研究。研究程序经机构审核委员会批准。这项研究包括来自多个种族的 26～30 周孕期的怀孕妇女（高加索、非裔美国人和加勒比西班牙裔）。血浆中白细胞 DNA 的提取如前所述（10）。

2.2 寡聚核苷酸（以 PON1-909g>c 和 Q192R 为例）

1. 所有引物由 IDT 合成。
2. 用于扩增 PON1-909g>c 和 Q192R 的外部引物：
   分别为 CAAAATCAAATCCTTCTGCCACCACTCGAA 和 ACATGGAG-CAAATCATTCACAGTAA。
3. PON1-909g>c 和 Q192R 的（5′-生物素化）连接引物：
   分别为 Bio-AAAGTGCTCAGGTCCCACACTGATAATGGG GCATTTGAGTAA 和 Bio-GCCCCATTATCAGTGTGGGACCTGAGCACTTTTATGGCACAA。
4. PON1-909g>c 和 Q192R 的加帽寡核苷酸序列（3′-磷酸化）：
   AAAAAAGCCCCATTATCAGTG -P 和 AAAAAAAAAGTGCTCAGGTCCCA-P。
5. qASPCR 引物：
   192T：CAAATACATCTCCCAGGATT
   192C：CAAATACATCTCCCAGGATC
   -909C：GCAGACAGCAGAGAAGAGAC
   -909G：GCAGACAGCAGAGAAGAGAG

2.3 缓冲液（1×）

1. *Taq*：10 mmol/L Tris-HCl，pH 8.0，50 mmol/L KCl。
2. NX：100 mmol/L NaCl，1% Triton X-100，10 mmol/L Tris-HCl，pH 7.5，1 mmol/L EDTA。
3. B&W：10 mmol/L Tris-HCl，pH 7.5，1mmol/L EDTA，2 mol/L NaCl。
4. qASPCR：1×*Taq* 缓冲液，1.5 mmol/L $MgCl_2$，dNTP 各 200 μmol/L，2 %甘油，1×BSA(NEB) 和 1× SYBR Green(Molecular Probes)。

2.4 乳剂成分

1. 油相终浓度：4.5% Span 80(cat. no. 85548，Fluka)，0.4% Tween-80(cat. no. S-8074，Sigma)，0.05 % Triton X -100(cat. no. T-9284，Sigma-Aldrich) 用矿物油（cat. no. M-3516，Sigma-Aldrich）加至 100%。
2. 水相终浓度：1× *Taq* 缓冲液，dNTP 各 300 μmol/L，2.5 mmol/L $MaCl_2$，

50 μmol/L Me_4NCl（四甲基氨基氯），外部引物各 1 μmol/L，连接引物各 0.1 μmol/L，100 mU/μL Amplitaq Gold（Applied Biosystems）和 1 ng/μL 人类基因组 DNA。

2.5 加帽反应成分（终浓度）

1. 1×*Taq* 缓冲液，1.5 mmol/L $MgCl_2$，dNTP 各 200 μmol/L。
2. 加帽寡核苷酸各 1 μmol/L。
3. 5 U/40μL *Taq* DNA 聚合酶（Promega，非热起始）。

2.6 qASPCR 成分（终浓度）

1. 1×qASPCR 缓冲液。
2. qASPCR 引物各 1 μmol/L。
3. 2.5 U/20 μL Amplitaq Gold DNA 聚合酶（Applied Biosystems）。

2.7 其他材料

1. PCR 纯化试剂盒（Qiagen）。
2. Dynabeads Myone Streptavidin（亲和素，Dynal Biotech）。

3. 方法

将通过人类 *paraoxonase 1*（*PON1*）基因上间隔 15 kb 的两个常见基因多态性 *PON1*-909g>c 和 Q192R 来解释 LE-PCR 技术。*PON1*-909g>c 多态性和另一位于－108的影响转录程度的功能性启动子多态性呈现几乎完整的 LD。Q192R 影响底物特异性。在一项共有 37 877 人参加的研究中，在两个位点都有混合的异源性基因型，从而形成混合单倍型。我们决定了这些个体的分子单倍型，并用两个底物测量酶活性（表型）。我们也对第三个多态性 L55M，用 *PON1*-909g>c 和 Q192R 对在 L55M 和第二位点有混合异源性基因型的个体进行了分子单倍型分析。只需两次分子单倍型分析就可决定在所有三个位点都是异源型的个体单倍型。通过比较分子单倍型分析和推测单倍型对表型的预测效力，我们证明了 LE-PCR 人群研究中的应用（1）。本章只讲述针对 *PON1*-909g>c 和 Q192R 的 LE-PCR，不涉及表型的测量方法。

整个 LE-PCR 的思路如图 1 所示。如模板下方所示，跨越多态性区域的两个扩增子在乳剂的水溶性液滴中产生。连接 PCR 将这些扩增子连接形成一个微染色体，并保留了这两个多态性的相关信息。

3.1 引物设计

1. 乳剂 PCR 中每个扩增子需两条引物，如图 2A 所示。扩增子应限制在 200 个核苷酸内。
2. 外部引物是典型的 PCR 引物，大约 25 nt。根据我们的经验，引物 GC 含量为 50%且以 AA 收尾为佳。

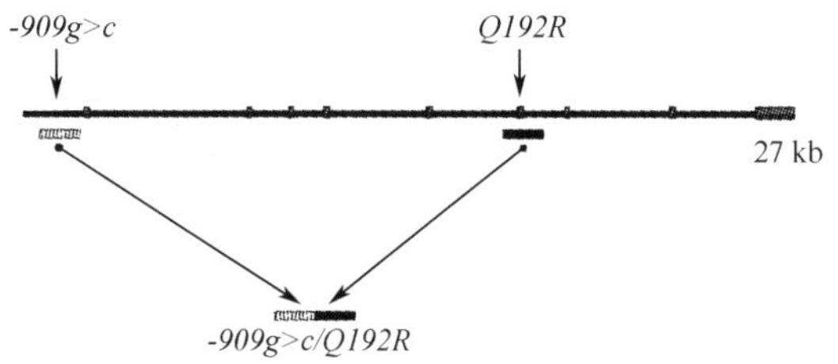

图 1　人类 *PON1* 基因的 LE-PCR。27 kb 人类 *PON1* 基因的外显子（水平条纹）按比例给出。含有启动子多态性-909g>c 的 PCR 扩增子（竖条纹）和位于第 6 外显子的错义多态性 Q192R（实线）比实际大。在乳剂中水溶性液滴内的连接 PCR 使微染色体保留各相（竖条纹和实线）。

3. 内部引物是连接引物（11）。图 2B 表示了部分互补的 *PON1*-909g>C 和 Q192R 引物之间重合部分。在 5′端起始 42 个核苷酸中的 32 个是互补的。3′端的 26 个与模板互补，并起到引物的作用。在每个连接引物 5′端的 16 个核苷酸按与另一连接引物互补设计，所以可以成为另一扩增子的模板。他们必须携带 5′-生物素以便于未连接扩增子的分离。

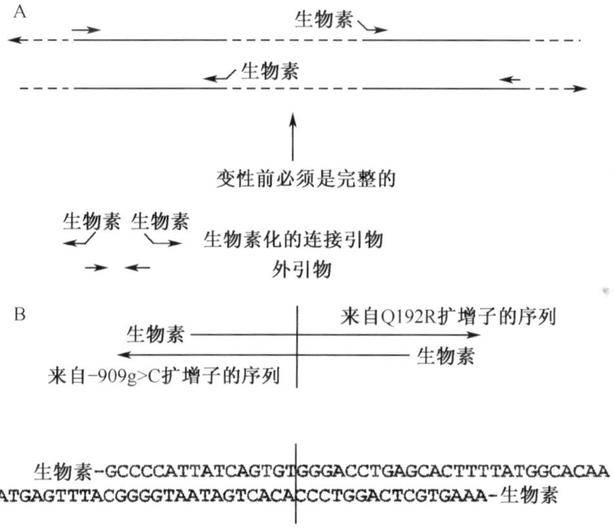

图 2　LE-PCR 引物。（A）用于乳剂液滴中合成两个连接扩增子的外部和生物素连接引物。扩增子之间虚线所示的是在图 1 中 *PON1* 示例的 15kb。所有引物用实线箭头表示。连接引物只有 3′端和模板互补。（B）*PON1*-909g>c 和 Q192R 连接引物的设计。部分互补的序列如图所示。竖线分割了来自两个扩增子的序列。

3.2　乳剂配制

1. 在 PCR 前两个扩增子之间的模板在水溶性液滴中必须是完整的。我们实验表明乳剂并不影响 *PON1*-909g>c 至 Q192R 模板的完整性（1）。观察显示水溶性液滴大小应在 10 μm 以下。通过限制模板浓度在 1 ng/μL（～300 单倍型基因组/μL)，每滴水中包含多于一个模板的几率小于 1%。

2. 油-水乳剂是根据已有方法配制的（12-14）。油相由 2.4 中项目 1 所列成分组成。水相成分由 2.4 中项目 2 所列成分组成。*PON1*-909g>c 和 Q192R 的外部和连接引物都分别在 2.2 中项目 2 和 3 列出。进行单倍型分析的人类模板 DNA 对于这两个相关多态性而言是异质的。

3. 乳化过程需要将一份水相部分与两份油相部分振荡混匀约 5min（一般体积为 150 μL）。图 3 是简略的示意图（见注释 1 和 2）。

图 3　用改良的实验室涡旋振荡器对若干样本进行乳化。

3.3　LE-PCR

1. 对于本章所用的例子，PCR 实验的条件是 30 个循环 1min 67℃，1 min 60℃，30 s 94℃，然后 95℃ 9min 以激活聚合酶，再 60℃孵育 7min。
2. 外部引物要比连接引物多 10 倍。PCR 条件的设定是因为在后面的循环中，1min 67℃更有利于较长引物的延伸，在这里就是首先从稀释的连接引物，稍后以扩增子的链自身作为引物进行连接的。

3.4　PCR 清除

1. 每 5 倍体积的乳剂加入 3 体积的 NX 缓冲液。涡旋振荡 20 s。用离心机分离各相，并将油相去除。
2. 转移水相至 Qiagen PCR 纯化试剂盒，过程根据制造商的说明用 40 μL 洗脱。Qiagen PCR 纯化试剂盒可耐受残留的油剂。

3.5　去除生物素引物和未连接的扩增子

1. LE-PCR 所有的产物如图 4A 所示。这包括由比连接引物多的外部引物形成的单链 DNA 副（runoff）产物，以及预期的缺少生物素的双链微染色体。图 4A 阐释了去除生物素标记核酸的方法。生物素出现在长的、自身互补的连接引物以及连接失败的扩增子中。
2. 在 B&W 缓冲液中洗 3 μL Dynabeads Myone streptavidin(Dynal Biotech)3 次，在 *Taq* 缓冲液中洗一次。在 40 μL PCR 洗脱液中重悬珠子，加入 4 μL 10×*Taq* 缓冲液。室温孵育 30min，磁化，保留上清液。

3.6　副产物加帽

1. 加帽寡核苷酸的使用如图 4B 所示。步骤 3.5 后有两个产物保留，包括微染色体以及从 PCR 清除过程中逃脱的单链副产物。加帽寡核苷酸 3′端的磷酸化会阻碍它们作为引物。相反，它们作为模板来延伸副产物，以防这些产物做为引物参与 PCR 而产生新的微染色体。
2. 我们的经验表明对副产物的加帽对于防止新微染色体的形成是不可缺少的。当缺乏乳剂，任何新形成的微染色体将不再保持两种多态性在各相的生物信息。

3. 加帽反应如 2.5 所述。2.2 的项目 4 中的寡核苷酸用于 *PON1*-909g>c 和 Q192R 的副产物。55℃孵育 30min。这是 LE-PCR 的最后一步。

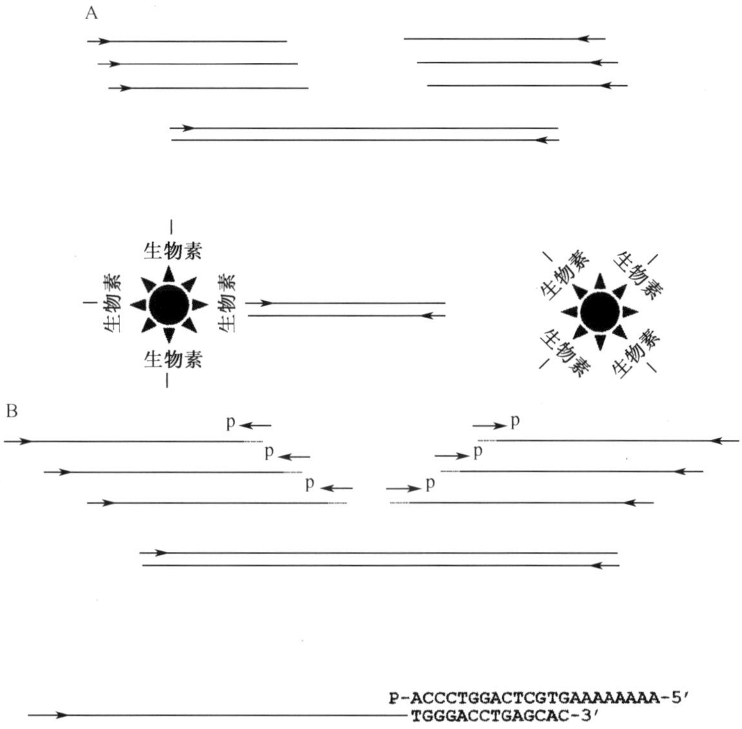

图 4 乳剂 PCR 的后续步骤。(A) 用亲和素包裹的磁珠去除生物素化的引物和产物（单个扩增子)。上方显示的是纯化以后的单链副产物和双链微染色体。箭头代表整合的引物。(B) 单链副产物加帽。箭头所示的是整合的引物或者加帽寡核苷酸。加帽寡核苷酸 3′端的磷酸化会防止它们成为引物。副产物的 3′端竖条纹所示序列与加帽寡核苷酸部分互补。DNA 聚合酶会以加帽寡核苷酸作为模板来延伸副产物。

3.7 用 qASPCR 检测单倍型

1. 每次 qASPCR 反应需用 2 μL 加帽产物加入 20 μL PCR 反应。反应如 2.6 所述进行。所有四种可能的反应，每个 SNP 用一个 qASPCR 引物进行。实验最好重复。*PON1*-909g>c 和 Q192R 的引物如 2.2 中项目 5 所示。
2. PCR 在 LightCycler(Roche) 中进行，95℃孵育 9min 激活聚合酶后，循环程序 1 min 55℃，1 min 72℃，30 s 94℃。四个引物对的 Ct 值用 Lightcycler 的二级衍生算法获得。
3. 其他实时 PCR 仪也可使用。

3.8 数据分析

1. 所有 LE-PCR 反应都会形成两个微染色体，从而保留在两个模板链上的等位基因多态性的各相信息。所以对每两个等位基因都有两对可能的微染色体。

2. 计算时假定所有 qASPCR 引物在扩增 PCR 相应模板时的效率相等，正如我们的四个例子。如果不是，需进行合适的矫正。
3. 计算第一对单倍型的平均 *Ct* 值：这里为 192*T*/-909*c*＋192*C*/-909*g*。
4. 计算第二对单倍型的平均 *Ct* 值：这里为 192*T*/-909*g*＋192*C*/-909*c*。
5. 相减得 Δ*Ct*。
6. 要求第一对可能的单倍型的两个 *Ct* 值应小于第二对可能的单倍型的两个 *Ct*；或者前者大于后者。因此四个 qASPCR 测量值中总有一对单倍型偏大。
7. Δ*Ct* 值必须大于 1 或者小于－1。这样 qASPCR 对某对单倍型测量的偏好程度远大于该项技术的实验误差。
8. 如果条件 6 和 7 都满足，选用最低的 *Ct* 值。
9. 如果条件 6 和 7 不满足，见注释 3～6。

4. 注释

1. 管子必须与平台接触。
2. 将管子悬挂在周边的装置配制乳剂的效果不好。
3. 如观察到的 Δ*Ct* 的值接近 0，则 LE-PCR 失败。
4. 在这项技术建立的早期，LE-PCR 的失败率高达 20%～30%，但在改进乳剂形成后，失败率降到小于 5%。
5. 我们发现所有这些失败都发生在乳剂 PCR 步骤，并且不能通过纯化和分析步骤挽救。
6. 如果有一个单倍型不能获得，重新再做全部 LE-PCR 实验。

致谢

本研究由国立环境健康科学研究院基金 R21 ES011634 和 P01 ES09584，以及环境保护署基金 RD831-711 资助。

（章　晨　杨　军）

参 考 文 献

1. Wetmur, J. G., Kumar, M., Zhang, L., Palomeque, C., Wallenstein, S. and Chen, J. (2005) Molecular haplotyping by linking-emulsion PCR: analysis of paraoxonase 1 haplotypes and phenotypes. *Nucleic Acids Res.* **33,** 2615–2619.
2. Michalatos-Beloin, S., Tishkoff, S. A., Bentley, K. L., Kidd, K. K., and Ruano, G. (1996) Molecular haplotyping of genetic markers 10 kb apart by allele-specific long-range PCR. *Nucleic Acids Res.* **24,** 4841–4843.
3. McDonald, O. G., Krynetski, E. Y., and Evans, W. E. (2002) Molecular haplotyping of genomic DNA for multiple single-nucleotide polymorphisms located kilobases apart using long-range polymerase chain reaction and intramolecular ligation. *Pharmacogenetics* **12,** 93–99.
4. Li, H. H., Gyllensten, U. B., Cui, X. F., Saiki, R. K., Erlich, H. A., and Arnheim, N.

(1988) Amplification and analysis of DNA sequences in single human sperm and diploid cells. *Nature* **335,** 414–417.

5. Burgtorf, C., Kepper, P., Hoehe, M., Schmitt, C., Reinhardt, R., Lehrach, H., and Sauer, S. (2003) Clone-based systematic haplotyping (CSH): a procedure for physical haplotyping of whole genomes. *Genome Res.* **13,** 2717–2724.
6. Douglas, J. A., Boehnke, M., Gillanders, E., Trent, J. M., and Gruber, S. B. (2001) Experimentally-derived haplotypes substantially increase the efficiency of linkage disequilibrium studies. *Nature Genet.* **28,** 361–364.
7. Ruano, G., Kidd, K. K., and Stephens, J. C. (1990) Haplotype of multiple polymorphisms resolved by enzymatic amplification of single DNA molecules. *Proc. Natl. Acad. Sci. USA* **87,** 6296–6300.
8. Vogelstein, B., and Kinzler, K. W. (1999) Digital PCR. Proc. *Natl. Acad. Sci. USA* **96,** 9236–9241.
9. Mitra, R. D., Butty, V. L., Shendure, J., Williams, B. R., Housman, D. E., and Church, G. M. (2003) Digital genotyping and haplotyping with polymerase colonies. *Proc. Natl. Acad. Sci. USA* **100,** 5926–5931.
10. Chen, J., Kumar, M., Chan, W., Berkowitz, G., and Wetmur, J. G. (2003) Increased influence of genetic variation on PON1 activity in neonates. *Environ. Health Perspect.* **111,** 1403–1409.
11. Horton, R. M., Hunt, H. D., Ho, S. N., Pullen, J. K., and Pease, L. R. (1989) Engineering hybrid genes without the use of restriction enzymes: gene splicing by overlap extension. *Gene* **77,** 61–68.
12. Tawfik, D. S., and Griffiths, A. D. (1998) Man-made cell-like compartments for molecular evolution. Nat. Biotechnol. **16,** 652–656.
13. Ghadessy, F. J., Ong, J. L., and Holliger, P. (2001) Directed evolution of polymerase function by compartmentalized self-replication. Proc. *Natl. Acad. Sci. USA* **98,** 4552–4557.
14. Dressman, D., Yan, H., Traverso, G., Kinzler, K.W., and Vogelstein, B. (2003) Transforming single DNA molecules into fluorescent magnetic particles for detection and enumeration of genetic variations. Proc. *Natl. Acad. Sci. USA* **100,** 8817–8822.

索　引